地球大数据科学论丛　郭华东　总主编

全球遥感数据自动化处理
技术与系统架构

唐　娉等　著

科学出版社

北　京

内 容 简 介

遥感数据是空间大数据的一个子集。面向大数据处理，需要新思维指导实践。新思维之一：寻找多源数据不变特征的思维，基于不变特征减弱同地、同谱、同时不同传感器数据之间的不一致性，不同传感器数据可综合集成应用。本书数据处理篇中多源数据的几何一致性处理、辐射一致性处理等都是这一思维指导下的关键技术。新思维之二：将信息提取转化为数据智能的思维，一方面构建覆盖问题空间的样本集，另一方面构建深度学习模型表达与样本的深度相似性。本书分类与识别篇的遥感图像的场景分类、目标检测、地表覆盖分类、时间序列分类聚类的关键技术都是这一思维的具体体现。新思维之三：云计算和容器技术融合构建技术平台的思维，可以支撑遥感大数据的在线处理和分析。本书的系统架构篇涉及的关键技术包括全球多源遥感数据的集成和组织技术、信息产品生产流程建模与算法集成优化技术、容器化全球多源遥感数据信息产品生产系统关键设计技术都是这一思想的具体体现。

本书可供从事遥感数据处理、信息提取、遥感应用研究及应用系统建设的科研人员参考。

审图号：GS 京（2024）2313 号

图书在版编目（CIP）数据

全球遥感数据自动化处理技术与系统架构 / 唐娉等著. -- 北京 ：
科学出版社，2025. 2. --（地球大数据科学论丛 / 郭华东总主编）.
ISBN 978-7-03-079721-6

Ⅰ. TP751.1

中国国家版本馆 CIP 数据核字第 2024BN2731 号

责任编辑：董　墨　赵　晶/责任校对：郝甜甜
责任印制：吴兆东/封面设计：蓝正设计

科 学 出 版 社 出版
北京东黄城根北街 16 号
邮政编码：100717
http://www.sciencep.com
北京建宏印刷有限公司印刷

科学出版社发行　各地新华书店经销
*
2025 年 2 月第 一 版　　开本：720×1000　B5
2025 年 2 月第一次印刷　　印张：30 1/2
字数：588 000

定价：338.00 元
（如有印装质量问题，我社负责调换）

"地球大数据科学论丛" 序

第二次工业革命的爆发，导致以文字为载体的数据量约每 10 年翻一番；从工业化时代进入信息化时代，数据量每 3 年翻一番。近年来，新一轮信息技术革命与人类社会活动交汇融合，半结构化、非结构化数据大量涌现，数据的产生已不受时间和空间的限制，引发了数据爆炸式增长，数据类型繁多且复杂，已经超越了传统数据管理系统和处理模式的能力范围，人类正在开启大数据时代新航程。

当前，大数据已成为知识经济时代的战略高地，是国家和全球的新型战略资源。作为大数据重要组成部分的地球大数据，正成为地球科学一个新的领域前沿。地球大数据是基于对地观测数据又不唯对地观测数据的、具有空间属性的地球科学领域的大数据，主要产生于具有空间属性的大型科学实验装置、探测设备、传感器、社会经济观测及计算机模拟过程中，其一方面具有海量、多源、异构、多时相、多尺度、非平稳等大数据的一般性质，另一方面具有很强的时空关联和物理关联，以及数据生成方法和来源的可控性。

地球大数据科学是自然科学、社会科学和工程学交叉融合的产物，基于地球大数据分析来系统研究地球系统的关联和耦合，即综合应用大数据、人工智能和云计算，将地球作为一个整体进行观测和研究，理解地球自然系统与人类社会系统间复杂的交互作用和发展演进过程，可为实现联合国可持续发展目标（SDGs）做出重要贡献。

中国科学院充分认识到地球大数据的重要性，2018 年初设立了 A 类战略性先导科技专项"地球大数据科学工程"（CASEarth），系统开展了地球大数据理论、技术与应用研究。CASEarth 旨在促进和加速从单纯的地球数据系统和数据共享到数字地球数据集成系统的转变，促进全球范围内的数据、知识和经验分享，为科学发现、决策支持、知识传播提供支撑，为全球跨领域、跨学科协作提供解决方案。

在资源日益短缺、环境不断恶化的背景下，人口、资源、环境和经济发展的矛盾凸显，可持续发展已经成为世界各国和联合国的共识。要实施可持续发展战略，保障人口、社会、资源、环境、经济的持续健康发展，可持续发展的能力建设至关重要。必须认识到这是一个地球空间、社会空间和知识空间的巨型复杂系统，亟须战略体系、新型机制、理论方法支撑来调查、分析、评估和决策。

　　一门独立的学科，必须能够开展深层次的、系统性的、能解决现实问题的探究，以及在此探究过程中形成系统的知识体系。地球大数据就是以数字化手段连接地球空间、社会空间和知识空间，构建一个数字化的信息框架，以复杂系统的思维方式，综合利用泛在感知、新一代空间信息基础设施技术、高性能计算、数据挖掘与人工智能、可视化与虚拟现实、数字孪生、区块链等技术方法，解决地球可持续发展问题。

　　"地球大数据科学论丛"是国内外首套系统总结地球大数据的专业论丛，将从理论研究、方法分析、技术探索以及应用实践等方面全面阐述地球大数据的研究进展。

　　地球大数据科学是一门年轻的学科，其发展未有穷期。感谢广大读者和学者对该论丛的关注，欢迎大家对该论丛提出批评与建议，携手建设在地球科学、空间科学和信息科学基础上发展起来的前沿交叉学科——地球大数据科学，让大数据之光照亮世界，让地球科学服务于人类可持续发展。

郭华东

中国科学院院士

地球大数据科学工程专项负责人

2020 年 12 月

前　言

遥感数据是一类空间大数据，这类大数据是遥感系统测量地球的记录。遥感系统是以航天或航空平台为运载工具、以传感器为探测工具、以电磁波为探测手段、以地球表面或近地空间为探测对象的系统。在过去的 50 年间，卫星遥感系统逐渐发展为局地、区域和全球空间尺度上测量地球的最有效工具之一。遥感数据是可用四个分辨率描述的数据：辐射分辨率、空间分辨率、光谱分辨率、时间分辨率。四个分辨率的变化加上时间因素是遥感数据成为大数据的外在因素，而内在因素是地球系统的复杂性。

但如此多、如此长时间的传感器数据能否形成辐射特性和几何特性"一致"、时间"连续"（含等间隔持续的特性）的卫星观测数据？如何自动化处理使之"一致"和"连续"？如何从连续观测的数据中学习、识别地表的模式以分析和解释地球观测数据？如何架构技术平台，方便整合遥感科学家编写的非标准化程序，实现遥感大数据高性能分析、大规模计算的需求？本书以遥感大数据的思维看待上述问题，总结了采用大数据思维的技术实践经验。本书是作者及团队对近 10 年来研究工作的总结，所有章节的作者均是参与中国科学院战略性先导科技专项"地球大数据科学工程"子课题"全球空间信息产品架构与数据处理系统"的研究人员。该子课题的基本任务是：研发全球空间信息产品架构与数据处理技术，建立稳定、可靠、运行化的全球典型信息产品生产系统。

本书分为三篇。第一篇是数据处理篇，由 7 章组成，主要探讨多源图像的辐射一致性、几何一致性处理问题。第 1 章由唐娉、郑柯撰写，简述了遥感数据作为一类大数据，其在数据处理、信息提取、平台建设技术方面的大数据思维。第 2 章由单小军、唐亮撰写，关注的问题是如何在统一框架中基于图像控制点实现多尺度图像的几何归一化处理。第 3 章由胡昌苗撰写，考虑的问题是如何基于伪不变特征实现多源数据的辐射一致性。第 4 章和第 5 章都是对数据噪声的处理。第 4 章由胡昌苗、矫立斌撰写，第 5 章由矫立斌、胡昌苗撰写，分别论述了薄雾去除、云/云阴影检测的传统方法和深度学习方法，以及云/云阴影的修补技术。第 6 章和第 7 章分别由刘璇、唐娉和金兴、唐娉撰写，主要针对数据集构建方面的问题，第 6 章综述了分量替换的图像融合方法，尤其是深度学习的应用方法，第 7 章是时相缺失图像自适应滤波器的非线性插值方法及数据集的重构实践。

第二篇是分类与识别篇，由 5 章组成，主要探讨遥感图像信息提取的数据智能方法。第 8 章由赵理君撰写，论述了场景分类的传统方法和深度学习的自筛选生成式对抗网络的样本扩增技术与场景分类需要的强化空间布局信息学习的模型框架。第 9 章由赵理君撰写，关注图像中的目标检测问题，论述了在采用深度学习方法进行目标检测时形状知识的应用模式和小样本的目标检测方法。第 10 章由霍连志撰写，论述了提高样本质量的几种方法。第 11 章由饶梦彬、唐娉、张正撰写，以高光谱图像地表覆盖分类为例，论述了小样本（样本数量小）情况下构建样本关系网络的高精度深度学习分类方法，并研究了跨波段数量、跨类别数量的模型迁移方法。第 12 章由张正、张伟雄撰写，主要论述了遥感数据时间序列聚类/分类的动态时间规整的相似性度量方法和自注意力机制的深度学习方法。

第三篇是系统架构篇，由 3 章组成，主要探讨了全球多源遥感数据信息产品生产系统的关键技术。第 13 章由李宏益撰写，论述了兼顾数据可视化与各种处理需求的全球多源遥感数据的集成和组织方式。第 14 章由李宏益等撰写，着重论述了遥感数据处理和产品生产过程的流程建模和集成方式。第 15 章由张正撰写，论述了容器化技术作为关键技术如何应用于全球多源遥感数据的处理和信息产品生产中，方便整合科学家编写的非标准化的程序，以适应大规模并行的计算。

感谢郭华东院士作为首席科学家领衔的中国科学院 A 类战略性先导科技专项"地球大数据科学工程"和张兵研究员负责的其中的项目八"数字地球科学平台"给了我们大家参与项目、梳理相关问题的机会！感谢"地球大数据科学论丛"给本书提供的资金资助。

由于时间和作者水平限制，书中难免存在不足疏漏之处，请各位读者批评指证。

作　者

2024 年 10 月于北京

目　录

第一篇　数　据　处　理

第二篇　分类与识别

第三篇　系统架构

第一篇

数据处理

第 1 章

遥感大数据处理的新思维

遥感数据是一类空间大数据，以遥感数据为中心的遥感应用研究是数据密集型的。遥感数据的井喷式增长激发了大量的研究问题。本书针对其中的三类问题：不同传感器数据之间保有一致性的问题、信息提取的问题、技术平台问题，结合大数据技术实践总结了其中蕴含的新思维，即在大数据中构建不变特征数据集的思维、将信息提取技术表达为数据智能技术的思维、云计算和容器技术融合应用的思维，旨在通过不确定数据中的确定部分降低数据的不一致性，通过问题空间数据的完备性提高信息提取的精度，通过数据、计算、服务一体化的云计算提升遥感大数据的应用水平。

1.1 引　言

1.1.1 何谓"大数据"

"大数据"是这些年的热门词汇。每个人都听说了很多关于"大数据"的故事，从舍恩伯格等（2012）书中描写的 Google 搜索关键词与流感预测的故事到 Amazon 网站的书籍推荐系统再到百度推出的中国春节人口流动趋势图，从工业界到科技界，"大数据"以及"大数据技术"的故事引发了众多的思考和讨论。

何谓"大数据"？单从字面来看，它通常表示数据规模的庞大。但"大"与"小"是相对的概念。从其相对性出发，有多种不同的对"大数据"的理解和定义。

麦肯锡研究院在其报告 *Big data: The next frontier for innovation, competition, and productivity* 中给出的大数据定义是：大数据指的是其大小超出常规数据库工具获取、存储、管理和分析能力的数据集。它同时强调，并不是一定要超过 TB 级的数据集才是大数据。

维基百科对大数据的解读是：大数据，或称巨量数据、海量数据、大资料，指所涉及的数据量规模巨大到无法通过人工在合理时间内截取、管理、处理并整理成为人类所能解读的信息。

百度百科对大数据的定义为：大数据，或称巨量资料，指的是所涉及的资料量规模巨大到无法透过目前主流软件工具，在合理时间内达到撷取、管理、处理并整理成为帮助企业经营决策的资讯。

研究机构 Gartner 认为，大数据是需要新处理模式才能具有更强的决策力、洞察发现力和流程优化能力的海量、高增长率和多样化的信息资产。从数据的类别上看，大数据指无法使用传统流程或工具处理或分析的信息。它定义了那些超出正常处理范围和大小、迫使用户采用非传统处理方法的数据集。

总体而言，大数据这一概念的形成，有以下三个标志性事件：

(1) 2008 年 9 月，美国《自然》（*Nature*）杂志专刊 *The Next Google*，第一次正式提出大数据的概念。

(2) 2011 年 2 月 1 日，《科学》（*Science*）杂志专刊 *Dealing with Data*，通过社会调查的方式，第一次综合分析了大数据对人们生活造成的影响，详细描述了人类面临的"数据困境"。

(3) 2011 年 5 月，麦肯锡研究院发布报告 *Big data: The next frontier for innovation, competition, and productivity*，第一次给大数据做出相对清晰的定义：大数据是指其大小超出常规数据库工具获取、储存、管理和分析能力的数据集。

既然大数据是相对于当前管理、处理、信息分析工具的能力而言的，则大数据技术发展的走向无非是两个：一方面是以新的理念发展新的工具；另一方面则是发展新的数据分析技术，能充分利用其"大"对数据进行深度挖掘、分析和应用，获得有价值的信息。

除了"大"的相对意义而言，大数据的"大"也有其绝对意义，从舍恩伯格的"4V"到 IBM 的"5V"，大数据的"大"一般指具有以下特点的数据：

(1) 数据量大（volume），包括采集、存储和计算的量都非常大。大数据中的数据不再以几个 GB 或几个 TB 为单位来衡量，计量单位至少是 P（1000 个 T）、E（100 万个 T）或 Z（10 亿个 T）。

(2) 种类和来源多样化（variety），包括结构化、半结构化和非结构化数据。多类型的数据对数据的处理能力提出了更高的要求。

(3) 数据价值密度相对较低（value），或者说有用信息包含或隐藏在海量数据中，价值密度较低。如何结合应用需求并通过强大的机器算法来分析和挖掘数据价值，是大数据时代最需要解决的问题。

(4) 数据增长速度快（velocity），这就要求处理速度快，时效性要求高。

(5) 数据的真实性（veracity），数据是真实的、可信赖的、非假的数据。

我们说遥感卫星是一类空间大数据，主要是由于遥感卫星数据的每个值与地球表面的空间位置相对应，并具有以下特点：

（1）数据体量大。据忧思科学家联盟（The Union of Concerned Scientists, UCS）统计，到 2021 年底，全球一共有 4852 颗卫星在轨运行。其中，各类遥感卫星有 799 颗，光学成像卫星有 413 颗，占遥感卫星总量的 51.7%。按一颗普通高空间分辨率卫星双通道下行速率 900Mbps、每秒传输的数据量为 900M 计算，则全球每天的数据量已经达到 EB 级。这也蕴含了数据增长速度快的特点，其增长快，导致其数据量大。

（2）数据有"四多"特点：多传感器、多模态、多尺度、多时相。该特点涵盖了数据来源和种类的多样化。不同遥感卫星平台有不同的传感器，而且同样波段设置、同样空间分辨率的多光谱传感器因光谱响应有差异，数据表现上也会有区别；主、被动遥感在成像机理、成像模型和数据特征等方面存在巨大的差异；极轨卫星、静止卫星的不同轨道高度卫星的数据的空间分辨率、重访周期都会不同。这使得同一个区域具有多种传感器、多种模态、多种尺度、获取时间间隔不等的源源不断的数据。

（3）单个像元的低价值。遥感卫星数据的单个像元值拿出来仅代表那个像元所代表的地球表面与相应电磁波段相互作用的结果，通常很难从单个像元获取高价值信息。也就是说，虽然数据承载了关于地球表面的信息，但是并非所有的数据都承载了有意义的信息。遥感卫星数据通常可以在全球、区域或地方的尺度上进行分析和应用，使其在科学研究、生态环境、土地资源、自然灾害和重大工程的监测与评估等方面得到应用，发挥重要作用，并逐步深入大众生活产生巨大的经济价值和社会价值。

1.1.2　数据密集型科学

在科技界，除"大数据"外，另一个科学家会提到的词是"数据密集型科学"，其被认为是科学研究的新范式（Toney et al., 2012）。"范式"（paradigm）这一概念最初由美国著名科学哲学家 Thomas Samuel Kuhn 于 1962 年在《科学革命的结构》中提出来，指的是常规科学所赖以运作的理论基础和实践规范，是从事某一科学的科学家群体所共同遵从的世界观和行为方式。"范式"的基本理论和方法随着科学的发展发生变化。新范式的产生，一方面是由于科学研究范式本身的发展，另一方面则是由于外部环境的推动。科学研究第四范式的远景是吉姆·格雷于 2007 年描绘的（Toney et al., 2012），图 1.1 是吉姆·格雷与《第四范式》一书的封面。在大数据概念提出的当下，科技数据的大规模获取，尤其是高数据通量，给数据的采集、管理与分析带来巨大的挑战，要求科学研究必须以新的思路来进行。高通量数据，指产生数据的速率远大于可管理的能力。澳大利亚平方公里射电望远镜阵列项目、欧洲核子研究中心的大型强子对撞机，以及天文学的 Pan-STARRS 天体望远镜阵列每天都能够产生 PB 量级的数据，但当时只能按照可管理的能力限制其数据速率。基因测序因同样的原因只能提供小的数据输出。在计算机科学的并行计算领域中，这种数据 I/O 开销远大于数据计算所需开销的情况被称为数据密集型，与计算密集型相区分。

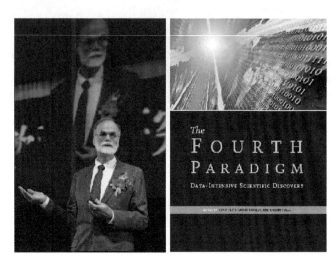

图 1.1　吉姆·格雷与《第四范式》一书的封面

图 1.2 是来自《第四范式》的科学范式图。吉姆·格雷总结出科学研究的范式共有四个：几千年前，主要是经验科学，主要用来描述自然现象；几百年前，是理论科学，使用模型概括自然规律，如开普勒定律、牛顿运动定律、麦克斯韦方程等；几十年前，是计算科学，主要通过计算模拟复杂现象；今天，是数据探索，统一于理论、实验和模拟。它的主要特征是：数据依靠信息设备收集或模拟产生，依靠软件处理，用计算机进行存储，使用专用的数据管理和统计软件进行分析。所谓新范式，指的是科学研究会采用以下方式进行：通过仪器收集数据或通过模拟方法产生数据，然后用软件进行处理，再将形成的信息和知识存储于计算机中，科学家们只是在这个工作流相当靠后的步骤中才开始审视他们的数据。这种方式不同于实验、理论研究、计算仿真这三类范式，因此把数据密集型科学作为一个新的科学探索的第四范式。

数据密集型科学由三个基本活动组成：采集数据、管理数据和分析数据。吉姆·格雷呼吁开发生产相关工具，支撑从数据采集、数据管理到数据分析和数据可视化的整个科研周期。

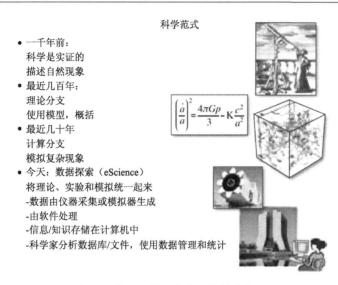

科学范式

- 一千年前：
  科学是实证的
  描述自然现象
- 最近几百年：
  理论分支
  使用模型，概括
- 最近几十年
  计算分支
  模拟复杂现象
- 今天：数据探索（eScience）
  将理论、实验和模拟统一起来
  -数据由仪器采集或模拟器生成
  -由软件处理
  -信息/知识存储在计算机中
  -科学家分析数据库/文件，使用数据管理和统计

图 1.2　来自《第四范式》的科学范式图

随之而来的问题是："大数据"与数据密集型有区分吗？"大数据"技术与数据密集型科学发现之间有怎样的关联？站在遥感学科的角度如何看待新的科学研究范式给遥感学科发展带来的影响？本书是对上述问题的初步思考。本书首先阐述了"大数据"技术与"数据密集型"科学研究范式的区别与联系；分析认为，以遥感数据为中心的遥感应用研究是一种数据密集型的科学研究范式；最后阐述了遥感从小数据时代的精细处理到大数据时代遥感数据处理的新思维。

1.1.3　数据密集型科学和大数据技术的区别和联系

技术，人类改变或控制其周围环境的手段或活动。英文中的技术一词 technology 由希腊文 techne（工艺、技能）和 logos（词，讲话）构成，意为对工艺、技能的论述。这个词最早出现在英文中是 17 世纪，当时仅指各种应用工艺。到 20 世纪初，技术的含义逐渐扩大，涉及工具、机器及其使用方法，直到 20 世纪后半期，技术的定义演变为目前的内容。范式，指模式或理论框架。一种范式必然涉及各类技术。

"大数据"技术是首先来自数据库、数据仓库、数据集市等信息管理领域的技术，很大程度上是为了解决大规模数据的问题。被誉为"数据仓库之父"的比尔·恩门（Bill Inmon）早在 20 世纪 90 年代就经常说到 Big Data。Big Data 作为一个专有名词成为热词，主要归功于近年来互联网、云计算、移动和物联网的迅猛发展。无所不在的移动设备、RFID、无线传感器每分每秒都在产生数据，数以亿计用户的互联网服务时时刻刻都在产生巨量的交互⋯⋯要处理的数据量很大、增长很快，而业务需求和竞争压力对数据处理的实时性、有效性又提出了更高要求，传统的常规技术手段根本无法应付。

因此，大数据是目前存储模式与能力、计算模式与能力不能满足存储与处理现有数据集规模而产生的相对概念，大数据是指大小超出了常用的软件工具在运行时间内可以承受的收集、管理和处理数据能力的数据集。由于大数据是一个横跨多个 IT 边界的动态活动，所以目前并没有一个针对大数据的统一定义和标准，但工业界对大数据所具备的 4V 或 5V 特征已经达成共识。从这个意义上"数据密集"的特征是大数据特征在量、速度、种类上的主要体现，是大数据的子集。

"大数据技术"笼统说是应对大数据的技术。工业界对大数据技术的定位为：通过高速捕捉、发现和/或分析，从大容量数据中获取价值的一种新的技术架构。暂且不考虑数据的安全性，大数据主要涉及两个不同的技术领域：一项致力于研发可以扩展至 PB 甚至 EB 级别的大数据存储和平台；另一项则是大数据分析，关注在最短时间内处理分析大量不同类型的数据集。数据密集型科学发现是从科学研究变化的角度看待数据及其影响，尤其是"大数据"的影响（郭华东等，2014）。数据密集型科学发现离不开技术的支撑。由于数据密集型科学由三个基本活动或技术组成：采集、管理和分析，当采集的科学数据是大数据时，数据密集型科学同样需要大数据技术。但与社会经济和互联网数据相比，科学数据大多是有目的获取的，是结构化或半结构化的数据，从原始数据到中间结果数据以及出版后的数据，整个数据的生命周期很多时候都需要被存储起来，以支持更广泛的研究整合、集成和开放性。数据密集型科学发现本质上是数据驱动的科学研究范式。与工业界的大数据技术相比，数据密集型科学的技术有以下特点：①数据采集技术是数据密集型科学的重要组成部分；②当采集的科学数据是大数据时，数据密集型科学发现需要大数据技术；③科学数据大多是结构或半结构化的数据，出版数据是科学数据的重要组成部分，科学数据需要全生命周期的管理，包括原始数据、中间处理结果、出版结果以及关联数据和元数据。

每个领域有每个领域的大数据。地球科学被认为是大数据科学应用的典型领域之一，数字地球学科充分体现了大数据的 4V 特性（郭华东等，2014）。随着数据获取技术和互联网的发展，空间数据无处不在，卫星数据、航空及无人机数据、GPS 数据、出租车行驶数据，甚至带有定位信息的智能手机所拍照片都是空间数据。空间数据集中的某一类数据集又构成具有一定特点的大数据集，卫星遥感数据甚至"光学卫星数据"、航空/无人机数据等分别构成了具有一定特点的大数据集。利用不同数据集的数据特点，不依赖或者较少依赖模型和先验知识，对海量数据中的规律进行分析和挖掘，获得过去的科学方法所发现不了的新模式、新知识甚至新规律，是大数据时代数据密集型科学发现的主要任务。

可以说，数据密集型科学和大数据技术有如下区别和联系：

（1）数据密集型科学和大数据技术的概念最初来自不同领域、不同视角；

（2）大数据技术与数据密集型科学相伴而生，大数据技术是数据密集型科学必然的支撑技术，二者有共同的目标——从数据中获得价值；

（3）大多数情况下，可以不加区分地等同使用这两个概念。

1.2   数据密集型的遥感应用研究

以遥感为中心的遥感应用研究体现着数据密集型科学发现的过程，可以这样说的理由有以下几点：

第一，通过遥感数据分析发现其价值是遥感应用研究的核心内容。

遥感技术是 20 世纪 60 年代兴起的一种探测技术，是根据电磁波的理论，应用各种传感仪器对地表或近地表物体所辐射和反射的电磁波信息进行收集、处理，并最后成像，以了解和处理地球资源与环境的综合技术。

当卫星数据采集、传输完成后，数据分析一直是遥感应用的核心内容。遥感应用作为地理学科的一个重要分支，主要是运用遥感数据对资源、环境、灾害、区域、城市等进行调查、监测、分析和预测、预报等。遥感应用的过程就是数据分析的过程。

遥感应用的数据分析经历了专家“读图”到计算机分析的过程。早先的遥感数据就是图像胶片，因此遥感应用主要是“读图”，这时的“读图”就是一种数据分析，只不过是以人为主体的。之后到 20 世纪 90 年代，随着计算机和数字化成像技术的发展，遥感应用才从“读图”转化为计算机的数据分析。因此，遥感应用本质上就是对遥感数据进行的分析。各种遥感应用均是围绕特定应用目标进行信息提取和信息发现，手段是数据分析。

第二，任何一个时期卫星遥感的数据量与计算机的内存容量、计算能力相比都是数据密集型的。

由于 CPU 只能直接处理内存中的数据，所以内存大小对图像处理性能的影响是相当大的，需要对算法涉及的数据进行重新组织和管理，以保障算法的顺利执行。遥感图像处理的算法实现一直在解决处理时图像数据量与内存不足之间的矛盾。20 世纪 80 年代至今，从计算机内存和遥感图像数据量矛盾的冲突情况看，其大概经历了以下几个主要阶段：

1）计算机主流内存在 KB 阶段

这个阶段是 20 世纪 80 年代中期到 90 年代早期。其间国内用到的卫星数据主要是 Landsat TM 及 MSS 图像。数据扫描幅宽是 185 km，图像大小通常在 5000×5000 像元及以上，7 个波段的数据量超过 200MB。这个时代遥感图像处理算法实现中 1/3 的工作量几乎是在处理图像数据量与内存不足之间的矛盾，主要的处理方式是抽样处理和分块处理相结合。处理过程中必须考虑抽样和分块带来的效应，其中重要步骤之一是弥补由此引起的图像块之间不一致的问题（李丽等，1987）。

2）计算机主流内存 MB 阶段

20 世纪 90 年代中期到 21 世纪初，内存技术有很大进步，1999 年之后的 4 年间内存容量暴涨有 8 倍之多，处理的压力有所缓解。但这期间卫星数据资源大幅增加，数据的辐射分辨率、空间分辨率增加。常用的卫星数据除 TM 外有 SPOT 数据、IKONOS/QuickBird 数据，还有国产的中巴地球资源卫星（China-Brazil earth resource satellite，CBERS）数据、资源（ZY）卫星数据。数据量与内存的矛盾依然存在，加上当时的计算机是 32 位操作系统，受寻址大小所限，显示超过 2G 的图像依然是很困难的。商业软件 ERDAS 和 ENVI（或 PCI）一直代表着遥感界图像快速显示的两种策略。前者是分块金字塔数据模型的代表，后者是抽样显示数据模型的代表，国内的遥感图像处理系统，如 IRSA、TITAN 软件也是后者的风格。尽管可以利用虚拟内存技术，但处理中仍然不能将整个数据读入内存。该阶段的软件纷纷将处理 10GB 左右图像的能力作为软件的特色。并行计算和高性能处理在这个阶段蓬勃发展（尚东，2005）。

3）计算机主流内存 GB 阶段

2004 年至今，计算机的内存均在 GB 以上。随着高性能计算体系的成熟，网格计算、集群计算从奢侈品阶段进入普通实验室。PC 机对内存的需求严重降低，内存发展缓慢。但免费遥感数据资源增加，数据获取容易，很多遥感应用需要 TB 甚至 PB 级的数据，尤其是全球变化的研究，需要从区域甚至全球的角度考虑数据处理和应用。数据量与计算机资源的冲突有了全方位的体现。大型集群因价格因素和管理因素终究不能替代个人计算机，而个人计算机用来数据存储与分析都成问题，冲突的解决开始从软件硬件的架构上寻找解决方案，关注数据组织管理与数据调度策略以及计算资源的管理，重要的是共享软硬件资源、计算资源、存储资源，于是云计算出现。

4）云计算阶段

云计算（cloud computing）概念首次提出是在 2006 年 8 月的搜索引擎大会（SESSan-Jose 2006）上，由 Google 首席执行官埃里克·施密特（Eric Schmidt）

首次提出。云计算概念的提出，成为互联网的第三次革命。云计算是一种分布式计算方式，指的是通过网络"云"将巨大的数据计算处理程序分解成无数个小程序，然后通过多部服务器组成的系统处理和分析这些小程序得到结果并返回给用户。现阶段的云服务已经不单单是一种分布式计算，而是分布式计算、效用计算、负载均衡、并行计算、网络存储（分布式存储）、热备份冗杂和虚拟化等计算机技术混合演进并跃升的结果（许子明和田杨锋，2018）。云计算通过资源共享方式更好地调用、扩展和管理计算和存储等方面的能力，以提高资源利用率，降低成本。云计算阶段，数据增长仍然很快。云计算可为大数据平台的计算和存储提供资源层的灵活性。

综合上述事实，显然从狭义的计算机的角度来看，数据从有计算机算起到现在有 70 年历史了，从摩尔定律 1965 年提出到现在也有 50 多年了。这几十年来，全球数据量按每年平均 40%的速度增长，由摩尔定律所驱动的计算机处理能力也在增长，现在每年新增的数据量与计算机处理能力都是以前无法相比的，但数据量与计算机处理能力并没有因为年份而有数量级的大变化。不禁疑问：为什么现在才出现大数据热？究其原因，主要有以下两个方面（吴军，2017）：

（1）数据采集技术快速发展，使得多维度数据大量呈现，而同时，数据中也呈现出各种不确定性现象，毕竟世界是复杂的。当太多的不确定性出现而无法确定其中的因果关系时，数据则提供了解决问题的新的思路，就是数据之间所呈现的相关性，这种相关性可以帮助消除不确定性，某种程度上取代了因果关系。

（2）相关技术的逐渐成熟，才使得大数据出现井喷式爆发。大数据实际上是对计算机科学、电机工程、通信、应用数学和认知科学发展的综合考量。

1.3　大数据时代遥感数据处理的新思维

大量遥感卫星的发射带来的遥感数据的井喷式增长激发了大量的研究问题。主要的问题分为三类：第一类问题是如何减弱或消除相同条件下不同传感器数据间的不一致性，相同条件是指同样的地理位置、同样的地表、同样的电磁波谱。因传感器种类增加、模态增加，数据的多样性增加、数据集之间的不一致性增加，但这些数据都是同一个地球表面与电磁波谱的相互作用，因此相同条件下不同传感器数据应该有本质上的一致性。第二类问题是如何从数据中智能获得信息。第三类问题是需要怎样的技术平台来支撑第一类和第二类问题的解决。

具体的问题包括：

（1）海量多源（同地、同波谱）的数据如何自动化处理，使其在几何空间、辐射空间具有一致性？即如何预处理数据，以适应多传感器数据的集成分析？即使只考虑光学数据，对于不同成像几何的不同传感器的数据，也不可能有相同的光谱响应，而且数据的辐射总是存在系统差异，尽管这些数据已经过严格的校准。图 1.3 是 Landsat TM 和 HJ-1 A/B CCD 的光谱响应曲线。HJ-1 A/B CCD 的四个波段的设置与 Landsat TM 对应波段的波长区间相同，但光谱响应曲线有差异，导致辐射量值有差异。因此，不同传感器的数据在综合使用之前，需要进行辐射自动交叉校准，使得综合使用的数据其辐射表达有共同的数据基础；并且数据的地理坐标也必须校正使其有一致性。此外，光学数据中始终存在云噪声和云影，对数据分析造成严重影响。如何重构数据以减少噪声的影响也是预处理的重要工作之一。

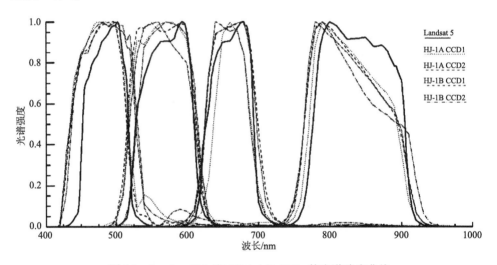

图 1.3　Landsat TM 和 HJ-1 A/B CCD 的光谱响应曲线

（2）如何分析大数据以洞察有价值的信息？这是大数据分析的核心问题。由于同谱异物、同物异谱现象存在，以及多尺度数据之间的特征差异存在，地物随时间变化的可能性存在，人类不断与自然环境相互作用的效应存在，这些因素使得遥感数据呈现出的地球表面的模式是复杂多样的。遥感应用要回答的最初级的问题是地球表面何时何处是何物的信息？继而是地表各类地物的时空演化模式是怎样的？如何构建模型来预测这种演化模式？如何监控地表的异常？如何将不同尺度的卫星数据、航空/无人机数据和地面测量数据，甚至多模数据整合在一起，共同挖掘得到自洽的信息？如何将全地球人的知识与大数据结合起来，一次又一次地挖掘信息? 这些问题的回答都是遥感大数据应用面临的挑战。人们正在尝试一步步回答这些问题。由于近些年人工智能技术的进步,尤其是深度学习在自主特征选择与表达中的巨大潜力,深度学习已经在使数据有智能的路上迈出了很大的一步。

(3) 哪种平台架构更适合遥感大数据高性能分析? 如何整合科学家编写的非标准化编程以适应大规模计算的需求? CPU/GPU 集群 +MPI 并行编程架构因具有高 I/O 性能、高内存容量和高带宽,以及良好的兼容性和可扩展性,在科学计算领域得到了更多的认可。但是否每个科学家团队都需要购置一堆集群硬件、管理软件去建立一个大型计算平台并拥有大量数据才能实现大数据的遥感应用? 如何处理大数据需要的大计算和科学家个体财力有限、拥有数据有限的矛盾是平台建设必须考虑的。平台技术涉及的另一问题是技术集成。遥感技术发展几十年,科学家和工程师积累了大量的算法代码,这些代码可能是 IDL、C/C++ 甚至 Fortran 等。如果使用标准语言 C++、Java、Python 或者 MapReduce 重写代码,不仅工作量大,提高了编写门槛,增加了科学家和计算机工程师之间的交流工作量,还可能会引入代价高昂的错误。如何将各种形式的算法代码插入一个更大的处理框架中,使专业代码无须重写,可以无缝运行,是大规模计算的又一挑战。

在遥感大数据背景下,需要用大数据的思维重新看待遥感数据处理和应用的问题,并用新的思维指导遥感数据处理和应用的实践。

1) 在大数据中构建不变特征数据集的思维

自 2008 年 Landsat 开放了存档数据以来,获得遥感大数据变得容易可行,这刺激了全球尺度 (区域尺度) 或长时间跨度高空间分辨率全球变化问题的研究 (Gong et al., 2013; 陈军等, 2016; Hansen et al., 2013),基于 30 m 空间分辨率数据进行全球尺度问题的研究成为热潮,这与此前全球变化研究主要基于公里级、百米级数据,如 AVHRR、MODIS 数据形成对比。随着研究的深入,现在的全球变化问题研究通常需要将多种传感器波长接近的图像波段一起应用,以满足遥感应用对时间分辨率和区域覆盖的要求。这里举早先的一个典型例子。中国在 2009 年启动的 863 计划重点项目 "全球地表覆盖遥感制图与关键技术研究",利用 30 m 空间分辨率的 Landsat TM/ETM+ 多光谱数据和中国的 HJ-1 A/B CCD 多光谱数据共 2 万余景数据完成了 2000 年和 2010 年两个基准年度的全球地表覆盖数据产品 (陈军等, 2016; Gong et al., 2013)。该产品将全球地表覆盖分成 10 个类别: 耕地、森林、草地、灌木林、湿地、水体、苔原、人造地表、裸地、冰川和永久积雪 (陈军等, 2016)。数据经过了几何精校正和辐射校正的预处理。该数据集共 2 万余景图像需要辐射校正,1000 多景 HJ-1 A/B CCD 图像需要几何精校正和辐射校正 (唐娉等, 2016),而且要求两个基准年度的数据在几何定位上具有一致性。

事实上，我国《国家中长期科学和技术发展规划纲要（2006—2020 年）》把"全球变化监测与对策"作为优先主题，先后启动了"全球地表覆盖遥感制图与关键技术研究""基于国产卫星数据的全球变化关键数据研制""地球资源环境动态监测技术"等一系列全球尺度及长时间序列的国家重点研究项目。这些项目有共同的特点：全球尺度、多源时间序列数据的集成应用。这种大区域多个传感器数据综合应用的例子，给区域级遥感图像的处理提出了新的要求，新的要求中除大规模数据的自动化快速处理能力是共性要求外，还包括要求一：多传感器数据或多时相数据间的几何定位应尽可能保有一致性；要求二：同一地理位置多传感器数据或多时相数据使用时存在的辐射差异应在合理可控范围内，或存在变换关系；要求三：同一地理位置和一定的时间、分辨率尺度约束下，多传感器数据或多时相数据的地物属性标记应具有一致性。

为了解决上述问题，唐娉等（2016）提出了基于不变特征点集（invariant feature points set，IFPs）实现自动化处理的解决框架。该框架的基本思路是：借鉴图像配准的控制点（control points，CPs）思路，在同一区域两个图像（不同传感器或不同时相）的定义域（几何或地理空间）、值域（辐射值空间）、地物属性空间分别构建控制点集，利用控制点集建立图像在地理空间、辐射值空间和属性空间的关联或对齐，从而保有某种一致性。这种思路是可行的，因为面对同一个地球同一个地表，多传感器多时相数据集之间必然存在着这样紧密关联的点集。如果构建了控制点集，则自动处理水到渠成。进一步地，要求控制点集具有不变特征，不变特征是稳定的特征，是尽管上述三个空间存在诸多变化而始终存在的、可被检测的特征。具有不变特征的控制点集为遥感图像的自动化处理架起了桥梁。

在数据处理中找到了不变特征点集，如同找到了特征空间的锚点集合，其属于不确定中的确定部分。有了锚点集之后，其他变化基于该数据集而建立。如果把图像函数表示为 $f(x, y)$，$g(f)(x, y)$ 为定义在图像点 (x, y) 的特征函数，$H(f)$ 表示图像的某种变换，则辐射校正、几何校正、分类变换都是寻找一个变换 H，使得 $g(f)(x, y) = g[H(f)](x, y)$，即 $g(f)(x, y)$ 是图像在 (x, y) 点针对变换 H 的不变特征点集。如果不变特征 g 与图像点 (x, y) 相关，则这种不变特征就是局部不变特征，否则就是全局不变的。$g(f)(x, y)$ 所表示的图像在 (x, y) 的特征函数可以是一维或多维函数。$H(f)$ 所表示的图像变换可以是几何变换、光度变换或光谱变换、卷积变换、视角变换，甚至是分类变换等。

有了不变特征点集，基于不变特征点集构建的变换可以实现数据之间在几何、辐射甚至分类变换的一致性。具备一致性的多源数据可以综合用于构建具有完整性或者完备性的数据集。

构建完整数据集并非容易的事情，需要跨越多个维度的障碍：①时间维度。因天气条件、成像几何影响等不能获得等间隔的时序数据，需要用插值或变换的方法补充时相，以使数据集能在统一的框架下处理。②空间维度。云/阴影等噪声的干扰，造成局部空间数据缺失，需要将噪声检测标示出来，并修补完整。③属性维度。构建完备的多类别、多模态、多时相的属性样本时，因数据尺度不同、类别体系有差别，且属性可能随时间变化，每一个变化都可能对应一种属性标记。另外，数据集的完备性要求必须要大量选择在长尾分布的数据样本，因此需要积累大量的数据和技术才能跨越这些障碍。

2）将信息提取技术表达为数据智能技术的思维

大数据出现之前，科学研究更重视因果关系，一方面认为这是科学研究的终极目标，另一方面依靠有限的数据确实难以推出可靠的相关关系。大数据出现之后，人们发现通过相关思维能了解到很多依靠因果关系解释不了的事物之间的关联信息，这些关联信息是人们在以前没有办法掌握的。因此，大数据打开了另外一扇窗，使科学研究不再局限于对因果关系的追求。这颠覆了千百年来人类的思维惯例，因为人类总是会思考事物之间的因果联系，而对基于数据的相关性并不是那么敏感。

从大量数据中寻找深度相关性，引发了新一代人工智能技术——数据智能。所谓数据智能是指通过大规模机器学习和深度学习等技术，对海量数据进行处理、分析和挖掘，建立模型，提取数据中所包含的有价值的信息和知识，使数据"智能"。

数据智能技术的核心是深度学习，前提是拥有可供学习的覆盖数据空间的样本集，该样本集要求具有完备性。完备性是数学及其相关领域的概念，指一个对象不需要添加任何其他元素时就称为完备的或完全的。说一个样本集是完备的，指这个样本集涵盖了问题需要的各种情况的样本。在哲学上，大数据被认为是一种新的经验主义。"大数据是现代社会在掌握海量数据收集、存储和处理技术基础上所产生的一种以群体智慧进行判断和预测的能力，它代表了一种新的经验主义思想和方法"（文继荣和商烁, 2015）。在此意义上，构建完备的覆盖问题空间的数据样本集是数据智能的关键，是大数据思维的本质。而深度学习本质上是数据与样本相似性的自动搜寻。完备的样本集和深度学习技术结合成为数据智能的全部。

在实际应用时，覆盖问题空间的数据样本集的完备性很难满足，因此会存在有些样本的特征学不到，新样本找不到相似类的情形，这也导致深度学习对大的样本空间会有偏向性。这是因为深度学习算法在训练过程中不断对抽取到样本多的类别进行训练，因而对于样本多的类别更具有鲁棒性，样本小的类别则因训练机会少，得不到充分训练，导致模型对样本小的类别的分类识别性能差。因此，除完备性外，样本集的类别样本还需要均衡性。

遥感数据应用的核心是信息提取。通常的应用逻辑是：由应用问题确定拟提取信息的种类和精度，专家提供承载该信息的数据样本，剩下的工作就是计算机自动在大数据中找到所有与数据样本类似的数据，这也是机器学习方法在遥感大数据中的典型应用。在图像分类方法中，上述方法被称为监督分类方法，遥感中的监督分类是对已知地物类别的分类，通常其步骤包括：选择地物种类，即图像中包含哪些地物类别；选择训练样本，训练样本是各个类别中最具代表性的原型数据；从训练样本中估计类别特征，这些特征可能是分类器参数；利用分类器分类；精度分析。

机器学习对分类器的研究一直处于非常活跃的状态，从单个分类器到集成分类器，从强分类器到弱分类器，从线性分类器到非线性分类器，从单核到多核，从浅层到深度。但从分类器是否有明确的待定参数的角度，一般分为两类：参数化分类器和非参数化分类器（Schowengerdt, 1997）。参数化分类器指分类器模型是明确的，即已经对分类器的函数形式作出了假设，训练过程是为了估计模型的参数集。这类方法一般假定了数据分布模型，如数据呈多元正态分布。朴素贝叶斯分类器需要利用样本估计均值、协方差的统计参数。该类方法最大的缺点是，我们所做的假设可能并不总是正确的。例如，可以假设分类器模型的函数的形式是线性的，但实际上它并不是。因此，这些方法涉及较不灵活的算法，通常用于解决一些不复杂的问题。图像分类中的参数化方法包括线性判别方法、朴素贝叶斯方法等。这类方法显然对于处于长尾分布的数据是不适合的。

而非参数方法指对于要估计的分类器模型的函数形式不作任何潜在的假设。由于没有做任何假设，这种方法可以估计未知函数的任何形式，所以可以带来更好的模型性能。非参数方法往往更精确，但以大量观测数据为代价，这些观测是精确估计未知函数 f 所必需的。非参数方法训练模型的效率较低，而且有时可能会引入过拟合，这是因为这些算法太过灵活，有时可能会无法很好泛化到新的、看不见的数据点上。非参数方法的例子包括支持向量机、KNN、决策树、神经网络分类器。

大数据带来的监督分类方法与传统分类方法相比，主要是两个方面的不同：对训练样本数量和质量要求不同、分类器的复杂性不同。样本集的质量主要指数据是否具有代表性。训练样本的数量需要满足分类器参数训练对样本集大小的要求。传统分类方法要求的训练样本数量相比大数据类方法要少很多，但两类方法对训练样本质量的要求是一样的。

传统方法的分类器通常是两种情况下的二选一：如果样本数据量大，会采用比较简单的模型，而且是用比较少的迭代次数，即用大量的数据训练出一个浅层的"较粗糙"的模型，如随机森林（random forest, RF）模型；如果样本数据量较小，会采用比较复杂的模型，而且经过很多次迭代训练出准确的模型参数，即精耕细作地得到复杂模型，如最大似然模型。

深度学习模型则是用大量的训练数据训练出一个大型的数学模型。图 1.4 是早期著名的用于数字识别的神经网络模型 LeNet-5（Lecun et al., 1998），该模型有一个输入层、两个卷积层、两个均值池化层、三个全连接层（其中最后一个全连接层为输出层）。众所周知，卷积神经网络（convolutional neural network, CNN）在图像的场景分类、语义分割及目标检测中已被证明是非常有效的方法。关于CNN 用于图像分类，已被数学家证明有如下关于分类精度的定理（Bao et al., 2019）。

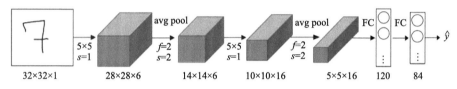

图 1.4　神经网络模型 LeNet-5 的架构图

avg pool：平均池化；FC：全连接

定理：对于给定的 $\epsilon \leqslant 0$ 和样本数据 Z，其样本大小是 m，存在 CNN 分类器，它的最小的滤波器尺寸可以小到 3，使得分类精度 A 满足：

$$P(A \leqslant 1 - \epsilon) \leqslant 1 - \eta(\epsilon, m), \eta(\epsilon, m) \to 0, m \to \infty$$

其中，定理中的 CNN 分类器是通过如下方式构造的：给定 J 组卷积核 $\{w_i\}_{i=1}^{J}$ 和偏差 $\{b_i\}_{i=1}^{J}$，J 层卷积神经网络是一个非线性函数 $g \circ T$。

其中，

$$T(x) = \sigma(w_J \circledast \sigma\{w_{J-1} \circledast \cdots [\sigma(w_1 \circledast x + b_1)] \cdots + b_{J-1}\} + b_J)$$

$$g(x) = \sum_{i=1}^{n} a_i \sigma(\omega_i^{\mathrm{T}} x + b_i), \quad \sigma(x) = \max(0, x)$$

通常，卷积核 $\{w_i\}_{i=1}^{J}$ 尺寸较小。假定给了 m 个训练样本 $\{(x_i, y_i)\}_{i=1}^{m}$，$\tilde{J}$ 和 $\tilde{g}$ 从下式中学得到

$$\min_{g, T} \frac{1}{m} \sum_{i=1}^{m} [y_i - g \circ T(x_i)]^2$$

上述定理表明，现在的人工智能就是大量数据不断"堆砌"的一个过程与结果。深度学习的人工智能方法把智能问题变成数据问题，从而让数据有了智能。

这就是基于大数据的第四范式的本质，先有大量的已知数据，然后通过深度相似性的计算得出之前未知的理论。基于数据的相关性认知世界而不总是思考事物之间的因果联系，这在一定意义上颠覆了千百年来人类的思维惯例，对人类的认知和与世界交流的方式提出了全新的挑战。

3）云计算和容器技术融合应用的思维

在大数据的背景下，传统桌面端遥感处理平台（如 ERDAS、ENVI 等）有如下三方面的应用局限（Baumann et al., 2015）：与数据资源分离，不提供数据资源，所以用户在用平台处理和分析数据之前，首先要花费大量时间采集数据并将数据存储到本地；计算资源有限，本地台式机的运算能力难以满足不断增加的遥感数据的处理需求；新的算法集成到不同的软件中需要采用该软件规定的模式，并要求兼容新算法的计算依赖环境。

云计算作为一种分布式计算、效用计算、负载均衡、并行计算、网络存储（分布式存储）、热备份冗杂和虚拟化等计算机技术混合演进并跃升的结果，非常适合用来解决原有的单体系统不能解决的大规模业务和数据处理的问题，突破单体结构以及单体部署的各种限制和约束。首先，云存储可解决海量遥感数据的网络存储问题；其次，云计算可解决计算资源的按需使用；最后，业务运行系统利用 Web 无限横向扩展的特点，将数据和算法封装成服务，可实现算法的无限集成与扩展。

不仅如此，云计算环境下，云主机集群可能有异构的计算环境，包括操作系统、依赖软件、函数库、系统设置等，云主机集群虚拟化程度较高，会根据计算任务弹性创建或调整虚拟云主机的数量与配置，因此计算环境经常处于变化之中。为了适应这种计算环境的频繁变化，容器技术应运而生。容器技术是一种轻量、快速的计算资源隔离共享技术，可以将应用程序进程及其依赖的系统环境进行虚拟化并与其他进程相隔离，实现不同计算环境下程序的无差别一致性运行，即容器可以放置在不同的云主机上运行并取得相同结果。容器技术，一方面，可消除算法运行环境部署的复杂性；另一方面，可解决不同算法运行环境之间的冲突，并提供统一的算法运行与调度模式。Docker 是一种新的开源虚拟化容器技术（Kozhirbayev and Sinnott, 2017），利用 Docker 容器技术封装遥感数据处理算法模型与该模型所需的运行环境,遥感数据分析与处理人员无须了解底层设计细节，便可高效地进行遥感数据分析与产品生产，保证处理流程的标准化与复用性。

因此，遥感领域迫切需要一种新的技术平台提供数据—计算—服务一体化的遥感服务新模式。谷歌地球引擎（google earth engine，GEE）就是在这一背景下发展起来的一个系统。GEE 是由 Google 公司与美国卡耐基梅隆大学、美国国家航空航天局（National Aeronautics and Space Administration，NASA）、美国地质调查局（United States Geological Survey，USGS）联合开发的。GEE 的本质是平台即服务（platform as a service，PaaS）云服务模式，用户仅需要通过简单的 JavaScript 或 Python 编程向 GEE 云端发送指令即可返回处理结果，数据、算法和硬件设施均由 GEE 云端提供（董金玮等，2020）。到目前为止，GEE 存储了近 40 年来大部分公开的遥感影像数据，如 Landsat 系列产品、MODIS 系列产品、Sentinel 系列产品等，可以为用户提供全球尺度的遥感云计算服务，其在很大程度上满足了强调数据密集分析、海量计算资源以及高端可视化的"大数据"科学范式。

Hansen 等（2013）将 GEE 运用于全球森林分布和变化监测，证明了 GEE 在海量遥感数据处理与分析方面的巨大潜力。截至今日，GEE 已成为当前领先的、应用最为广泛的遥感云计算平台（Wang et al., 2020），也成为遥感云计算平台的标杆。相信未来将有一系列对标 GEE 的新的遥感云计算平台出现。

1.4　小　　结

在过去的 50 年间，卫星遥感逐渐发展为局地、区域和全球空间尺度上测量地球最有效的工具之一。尤其是近年来国内外高分系列、资源系列、欧盟哨兵系列、美国陆地卫星等中高分辨率、高重访周期卫星的发射和组网，使全球数据获取速度达到一个新的高度，2~30 m 级空间分辨率、5 天重访周期的全球监测能力已经形成。卫星遥感数据作为一类空间大数据，其在数据处理、管理和数据分析方面的技术实践体现着大数据技术的思维方式：通过在大数据中构建不变特征数据集的思维，快速实现全球尺度多源数据的一致性处理；通过将信息提取技术表达为数据智能技术的思维，改变遥感数据应用方式，使信息提取更准确高效地服务于全球资源监测；通过云计算和容器技术融合应用的思维，提供数据、计算、服务一体化的能力，使遥感数据的应用更简捷便利。相信随着空间通信技术、传感技术的进一步发展，随着即时遥感和人的知识与大数据的不断结合，一个真正实现随时随地测量、监测地球、认知地表万物的时代终会到来。

参　考　文　献

陈军，陈晋，廖安平，等. 2016. 全球地表覆盖遥感制图. 北京: 科学出版社.

董金玮，李世卫，曾也鲁，等. 2020. 遥感云计算与科学分析——应用与实践. 北京: 科学出版社.

郭华东，王力哲，陈方，等. 2014. 科学大数据与数字地球. 科学通报, 59(12): 1047-1054.

李丽，高朋，朱重光. 1987. 几何纠正的快速实现-IRSA-2 遥感图像处理系统的发展之四. 环境遥感, 2(2): 140-145.

尚东. 2005. 高分辨率图像处理的排头兵—介绍 ERDAS I MAGINE V8.7 的优势. 遥感信息, (1): 62.

舍恩伯格, 肯尼思·库克耶, 周涛, 等. 2012. 大数据时代: 生活、工作与思维的大变革. 杭州: 浙江人民出版社.

唐娉, 郑柯, 单小军, 等. 2016. 以"不变特征点集"为控制数据集的遥感图像自动化处理框架. 遥感学报, 20(5): 1126-1137.

文继荣, 商烁. 2015. 大数据: 一种新经验主义方法. 经济日报, 2015 年 6 月 22 日.

吴军. 2017. 智能时代: 大数据与智能革命重新定义未来. 北京: 中信出版集团.

许子明, 田杨锋. 2018. 云计算的发展历史及其应用. 信息记录材料, 19(8): 66-67.

Bao C, Li Q, Shen Z, et al. 2019. Approximation analysis of convolutional neural networks. East Asian Journal on Applied Mathematics, 13(3): 524-549.

Baumann P, Mazzetti P, Ungar J, et al. 2015. Big data analytics for earth sciences: The earthserver approach. International Journal of Digital Earth, 9: 1-27.

Gong P, Wang J, Yu L, et al. 2013. Finer resolution observation and monitoring of global land cover: first mapping results with landsat tm and etm+ data. International Journal of Remote Sensing, 34: 2607-2654.

Hansen M, Potapov P, Moore R, et al. 2013. High-resolution global maps of 21st-century forest cover change. Science (New York, N.Y.), 342: 850-853.

Kozhirbayev Z, Sinnott R O. 2017.A performance comparison of container-based technologies for the cloud. Future Generation Computer Systems, 68:175-182.

Lecun Y, Bottou L, Bengio Y, et al. 1998. Gradient-based learning applied to document recognition. Proceedings of the IEEE, 86: 2278-2324.

Schowengerdt R A. 1997. Remote sensing, models, and methods for image processing. San Diego: Academic Press.

Toney H, Stewart T, Kristin T, et al. 2012. 第四范式: 数据密集型科学发现. 潘教峰, 张晓林. 北京: 科学出版社.

Wang L, Diao C, Xian G, et al. 2020. A summary of the special issue on remote sensing of land change science with google earth engine. Remote Sensing of Environment, 248: 112002.

第 2 章

多尺度遥感数据的几何归一化处理

多尺度遥感数据的几何归一化处理是多源数据综合应用的第一步。以统一的高精度影像为基准，通过自动提取图像控制点实现影像自动配准的方式，将各种尺度的影像校正到统一地理空间，是多尺度遥感数据的几何归一化处理常用的技术手段。但当尺度差异较大时，不同尺度的图像控制点特征描述会发生显著变化。如何在统一框架中实现多尺度图像的几何归一化处理是本章关注的重点。

2.1 引　　言

遥感影像卫星数据几何处理是一个比较传统的问题，相关技术研究也比较成熟，各类几何处理算法和相关处理软件也非常多。随着卫星成像技术的不断发展，遥感卫星几何处理已由单景影像的人工处理、半自动处理、全自动处理发展到现在的大数据量遥感影像的自动化、规模化和批量化处理。

随着处理要求的不断提高，对遥感影像几何处理的要求也越来越高，随之带来了一些新的问题，主要表现在以下三个方面：

1）高精度绝对几何校正难度加大

目前，高精度绝对几何校正主要依赖高精度的地面控制点，以前小区域处理，可以由人工进行地面控制点采集，但随着处理范围扩展到全国甚至全球，已经很难获得绝对几何校正所需的大量高精度控制点。因此，目前对于大区域影像的高精度几何处理，处理需求已由单幅影像的高精度绝对校正转变为以高精度影像为基准的高精度几何归一化处理，使所有影像在地理空间上完全一致，从而满足多源遥感影像集成使用需求。

2）遥感影像数据量持续增加提高了自动化处理难度

遥感影像数据量持续增加表现为两个方面：一方面，单幅影像数据量不断增加，由 MB 级增加到 GB 级甚至 10GB 级。另一方面，单次任务需要处理的数据量由 GB 级增加到 TB 级甚至 PB 级。单景遥感影像的数据量增加，提高了图像自动匹配、图像几何校正等算法对硬件资源的需求，如尺度不变特征变化（scale-invariant feature transform，SIFT）（Lowedavid, 2004）算法直接处理大数据量单幅遥感影像，现有硬件设备很难满足 SIFT 算法对内存等资源的要求。另外，随着单景遥感影像覆盖范围和数据量持续增加，部分国产高分辨率遥感影像存在内部几何畸变，甚至比较严重的几何畸变，从而增加了图像自动匹配、错误控制点检测、高精度几何校正处理算法等的难度。大数据量遥感规模化几何归一化处理，主要通过单服务器、分布集群、云计算等方式进行数据并行处理。多景遥感影像并行化处理时，需要几何校正算法支持并行处理，同时还要兼顾内存、硬盘等资源占用情况，充分提高并行处理效率。

3）遥感影像处理由小区域扩展到大区域要求算法具有更高的可靠性

遥感影像处理由单景处理扩展到大区域甚至全球处理，对遥感影像自动几何处理算法的可靠性提出了更高要求，需要对不同尺度、不同传感器、不同地物类型和不同气候条件地区的遥感影像具有高度的适应性，即能完成遥感影像的高精度几何处理，还要处理速度快。总之，对于大区域遥感影像几何处理算法，需要满足校正精度高、处理速度快和可靠性高的要求，才是最适合的算法。

本章重点针对以上大数据量遥感影像处理出现的新问题，综合考虑处理精度、处理速度和算法可靠性三个方面的因素，提出了基于高精度基准影像的多源多尺度遥感影像归一化处理框架，并对影像自动匹配、错误控制点检测等方法进行了详细阐述，有效解决了大数据量遥感影像的高精度几何处理难题，实现了多源多尺度遥感影像高精度快速几何归一化处理。

2.2 为什么需要几何归一化处理

近年来，随着不同类型遥感卫星的不断发射，不同分辨率、不同传感器的遥感影像越来越多，使得遥感影像在土地利用、资源调查、土地覆盖、环境监测等方面的应用越来越多。目前，受天气和卫星成像时间的影响，单一传感器影像数据量无法满足大区域或者全球的实际应用需求，因此，多传感器影像数据的集成使用得越来越多。但是，不同成像方式、不同卫星载荷及不同精度的成像参数，以及不同校正方法、不同基准影像或者控制点库，导致几何精校正或正射校正后的国产 GF、ZY、HJ 等卫星影像，以及 Landsat、WordView、哨兵等国外卫星影像在地理空间上不完全一致，从而导致按照相同地理位置进行集成使用的精度不高，影响实际应用的精度，甚至导致无法进行集成使用。

因此，针对以上多源遥感影像几何不一致的问题，需要以统一的高精度影像为基准，通过影像自动配准方式，将其他影像校正到统一地理空间，从而使所有卫星影像在地理空间上一致，真正做到多源卫星影像的集成使用。

2.3　几何校正自动化实现的关键点

2.3.1　控制点提取的发展脉络

控制点自动提取始终是几何校正的重要步骤，决定了几何校正的精度。控制点自动提取首先要进行特征提取，目前常用的是特征点提取算子，唐娉等（2016）对特征点提取算子的发展历史进行了总结，如图 2.1 所示。

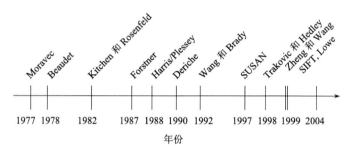

图 2.1　特征点提取算子发展脉络

Moravec 算子作为第 1 个广泛应用的角点检测算法，开创了角点检测的新纪元，后续的很多角点检测算子都是在其基础上通过扩展得到的。自动获得特征点之后，最核心的就是完成不同图像上特征点的匹配，特征点的匹配本质上是特征点描述子的相似性比较，相似性高就认为是匹配的。这中间涉及两方面的问题：特征点如何描述，对应的相似性如何度量。

特征点的描述与相似性度量依据描述子的不同通常有两大类：

邻域模板和基于模板的各种相似性度量。邻域模板直接取角点的邻域作为角点的描述，常用的包括相关系数、相位相关、互信息等。

各种具有不变特征的局部描述子与对应的相似性度量。各种不变特征的描述子可以构成特征矢量或特征直方图，对应于特征矢量的相似性度量主要是欧氏距离或其他距离，对应于特征直方图的相似性度量主要是基于分布的距离。

目前使用最广泛的是 SIFT 算法，该算法具有旋转和尺度不变性，对于光照和 3D 视角的变化也能保持一定的稳定性，同时降低了噪声的干扰。但 SIFT 算法速度慢，在某些情况下会出现大量误匹配点。为了解决这些问题，研究人员提出了很多改进方法。改进主要包括以下几个方面：①提高 SIFT 算法的速度，如 PCA-SIFT（Ke and Sukthankar, 2004）、SURF（Bay et al., 2016）、BRISK（Leutenegger et al., 2011）、GPU、多核等并行技术加速了 SIFT 算法（Heymann et al., 2007）。②在 SIFT 算法中增加颜色信息，如 CSIFT（Abdel-Hakim and Farag, 2006）、CH-SIFT（Jalilvand et al., 2011）。③使用空间位置约束（Hasan et al., 2010）、尺度约束（Yi et al., 2008）、尺度和方向联合约束（Li et al., 2009）提高 SIFT 匹配的准确率。④其他改进方法，如 GLOH（Mikolajczyk and Schmid, 2005）扩展了 SIFT 算法描述子生成的方式，把原来 SIFT 算法中 4×4 方形网格改成仿射状的同心圆表示，增加了匹配可靠性；Rank-SIFT（Li et al., 2011）通过一些相同场景的图像训练了排序模型，然后使用该排序模型对提取的关键点按照关键点稳定性由高到低进行排序，匹配时只取排在前面的关键点，从而克服了传统 SIFT 算法去除不稳定关键点对阈值依赖的缺点。

主要特征点提取算法描述如下：

1）Moravec 算子

Moravec 算子是斯坦福大学的 Hans P. Moravec 于 1977 年在机器人视觉和目标定位实验中提出的角点兴趣检测算子。Moravec 算子首先定义每一个像元在 0°、45°、90°、135°、180°、225°、270°、315° 共 8 个方向上的强度变化为，以该像元为中心，一定大小窗口（如 3×3）内每一像素点沿该方向平移 1 位后灰度变化的平方和。

$$V_{u,v}(x,y) = \sum_{\forall a,b \in window} I[(x+a+u, y+b+v) - I(x+a, y+b)]^2 \qquad (2.1)$$

式中，(u,v) 的取值为（1,0）、（1,1）、（0,1）、（−1,1）、（−1,0）、（−1,−1）、（0,−1）、（1,−1）。对每个像元，定义其兴趣值为其 8 个方向上强度变化值的最小值。

"右上"方向上"强度"变化的计算如图 2.2 所示。

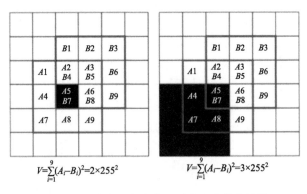

图 2.2　"右上"方向上"强度"变化的计算

Moravec 算子对不同位置像元点的检测结果如图 2.3 所示。

  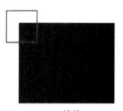

(a) 内部区域　　　　　(b) 边缘　　　　　　(c) 边缘　　　　　(d) 边缘
在任何方向上的　　沿边缘方向变化很小，　所有方向上的　　所有方向上的
强度变化都很小　　垂直于边缘变化很大　　强度变化很大　　强度变化很大

图 2.3　Moravec 算子对不同位置像元点的检测结果

Moravec 算子检测结果如图 2.4 所示。

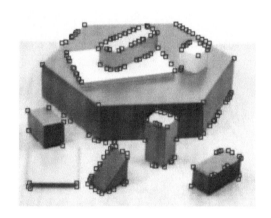

图 2.4　Moravec 算子检测结果

对图像定义唯一的阈值 T，将图像兴趣值大于 T 的点列举为候选点。最后定义固定大小的窗口在图像中进行平移扫描，取每个窗口中兴趣值最大的候选点为局部极大值点，即最终提取出的特征点。Moravec 算子是早期的角点检测算子，Moravec 算子提出了基本的角点检测思想，为后人的工作提供了良好的启发。但是 Moravec 算子的不足也很明显，即它只考虑 360° 方向上均匀离散的 8 个方向，因而对图像的旋转变化非常敏感。同时，由于算法简单，算子的抗噪性能也很一般。

2）Forstner 算子

Forstner 算子是通过计算各像素的 Robert 梯度值和以像素为中心的一个窗口的灰度协方差矩阵，在图像中寻找误差椭圆小而且接近圆形的点作为特征点。它能给出特征点的类型且精度较高，所以在实际中应用比较广泛。

Forstner 算子首先初选候选点。将图像分割为若干一定大小的窗口（$L \times L$），对于每个图像窗口的中心点，计算其和上下左右四个像元的灰度值之差，4 个差中有任意两个大于阈值 T 的被列入候选点。

然后对每个点取一个窗口（如 3×3），为候选点计算其灰度协方差矩阵：

$$N = \begin{bmatrix} A & C \\ C & B \end{bmatrix} \tag{2.2}$$

式中，$A = \sum_{i \in \text{window}} \left(\dfrac{\partial I}{\partial x} \right)^2$；$B = \sum_{i \in \text{window}} \left(\dfrac{\partial I}{\partial y} \right)^2$；$C = \sum_{i \in \text{window}} \left(\dfrac{\partial I}{\partial x} \dfrac{\partial I}{\partial y} \right)$。

再计算圆度 q：

$$q = \frac{4\text{Det}(N)}{\text{Tr}(N)^2} \tag{2.3}$$

若点的圆度 q 大于阈值 Q，则将其列为备选点，并计算其权值 W：

$$W = \frac{\text{Det}(N)}{\text{Tr}(N)} \tag{2.4}$$

最后以权值为依据，在图像相等大小的子窗口中（如 3×3）以局部极大值为最终特征点。

对式（2.3）和式（2.4）进行进一步分析：

$$\begin{cases} \text{Det}(N) = \lambda_1 \lambda_2 = AB - C^2 \\ \text{Tr}(N) = \lambda_1 + \lambda_2 = A + B \end{cases} \tag{2.5}$$

式（2.5）中 λ_1 和 λ_2 为矩阵的两个特征值。将式（2.5）代入式（2.3）有

$$q = \frac{4\lambda_1 \lambda_2}{(\lambda_1 + \lambda_2)^2} \leqslant 1 \tag{2.6}$$

当 q 越大（越接近 1），说明点越接近圆。而 W 越大，则说明点的边缘特征越明显。

Forstner 算子的优点在于精确，同时考虑点的边缘特征和形状特征，但计算复杂，而且依赖于 3 个阈值（L、T、Q）。

3）Harris 算子

Harris 算子是 C. G. Harris 和 M. Stephens 在 1988 年提出的一种特征算子。这种算子受信号处理中自相关函数的启发，给出了与相关函数联系的矩阵 M。

M 的特征值是自相关函数的一阶曲率，如果两个曲率都很高，那么就认为该点是角点。

Harris 算子定义像元的矩阵 M 为

$$M = \begin{bmatrix} A & C \\ C & B \end{bmatrix} \qquad (2.7)$$

式中，$A = \left(\dfrac{\partial I}{\partial x}\right)^2 \otimes w$；$B = \left(\dfrac{\partial I}{\partial y}\right)^2 \otimes w$；$C = \left(\dfrac{\partial I}{\partial x}\dfrac{\partial I}{\partial y}\right) \otimes w$。其中 w 是高斯平滑模板。定义 M 之后，像元的兴趣值 I 定义为

$$I = \mathrm{Det}(M) - k \cdot \mathrm{Tr}(M) \qquad (2.8)$$

式中，k 为默认常数，通常取 0.04。I 计算出来后 Harris 算子认为局部极大值为兴趣点，即以一定大小窗口（如 3×3）在图像上平移，窗口中心像元兴趣值为窗口中极大值时，中心像元被认为是特征点。

对式（2.8）进行进一步分析：

$$\begin{cases} \mathrm{Det}(M) = \lambda_1\lambda_2 = AB - C^2 \\ \mathrm{Tr}(M) = \lambda_1 + \lambda_2 = A + B \end{cases} \qquad (2.9)$$

式中，λ_1 和 λ_2 为矩阵的两个特征值。特征值的大小和像元的边缘特征关系如图 2.5 所示，当 λ_1 和 λ_2 都很大时，I 相应地大，同时，像元也更接近于角点（图 2.5）。因此，Harris 算子能很好地反映像元的边缘特征。

λ_1, λ_2 较小　　　　$\lambda_1 \gg \lambda_2$ 或 $\lambda_2 \gg \lambda_1$　　　　λ_1, λ_2 较大且 $\lambda_1 \approx \lambda_2$

图 2.5　特征值和点形状特征的关系

Harris 算子的优点在于实现较为简单，抗噪能力好，对图像的旋转变化具有一定适应能力。同时，由于是默认常数，算法的阈值依赖性很低，可以实现对定量控制点数量的选择，但对控制点的形状控制没有 Forstner 算子好。

特征值空间和像元边缘特征的关系如图 2.6 所示。

Harris 算子检测结果如图 2.7 所示。

4）SUSAN 算子

SUSAN 算子不考虑梯度特征。它通过统计以像元为中心的一个近似圆形的模板窗口内和像元灰度值相差小于阈值的像元数量来定义像元的兴趣值。

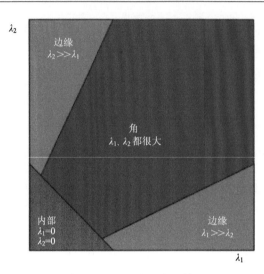

图 2.6　特征值空间和像元边缘特征的关系

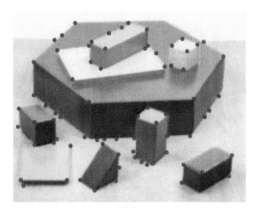

图 2.7　Harris 算子检测结果

对于每个像元，SUSAN 算子定义一个近似圆形的模板，见图 2.8。当半径为 3 时，模板定义如下（中心像元为编号 19 的点）：模板内每个像元的灰度值都与中心像元（又称"核"）进行比较，当灰度值差小于阈值时，认为具有相同的灰度。所有和核具有相同灰度的像元构成吸收核同值区（univalue segment assimilating nucleus，USAN）。

$$C(x_0,y_0;x,y)=\begin{cases}1 & \left|f(x_0,y_0)-f(x,y)\right|\leqslant T \\ 0 & \left|f(x_0,y_0)-f(x,y)\right|>T\end{cases} \tag{2.10}$$

式中，$f(x_0,y_0)$ 和 $f(x,y)$ 分别为核和模板内某一点的灰度值。USAN 大小可以通过式（2.11）求得：

		1	2	3		
	4	5	6	7	8	
9	10	11	12	13	14	15
16	17	18	19	20	21	22
23	24	25	26	27	28	29
	30	31	32	33	34	
		35	36	37		

图 2.8 SUSAN 模板

$$S(x_0, y_0) = \sum_{(x,y)\in\text{window}} C(x_0, y_0; x, y) \qquad (2.11)$$

当圆形模板完全在背景中或完全在目标中时，USAN 区面积最大；当模板移向目标边缘时，其 USAN 区面积逐渐减小；当圆心处在目标边缘时，USAN 区很小；当圆心在目标角点处时，USAN 区最小。将图像每点上的 USAN 区大小作为该处特征的显著性度量，USAN 区越小的点特征越显著，如图 2.9 所示。

定义阈值 C，当像元的 USAN 大小小于 C 时，列为候选点。因此，像元的响应函数定义为

$$(x_0, y_0) = \begin{cases} C - C(x_0, y_0) & C(x_0, y_0) < C \\ 0 & C(x_0, y_0) \geqslant C \end{cases} \qquad (2.12)$$

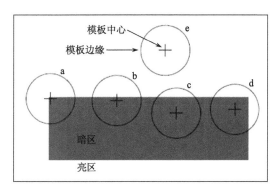

图 2.9 USAN 区域和点边缘特征关系示意图

a~e 指不同的圆形模板

通常取 $C = \dfrac{\max\limits_{i}\{C(x_i, y_i)\}}{2}$。最后根据响应函数值进行特征点选取。SUSAN 算子不进行梯度运算，具有较好的抗噪能力，但是阈值依赖性较强。

从以上内容可以看出,Moravec 算子是角点提取的早期算子,算法简单,但对图像的旋转等特征处理不佳,抗噪能力有限,在现在的实际工程中应用面不广。Forstner 算子的优势在于同时考虑了角点的边缘特性和形状特性,而且计算精确,应用面广。但其劣势在于实现复杂,且依赖于阈值。Harris 算子的优势在于实现简单,不依赖阈值,自动化程度高。但其劣势在于不够精确,且高斯平滑的引入对实际工程中的速度性能会有一定影响。SUSAN 算子的优势在于运算简单,适于硬件加速,方法较新颖。但其劣势在于阈值依赖性强。

任何事物都具有两面性。算子对阈值的依赖性,在实际工程中应辩证考虑。一方面它使算子的运算结果具有不稳定性,但另一方面它在人机交互允许的情况下,通过阈值设定可以做到对结果的调整,同样具有不可替代的工程意义。图 2.10 是对同一幅遥感影像,用 Forstner、Harris、SUSAN 算子分别进行特征提取的结果。

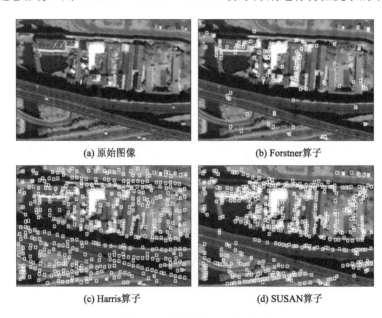

(a) 原始图像   (b) Forstner算子

(c) Harris算子   (d) SUSAN算子

图 2.10　算子实验效果对比图

5）SIFT 算法

SIFT 算法是基于图像尺度空间理论而提出的。图像的尺度空间 $L(x,y,\sigma)$ 表示为图像 $I(x,y)$ 和可变尺度高斯函数 $D(x,y,\sigma)$ 的卷积,具体公式如下:

$$L(x,y,\sigma) = G(x,y,\sigma) \cdot I(x,y) \tag{2.13}$$

$$G(x,y,\sigma) = \frac{1}{\sqrt{2\pi}\sigma} e^{-(x^2+y^2)/2\sigma^2} \tag{2.14}$$

SIFT 算法在高斯差分空间（difference -of-Gaussian, DoG）中同时检测局部极值作为特征点，从而使特征点具有很好的独特性和稳定性。DoG 的定义为两个不同尺度高斯核的差分：

$$D(x, y, \sigma) = [G(x, y, k\sigma) - G(x, y, \sigma)] \cdot I(x, y)$$
$$= L(x, y, k\sigma) - L(x, y, \sigma) \tag{2.15}$$

尺度空间的具体过程如图 2.11 所示。

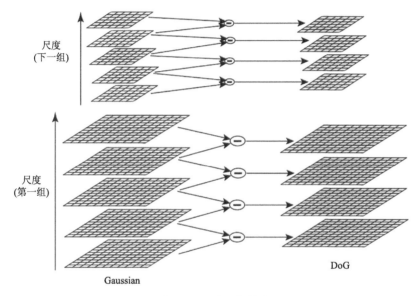

图 2.11　尺度空间构建

SIFT 特征匹配算法主要包括以下四个步骤：

（1）尺度空间极值检测，确定关键点位置和尺度。在检测尺度空间极值时，每一个待检测的像素需要跟同一尺度的周围邻域的 8 个像素和相邻尺度对应位置的周围邻域 9×2 个像素进行比较，需要比较的像素个数共 26 个，以确保在尺度空间和二维图像空间都检测到局部极值，如图 2.12 所示。

（2）精确定位极值点。利用拟合的三维二次函数精确确定关键点的位置和尺度。SIFT 算法在关键点精确定位的基础上，进一步剔除部分低对比度和不稳定的边缘关键点，以增强特征匹配的稳定性、提高算法的抗噪声能力，从而来提高算法的稳定性。

SIFT 算法中低对比度特征点的检测准则如下：

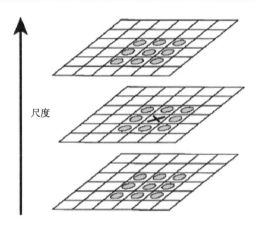

图 2.12　尺度空间局部极值检测

$$D(\hat{x}) = D + \frac{1}{2}\frac{\partial D^{\mathrm{T}}}{\partial x}\hat{x} \tag{2.16}$$

式中，D 表示高斯差分函数；$\hat{x}$ 表示特征点的准确位置和尺度。如果 $D(\hat{x}) < T_c$（T_c 为阈值），则该特征点为低对比度的点。

SIFT 算法中低边缘特征点的检测准则如下：

$$r(H) = \frac{\mathrm{Tr}(H)}{\mathrm{Det}(H)} < \frac{(r+1)^2}{r} \tag{2.17}$$

式中，H 表示 2×2 的 Hessian 矩阵；r 表示设定的阈值。

（3）确定关键点的主方向。利用关键点邻域像素的梯度方向分布为每个关键点确定主方向，一个关键点可以有多个主方向，使算子具有旋转不变性。

$$m(x,y) = \sqrt{[L(x+1,y)-L(x-1,y)]^2 + [L(x,y+1)-L(x,y-1)]^2}$$
$$\theta(x,y) = \tan^{-1}\{[L(x,y+1)-L(x,y-1)]/[L(x+1,y)-L(x-1,y)]\} \tag{2.18}$$

式中，式（2.18）中的两个公式分别表示在 (x,y) 处的梯度值和梯度方向。

在计算时，在以关键点为中心的邻域窗口内采样，并统计邻域像素的梯度方向直方图，把直方图的峰值所对应的方向作为该关键点的主方向。在梯度方向直方图中，如果存在相当于主峰值 80% 的峰值时，那么也将这些方向作为该关键点的辅方向。

（4）生成 SIFT 特征向量。首先将坐标旋转至主方向，以保证算法具有旋转不变性。然后，以关键点为中心取 16×16 的窗口，在每 4×4 的小块上计算 8 个方向的梯度方向直方图，绘制每个梯度方向的累加值，形成一个种子点。总共 16 个种子点，每个种子点有 8 个方向向量，即可生成每个关键点 16×8=128 维的特征向量。

当两幅图像的 SIFT 特征向量生成后，采用关键点特征向量的欧氏距离作为两幅图像中关键点的相似性度量准则，并使用最近距离和次近距离的比值进行特征匹配，如果距离比值小于设定阈值，则匹配成功。为了提高搜索最近邻和次近邻特征点的速度，SIFT 算法采用 BBF（best-bin-first）算法来提高搜索的速度。

6）SURF 方法

SURF 改进了特征的提取和描述方式，其用一种更为高效的方式完成特征的提取和描述。主要步骤如下：

（1）构建 Hessian 矩阵。Hessian 矩阵是一个多元函数的二阶偏导数构成的方阵，描述了函数的局部曲率，由德国数学家 Ludwin Otto Hessian 于 19 世纪提出。SURF 方法构造的金字塔图像与 SIFT 算法有很大不同，SIFT 算法采用的是 DOG 图像，而 SURF 方法采用的是 Hessian 矩阵行列式近似值图像。Hessian 矩阵是 SURF 算法的核心，构建 Hessian 矩阵的目的是生成图像稳定的边缘点（突变点），为特征提取打好基础。图像中某个像素点的 Hessian 矩阵如下：

$$H(x,\sigma) = \begin{bmatrix} L_{xx}(x,\sigma) & L_{xy}(x,\sigma) \\ L_{xy}(x,\sigma) & L_{yy}(x,\sigma) \end{bmatrix} \tag{2.19}$$

式中，L_{xx}、L_{xy}、L_{yy} 为滤波后图像 $g(\sigma)$ 在各个方向的二阶导数。

由于高斯核是服从正态分布的，从中心点往外，系数越来越低，为了提高运算速度，SURF 方法使用盒式滤波器（boxfilter）来近似替代高斯滤波器，提高运算速度。盒式滤波器将图像的滤波转化成计算图像上不同区域间像素和的加减运算问题，只需要简单几次查找积分图就可以完成。

每个像素的 Hessian 矩阵行列式的近似值如下：

$$\mathrm{Det}(H) = D_{xx} \cdot D_{yy} - (0.9 \cdot D_{xy})^2 \tag{2.20}$$

在 D_{xy} 上乘以一个加权系数 0.9，目的是平衡因使用盒式滤波器近似所带来的误差。

（2）构建尺度空间。SIFT 算法中下一组图像的尺寸是上一组的一半，同一组间图像尺寸一样，但是所使用的高斯模糊系数逐渐增大；而在 SURF 方法中，不同组间图像的尺寸都是一致的，但不同组间使用的盒式滤波器的模板尺寸逐渐增大，同一组不同层间使用相同尺寸的滤波器，但是滤波器的模糊系数逐渐增大。

（3）特征点定位。特征点的定位过程与 SIFT 算法相同，将经过 Hessian 矩阵处理的每个像素点与二维图像空间和尺度空间邻域内的 26 个点进行比较，初步定位出关键点，然后删除比较弱的关键点以及错误定位的关键点，确定稳定特征点。

（4）特征点主方向分配。SURF 方法使用统计 60°扇形内所有点的水平、垂直 Harr 小波特征总和，然后扇形以一定间隔进行旋转并再次统计该区域内 Harr 小波特征值，最后将值最大扇形的方向作为该特征点的主方向。

（5）生成特征点描述子。SURF 方法是在特征点周围取一个 44 的矩形区域块，但是所取得的矩形区域方向是沿着特征点的主方向。每个子区域统计 25 个像素的水平方向和垂直方向的 Haar 小波特征。该 Haar 小波特征为水平方向值之和、垂直方向值之和、水平方向绝对值之和以及垂直方向绝对值之和 4 个方向。把这 4 个值作为每个子块区域的特征向量，每个特征点就是 $16 \times 4 = 64$ 维特征向量，比 SIFT 算法少了一半，极大地加速了匹配速度。

（6）特征点匹配。SURF 方法也是通过计算两个特征点间的欧式距离来确定匹配度的。

2.3.2　几何校正模型的选取和发展

目前，常用的几何校正模型包括多项式模型、样条函数模型和三角网模型。

1）多项式模型

多项式模型是一个整体模型，常用的多项式模型包括 1 阶、2 阶和 3 阶多项式。多项式系统采用最小二乘拟合方法求解。

2）样条函数模型

样条函数模型也是一个整体模型，计算公式如下：

$$\begin{cases} u = a_0 + a_1x + a_2y + \displaystyle\sum_{i=1}^{N} f_i r_i^2 \ln r_i^2 \\ v = b_0 + b_1x + b_2y + \displaystyle\sum_{i=1}^{N} g_i r_i^2 \ln r_i^2 \end{cases} \tag{2.21}$$

式中，(u, v) 为图像坐标；(x, y) 为控制点。

3）三角网模型

三角网模型是根据匹配得到的控制点，构建不规则的三角网，然后在每个三角形内用一阶多项式进行校正。三角网的构建方法很多，其中经常使用的是 Delaunay TIN（Devereux et al., 1990）。在匹配结果中，影像边缘可能会没有控制点，从而导致在影像边缘无法构建三角网，导致结果影像的部分边缘没有数据。因此，使用三角网模型时，至少需要在影像 4 个角点添加 4 对控制点。

以上三个模型中，三角网模型是构建多个局部模型，所以非常适合内部畸变复杂影像的几何校正。Hu 和 Tang（2011）分析了 HJ-1 影像存在复杂内部畸变，比较了多项式模型、样条函数模型、三角网模型用于 HJ-1 CCD 影像校正的精度，试验结果表明三角网模型的精度最高。

2.4 误匹配点检测方法

2.4.1 研究现状概述

对于遥感图像，由于光照、拍摄角度、成像条件等的不同，无论采用何种匹配方法，其获取的匹配点总是存在一些误匹配点，因此如何有效检测误匹配点也是遥感图像配准中需要研究的主要内容。本章在单小军和唐娉（2015）误匹配点检测技术综述的基础上，按照不同方法使用的技术原理，将常用的误匹配点检测技术分为三类：基于函数拟合的方法、随机采样一致性（random sample consensus，RANSAC）及其改进方法、图转换匹配（graph transformation matching，GTM）（Aguilar et al., 2009）及其改进方法。

1. 基于函数拟合的方法

基于函数拟合的方法是根据影像的大小、几何变形情况，选择合适的函数模型，然后使用最小二乘法求解函数的系数。最后计算每一对匹配点和模型误差，大于某一阈值的匹配点被认为是误匹配点。在遥感影像的误匹配点检测中，通常使用多项式模型来检测。基于函数拟合的方法使用所有的匹配点计算函数模型系数，如果存在误差较大的匹配点，就会导致拟合的模型误差较大，从而影响误匹配点的判定精度。因此，在实际使用中，可以使用迭代最小二乘法来克服误差较大匹配点的影响，提高误匹配点检测的精度。迭代最小二乘拟合方法的基本思想是使用所有的匹配点进行最小二乘拟合建立函数模型，计算每对匹配点相对于函数模型的误差，剔除误差最大的 N 对匹配点，然后再次使用最小二乘法剔除误差最大的 N 对匹配点，直到所有匹配点的误差小于设定的阈值或者匹配点数量小于设定的阈值。多次迭代能有效克服误差较大匹配点的影响，提高误匹配点检测精度。迭代最小二乘法可以提高误匹配点的判定精度，但是多项式模型都只能模拟全局变形，不能很好地处理局部变形，因此，对于几何畸变复杂的遥感影像，迭代最小二乘法仍然会失败。

2. RANSAC 及其改进方法

RANSAC 通过不断采样若干匹配点来迭代估算给定模型的最优模型参数（对应最多数量的正确匹配点），不满足最优模型参数的匹配点就判定为误匹配点。

RANSAC 方法是一种从一组包含外点的数据集中，通过迭代方式估计模型参数的方法。在遥感影像误匹配点判定中，外点就是误匹配点。RANSAC 方法中通常使用的模型是基于外极线几何约束理论的基本矩阵，也可以使用单应矩阵。RANSAC 方法的优点是能鲁棒地估计最优模型参数，能从包含大量错误数据的数据集中估算出高精度的模型参数。RANSAC 方法的优点是其在自然场景影像、遥感影像等的误匹配点判定中得到了广泛应用。和基于函数拟合的方法相比，误差较大的误匹配点对 RANSAC 方法影响很小。

但是 RANSAC 方法也存在以下不足：①RANSAC 方法只有一定的概率得到最优模型参数，概率与迭代次数成正比。如果设置迭代次数的上限不合理，得到的结果可能不是最优的结果，甚至可能得到错误结果。②RANSAC 方法要求设置判断阈值，通过阈值来判断是内点还是外点。但是，对于有些应用，可能无法确定阈值。③RANSAC 方法只能从给定的数据集中估计一个模型，如果存在两个或多个模型，RANSAC 方法就无法有效的估算。对于遥感影像，如果所有的正确匹配点不满足同一个模型，RANSAC 方法就无法找到所有正确的匹配点，甚至无法有效判定误匹配点。

针对 RASAC 方法的不足，学者提出了多种改进方法，本书将各种改进方法分为以下几个方面：改进损失函数、改进数据采样方式、改进模型估算方式、增加模型数量，从而达到提高算法精度、提高算法速度和增加算法鲁棒性中的一个或多个目的。

1）改进损失函数

M-估计量采样一致性（M-estimator SAC，MSAC）（Torr and Zisserman, 2000）扩展了 RANSAC 方法中损失函数的边界，不仅考虑内点的数量，还计算所有内点误差的平方和；最大似然估计采样一致性（maximum likelihood SAC，MLESAC）使用内点和外点误差的联合概率分布进行内点检测。该方法的核心是如下假设：如果一对匹配点为内点，坐标间的残差应该符合均值为 0 的正态分布；如果一对匹配点为外点，坐标间的残差应该服从均匀分布。基于该假设，该方法使用内点和外点联合概率分布的自然对数的负值作为最优模型的判别准则，代替了原始 RANSAC 方法使用内点数量的判别方法。

遗传算法采样一致性（genetic algorithm sample consensus，GASAC）（Rodehorst and Hellwich, 2006）中使用两种改进损失函数进行内点检测。以上针对损失函数的改进，考虑了不同匹配点的误差，相比 RANSAC 方法，以上改进算法都能提高模型估算的精度。

2）改进数据采样方式

RANSAC 方法使用随机采样方法，会导致采样后的样本点包含错误的点，从而导致算法需要更多次的迭代来找到最优模型，甚至导致无法获得最优模型。针对该问题，研究者提出了多种改进的采样策略来提高算法的速度和精度。

Guided-MLESAC（Tordoff and Murray, 2005）依据正确匹配点的先验概率进行数据采样，具有更大概率内点的数据点更有可能被优先选择用于模型参数估算，从而提高模型估算的速度。在本章试验中，估算单应矩阵时，使用匹配点的匹配度作为先验知识。

PROSAC（progressive sample consensus）（Chum and Matas, 2005）将所有匹配点按照先验知识进行排序，数据点是内点的概率越大，就会越排在前面。在采样时，优先从排在前面的样本点中采样，从而能更快地找到最佳模型参数，提高算法速度。另外，优先使用正确匹配点进行模型参数估算，可以较好地克服误匹配点的影响，提高算法的鲁棒性。

GroupSac（group sample consensus）（Ni et al., 2009）基于一种假设：部分实际应用中，存在一些天然的分组包含高比例的内点，另一些分组包括大部分的外点，如宽基线匹配中，两幅图像重叠区域的内点比例很高，而非重叠区域包含大部分的外点。GroupSac 首先使用分割或者基于光流的聚类方法对所有匹配点进行聚类，形成多个分组。匹配点分组后，重叠区域的匹配点数量较多，而非重叠区域的匹配点较少，因此按照匹配点数量进行排序，分组排序后，优先在匹配点数量较多的分组（正确匹配点比例高）进行采用，从而使算法能更快地获得最优模型参数，提高算法速度和鲁棒性。

Volker Rodehorst 等将遗传算法用于 RANSAC 方法，提出了 GASAC 方法。遗传算法是一种借鉴生物界自然选择和自然遗传机制的随机化搜索算法，已被广泛地应用于组合优化领域，其全局最优性、可并行性、高效性在函数优化、模式识别、图像处理等领域得到了广泛的应用。通过遗传算法，可以更加快速、准确地寻找最优模型参数。最大距离采样一致性（maximum distance sample consensus，MDSAC）（Wong and Clausi, 2007）方法在每次迭代时都随机生成多个样本集，然后计算每个样本集中样本点的欧氏距离之和，最后使用距离最大的样本集估算模型参数。该方法的优点是可以使样本点的距离较大，也就是说样本之间比较分散，这样就能防止只使用局部区域的匹配点进行模型估算，从而提高了算法的鲁棒性和精度。

3）改进模型估算方式

RANSAC 方法以及上面的改进方法都是获得一个模型后，计算所有数据点和模型的拟合程度。在实际应用中，估算的部分模型是坏模型，计算所有数据点和模型的拟合程度没有必要，并且会降低 RANSAC 方法的速度。

针对以上问题，学者在模型参数迭代估算过程中预先判断一个模型是好模型还是坏模型，如果是坏模型，则重新估算新模型参数，不再计算数据点和模型的拟合程度，从而提高模型拟合速度，比较典型的方法包括：基于 Td、d 测试的 Randomized RANSAC（R-RANSAC）（Matas and Chum, 2004）和基于序贯概率比测试（sequential probability ratio test, SPRT）的 R-RANSAC（Matas and Chum, 2005）。基于 Td、d 测试的 R-RANSAC 方法首先是随机采样 m 个数据点进行模型参数估算，然后进行 Td、d 测试，如果通过 Td、d 测试，则计算所有数据点和模型的误差，否则重新进行模型参数估算。Td、d 测试是指如果 d 次随机采样的 d 个点都满足估算的模型，则通过测试，否则不通过。

基于序贯概率比测试的 R-RANSAC 方法使用似然比来判定估算的模型是好还是坏。

另外，RNASAC 迭代过程中，部分误差较大的匹配点会影响模型拟合的精度。因此，LO-RANSAC（locally optimized RANSAC）方法在获得一个更好的模型后，以当前模型为基础，开始进行局部优化。具体做法是每次迭代时，使用 $K \cdot e$ 的误差来估算模型参数，获得满足模型的所有内点，然后减小误差，使用所有"内点"重新估算模型参数，直到误差等于 e。通过多次局部迭代，可以有效减少较大误差点对模型参数估算的影响，提高算法精度。

4）增加模型数量

针对 RANSAC 方法只能估算单一模型的缺点，学者提出了多模型 RANSAC 方法。Sequential RANSAC（Vincent and Laganiere, 2001）方法每次迭代找到一个模型，然后从数据点中移除该模型的内点，继续迭代搜索下一个模型。但是如果前一个模型估算有误，那么会影响后续模型估算的精度。MultiRANSAC（Zuliani et al., 2005）方法对 Sequential RANSAC 方法进行了改进，该方法每一次迭代都完成对所有模型的检测，并和上次迭代结果进行融合，通过多次迭代检测到多个最优模型。

这些多模型方法都需要用户给定模型数量，并且假设各个模型的内点之间没有交叉。而遥感影像中，虽然所有的匹配点无法满足一个模型，但是多个模型的内点之间是有交叉的，也就是说，一些匹配点可以同时满足 2 个或者更多个模型。因此，现有的多模型 RANSAC 无法有效解决遥感影像中所有正确匹配点无法满足同一个模型的误匹配判定问题。王亚伟等（2013）针对 RANSAC 及其改进方法有时无法检测出所有正确匹配点的问题，提出了 mRANSAC 方法。mRANSAC 方法使用多个模型，通过并集法、减集法、自适应内点数阈值法进行正确匹配点检测，可以比其他方法检测出更多的正确匹配点。需要注意的是，mRANSAC 方法也是假设所有正确匹配点可以满足同一个模型。

3. GTM 及其改进方法

基于图的方法是在局部区域内使用匹配点的分布和领域关系来判定误匹配点，其主要包括 GTM 及其改进方法。GTM 是针对弹性影像配准的特点，使用自动匹配获得的匹配点，分别在两幅图像构建 K 最近邻图（KNN 图），并计算邻接矩阵，然后通过邻接矩阵的相似性来进行误匹配点判定。试验结果表明，对于弹性医学影像，GTM 方法比 RANSAC 方法精度更高、鲁棒性更强。但是 GTM 方法也有缺点：①如果一对误匹配点具有相同的邻域点，也就是说具有相同的图结构，那么 GTM 方法无法正确识别（Liu et al., 2011）；②对于变形比较大的图像，如广角成像、场景覆盖范围较大等，部分正确匹配点对可能具有不相同的图结构，从而将正确匹配点识别为误匹配点（Izadi and Saeedi, 2012）。

针对 GTM 方法无法正确识别具有相似图结构的误匹配点，Liu 等（2011）使用邻接点的空间顺序来提高精度。对于刚性变换和仿射变换，邻接点的空间顺序是不变的，因此该方法在构建 KNN 图时，将邻接点按照顺时针方向编号，并将编号储存在邻接矩阵中，然后使用循环字符串匹配技术（Maes, 1990）判定误匹配点。

针对 GTM 方法的两个缺点，Izadi 和 Saeedi（2012）在 GTM 方法的基础上，提出了加权 GTM（WGTM）方法。该方法通过构建 KNN 图来构建加权矩阵。WGTM 方法使用邻域点的角距离（angular distance）作为权重值，由于角距离具有旋转和尺度不变性，另外角距离对镜头畸变等变形不敏感，因此，通过使用角距离作为权重可以提高算法的精度。张官亮等（2013）使用马氏距离中值替换 GTM 方法的欧氏距离中值，并增加角度权重来提高算法的精度。闫占凯等（2014）也使用马氏距离中值和角度距离建立权重矩阵来提高精度。

GTM 及其改进方法的优点是不需要任何变换模型，对弹性影像具有很好的适应性。但 GTM 及其改进方法都是通过不断构建 KNN 图来迭代剔除误匹配点，如果匹配点较多，并且包含较多误匹配点，则需要迭代的次数就非常多，会导致算法速度较慢。

2.4.2　现有方法问题及改进方向

随着遥感技术的不断发展，传感器的种类越来越多，积累的数据量越来越大，并且单景影像的分辨率越来越高、覆盖范围和图像大小也越来越大。以前小区域图像的处理模式已经不能满足实际应用要求，大区域影像的自动化、规模化配准是技术发展的必然选择。因此，配准方法获得的匹配点也具有新的特点：①由于图像较大，匹配点的数量非常多，有几千甚至上万个；②受几何变形、光照、拍摄角度、地物变化等影响，基于特征的匹配算法获得的匹配点可能包含大量的误匹配点，并且部分误匹配点的误差较大；③由于覆盖范围较大，一景影像中可能包含不同的地物，导致基于特征的匹配算法获得的匹配点分布不均匀；④受几何变形、复杂地形，以及覆盖范围较大等影响，对于宽覆盖、几何变形复杂的图像，所有正确匹配点无法满足同一个模型。

针对以上遥感影像配准中匹配点的新特点，现有方法存在一些不足，还需要进一步研究来解决多源遥感影像中误匹配点判定问题。

（1）大量匹配点且包含较多误匹配点需要更加稳定、精度更高的算法。

在计算机视觉领域，图像较小，场景不复杂，使用 SIFT 算法等获得的匹配点较少、精度高，因此使用 RANSAC 及其改进方法检测误匹配点的精度高。但是对于遥感影像，匹配点非常多以及较多误匹配点可能会导致 RANSAC 方法获得了一个较好的模型后，直到满足迭代停止的条件，算法再没有找到更好的模型参数，从而将当前模型作为最优模型，导致算法的多次结果不一致并且无法找到最优模型。最小二乘拟合法受误差较大匹配点影响较大，并且对几何变形适应性较差，也无法获得高精度的结果。因此，对于大量匹配点且包含较多误匹配点的遥感影像，需要进一步研究改进 RANSAC 方法或者使用新的算法来提高稳定性和精度。

（2）几何变形、地形复杂的大区域影像，所有正确匹配点无法满足一个统一的模型。

对于宽覆盖、几何畸变较大的遥感影像，由于几何变形和复杂地形的影响，所有正确的匹配点无法满足同一个模型，如果使用 RANSAC 方法等对所有匹配点进行误匹配点剔除，就会导致剔除很多正确的匹配点。目前提出的多模型 RANSAC 方法，需要设置模型参数，并且假设各个模型的内点之间没有交叉。而遥感影像中，虽然所有的匹配点无法满足一个模型，但是多个模型的内点之间是有交叉的。

（3）计算机视觉领域的新方法需要改进后用于遥感影像配准中。

GTM 方法是根据计算机视觉领域特定需要提出的方法。GTM 方法具有不需要任何模型的突出优点，因此可以用于遥感影像中无法满足同一个模型的匹配点的检测。但是 GTM 方法用于多源遥感影像配准中存在以下两个方面的问题：①使用图的相似性进行误匹配点判定，可能会导致部分误匹配点构建的图也相似，从而导致 GTM 方法无法检测误匹配点；②对于遥感图像，尤其是大数据量的遥感图像，自动匹配获得的匹配点会达到几千个甚至上万个，如果直接构建 K 近邻矩阵，会降低算法速度、增加资源消耗。

2.5　基于高精度基准影像的多尺度遥感影像归一化处理框架和应用

本节内容是在 HJ-1CCD 几何校正文献（单小军等，2014; Shan et al., 2014）的基础上，提出了中高分辨率影像自动几何归一化处理的总体框架，使其适应高分（GF）卫星、资源（ZY）卫星等高分辨率影像的自动几何归一化处理。

2.5.1　几何归一化处理总体框架

目前，常用的影像主要包括 1 级影像和 2 级影像两大类，对于 1 级影像，利用少量控制点和自带的 RPC（rational polynomial coefficient）参数进行正射校正；对于 2 级影像，通过分层匹配技术获取大量控制点，然后构建局部校正模型完成几何校正。总体处理框架如图 2.13 所示。

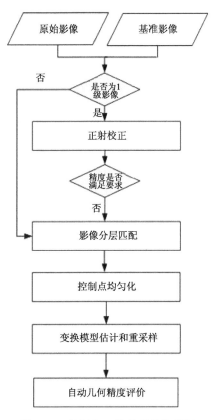

图 2.13　几何归一化处理总体框架

2.5.2　正射校正

目前，对于高分辨率图像，用户获得的都是自带 RPC 参数的图像，因此需要根据 RPC 和对应区域的数字高程模型（digital elevation model，DEM）构建有理函数模型进行正射校正。

有理函数模型指的是将地物点的地面坐标和像点坐标用多项式的比值形式进行关联，为了保证模型计算结果的稳定，在实际应用中，通常将这两个坐标正则化到 $-1\sim+1$。有理函数模型表达如下：

$$\begin{cases} x_n = \dfrac{P_1(X_n,Y_n,Z_n)}{P_2(X_n,Y_n,Z_n)} \\ y_n = \dfrac{P_3(X_n,Y_n,Z_n)}{P_4(X_n,Y_n,Z_n)} \end{cases} \tag{2.22}$$

式中，(x_n,y_n) 和 (X_n,Y_n,Z_n) 分别表示像素坐标（x, y）和地面点坐标（X, Y, Z）经平移和缩放后的正则化坐标；P_i 为多项式，多项式中每一项的各个坐标分量 X、Y、Z 的幂最大不超过 3。

对于大部分传感器，受卫星姿态等的影响，RPC 参数不够准确。因此，RPC 校正前，首先需要少量的控制点进行有理函数模型优化。相关研究表明，有理函数模型包含一定的系统误差，采用基于像方补偿的方案能够很好地消除其对影像几何定位精度的影响。通常采用放射变换来计算行和列方向上的改正量。放射变换系数利用人工采集或者自动匹配获得的控制点求解。

为了保证绝对几何精度，通常采用人工采集控制点的方法。如果只是为了保障多尺度图像在空间位置上的相对一致性，则只需要相对几何校正。因此，采用自动匹配方法获得少量均匀的控制点。自动匹配方法可采用 2.5.4 节描述的几何约束 SIFT 算法。由于只需要少量控制点，因此可以采用间隔分块的方式，均匀地获取部分影像块进行影像自动匹配。

2.5.3　分层匹配流程

针对国产卫星遥感影像覆盖范围大，部分影像存在严重内部几何畸变的特点，本节提出了基于影像分块的分层匹配方法，将一个整幅影像的自动匹配问题转换为局部变换关系约束下的多个图像块的自动匹配问题，从而克服了局部几何变形的影响，提高了图像匹配的效率和精度。变换关系由粗到精、由整幅图像到局部图像块，然后在这些变换关系的约束下分别进行图像自动匹配，获得由粗到精的控制点。其总体流程如图 2.14 所示。

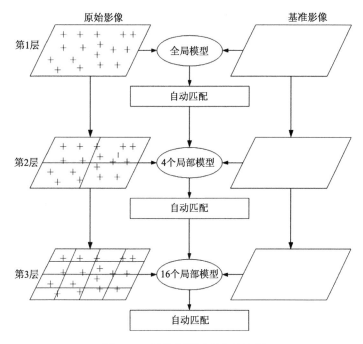

图 2.14　影像分层匹配总体流程

影像分层匹配详细流程如下：

（1）建立影像层次结构。本书使用图像分块的方法建立影像的层次结构，具体方法为：把输入的两幅影像进行降采样作为第 1 层，把原始影像平均分成 4 块作为第 2 层，把第 2 层的每个图像块平均分成 4 块作为第 3 层，依此类推，完成影像层次结构的建立。本书只在原始影像上进行图像分块，不对参考影像进行分块，始终把整幅参考影像作为从第 2 层开始的基准影像。

（2）根据两幅影像的地理坐标，自动计算第 1 层的变换关系，然后在变换关系的约束下进行影像自动匹配，并剔除误匹配点，把匹配结果作为第 1 层的结果控制点。

（3）把第 1 层得到的控制点按照相同地理坐标换算分配到第 2 层的不同图像块中，然后使用每个图像块中的控制点建立图像块到基准影像局部区域的变换关系，在变换关系的约束下进行自动匹配。分块匹配完成后，把每个图像块的控制点合并得到整景图像的所有控制点，然后进行误匹配点剔除。最后，将所有匹配点作为第 2 层的结果匹配点。

（4）依此类推完成其他层的影像自动匹配，直到匹配点的数量和精度满足要求为止。把最后一层的结果作为影像自动分层匹配的结果匹配点。

从上面的步骤可以看出，影像之间的变换关系的建立包括两种：①通过相同地理坐标自动计算获得，具体方法为：首先在原始图像上按照像素坐标均匀选择三个匹配点，然后根据三个匹配点的地理坐标反推出其在参考影像上对应位置的像素坐标，最后使用三对匹配点求解一阶多项式的系数；②根据上层的结果控制点采用最小二乘拟合法计算获得。

虽然通过地理坐标自动选取的匹配点精度没有人工选取的精度高，但可以避免人工干预，实现影像匹配的自动化处理，并且在后面的分层迭代匹配中可以逐步逐层获得更加精确的变换关系。对于第一层图像匹配，采用基于几何约束的特征点匹配方法（详见 2.5.4 节），从第二层开始，采用基于特征点和灰度模板匹配相结合的自动匹配方法（详见 2.5.5 节），为了获得分布均匀的匹配点，在分层匹配完成后，采用如下方法对匹配点进行均匀化：首先，对原始影像进行网格划分，网格大小为 $N \times N$；然后，将所有匹配点按照其原始影像的坐标分配到不同网格中；最后，根据网格中匹配点的数量分别进行处理。如果只有一个匹配点，则保留该匹配点，如果有多个，则按照匹配度由大到小进行排序，只保留匹配度最大的一个匹配点。网格大小需要根据需要进行确定，如果影像的局部变形非常大，需要大量的匹配点，则设置较小的网格，相反，则设置较大的网格。

2.5.4 几何约束 SIFT 算法

SIFT 算法具有尺度、旋转不变性，对各类图像有很好的适应能力，但是 SIFT 算法是针对自然场景图像提出的。和自然场景影像相比，遥感影像具有不同的特点：①单幅影像的数据量大，自然场景影像的大小只有几百像素或者几千像素，而现在很多遥感影像的单景大小超过了 1 万像素；②遥感影像比自然场景影像的地物更加复杂，相似地物更多；③自然场景影像无法确定尺度和旋转差异，因此，SIFT 算法需要通过构建尺度空间来解决尺度差异，通过旋转主方向来解决旋转差异。但是对于经过系统几何校正的原始影像，已经有确定的分辨率，其和基准影像的尺度差异与分辨率差异基本一致，并且旋转也比较小。

单幅影像的数据量大，导致 SFIT 算法计算速度慢，甚至无法在普通电脑上使用。复杂地物和相似性地物多导致 SIFT 算法用于遥感影像会产生很多误匹配点。另外，对于中低分辨率遥感影像，SIFT 算法需要的特征信息不明显，会导致算法获取的匹配点非常少，无法满足实际应用需求。

因此，本书在研究 SIFT 算法的基础上，针对经过系统几何校正的原始影像具有粗地理信息的特点，基于待匹配影像和基准影像的地理信息，提出了几何约束 SIFT 算法，其总体匹配流程如图 2.15 所示。

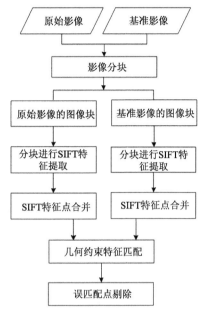

图 2.15　几何约束 SIFT 算法总体匹配流程

具体流程描述如下：

1）影像分块

SIFT 算法资源消耗大，对于比较大的遥感影像，无法直接处理。因此，首先对原始影像和基准影像分别进行分块，分块大小为 $M \times N$，M 和 N 的大小综合考虑图像大小、电脑配置，尤其是内存大小来确定。

2）分块特征点提取和特征点合并

影像分块后，对于原始影像和基准影像的影像块，分别使用 SIFT 特征提取算法进行特征点提取。每个影像块的特征点提取完成后，将所有特征点进行合并，得到整幅影像所有的特征点，合并公式如下：

$$x_m = x_i + x_b, y_m = y_i + y_b \tag{2.23}$$

式中，(x_i, y_i) 为影像块的左上角在整幅影像中的坐标；(x_b, y_b) 为特征点在影像块中的坐标；(x_m, y_m) 为特征点在整幅影像中的坐标。

3）基于几何约束的特征匹配

在原始 SIFT 算法中，由于使用没有任何先验知识来确认对应的匹配位置，因此需要在全图所有的特征点中搜索对应特征点的位置。为了加快匹配搜索，SIFT 算法使用 BBF（best bin first，一种改进的 k-d 树最近邻查询算法）来搜索最近邻点和次近邻点。这种做法速度慢，并且容易生成较多的误匹配点。另外，对经过系统几何校正的遥感影像，待匹配的原始影像已经具有粗的信息，因此本书基于两幅影像中的地理信息，通过增加几何约束来进行特征点匹配，具体步骤如下：

（1）对于原始影像上每个待匹配的所有特征点，确定其在基准影像上的匹配区域。对于任意一个特征点 A_i，根据两幅影像上的相同地理坐标，确定其在基准图上的对应位置 B_i。然后以 B_i 为中心，确定一个 $S×S$ 的矩形区域。S 的大小根据原始影像的几何误差来确定，一般情况下可以取原始影像的几何误差的两倍。原始影像的几何误差可以人工进行估算。

（2）特征点匹配。对于每个待匹配点的特征点 A_i，提取落入对应矩形区域的所有特征点组成特征点集合 S_i，如果没有特征点，则特征点 A_i 匹配失败。然后计算特征点 A_i 和集合 S_i 中每个元素的欧氏距离。最后判断最近距离和次近距离的比值是否小于设定阈值，如果小于，则最近距离对应的特征点就是一对正确的匹配点。基于几何约束的特征匹配，不仅能提高匹配速度，还能减少误匹配点的产生，提高匹配的准确率。

4）误匹配点剔除

根据遥感影像的特点，使用 RANSAC 等方法进行误匹配点剔除。

2.5.5 基于点特征和灰度特征的遥感影像自动匹配方法

灰度模板匹配技术是早期的研究热点，在计算机视觉、遥感影像处理领域得到了广泛应用，其突出优点是计算简单、速度快，由于使用较大的模板区域进行匹配，因此对于没有大的尺度和旋转的影像，可以获得很好的匹配结果。但是如果尺度和旋转差异较大，则无法匹配，精度较差，甚至会失败。在遥感影像处理中，通常使用归一化相关系数（NCC）作为相似性判别准则，具体计算公式如下：

$$C_{u,v} = \frac{\sum_{i,j}[f(x,y) - \overline{f_{u,v}}][t(x-u,y-v) - \overline{t}]}{\sqrt{\sum_{i,j}[f(x,y) - \overline{f_{u,v}}]^2 \sum_{i,j}[t(x-u,y-v) - \overline{t}]^2}} \qquad (2.24)$$

式中，(u, v) 为模板窗口在搜索窗口中的当前位置；$f(x, y)$、$t(x-u, y-v)$ 分别为搜索窗口和模板窗口的像素值；$\overline{f_{u,v}}$ 为搜索窗口的像素均值；$\overline{t}$ 为模板窗口的像素均值。

NCC 可以通过傅里叶变换在频率域完成计算，但是该方法计算量比较大、匹配速度比较慢。为了克服该问题，Lewis 提出了 NCC 的加速算法 Fast NCC。其主要思想是预先计算 $f(x, y)$ 和 $f^2(x, y)$ 的和表，然后使用这些和表，计算表达式 $[f(x,y) - \overline{f_{u,v}}]^2$ 的值。该算法有效地简化了计算过程，大幅度减少了计算时间。

由于影像较大，如果在全图进行模板匹配，会导致计算速度慢，因此一般情况下，是将模板匹配和特征点提取算法相结合。首先使用特征点提取算法提取特征点，然后在每个特征点处提取模板窗口，在基准图像中进行模板匹配，从而提高算法的速度。

由于模板匹配算法不具有旋转不变性，因此本书在匹配之前，首先建立两幅图像之间的变换关系，然后以变换关系为约束进行模板匹配。变换关系具有两方面的作用：①对于原始影像上的一个模板区域，确定其在基准影像上一个较小的搜索窗口，从而提高模板匹配的速度；②提取模板窗口时，对于模板窗口中每个位置的像素值，都是通过变换关系计算获得，只要变换关系足够准确，就可以获得和搜索窗口具有一致旋转角度的搜索窗口，从而有效解决了两幅影像之间的旋转问题。

自动匹配方法将特征点提取方法和灰度模板匹配方法相结合，在稳定性好的特征点处进行模板匹配，并且模板匹配是在两幅图像之间的变换关系约束下进行，有效提高了图像匹配的可靠性精度和速度，具体步骤如下：

（1）特征点提取。Forstner 算子是常用的特征提取算子，通过计算各个像素的 Robert 梯度值和以像素为中心的一个窗口的灰度协方差矩阵，在图像中寻找尽可能小且接近圆的点作为特征点，它通过计算各图像点的兴趣值并采用抑制局部最小点的方法提取特征点。Forstner 算子的优点是精确度高，同时考虑了点的边缘特征和形状特征。因此，本书使用 Forstner 算子在原始影像上提取特征点。

（2）建立原始影像和基准影像之间的变换模型。本书中采用一阶多项式模型作为变换模型，模型系数使用最小二乘拟合法求解。

（3）影像精确匹配。对于每一个特征点，根据影像间变换关系在基准影像上生成每一个候选匹配点的粗匹配点，形成粗匹配点对。然后以每一对粗匹配点为中心，在原始影像和基准影像上分别提取模板窗口 $M×M$ 和搜索窗口 $N×N$，$N≥M$，让模板窗口在搜索窗口内移动，在每一个位置计算与搜索窗口的相似度，如果相似度最大值大于某一阈值 T，则将相应匹配位置作为该对匹配点的精确匹配结果，并记录相似度的最大值。

随着变换关系的逐层精确，可以逐层减小搜索窗口，在保证匹配精度的情况下提高模板匹配的速度。与 SIFT 算法相比，该方法稳定性好，对各类地形地物和分辨率影像都具有很好的适应性，自动匹配速度快，占用资源少，因此可以很好地完成各类遥感影像的高精度自动匹配。

2.5.6 实际应用情况及效果

目前，本章提出的处理算法已形成了成熟的几何校正软件，支持在 Windows

和 Linux 等系统运行。软件模块实现了完全自动的多源多尺度遥感影像自动几何处理，输出高精度几何校正影像和精度评价结果。

几何校正软件支持多种存储格式的基准影像，包括单幅基准影像、标准分幅的基准影像以及通过 OGC 协议发布的瓦片基准影像。几何校正时，软件根据待校正影像信息和基准影像存储方式，自动获取对应区域的基准影像。

目前，几何校正软件已完成了环境一号卫星（HJ-1）影像，GF-1 号 2m、8m 和 16m 影像，GF-2 号 1m 和 4m 影像，GF-6 号 16m 影像，ZY-3 影像，吉林（JL）卫星影像等中高分辨率影像的全自动批量几何处理。

1. HJ-1 影像结果

HJ-1 CCD 和 HJ-1 IRS 影像为 2 级影像，采用影像配准方法完成了影像的几何归一化处理。

对于环境星 CCD 影像，1000 景影像自动评价结果如表 2.1 所示。

表 2.1　1000 景 HJ-1 CCD 影像几何精度评价结果

中误差	影像数量	占比/%
0～2	916	91.6
2～3	64	6.4
3～5	12	1.2
5～6	8	0.8

从表 2.1 的几何精度评价结果可以看出，91.6%的 HJ-1 CCD 影像的几何精度优于 2 个像元，部分影像误差较大，主要原因是影像上云比较多、与基准影像差异较大，无法匹配出足够数量的匹配点。因此，对于云较少和基准影像差异不大的 HJ-1 CCD 影像，其几何精校正产品的中误差优于 2 个像元。部分校正前和校正后影像与基准影像分别叠加显示的结果如图 2.16 所示，其中左侧和右侧分别为校正前影像和校正后影像。

2. HJ-1 IRS 影像结果

400 景 HJ-1 IRS 影像，自动评价结果如表 2.2 所示。

从表 2.2 的几何精度评价结果可以看出，91.8%的 HJ-1 IRS 影像的几何精度优于 2 个像元，部分影像误差较大，主要原因是图像上云比较多、和基准图像差异较大，无法匹配出足够数量的匹配点。因此，对于云较少、和基准影像差异不大的 HJ-1 IRS 影像，其几何精校正产品的中误差优于 2 个像元。

表 2.2　400 景 HJ-1 IRS 影像精度评价结果

中误差	影像数量	占比/%
0~2	367	91.8
2~3	18	4.5
3~5	9	2.2
5~6	4	1
6~7	2	0.5

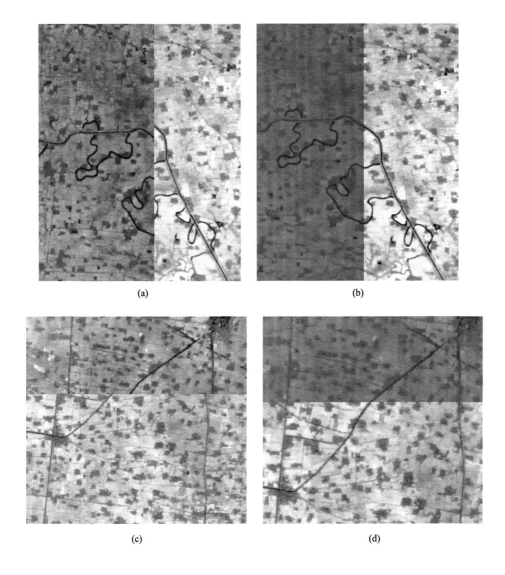

(a)　　　　　　　　　　　　　　　(b)

(c)　　　　　　　　　　　　　　　(d)

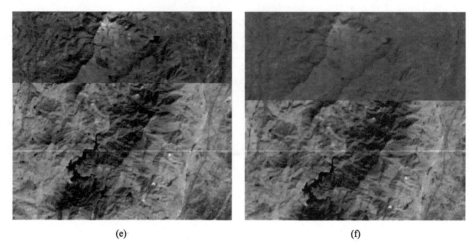

(e)   (f)

图 2.16　HJ-1 CCD 校正前后影像和基准影像叠加显示

左侧为校正前影像；右侧为校正后影像

部分校正前和校正后影像与基准影像分别叠加显示的结果如图 2.17 所示，其中左侧和右侧分别为校正前影像和校正后影像。

3. ZY-3 多光谱影像结果

对 40 景经过挑选的质量好并且没有云的 ZY-3 卫星 L2 级多光谱影像进行几何归一化处理，所有数据的 RMSE 都小于 1 个像元。

部分校正前和校正后影像与基准影像分别叠加显示的结果如图 2.18 所示，其中左侧和右侧分别为校正前影像和校正后影像。

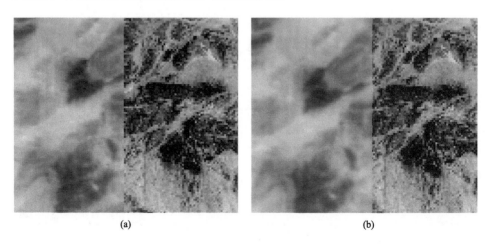

(a)   (b)

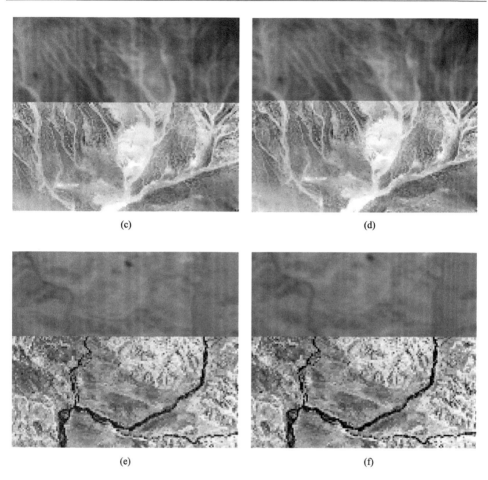

图 2.17　HJ-1 IRS 校正前后影像和基准影像叠加显示

左侧为校正前影像；右侧为校正后影像

4. GF 卫星全色和多光谱影像结果

1）GF-1 16 m 影像

对未经挑选的 4170 景 GF-1 16 m 影像进行几何归一化处理，几何精度优于 1 个像元的影像比例为 95.79%，部分影像云量特别高，导致几何归一化精度较低，详细精度评价结果见表 2.3。

部分区域几何归一化处理后 GF-1 16 m 影像与基准影像叠加显示结果如图 2.19 所示。

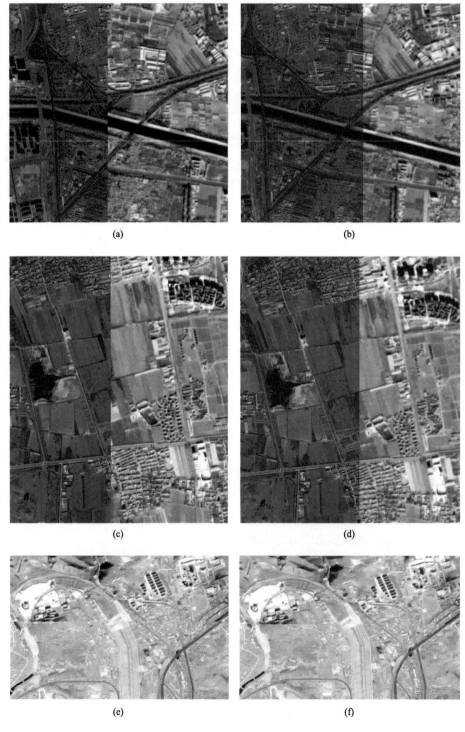

(a)

(b)

(c)

(d)

(e)

(f)

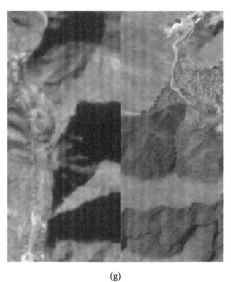

(g)　　　　　　　　　　　　　　　(h)

图 2.18　ZY-3 校正前后影像和基准影像叠加显示

左侧为校正前影像；右侧为校正后影像

表 2.3　GF-1 16 m 影像几何精度评价结果

中误差	影像数量	占比/%
优于 1 个像元	4002	95.97
优于 2 个像元	106	2.54
优于 3 个像元	8	0.19
优于 4 个像元	4	0.10
优于 5 个像元	4	0.10
大于 5 个像元	46	1.1

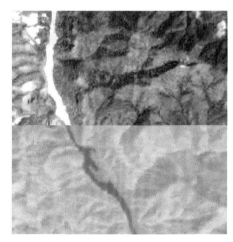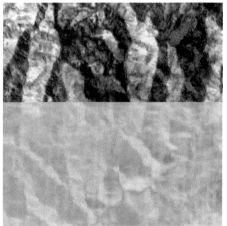

— 53 —

图 2.19　几何归一化处理后 GF-1 16 m 影像与基准影像叠加显示

2）GF 卫星高分辨率影像

对少量高成像质量的 GF-1 2 m 和 8 m、GF1 m 和 4 m 影像进行自动几何归一化处理，几何处理精度均优于 1 个像元，部分校正后影像和基准影像叠加显示结果如图 2.20 所示。

图 2.20　几何归一化处理后 GF 卫星高分辨率影像与基准影像叠加显示

2.6　小　　结

随着遥感影像数据量的持续增加，以及多源遥感影像集成使用的实际需要，以高精度影像为基准的高精度几何归一化处理成为一种重要方式。本章首先总结了现有方法在处理大数据量遥感影像处理方面存在的问题和挑战，然后对现有特征点提取算法进行了梳理和阐述，最后提出了基于多源多尺度遥感影像归一化处理框架，形成了高精度几何归一化处理算法，研制了几何校正软件，具备了全球多源多尺度遥感影像的自动化、高精度几何归一化处理能力。

参 考 文 献

单小军, 唐娉, 胡昌苗, 等. 2014. 图像分层匹配的 HJ-1A/BCCD 影像自动几何精校正技术与系统实现. 遥感学报, 18(2): 254-266.

单小军, 唐娉. 2015. 图像匹配中误匹配点检测技术综述. 计算机应用研究, 32(9): 2561-2565.

唐娉, 郑柯, 单小军, 等. 2016. 以 "不变特征点集" 为控制数据集的遥感图像自动化处理框架. 遥感学报, 20(5): 1126-1137.

王亚伟, 许廷发, 王吉晖. 2013. 改进的匹配点提纯算法 mRANSAC. 东南大学学报: 自然科学版, 43(S1): 163-167.

闫占凯, 刘志波, 张官亮, 等. 2014. 基于改进加权图转换的图像匹配算法. 计算机应用研究, 31(4): 1256-1259.

张官亮, 邹焕新, 秦先祥, 等. 2013. 基于马氏距离加权图转换的点模式匹配. 中南大学学报(自然科学版), 44(S2): 323-328.

Abdel-Hakim A E, Farag A A. 2006. Csift: A sift descriptor with color invariant characteristics. 2006 IEEE Computer Society Conference on Computer Vision and Pattern Recognition(CVPR'06), 2: 1978-1983.

Aguilar W, Frauel Y, Escolano F, et al. 2009. A robust graph transformation matching for non-rigid registration. Image and Vision Computing, 27: 897-910.

Bay H, Tuytelaars T, Gool L V. 2016. SURF: Speeded up robust features//Proceedings of the 9th European conference on Computer Vision-Volume Part I. Springer-Verlag.

Chum O, Matas J, 2005. Matching with PROSAC-Progressive Sample Consensus. San Diego, CA, USA: 2005 IEEE Computer Society Conference on Computer Vision and Pattern Recognition (CVPR'05).

Chum O, Matas J, Kittler J. 2003. Locally optimized ransac//Michaelis B, Krell G. Pattern Recognition. Berlin, Heidelberg: Springer Berlin Heidelberg: 236-243.

Devereux B, Fuller R, Carter L, et al. 1990. Geometric correction of airborne scanner imagery by matching delaunay triangles. International Journal of Remote Sensing, 11: 2237-2251.

Hasan M, Jia X, Robles-Kelly A, et al. 2010. Multi-spectral remote sensing image registration via spatial relationship analysis on sift keypoints. 2010 IEEE International Geoscience and Remote Sensing Symposium, 1011-1014.

Heymann S, Müller K R, Smolic A, et al. 2007. Sift implementation and optimization for general-purpose gpu.

Hu C M, Tang P. 2011. HJ-1A/B CCD imagery geometric distortions and precise geometric correction accuracy analysis. Geoscience & Remote Sensing Symposium, 4050-4053.

Izadi M, Saeedi P. 2012. Robust weighted graph transformation matching for rigid and nonrigid image registration. IEEE Transactions on Image Processing, 21(10): 4369-4382.

Jalilvand A, Boroujeni H S, Charkari N M. 2011. CH-SIFT: A local kernel color histogram sift based descriptor. 2011 International Conference on Multimedia Technology: 6269-6272.

Ke Y, Sukthankar R. 2004. PCA-SIFT: A more distinctive representation for local image descriptors. Washington, DC: Proceedings of the 2004 IEEE Computer Society Conference on Computer Vision and Pattern Recognition.

Leutenegger S, Chli M, Siegwart R Y. 2011. Brisk: Binary robust invariant scalable keypoints. 2011 International Conference on Computer Vision: 2548-2555.

Li B, Xiao R, Li Z, et al. 2011. Rank-sift: Learning to rank repeatable local interest points. The 24th IEEE Conference on Computer Vision and Pattern Recognition: 1737-1744.

Li Q, Wang G, Liu J, et al. 2009. Robust scale-invariant feature matching for remote sensing image registration. Geoscience and Remote Sensing Letters, 6: 287-291.

Liu Z X, An J B, Meng F R. 2011. A robust point matching algorithm for image registration// Proceedings of Fourth International Conference on Machine Vision. Singapore: SPIE: 66-70.

Lowedavid G. 2004. Distinctive image features from scale-invariant keypoints. International Journal of Computer Visio, 60: 91-110.

Maes M. 1990. On a cyclic string-to-string correction problem. Information Processing Letters, 35(2): 73-78.

Matas J, Chum O. 2004. Randomized ransac with td, d test. Image and Vision Computing, 22(10): 837-842.

Matas J, Chum O. 2005. Randomized ransac with sequential probability ratio test. Tenth IEEE International Conference on Computer Vision(ICCV'05), (2): 1727-1732.

Mikolajczyk K, Schmid C. 2005. A performance evaluation of local descriptors. IEEE Transactions on Pattern Analysis and Machine Intelligence, 27: 1615-1630.

Ni K, Jin H, Dellaert F. 2009. Groupsac: Efficient Consensus in the Presence of Groupings. Colorado Springs, Co, USA: 2009 IEEE 12th International Conference on Computer Vision.

Rodehorst V, Hellwich O. 2006. Genetic algorithm sample consensus(gasac)- a parallel strategy for robust parameter estimation. 2006 Conference on Computer Vision and Pattern Recognition Workshop(CVPRW'06).

Shan X J, Tang P, Hu C M, et al. 2014. Automatic geometric precise correction technology and system based on hierarchical image matching for HJ-1A /B CCD images. Journal of Remote Sensing, 18(2): 254-266.

Tordoff B, Murray D. 2005. Guided-mlesac: faster image transform estimation by using matching priors. IEEE Transactions on Pattern Analysis and Machine Intelligence, 27(10): 1523-1535.

Torr P, Zisserman A. 2000. Mlesac: A new robust estimator with application to estimating image geometry. Computer Vision and Image Understanding, 78(1): 138-156.

Vincent E, Laganiere R. 2001. Detecting planar homographies in an image pair//ISPA 2001. Proceedings of the 2nd International Symposium on Image and Signal Processing and Analysis.

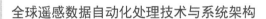

In conjunction with 23rd International Conference on Information Technology Interfaces: 182-187.

Wong A, Clausi D. 2007. Arrsi: Automatic registration of remotesensing images. Geoscience and Remote Sensing, IEEE Transactions on, 45: 1483-1493.

Yi Z, Zhiguo C, Yang X. 2008. Multi-spectral remote image registration based on sift. Electronics Letters, 44: 107-108.

Zuliani M, Kenney C, Manjunath B. 2005. The multiransac algorithm and its application to detect planar homographies. Preceedings of IEEE International Conference on Image Processing.

第 3 章

多源数据辐射一致性处理

全球遥感数据来源复杂，随着传感器技术不断发展，不同时期、不同国家传感器的各项性能特性有着很大的不同，辐射一致处理的目标是尽量减小与消除不同源数据辐射特征的差异，方便多源数据的后续使用。辐射一致性处理步骤包括：消除传感器硬件辐射值测量差异的交叉辐射定标；消除大气影响，还原真实地表辐射特性的大气校正；消除不同传感器相似波段在范围设置与硬件差异上的光谱一致化等。单纯基于图像的相对辐射归一算法无须考虑具体传感器适配问题，该方法对多源数据有较高的通用性，这是本章的重点部分。本章主要论述基于典型相关分析自动提取图像之间伪不变特征点集的相对校正方法。

3.1 引　言

各国卫星传感器的成像方式、辐射灵敏度、空间时间、光谱响应函数和光谱分辨率等性能不尽相同，来自不同传感器的多源遥感数据之间存在显著的非一致性。即使对于 NOAA/AVHRR、Landsat 等相同系列传感器生成的数据，传感器的更新换代也会导致遥感数据出现非一致性。并且对于任何一个在轨期间的卫星来说，在传感器观测寿命期限内，传感器的硬件性能也会衰减，导致卫星的图像质量发生变化。此外，卫星平台的轨道漂移，太阳、地表和传感器之间的几何关系变化，以及大气的状态变化等，都会造成遥感数据的辐射差异。所以对于不同传感器的多源遥感数据，以及将相同传感器不同时期的遥感图像放到一个平台下共同使用时，有必要提前进行辐射一致性处理。

绝对辐射校正，主要包括辐射定标和大气校正。辐射定标的目的是将数据由原始数字（digital number，DN）值转化为具有物理单位的表观辐射亮度，以消除太阳高度角、卫星传感器观测角以及传感器性能衰减等影响。定标技术主要解决卫星平台的轨道漂移和传感器的性能衰减问题，相对于季相变化而言，这些问题

属于以年为单位的较为长期的变化。大气校正的目的是消除大气对遥感图像的影响，还原地表真实反射率。

相对辐射校正是以某个时相的影像作为参考影像，将其他不同时相的遥感影像归一化到相同的辐射水平。

下面分别介绍了绝对辐射校正与相对辐射校正。

3.2 绝对辐射校正

辐射定标是绝对辐射校正的基础。在卫星发射前，需要对传感器进行实验室定标，以得到传感器的定标系数，称为发射前定标系数。在卫星发射后，在轨卫星上的传感器性能会发生变化，需要进行定标处理，称为发射后定标。发射后定标可检测传感器性能变化，对遥感数据进行校正，以保证数据质量的连续性、稳定性和可靠性，这对定量遥感的研究至关重要。根据传感器定标方式的不同，发射后定标可分为稳定场景定标、场地替代定标和传感器交叉定标 3 种主要类型。

稳定场景定标通常假设地表状况保持不变，选择干洁大气条件下连续的遥感影像，并采用常用的稳定场景，如中低纬度的沙漠地表、对流层厚云、南极的常年雪盖区域和海洋清洁水域等（Rao, 1995）。

场地替代定标是早期的传感器定标方法，也是目前获得传感器绝对定标系数最为准确的方法。它利用地表观测值，经大气辐射传输计算，模拟传感器大气层顶的辐射观测值并与传感器观测亮度值比较，从而获得定标系数。场地替代定标又可以分为 3 种方法，分别为反射率基法、辐照度基法和辐亮度基法。反射率基法将实测地表反射率数据作为辐射传输方程的输入，以此计算大气层顶的辐亮度值。辐照度基法在测得地表反射率的基础上，获得漫射辐照度和总辐照度，从而降低了反射率基法由于气溶胶模式假设产生的定标误差。辐亮度基法则利用高空飞机搭载的高精度辐射计，在待定标传感器过境时刻，对地表进行同步观测，通过校正飞机飞行高度以上的大气影响，计算传感器入瞳处的辐射亮度值（Slater et al., 1996）。

传感器交叉定标是获取定标系数最常用的方法。它以定标精度较高的卫星传感器为参考，对目标传感器进行定标。与稳定场景相比，传感器交叉定标需要解决不同传感器之间的光谱匹配问题（李小英等, 2005；Chander et al., 2012）。

早期的传感器交叉定标主要参考传感器影像，通过光谱插值，获得目标传感器观测的反射率，再根据辐射传输计算，获得目标传感器的辐亮度值，从而计算交叉定标系数（Teillet et al., 1990）。

Heidinger 等设置了更加严格的观测几何限制条件,选择过境时间相同的遥感影像,将传感器的观测天顶角控制在 10°以内,又称为同步星下点法(simultaneous nadir overpass,SNO),它是监测传感器长期稳定性、获得交叉定标系数的主要方法(Heidinger et al., 2010)。

稳定场景定标方法旨在建立多时相同源遥感影像之间的定量关系,传感器交叉定标旨在建立多时相异源遥感影像之间的定量关系,场地替代定标旨在建立遥感影像与地表反射率之间的定量关系,与遥感影像的绝对辐射校正相同。

绝对辐射校正方法利用传感器成像原理和电磁辐射传输模型,将传感器得到的像元值转换成物理量(地表反射率或地表亮度等)(Robinove, 1982),以消除非地表因素的影响。广泛应用的模型有 ATREM(atmospheric removal program)(Gao et al., 1993)、MODTRAN(moderate resolution transmittance code)和 6S(second simulation of the satellite signal in the solar spectrum)(Vermote et al., 1997;Kotchenova et al., 2006;Vermote and Kotchenova, 2008)等。

辐射传输理论和大气参数反演算法的发展,催生了模块化和业务化运行的辐射校正平台,如 FLAASH(fast line-of-sight atmospheeric analysis of spectral hypercubes)等。绝对辐射校正是一个非线性过程,在辐射传输模型的支持下,采用迭代计算的方法对遥感数据进行逐一转化。相对辐射校正是对辐射传输方程的一次近似,在用遥感影像监测植被变化趋势方面,得到的结果与绝对辐射校正的遥感影像结果具有高度的一致性(Hajj et al., 2008)。

3.2.1 辐射定标

辐射定标是将遥感数据由原始 DN 值转换为辐亮度的过程,这是遥感数据定量应用的第一步。下面简单介绍一下辐射校正所涉及的物理概念。

电磁辐射是大气能量传输最重要的过程,电磁辐射以波的形式在大气中传播,传播速度十分接近真空中的光速。电磁波按照波长的增加可分为:γ 射线、X 射线、紫外线、可见光、红外线、微波、短波、长波。波长(wave length)λ 是描述电磁波最常用的物理量,常用单位为微米(μm,$1\mu m = 10^{-4} cm$)和纳米(nm,$1nm = 10^{-7} cm$)。

立体角(solid angle)Ω 定义为锥体所截球面积 σ 与球半径 r 的平方之比。

$$\Omega = \frac{\sigma}{r^2} \tag{3.1}$$

立体角的单位为球面度(sr)。立体角经常用天顶角 θ 和方位角 φ 来表示:

$$d\Omega = \sin\theta d\theta d\varphi \tag{3.2}$$

天顶角（zenith angle）与方位角（azimuth angle）是计算成像几何的常用角度。天顶角指光线入射方向和天顶方向的夹角（图3.1）。太阳高度角（solar elevation angle）指太阳光的入射方向和地平面之间的夹角。太阳高度角和太阳天顶角互为余角。太阳方位角（solar azimuth angle）指太阳光线在地平面上的投影与当地子午线的夹角。在大气校正中，已知太阳天顶角、观测天顶角和相对方位角三个量就可以简单描述辐射传输过程的几何关系。

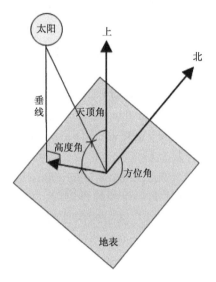

图 3.1　高度角、天顶角与方位角示例

辐亮度（radiance）L 是指单位立体角、单位面积和在单位波长上的能量，常用的单位是 $W/(cm^2 \cdot sr \cdot \mu m)$。

传感器每个波段获取的信息只是大气-地表场景光谱辐亮度中的一小部分，每种传感器都会给出对应波段的光谱响应函数 $f(\lambda)$，根据波段光谱响应函数可以计算该波段有效光谱辐亮度，公式如下：

$$L_{band}(x,y) = \frac{\int_{\lambda_{min}}^{\lambda_{max}} L_{\lambda,sensor}(x,y) f(\lambda) d\lambda}{\int_{\lambda_{min}}^{\lambda_{max}} f(\lambda) d\lambda} \tag{3.3}$$

式中，$L_{band}(x,y)$ 为某波段上像素位置 (x,y) 处的有效光谱辐亮度；$L_{\lambda,sensor}(x,y)$ 为大气-地表场景到达传感器探测器的光谱辐射。

不同多光谱传感器波段数目及波段响应函数有差别，即使是相同的波段区间设置下生产的不同硬件本身也会有差别，如图3.2的 Landsat 5 与 HJ-1 A/B CCD

的光谱响应函数曲线。

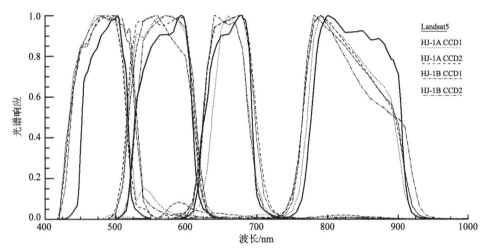

图 3.2 Landsat 5 与 HJ-1 A/B CCD 可见光与近红外光谱响应函数

在处理具体传感器数据时，通过实验室定标及星上定标等试验，一般可以建立大气层顶卫星传感器接收的辐射亮度 L 与 DN 值之间的线性关系式，即定标参数增益（gain）和偏移（bias）。由于光学传感器器件性能的衰退，这些参数也在不断修正。卫星数据发布方给用户提供卫星数据时，也同时提供了这些参数。根据线性定标公式 $L = \text{Gain} \cdot \text{DN} + \text{Bias}$，可分别计算出各个波段每个像元的辐射亮度 L 值。有些卫星传感器给出的定标计算公式可能会有区别，但都是以线性函数的形式给出。

辐照度 E（也叫通量密度）定义为辐亮度 L 在半球空间上总的立体角的积分：

$$E = \int_0^{2\pi}\int_0^{\frac{\pi}{2}} L(\theta,\varphi)\cos\theta\sin\theta \mathrm{d}\theta \mathrm{d}\varphi \tag{3.4}$$

式中，θ 为天顶角；φ 为方位角。

太阳辐照度 E_0 由给定某天的日地距离 D 与日地平均距离处的太阳辐照度 $\overline{E}_0$ 计算得到：

$$E_0 = \frac{\overline{E}_0}{D^2} \tag{3.5}$$

日地距离 D 的计算公式如下：

$$D = 1 + 0.0167 \times \sin\left(2\pi\frac{\text{days} - 93.5}{365}\right) \tag{3.6}$$

式中，days 为卫星成像时间在一年中的天数，如 2004 年 5 月 20 日对应的天数为 141。

对于多光谱数据，每个波段都对应不同的大气表观反射率（top of atmasphere reflectance）太阳辐照度数据，每个波段的大气表观反射率太阳辐照度数据是通过对大气表观反射率太阳辐照度和传感器光谱响应函数积分计算出来的。

大气表观反射率太阳辐照度在全波长范围的积分就是所谓的太阳常数 S_o：

$$S_o = \int_0^\infty \overline{E}_o(\lambda) \mathrm{d}\lambda \qquad (3.7)$$

目前太阳常数值约为 1369 W/m²，该值距离实际值有 ±0.25% 的不确定性。

计算出辐亮度后，便可计算大气表观反射率，大气表观反射率有多个不同的提法。例如，场景的大气层顶等价反射率（the TOA equivalent reflectance of scene）；表观星上反射率（apparent at-satellite reflectance）、星上光谱行星反照率（at-satellite spectral planetary albedos）和等价光谱反照率（equivalent spectral albedo）；等等。大气层顶表观反射率的计算公式为

$$\rho = \frac{\pi \cdot L \cdot D^2}{\mathrm{ESUN} \cdot \cos\theta} \qquad (3.8)$$

式中，ρ 为大气层顶表观反射率（无量纲）；π 为常量（球面度 sr）；L 为大气层顶进入卫星传感器的光谱辐亮度 [W/(m² · sr · μm)]；D 为日地之间距离（天文单位）；ESUN 为大气层顶的平均太阳光谱辐照度 [W/(m² · μm)]；θ 为太阳的天顶角。

实际数据处理应用中，辐射定标所需的定标参数、ESUN、角度信息通常在卫星数据标准产品的数据文件中能找到。将同一传感器获取的不同时期的遥感图像数据转化到表观辐亮度或 TOA（大气层顶表观反射率），数据在辐射上则具有物理量上的一致性。辐射定标是数据定量处理与应用的前提，可以为后续的大气校正输入做准备。

3.2.2　大气校正

校正的目的是消除大气的影响从而获得真实地表信息，对于多光谱图像数据中的可见光波段，大气校正可显著消除不均匀气溶胶的影响，视觉上有"去雾"的作用，大气校正后得到的地表反射率数据与气溶胶光学厚度数据也是定量遥感应用重要的数据源。

大气校正的计算核心是辐射传输方程，辐射传输理论描述的就是辐射在太阳—地表—传感器之间的传输过程，其是目前描述大气中辐射传输的主要建模方

法。地球大气层对地表信号作用了两次，首先它影响了入射太阳辐射在地表的分布，这与地表反射直接相关，地表反射的太阳辐射在到达传感器之前又被大气层散射和吸收了一次，所以到达传感器的信息包含大气和地表的双重信息，这个过程可以用辐射传输方程表示为（徐希孺, 2017）

$$-\mu \frac{\mathrm{d}I(\tau,\Omega)}{\mathrm{d}\tau} = -I(\tau,\Omega) + \frac{\omega}{4\pi} F_0 \mathrm{e}^{-\tau/\mu_0} P(\Omega,\Omega_0)$$
$$+ \frac{\omega}{4\pi} \int_{4\pi} I(\tau,\Omega') P(\Omega,\Omega') \mathrm{d}\Omega' + B\big[T(\tau)\big] \tag{3.9}$$

上式将传感器获取的辐亮度分解为大气程辐射、单次散射、多次散射与发射 4 个部分。具体使用时不需要 4 个部分全考虑，而是根据具体数据决定，对于不同的遥感数据，波段设置不同，考虑的大气影响不同，在进行大气校正时采用的辐射传输模型的形式也会有差异。

对于不同的遥感数据，需要根据情况选择适当的辐射传输方程，大气辐射传输模型对地表-大气系统中的传输过程的模拟越准确，大气校正的精度就越高，但传输理论就越复杂，辐射方程的求解就越困难。目前，大部分辐射传输模型假定大气在水平方向是均一的，这大大简化了辐射方程的求解难度，但会引入一定的误差。

辐射传输方程的表达式复杂，使得方程的求解成为一项专门需要研究的问题。辐射传输方程通常没有解析解，大多采用通过数值解法或简化解法。目前常用的算法有离散坐标方法（discrete ordinates methods）、蒙特卡罗方法（Monte Carlo method）、有限误差技术（finite difference techniques）等。离散坐标方法将辐射传输方程中的散射相函数用勒让德多项式展开，用求和式代替方程中的积分式，进而将原有的积分微分方程转化为微分方程组，最终通过边界条件的代入，求解辐射在几个特定方向上的解析解。蒙特卡罗方法用概率统计方法直接模拟辐射传输实际过程，一般比离散坐标法精确，但运算复杂、耗时。有限误差技术利用离散角度产生两个一次微分方程，对离散光学厚度进行积分，产生辐射场对称与反对称角的递归关系。辐射传输方程求解复杂并且求解本身也会引入误差。但研究利用辐射传输方程进行多光谱卫星数据大气校正一般不需要对辐射传输方程的求解方法进行深入探讨，因为目前常用的辐射传输软件包已经实现了这些算法，如 6S 模型使用的解法为逐级散射法，MODTRAN 使用的解法为离散坐标法。这些解法本身都是一种近似，求解本身是有使用限制条件与误差的，如 6S 的求解对于几何条件角度过大时，求解本身的误差就需要考虑了。利用好 6S 与 MODTRAN 完成辐射传输计算，对于多光谱数据大气校正非常重要。

查找表方式是大气校正算法实现的常用方式，如利用 6S 生成某个卫星数据的大气校正查找表，可以避免对每一种大气校正参数输入情况重复调用 6S 程序，大幅提高程序处理速度。查找表方式是一种工程算法优化的手段。

很多大气校正算法都会利用查找表的方式实现气溶胶厚度的反演与逐像元的大气纠正，很多文献也都对这类算法进行了讨论。典型的建立查找表的方式是假设地表为朗伯体，将传感器接收的表观辐亮度 L 表示为下面的辐射传输公式：

$$L = L_p + T\frac{E\rho}{\pi(1-\rho S)} \tag{3.10}$$

式中，L_p 为大气程辐射；ρ 为地表反射率；E 为地表辐照度；S 大气反照率；T 地表到大气顶层的透过率。使用 6S 输出得到参数 E、T、L_p 与 S，于是已知表观辐亮度 L，便可计算地表反射率 ρ，公式如下：

$$\rho = \frac{\pi(L-L_p)}{ET + \pi S(L-L_p)} \tag{3.11}$$

例如，对于 Landsat TM 数据第 2 波段，6S 的输入参数如表 3.1 所示。

表 3.1　6S 输入参数文件示例

输入参数	含义
0	用户自定义几何条件
69.51、145.72；0、0；1、12	太阳天顶角、方位角；观测天顶角、方位角；月、日
3	中纬度冬季
1	大陆型气溶胶
23	能见度为 23 km
−0.01	目标物的高度：0.1 km
−1000	传感器的高度：卫星上
26	TM 第 2 波段
0	朗伯地表
0	不考虑方向性
0	用户自定义反射率
0.5	反射率值
78.396	执行大气校正，大气层顶辐亮度

运行 6S，在输出文件中得到参数 $E = 427.306$、$T = 0.872557$、$S = 0.11953$ 与 $L_p = 15.254$ 的值，对于给定表观辐亮度，便可以计算对应的地表反射率。例如，

将上面输入的辐亮度 78.396，代入公式计算反射率的值为 0.5002，接近给定的真值 0.5。

查找表一般在程序运行前就已经生成，并预先存储在外部文件或数据库中，程序调用时直接检索已有的查找表即可，查找表越精细，生成查找表及通过查找表查找数据所耗费的时间会越长，如对全球范围的陆地资源卫星多光谱数据建立一个精细且通用的查找表就可能包含大量的计算。下面就查找表建表复杂度与查找表插值的运算量两方面进行论述。

查找表建表复杂度以生成可以处理全球范围数据的查找表大小为例子论述。下面是查找表几种输入参数设置的情况。

1. 几何参数 a

几何参数包括太阳天顶角 θ_S、传感器天顶角 θ_V、太阳方位角 ϕ_S 与传感器方位角 ϕ_V 之间的相对方位角 $\phi_S - \phi_V$、日地距离 d。θ_S 的取值范围为 $0° \sim 70°$，假定查找表是以 $10°$ 为步长，则有 8 种取值。θ_V 对于 Landsat TM/ETM＋数据，范围为 $0° \sim 7°$ 可近似认为是垂直观测，但对于 HJ-1 A/B CCD 数据，范围为 $0° \sim 40°$，以 $10°$ 为步长，则有 5 种取值。$\phi_S - \phi_V$ 的可能取值范围为 $0° \sim 180°$，假定建立查找表是以 $10°$ 为步长，则有 19 种取值。d 的取值对结果影响不大，用年日地平均距离近似。几何参数设置至少有 $a = 8 \times 5 \times 19 \times 1 = 760$ 种。

2. 大气模式参数 b

为了减少可能的取值情况，不采用直接输入臭氧与水汽的方式，而是选择 6S 提供的几种常用的大气模式。对于全球数据的处理，常用的大气模式有 5 种，因此 $b = 5$。

3. 气溶胶模式参数 c

气溶胶模式参数包括定义气溶胶类型和浓度两个部分。这里只考虑陆地大气纠正，气溶胶类型只选择大陆型。气溶胶浓度考虑 15 种取值，$c = 15$。

4. 光谱条件参数 d

每一个传感器的每一个波段都对应一个光谱条件。Landsat 5 与 Landsat 7 共有 12 个光谱条件，HJ-1 A/B CCD 共有 16 个光谱条件，所以 $d = 28$。

5. 地表高程参数 e

全球高程范围为 $0 \sim 5000$ m，考虑到大气影响的分布，对 1000 m 以下细分。

假定 10 种取值， $e=10$ 。

6. 水汽 f

查找表有时还会考虑水汽的取值，粗略地假定取值为 0.3 g/cm^2、1 g/cm^2、1.5 g/cm^2、2 g/cm^2、2.7 g/cm^2、3.5 g/cm^2、5 g/cm^2，则 $f=7$ 。

根据上述分析，假如对全球范围的数据建立普适的查找表，则至少需要运行 6S 的次数为 $a \times b \times c \times d \times e \times f = 760 \times 5 \times 15 \times 28 \times 10 \times 7 = 111720000$ 。假定单次运行 6S 并处理好结果的时间消耗为 1s，则单台电脑的运算时间为 1293 天。估算查找表的数据量，假定每条查找表记录输入 a、b、c、d、e、f 共 6 个参数及 E、T、L_p、S 共 4 个大气参数（实际运算可简化为 3 个参数），用 float 型保存，则一条记录占用 36 个字节，查找表总大小为 3.7G。这里建的查找表已经十分简略，每增加一个更精细的划分，查找表的大小与容量都要翻倍。查找表的复杂度与要考虑的输入条件是密切相关的，条件越多查找表越复杂。查找表的建立要仔细设计输入参数的个数及每个参数的步长，要通过优化差异步长取值间隔来提高查找表的精度，而不是通过增加间隔的数量来提高精度。随着电脑性能的提升，一些技术如并行计算及高性能计算等可以提高查找表的运算速度，压缩存储及分级别存储技术可以支持建立越来越大的查找表。通过合理的查找表设计，在速度、精度、大小之间取得平衡点。另外需要注意的是，查找表一般是针对具体传感器的，因为一种传感器就对应一种光谱条件（光谱响应函数）。查找表插值是根据输入参数从查找表中查找并计算大气校正参数的过程。查找表按照一定采样与步长建立，使用查找表时输入的参数通常不是节点值，需要插值获得具体参数。

查找表查找过程，首先从查找表外部文件中检索与当前处理数据有关的数据读入内存，即先检索对于整景数据只有一个值的参数，如将某一大气模式、气溶胶模式、太阳天顶角、相对方位角下包含的查找表内容读入内存。然后再对读入内存的查找表进行查找，查找顺序由粗到细，如按照如下顺序查找：波段 $\Rightarrow$ 传感器天顶角 $\Rightarrow$ 高程 $\Rightarrow$ 气溶胶 $\Rightarrow$ （水汽），找到对应的大气校正参数。具体的查找过程是一个二叉树的形式。假如给定 3 个数 a_0、b_0、c_0，则查找过程如图 3.3 所示。

根据 a_0，找到 $a_1 \leqslant a_0 \leqslant a_2$，再根据 b_0，找到 $b_1 \leqslant b_0 \leqslant b_2$ 与 $b_3 \leqslant b_0 \leqslant b_4$，依次查找下去，通过三步查找后，查询到的相关数据为 $x_1, x_2, \cdots, x_8$ 共 8 个，则 a_0、b_0、c_0 三个参数对应的实际参数 x_0 需要根据这 8 个数值差值获得。

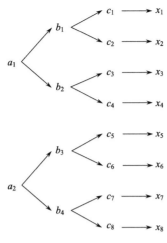

图 3.3　二叉树查找过程

使用简单的线性插值公式即可完成每一步的插值，如已知 c_1、c_2、c_0 及 x_1, x_2，则其关系为

$$\frac{x - x_2}{x_1 - x_2} = \frac{c_0 - c_2}{c_1 - c_2} \qquad (3.12)$$

于是

$$x = x_2 + \frac{c_0 - c_2}{c_1 - c_2}(x_1 - x_2) \qquad (3.13)$$

为了获取输入参数 a_0、b_0、c_0 对应的结果 x_0，需要使用上述线性公式插值 7 次，具体插值过程如图 3.4 所示。

假定对于某一波段的数据，按照传感器天顶角 $\Rightarrow$ 高程 $\Rightarrow$ 气溶胶 $\Rightarrow$（水汽）共 4 个参数查找并插值，则查找 16 组数据，大气校正最少对应三个参数，则需要进行 15×3=45 次线性插值计算，对一景遥感图像进行逐像元的大气纠正占用的时间与图像尺寸成正比。常用的优化办法是分块处理，如对于 30m 分辨率的 Landsat TM/ETM+数据，按照 1 km 的块计算查找表的参数来减少运算时间。

如果建立全球范围通用的针对特定传感器的查找表过于复杂，也可考虑不采用离线查找表的方式，而是针对具体数据实时生成查找表的方式。程序运行后分析数据的几何参数等输入参数，然后仅对每个波段与不同气溶胶光学厚度建立查找表，这样需要运行 6S 的次数是有限的。例如，对某一 Landsat TM 数据生成查找表，对于 6 个波段（1~5、7），每个波段 15 个气溶胶光学厚度调用 6S 的次数为 6×15＝90。

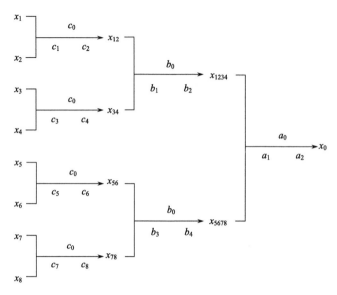

图 3.4　线性插值过程

对于多源遥感图像数据的绝对辐射校正处理，大气校正操作是复杂的，实际上目前每个卫星传感器数据的大气校正程序基本需要专门定制开发，普通用户即使只针对某个具体传感器数据利用 6S 构建查找表的方式完成，也需要一定的程序开发工作。

3.2.3　绝对辐射校正软件介绍

Turner 等从 1972 年开始对大气辐射传输模型进行研究，通过模拟大气-地表系统来评估大气影响的方法，重点研究消除大气对影像的影响。20 世纪 80 年代后，许多学者在大气校正方面做了大量工作，发展了一系列辐射传输模型，包括 LOWTRAN 系列模型和 5S 模型。LOWTRAN 是由美国空军地球物理实验室开发的计算大气透过率及辐射的软件包，由 FORTRAN 语言编写，其中 1989 年 2 月公布的 LOWTRAN 7 是较为成熟的版本，它以 $20\mathrm{cm}^{-1}$ 的光谱分辨率的单参数模式计算 $0\sim50000\mathrm{cm}^{-1}$（对应光谱分辨率为 $0.02\mu m\sim\infty$）的大气透过率、大气背景辐射、单次散射的辐亮度以及太阳直接辐照度。LOWTRAN 7 加入了多次散射计算模式、臭氧和氧气在紫外波段的吸收参数。程序考虑了连续吸收，分子、气溶胶、云、雨的散射和吸收，以及地球曲率和折射对路径及总吸收物质含量计算的影响。5S 模型是在假设均一地表的前提下，描述了非朗伯反射地表情况下的大气影响理论。90 年代后，许多的辐射传输模型被用于大气校正算法中，涌现出一大批新的大气校正模型，其中一些算法使用了近似方法，有的方法使用一些先进的数学算法提高计算速度，试图寻找精度与速度的最佳平衡点。其中，最常用的辐射传输模型是 MODTRAN 和 6S。

MODTRAN 是 LOWTRAN 的改进模型，它继承了 LOWTRAN 7 模型的基本程序和使用结构，将光谱分辨率从 LOWTRAN 的 20cm^{-1} 提高到 2cm^{-1}，并发展了一种 2cm^{-1} 光谱分辨率的分子吸收的算法，同时更新了对分子吸收的气压、温度关系的处理。

许多大气校正模型就是在 MODTRAN 的基础上发展起来的，如 ACORN（atmospheric correction now）、ATCOR（atmospheric and topographic correction for airborne scanner data）和 FLAASH（fast line of sight atmospheric analysis of spectral hypercubes）（ENVI FLAASH Version 4.7, 2009）模型。

ACORN 是用于大气校正的商业化软件包，可以对 350～2500nm 的高光谱与多光谱数据进行大气校正，它利用 MODTRAN 4 模拟大气吸收以及分子和气溶胶的散射效应，并形成一系列查找表，可以利用查找表逐像元估算水汽含量。ACORN 的一个主要特点在于它利用全光谱拟合解决了水汽与植被表面液态水重叠吸收的问题。

FLAASH 模型是由 Spectral Science 公司、美国空气动力研究实验室（AFRL）与波谱信息技术应用中心（SITAC）联合开发的大气校正软件包，它的工作波段范围在 400～2500nm。FLAASH 同样利用 MODTRAN 4 生成一系列的大气参数查找表，其最大的特点是考虑了邻边效应。

ATCOR 是由德国宇航中心研发的辐射校正软件，包括 ATCOR2、ATCOR3、ATCOR4 三个版本，ATCOR2、ATCOR3 已集成于 ERDAS 商业软件中，ATCOR3 主要用于对山区的卫星遥感影像进行耦合大气和地形的辐射校正。ATCOR3 预先将 MODTRAN 4 计算的大气透过率、程辐射、直射和散射太阳辐射通量存储于查找表。ATCOR 3 在进行地形纠正时，能利用自带的模块计算坡度、坡向、天空可视因子、山区阴影等数据。对于入射角较大的区域，ATCOR3 可进行双向反射分布函数（bidirectional reflectance distribution function）校正。ATCOR3 能够同时进行可见光和红外波段的辐射校正，还提供了薄雾去除功能。

6S 是在 5S 的基础上发展而来的，该模型采用状态近似（the state of the art approximation）和多次散射（successive order of scattering method）算法来求解辐射传输方程，可以较好地解决瑞利散射和气溶胶的影响。它将大气分成 12 层，离散角分为 12 个，分别计算不同层和离散角的辐射传输值，减少了计算量、整层处理的难度以及计算误差。在假定水汽在气溶胶层之上或之下的情况下，6S 模型近似解决了水汽与气溶胶之间的散射和吸收匹配问题。6S 计算波段的范围是 0.25～4μm。它考虑了地表的非朗伯特性，对下垫面的类型有多种选择，包括朗伯体、非朗伯体以及非均一地表反射可供选择，引入了 BRDF 模型来考虑均一地表条件下的二向反射问题，用户可以根据实际地表反射率特征自定义，也考虑了地面高程的影响。6S 模式中不但提供了几种标准气溶胶模式，还可以根据光度计实测数据或者气溶胶粒子谱分布来自定义。6S 除给出了常用遥感器的波段响应函数，还可以根据用户需要自定义波段以及响应函数，扩大了适用传感器的范围。6S 的大气模式有标准和用户自定义可供选择。6S 有两种计算方式：正算和反算，正算就是根据地表反射率情况和大气的环境参数，计算出传感器应该接收到的辐射亮度值。反算是用户给定传感器的辐射亮度与大气环境参数，计算出大气的光学参数，进一步利用大气参数和传感器接收值反算出地表反射率，即大气订正过程。6S 的向量描述版本为 6SV。6SV 模型主要的更新是考虑了偏振，并增加了对新传感器的支持。

科罗拉多大学开发的大气校正软件包型 ATREM（Atmospheric REMoval），利用 6S 辐射传输模型模拟大气的散射过程，ATREM 利用 Malkmus 窄波段模型计算 7 种大气气体（CH_4、N_2O、CO、CO_2、O_2、O_3、H_2O）的透过率，利用 3 波段比值技术计算每个像元的水汽含量，产生的最终结果包括一幅水汽含量图像和大气校正后的反射率影像。

表 3.2 中列举的是目前常用的绝对大气校正模型 ATCOR3、ACORN 与 FLAASH 的比较。从直观的比较上看，似乎 ATCOR3 功能更强大些，但这并不代表实际应用中选取 ATCOR3 就一定能取得理想的精度。三者虽然都使用 MODTRAN 生成查找表，但使用的辐射传输理论及算法流程都不同，具体选取哪种模型建立在对数据分析的基础上。

表 3.2　大气校正软件比较

特征	ATCOR3	ACORN	FLAASH
检测气溶胶类型	是	否	否
校正临近效应	是	否	是
支持薄雾去除	是	否	否
检测云及云下阴影	是	否	否
包含辐射定标	是	是	是
支持 DEM	是	否	是
包含地形校正	是	否	否
热红外温度反演	是	否	否
热红外地表发射率	是	否	否
包含 BRDF 校正	是	否	否

续表

特征	ATCOR3	ACORN	FLAASH
支持操作系统平台	Windows Solaris Linux MacOSX	Windows Linux	Windows Solaris Linux
软件依赖	无	无	ENVI
支持批处理	是	是	否

3.3　基于典型相关分析的辐射一致性处理

对于不同源的遥感数据，每种传感器都有其特定的光谱响应函数、中心波长和波段宽度，并且有其定制的数据处理流程和算法，这些都增加了不同传感器产品间相互比较的难度。即使是对于同一观测目标，观测数据经过精确的几何、大气校正，不同传感器测得的辐亮度和反演的参数也有可能不同，尽管有时数据偏差相对较小。

相对辐射校正的目的是消除不同传感器相似通道之间的光谱差异。早期的辐射归一化方法的主要处理分析对象是中高分辨率的多时相遥感影像。常用的方法主要有雾霾校正方法（haze correction）、暗目标和亮目标法（dark and bright object）、伪不变特征法（pseudoinvariant feature）（Schott et al., 1988）、非变像元回归法（Elvidge et al., 1995）和基于多元变化检测的相对辐射校正（Canty and Nielsen, 2008）等。这些方法的主要原理是选取参考影像，通过利用光谱特征相对稳定的地表（如沙漠、常年雪盖、湖泊、海洋），采用线性统计回归方法，确定线性回归的斜率和截距系数，将多时相遥感影像校正到参考影像的辐射水平上，校正后的影像与参考影像之间具有相近的辐射状况。相对辐射校正既可用于来自同一传感器的遥感数据（同源数据），也可用于来自不同传感器的遥感数据（异源数据）。异源遥感影像除存在太阳高度角、传感器观测角及性能衰减等方面的差异外，还存在传感器光谱响应函数之间的差异（Teillet et al., 2007）。这种差异可以通过引入光谱匹配因子来解决（李小英等，2005）。基于光谱稳定地表特征的线性回归方法，也是异源遥感影像辐射归一化的主要方法（Hall et al., 1991）。

相对辐射校正的主要优点是方法简单、易于操作。这种方法的主要缺陷在于：首先，用于图像转换的统计拟合关系依赖于所选取地表参照物的可靠性，拟合偏差会影响遥感影像的转换结果。其次，虽然相对辐射校正可以削减太阳高度角、传感器观测角和性能衰减等时相因素所带来的遥感影像之间的辐射差异，但并非能消除这些因素对遥感影像的影响。如果这些因素不能得以量化，作为不确定因素，它们就会在影像处理过程中得以持续传播，并很可能伴随在最终的遥感数据产品之中。针对相对辐射校正存在的问题，Caselles 和 Lopez（1989）提出了不同时相遥感数据（亮度值或大气层顶反射率）之间的解析型定量关系（Caselles and Lopez, 1989）。

不同卫星传感器数据之间辐射差异是复杂的，表现在不同地物类别方面，每种地物在异源数据之间的辐射差异也是不同的。相对辐射校正一般不会对每种地物覆盖类别都建立一个线性转换关系，而是简单地只针对某些地物光谱表现相对稳定的地物建立一个线性关系，来作为异源数据之间的转换关系，其关键就在于如何选择这些地物光谱表现相对稳定的地物。Schott 首次提出了伪不变特征点（pseudo-invariant features, PIFs）的概念，并将其应用到传统的相对辐射校正中（Schott et al.,1988）。

对于两幅来自不同传感器的异源遥感图像，为了提取图像中的 PIFs，首先可以利用植被指数 NDVI 排除植被覆盖区域，其次较暗的水体、含水量较大的裸地、山区中的阴影区域等辐射值不稳定的区域也要尽量排除，最后在剩余的地物类型中优先选取不透水的路面、干燥地表、不变的标志性大片地物（如停车场、大面积的屋顶）作为 PIFs。同时为了能更好地拟合线性关系，选取的 PIFs 数值的大小分布尽量均匀，要既有亮的地物，也有暗的地物。

在相对成熟的自动提取 PIFs 算法出现前，选取 PIFs 依赖人工手动方式，选取 PIFs 的精度依赖于用户的经验和知识。之后出现了 PIFs 自动选取方法，Elvidge 等（1995）提出一种自动散点控制回归法（automatic scattergram control regression, ASCR）的算法。余晓敏和陈云浩（2007）提出了改进的自动散点控制回归算法（改进的 ASCR 算法）。Du 等（2002）基于统计的方法选择 PIFs，采用主成分分析（PCA）方法来找出同一区域多时相影像之间的线性关系。Nielsen 等（1998）提出了多元统计方法，即 Multivariate Alteration Detection（MAD），该算法不受总体的大气状况和传感器标定导致的线性与仿射变换的影响，而是自动提取 PIFs。Canty 和 Nielsen（2008）对 MAD 变换进行了专门针对不变特征点选取的优化，提出了 iteratively re-weighted modification of the MAD（IR-MAD）算法，采用迭代的方式使得算法的精度与稳定性都有了改进。IR-MAD 算法在经过算法优化与工程化适配后，在很多传感器数据源之间的相对辐射校正处理过程中表现出了良好的适应性与鲁棒性，下面将对 IR-MAD 算法的原理及优化细节进行介绍。

3.3.1 IR-MAD 算法

IR-MAD 算法基于典型相关分析（canonical correlation analysis，CCA），将同一区域的两幅异源遥感影像 X 和 Y 表示成向量形式的线性变换：

$$\begin{bmatrix} X \\ Y \end{bmatrix} \mapsto \begin{bmatrix} U \\ V \end{bmatrix}$$

$$U = a^{\mathrm{T}} X$$

$$V = b^{\mathrm{T}} Y$$

$$a = \begin{bmatrix} a_1, a_2, \cdots, a_p \end{bmatrix}^{\mathrm{T}} \in R^p \qquad (3.14)$$

$$b = \begin{bmatrix} b_1, b_2, \cdots, b_p \end{bmatrix}^{\mathrm{T}} \in R^q$$

$$p \leqslant q$$

即对于不同的系数 a 和 b，有不同的线性组合 U 和 V。X 和 Y 的典型变换是求 a 和 b，使得 U 与 V 之间的相关系数达到最大，U 和 V 称为 X 和 Y 的典型变量，它们之间的相关系数 $\mathrm{Corr}U,V$ 称为典型相关系数。限定 U 和 V 的标准方差 $\mathrm{Var}U = \mathrm{Var}V = 1$。记协方差矩阵为 Σ，正定矩阵 Σ 表示为

$$\Sigma = \begin{bmatrix} \Sigma_{11} & \Sigma_{12} \\ \Sigma_{21} & \Sigma_{22} \end{bmatrix} \qquad (3.15)$$

其中，Σ_{11} 和 Σ_{22} 分别为 X 和 Y 的协方差矩阵，即 $\Sigma_{11} = \mathrm{Cov}X$，$\Sigma_{22} = \mathrm{Cov}Y$，维数 $\dim\Sigma_{11} = p \times p$，$\dim\Sigma_{22} = q \times q$，而 $\Sigma_{12} = \Sigma_{21}^{\mathrm{T}}$ 为 X 与 Y 之间的协方差矩阵，即 $\Sigma_{12} = \mathrm{Cov}X, Y = \mathrm{Cov}Y, X^{\mathrm{T}}$，$\dim\Sigma_{21} = q \times p$，$\dim\Sigma_{11} = p \times p$。求线性变换使得系数 a 和 b 满足：

$$a^{\mathrm{T}} \Sigma_{11} a = 1$$

$$b^{\mathrm{T}} \Sigma_{22} b = 1 \qquad (3.16)$$

$$\mathrm{Corr}\{U, V\} = a^{\mathrm{T}} \Sigma_{12} b = \max$$

利用 Lagrange 乘数法可求得

$$\Sigma_{12} \Sigma_{22}^{-1} \Sigma_{21} a = Aa = \lambda^2 a$$

$$\Sigma_{21} \Sigma_{11}^{-1} \Sigma_{12} b = Bb = \lambda^2 b \qquad (3.17)$$

即求 A、B 的特征值 λ^2 及它们的特征向量 a、b。由此，可进一步得到对应的典型变量：

$$U_i = a_i^{\mathrm{T}} X = a_{1i} X_1 + a_{2i} X_2 + \cdots + a_{pi} X_p$$

$$V_i = b_i^{\mathrm{T}} X = b_{1i} Y_1 + b_{2i} Y_2 + \cdots + b_{qi} Y_q \qquad (3.18)$$

及典型相关系数：

$$\mathrm{Corr}\{U_i, V_i\} = a_i^{\mathrm{T}} \Sigma_{12} b_i = b_i^{\mathrm{T}} \Sigma_{21} a_i = \lambda_i \qquad (3.19)$$

将 A、B 的 p 个特征值 λ^2 按大小顺序排列：

$$\lambda_1^2 \geqslant \lambda_2^2 \geqslant \cdots \geqslant \lambda_p^2 > 0 \tag{3.20}$$

并称 λ_i^2 对应的典型变量 U_i 和 V_i 为第 i 对典型相关变量, $\mathrm{Corr}\,U_i,V_i = \lambda_i > 0$ 为第 i 对典型变量的典型相关系数。于是：

$$\mathrm{Cov}\left\{U_i,U_j\right\} = a_i^\mathrm{T} \Sigma_{11} a_j = 0$$
$$\mathrm{Cov}\left\{V_i,V_j\right\} = b_i^\mathrm{T} \Sigma_{22} b_j = 0 \tag{3.21}$$
$$\mathrm{Cov}\left\{U_i,V_j\right\} = a_i^\mathrm{T} \Sigma_{22} b_j = 0$$

式中, $i \neq j$, $i,j = 1,2,\cdots,p$。

此时, X 与 Y 的各个典型变量互不相关, 当典型变量序号不同时, X 与 Y 的典型变量之间也互不相关。要分析 X 和 Y 之间的相关关系时, 只需分析 X、Y 之间对应的 P 个典型变量 U_i 和 V_i 的相关关系即可。由于两个变量之间的相关系数反映这两个变量之间关系的密切程度, 所以相关系数越大说明越密切。因此, 可以忽略相关系数很小的那些典型变量, 而按 λ_i^2 ($i=1,2,\cdots,p$) 的大小只取前面的 k 对典型变量进行分析。

利用典型变换可以把两组随机变量之间的相关性简化成少数互不相关的几对典型变量之间的相关性。对图像 X 和 Y 做典型变换后, 前面 k 对典型变量 U_i 和 V_i ($i=1,2,\cdots,k$) 反映了向量 X 和 Y 之间的相关性。后面的 $p-k$ 对典型变量 U_{k+j} 和 V_{k+j} ($i=1,2,\cdots,p-k$) 则反映 X 和 Y 之间的不相关性, 后面的 $p-k$ 对典型变量之差 $U_{k+j} - V_{k+j}$ 应该最大限度地包含状态多元变化 $X-Y$ 的信息。事实上, 对于非负相关的两个随机变量 X 和 Y, 如果满足条件：

$$\mathrm{Var}\{X\} = \mathrm{Var}\{Y\} = 1 \text{ 及 } \mathrm{Cov}\{X,Y\} = \mathrm{Corr}\{X,Y\} \tag{3.22}$$

则有

$$\mathrm{Var}\{X,Y\} = \mathrm{Var}\{X\} + \mathrm{Var}\{Y\} - 2\mathrm{cov}\{X,Y\} = 2(1 - \mathrm{Corr}\{X,Y\}) \tag{3.23}$$

这表明两个随机变量之间变差的方差信息量和它们之间的相关系数呈反变换关系, 即两个随机变量之间的相关性越强, 两者之差所包含的变差的信息越少；反之, 它们之间的相关性越弱, 两者之差所包含的变差信息越多。

根据典型变换的性质, Nielsen 等 (1998) 提出了 MAD 变换的概念。用线性变换的差重新定义了 MAD 变量：$\mathrm{MAD} = \alpha^\mathrm{T} X - \beta^\mathrm{T} Y$。在条件 $\mathrm{Var}\{\alpha^\mathrm{T} X\} = \mathrm{Var}\{\beta^\mathrm{T} Y\} = 1$ 下, 使得 $\mathrm{Var}\{\mathrm{MAD}\} = \max$, 而 $\mathrm{Var}\{\mathrm{MAD}\} = \mathrm{Var}\{\alpha^\mathrm{T} X - \beta^\mathrm{T} Y\} = 2(1 - \mathrm{Corr}\{\alpha^\mathrm{T} X - \beta^\mathrm{T} Y\})$, 也就是使得 $\mathrm{Corr}\{\alpha^\mathrm{T} X - \beta^\mathrm{T} Y\} = \min$。一般地, 第 i 个 MAD 变量为

$$\mathrm{MAD}_i = a_i^{\mathrm{T}} X - b_i^{\mathrm{T}} Y \tag{3.24}$$

式中，$a_i = \left[a_{p,i}, a_{p-1,i}, \cdots, a_{1,i} \right]^{\mathrm{T}}$，$b_i = \left[b_{q,i}, b_{q-1,i}, \cdots, b_{1,i} \right]^{\mathrm{T}}$，$i = 1, 2, \cdots, p$，即 X 与 Y 的第 i 个 MAD 变量就是 X 和 Y 的第 $p+1-i$ 对典型变量的差。

所以当 $i \geqslant j$ 时：

$$\mathrm{Var}\left\{\mathrm{MAD}_i\right\} \geqslant \mathrm{Var}\left\{\mathrm{MAD}_j\right\}$$
$$\mathrm{Corr}\left\{\mathrm{MAD}_i, \mathrm{MAD}_i\right\} \leqslant \mathrm{Corr}\left\{\mathrm{MAD}_j, \mathrm{MAD}_j\right\} \tag{3.25}$$

当 $i \neq j$ 时：

$$\mathrm{Cov}\left\{\mathrm{MAD}_i, \mathrm{MAD}_j\right\} = 0 \tag{3.26}$$

也就是说，MAD 变量的各个分量互相正交。MAD 变量的协方差矩阵是一个对角阵。

$$\sum_{\mathrm{MAD}} = \mathrm{Cov}\{\mathrm{MAD}\} = \begin{bmatrix} \gamma_1 & 0 & \cdots & 0 \\ 0 & \gamma_2 & \cdots & 0 \\ \vdots & \vdots & \ddots & \vdots \\ 0 & 0 & \cdots & \gamma_p \end{bmatrix} \tag{3.27}$$

其中，对角元素 γ_j 为第 j 个 MAD 变量的方差（$i = 1, 2, \cdots, p$），并且：

$$\gamma_1 \geqslant \gamma_2 \geqslant \cdots \geqslant \gamma_p \tag{3.28}$$

同样对于每一个 MAD_j，有

$$\gamma_j = 2\left(1 - \lambda_{p-j+1}\right) \tag{3.29}$$

于是 MAD 变量的总方差就是矩阵 Σ_{MAD} 的轨迹，即

$$\mathrm{tr}\Sigma_{\mathrm{MAD}} = \sum_{j=1}^{p} \mathrm{VarMAD}_j = \sum_{j=1}^{p} \gamma_j \tag{3.30}$$

定义第 j 个 MAD 变量 MAD_j 的方差贡献率为

$$\eta_j = \frac{\gamma_j}{\sum\limits_{i=1}^{p} \gamma_i}, \quad i = 1, 2, \cdots, p \tag{3.31}$$

变量 MAD_j 所携带的状态变化信息；前 k 个 MAD 变量贡献率的累积量 $\sum\limits_{j=1}^{k} \eta_j$ 称为累积贡献率，即前 k 个 MAD 变量所概括的状态变化的比率。因为 γ_j 是单调降的，所以只要根据累积贡献率调整 k 的值，使之大于一定数值（如 90%），就可以检测出图像 X 与 Y 的差异，MAD 变换应用到线性相对辐射校正时，是寻找

具有线性不变的信息，此时需要的信息都集中在最后几个 MAD 变量中。

对于线性相对辐射校正中的选取 PIFs，MAD 变换后按照固定的域值选取不变特征时，经常出现相当大比例的不变区域，当不变特征的比例过大时（如 50%），用大量的像素点拟合出的线性关系就有可能出现较大的误差。为了解决这个问题，Morton 采用迭代的办法计算 MAD，每次迭代过程重新计算选取不变特征的权重，然后更新 MAD 变量，直到定义的权重比例小于一定域值或者迭代次数达到给定的最大次数，迭代终止。

IR-MAD 变换的每次迭代过程中，首先对两图像按照权重采样，第一次迭代权重值是给定的固定值 1，往后每次迭代都更新权重值，这样图像的像素值都赋予了一个权重，然后计算均值向量与方差矩阵，进而用点典型相关分析的办法计算每个 MAD 变量，最后根据新计算的 MAD 变量更新权重值。更新权重值的公式为

$$\mathrm{Var}\{\mathrm{MAD}_i\} = \gamma_i = 2\left(1 - \lambda_{p-i+1}\right) \tag{3.32}$$

$$Z = \sum_{i=1}^{p} \frac{\left(\mathrm{MAD}_i\right)^2}{\gamma_i} \tag{3.33}$$

$$\mathrm{Pr(nochange)} = 1 - P_{x^2;N}(Z) \tag{3.34}$$

式中，$P_{x^2;N}()$ 为自由度为 N 的卡方检验；$\mathrm{Pr(nochange)}$ 用来确定哪些像素可以最终被选为不变特征，可以设定一个固定的域值 t（如 $t = 95\%$），当 $\mathrm{Pr(nochange)} > t$ 时，判断为特征不变像素点。IR-MAD 变换如果迭代次数为 1，初始权重值也为 1，算法就退化成原本的 MAD 变换。IR-MAD 算法的鲁棒性与精度都有提高。

IR-MAD 算法从纯数学变换上提取 PIFs，为了进一步提纯 PIFs，可进一步进行过滤处理。首先异常像素点可以排除掉，包括那些过亮、过暗，甚至是饱和的点。统计一下所有不变特征点的直方图，过滤掉直方图两端的点。然后植被覆盖的 PIFs 可以被过滤掉，这部分点有可能占很大比例，如果不过滤掉，则可能导致最后相对辐射归一的结果是依据植被光谱，而不是裸地的光谱。通过计算 NDVI 的值，过滤掉植被像元，最后过滤掉地形因素形成的阴影区域的像素点。阴影区域由于没有太阳直射部分的光线，主要依赖天空光的散射，所以辐射很难度量，加上地形复杂导致成像几何复杂，不适于作为 PIFs 点。过滤的方法是按照成像几何，配合高精度 DEM 数据（如 SRTM、ASTER 数据）计算地形阴影的区域。

PIFs 中非同质区域的像素需要过滤掉。这里的同质区域像素是指那些在原始图像与参考图像上对应的地物类型相对均一、单一的像素点。这种过滤对于不同

传感器数据尤其必要，可以在一定程度上减少传感器光谱响应的差别，还可以减小地物类型多样而引起的临近效应的差异。例如，对于 30m 中分辨率数据（如 Landsat TM/ETM+），使用固定大小的滤波窗口（如 5×5 像素），判断该窗口内的所有 25 个像素的最大值与最小值的差，若差小于给定的域值，则认为该窗口中心位置的像素点为同质区域像素点。

经过筛选后的 PIFs 便可以用于求解线性系数，使用最小二乘拟合或正交变换来拟合系数。

3.3.2　IR-MAD 算法数据实验

实验数据来源于 Landsat 5 与 Landsat 7，在原始图像与参考图像的重叠区部分分别选取 1000×1000 的像素，然后各取一半镶嵌在一起，依次比较线性相对辐射处理前后数据的一致性。原始图像与参考图像像素值分别为 DN 值与地表反射率，IR-MAD 相对辐射校正见图 3.5。

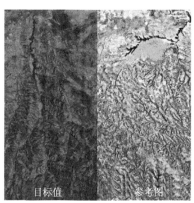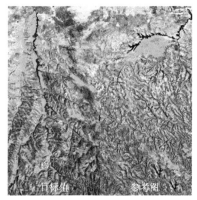

图 3.5　Landsat5/7 相对辐射校正前后波段组合[波段 7（红）；波段 4（绿）；波段 2（蓝）]

两景 HJ-1 A/B CCD 数据用于实验，一景来自 HJ-1 A CCD2 传感器 DN 值数据，成像时间 2009 年 7 月 22 日。另一景来自 HJ-1 B CCD1 传感器 DN 值数据，成像时间为 2009 年 7 月 13 日。作为参考数据的两景 Landsat TM 地表反射率数据成像时间都为 2007 年 7 月 2 日，处理结果见图 3.6 和图 3.7。

图 3.6、图 3.7 实验中，HJ-1 A/B CCD 数据与 Landsat TM 数据选取了 1000×1000 像素地理重叠区域进行相对辐射校正，HJ-1 A/B CCD 数据作为待校正数据，Landsat TM 数据作为参考数据，为了展示处理前后的效果，取 HJ-1 A/B CCD 数据左半边与 Landsat TM 数据右半边进行镶嵌，相对辐射校正前左右光谱差异明显，校正后趋于一致。图 3.6、图 3.7 中间部分是算法选取的 PIFs 及拟合出的线

性关系，可见区域内选取的 PIFs 都很集中并且呈现很好的线性形状。图 3.6、图 3.7 下部分是经过不同的辐射处理后，结果数据中裸地与植被的平均光谱曲线一致的情况，表明 HJ-1 A/B CCD DN 值数据使用线性相对辐射校正同样能达到与使用 FLAASH 或 QUAC 等大气校正相近的结果，与 Landsat TM 参考图像的光谱具有一致性。

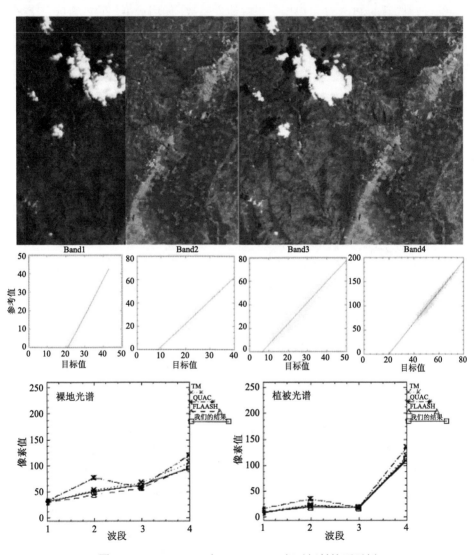

图 3.6　HJ-1 A CCD2 与 Landsat TM 相对辐射校正示例

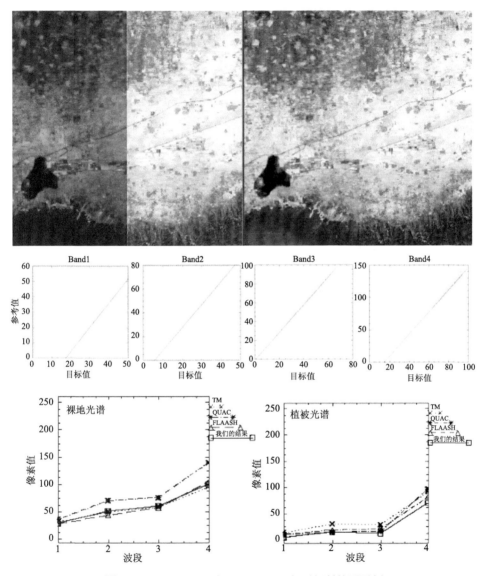

图 3.7 HJ-1 B CCD1 与 Landsat TM 相对辐射校正示例

3.3.3 基于地物平均光谱的线性相对辐射校正

相对辐射校正虽然有简单稳定、适用性高的优势,但本身也存在局限,主要是校正过程中需要参考数据作为光谱一致性的目标,即校正一幅图像还需要一个参考图像作为基准。对于多源数据的辐射一致处理,就需要指定一个数据源的数据作为基准，其他数据源向基准数据源辐射归一。例如，选择 Landsat 系列卫星 Collection 1/2 标准数据产品地表反射率数据作为基准数据源，对很多国产卫星数据进行辐射一致性处理。

线性相对辐射校正需要指定参考数据源的特性限制了其在多源数据辐射一致性处理中的应用。一种将地物平均光谱作为基准的快速大气校正算法（quick atmospheric correction algorithm，QUAC）扩展了线性相对辐射校正的适用能力。QUAC 假设光谱反射率和测量的 DN 值之间存在近似的线性关系。有实验表明，QUAC 在待处理的图像包含多种地物类型（至少 10 种），并且有足够的暗像元用于估算光谱的下界的情况下。QUAC 的结果与一般基于辐射传输理论方法的结果（如 FLAASH）的相近程度大约在±15%，运算速度明显比 FLAASH 等方法快，单景数据处理时间 5min 左右。QUAC 适用的波谱范围是 0.4～2.5μm。目前 QUAC 支持多种常用传感器数据源。用户也可自定义传感器，只要波段设置在光谱范围 0.4～2.5μm 即可。QUAC 算法已集成在商用软件 ENVI 中。

QUAC 的具体算法流程（图 3.8）如下：对于输入的多光谱/高光谱数据，先对每个波段分别查找暗像元（注意是分波段查找，各波段查找的暗像元位置可能是不同的），查找的暗像元不限于暗植被，只要是较暗的地物即可，算法要求数据中检索出的暗像元数目达到一定的比例（估计 5%即可），以保证各波段估算的光谱下界尽量准确，也就是估算出线性关系 $y=ax+b$ 中的偏移系数 b。然后算法过滤掉植被像素，在剩下的非植被像素中用端元提取算法 AMACC 提取"纯净"像元。对每个波段的端元像素，排除掉较亮的过纯净点后，计算剩余端元的均值，该均值与光谱库（同样排除植被）对应的中心波长上所有地物类型的平均光谱的比值即线性系数 a。确定了线性变换系数，对原始数据进行线性变换，转换到地表反射率。

QUAC 算法的核心是：在假定大气校正满足线性关系 $y = ax + b$ 的基础上，使用波段最小值求 b，使用光谱库中非植被的端元平均值与图像数据中非植被的端元平均值的比值，外加经验参数值来估算 a。

QUAC 算法的精度主要受两方面的影响：①线性假设的适应性引起的误差；②线性系数估算误差。

对于因素①，选择适当的数据及对数据的预处理是提高精度的主要手段。数据的选择越符合条件越好。数据的预处理这里主要指掩膜的使用，如使用掩膜选取局部的数据进行校正，范围越小线性关系越强。使用掩膜排除云、云下阴影、水体、异常区域等有利于 QUAC 中端元的提取等。

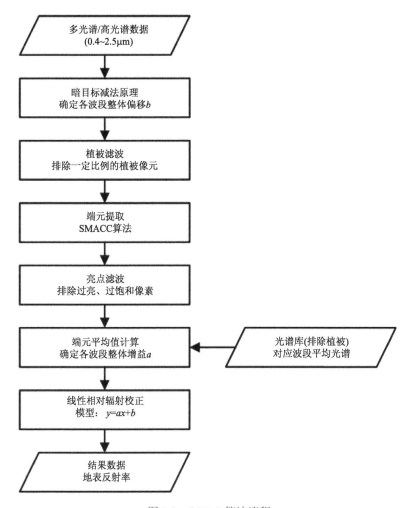

图 3.8 QUAC 算法流程

对于因素②，即对 $y = ax + b$ 中系数 a 与 b 的估算的改进。这里只对系数 a 的计算进行优化。a 是通过端元平均值与光谱库对应波段中心波长位置的非植被地物光谱的平均值的比值计算出的，所以提取的端元类型与光谱库参与计算的光谱类型越接近，理论上系数 a 的值就越具有物理意义。提取的端元与具体数据有关，所以改进要从光谱库的优化着手。目前，QUAC 中使用的光谱库是整合了目前已有的多个光谱库、去除植被、调整比例获得的，见图 3.9。整合后的光谱库具有较好的通用性，也就是说，理论上全球各个区域都适用。事实上，不同的区域地物类别存在差异，相同地物类型在不同地方的光谱表现也有差异，不同地区地物类别的比例也不同。所以不同区域的端元均值与通用的光谱库对应性质可能会存在偏差，优化的办法是针对不同区域建立有针对性的光谱库，如按照地理生态分区建立专门的光谱库，光谱库中的地物类型就会更有针对性，与该分区的数据提取的端元平均值对应得就会更准确。

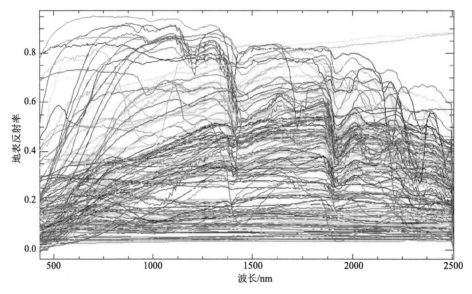

图 3.9 QUAC 大气校正光谱库（排除植被）

QUAC 光谱库中的光谱分辨率为 0.01μm，假定光谱库中包含的光谱类别为 N，第 i 个类别在波长 λ 的位置处的反射率为 $\gamma_i(\lambda)$。以 Landsat TM 数据波段 2 为例，该波段波长范围为 0.52～0.60μm，中心波长为 0.56μm。假定 Landsat TM 光谱响应函数为 $f(\lambda)$，则该波段对应的光谱库平均光谱 R_{TMb2} 的计算公式为

$$R_{TMb2} = \frac{\sum_{i=1}^{N} \dfrac{\int_{0.52}^{0.64} \gamma_i(\lambda)\dot{f}(\lambda)\mathrm{d}\lambda}{\int_{0.52}^{0.64} f(\lambda)\mathrm{d}\lambda}}{N} \tag{3.35}$$

上述公式虽然使用 Landsat TM 的光谱响应，但却是对光谱库中每一类光谱做的积分，这里光谱响应函数的计算起类似权重的作用。

3.4　基于核典型相关分析的辐射一致性处理

本节介绍一种基于核典型相关分析的非线性辐射归一化方法（Bai et al.,

2018）。利用典型相关分析在核空间内的多元分析能力，提取目标图像与参考图像之间的非线性关系，并对目标图像进行归一化处理。基于核典型相关分析的辐射归一化结果，可以保持每个图像对之间更好的相似性和更高的相关性，避免辐射差异的传递，保证图像间的辐射一致性。将核典型相关分析应用到多幅图像的自动、快速的云检测与修补中，可有效避免高亮地表的干扰，得到准确的云掩膜以及辐射一致性较好的云修补产品。

1. 算法原理

相对辐射归一化方法依据图像间的近似线性关系提取伪不变特征点进行归一化（Sadeghi et al., 2013）。随着大量数据的应用实践，实验结果越来越多地在伪不变点之间呈现明显的非线性关系，为此引入核典型相关分析方法来提取多时相或多源图像间的非线性关系进行辐射归一化。

非线性学习方法已经深入到多种遥感应用，如支持向量机、核方法，以及神经网络的分类。其中，核方法适用于处理异构信息源、特征提取和降维、回归和函数逼近以及变化检测。假设原始输入空间中的非线性问题可以通过将其重构为更高维的空间而转化为线性问题，目标是找到原始数据样本到选定线性方法工作的空间的映射函数。核方法中映射到更高维空间的样本之间的点积可能被有效的内核函数所替代。

本节介绍一种依靠典型相关分析的内核扩展-核典型相关分析来进行多时相遥感图像的相对辐射校正的方法。核典型相关分析是典型相关分析的非线性变体，其目的在于计算样本的投影，使得在一些较高维空间中的相关性最大化，其中线性相关性描绘了数据的真实结构。当从原始输入空间看这些投影时，它们对应于数据样本之间的非线性相关性。图像被映射到允许分量比较的空间中，因为对应于最大相关的联合方向，依次获取图像间不变信息，从而进行相对辐射归一化处理（图 3.10）（Volpi et al., 2015）。

核典型相关分析是典型相关分析的核化版本，典型相关分析方法被用于提取线性伪不变点集，理论上不同时相或不同传感器图像间不变点之间对应的关系并不是严格线性的，一般通过引入核典型相关分析方法提取非线性不变点。

核函数是一个映射，作用是将输入数据从低维空间转到高维空间，把低维空间中线性不可分的特征变成高维空间中线性可分的点特征。设 $x, z \in R^n$，非线性函数 $\phi()$ 实现空间 R^n 到 R^m 的映射，其中 $n \ll m$。核函数定义可由以下公式表示：

$$k(x, z) = \langle \phi(x), \phi(z) \rangle \tag{3.36}$$

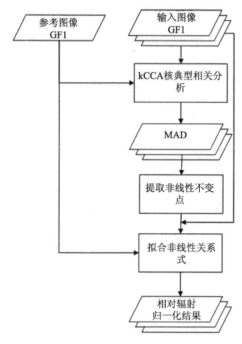

图 3.10　基于核典型相关分析的辐射归一化流程图

式中，$\langle,\rangle$ 表示内积；$k(x,z)$ 表示核函数，求解过程中无须知道非线性变换函数 $\phi()$ 的形式和参数（Camps-Valls and Bruzzone, 2009）。kCCA 方法将目标图像和参考图像的 N 个波段内像素值映射到高维空间，获取其在高维特征空间的线性组合来提取非线性不变点。在高维空间中定义典型变量：

$$U = c^{\mathrm{T}}\phi_x(X)V = d^{\mathrm{T}}\phi_y(Y) \tag{3.37}$$

式中，X 表示待校正图像，X 可表示为 n 个 N 维向量，$X_{n\times N}=(X_1,X_2,\cdots,X_n)$，$n$ 为重叠区域点的个数，N 为数据维度；Y 表示参考图像的矩阵，$Y_{n\times N}=(Y_1,Y_2,\cdots,Y_n)$；$c$ 和 d 表示待求的高维空间常向量，其转置为 c^{T} 和 d^{T}；$\phi_x()$ 为将目标图像的向量 X 由低维空间 (R^n) 映射到高维空间 (R^m) 的非线性变换函数 $n \ll m$；$\phi_y()$ 为将参考图像的向量 Y 由低维空间 (R^n) 映射到高维空间 (R^m) 的非线性变换函数，变换后的 $\phi_x(X)$ 和 $\phi_y(Y)$ 均为 $m\times N$ 维矩阵；U 表示目标图像映射到高维特征空间中变量的线性组合；V 表示参考图像映射到高维特征空间中变量的线性组合。与线性典型相关分析类似，第一步的核心就是求解 c 和 d，使得获取具有代表性的综合变量 U 和 V 相关系数最大。核函数映射示例如图 3.11 所示。

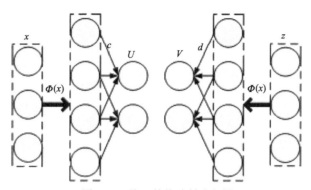

图 3.11　核函数的映射流程图

常向量 c 和 d 可以用维空间的常向量 α 和 β 与 $\phi_x(X)$ 和 $\phi_y(Y)$ 表示为

$$c = \sum_{i=1}^{N} \alpha_i \phi_x(X_i) \quad d = \sum_{i=1}^{N} \beta_i \phi_y(Y_i) \tag{3.38}$$

其中，$\alpha = (\alpha_1, \alpha_2, \cdots, \alpha_n)$，$\alpha_i$ 为 α 的第 i 个元素。此时将求解高维空间常向量 c 和 d 的问题转化为求解低维空间常向量 α 和 β 的问题。U 和 V 变换公式为

$$U = \sum_{i=1}^{N} \alpha_i \langle \phi_x(X_i), \phi_x(X) \rangle \quad V = \sum_{i=1}^{N} \beta_i \langle \phi_y(Y_i), \phi_y(Y) \rangle \tag{3.39}$$

在 U 和 V 上定义核矩阵 k_x 和 k_y：

$$k_x(i,j) = k_x(X_i, X_j) = \phi_x(X_i)^{\mathrm{T}} \phi_x(X_j) \tag{3.40}$$

$$k_y(i,j) = k_y(Y_i, Y_j) = \phi_y(Y_i)^{\mathrm{T}} \phi_y(Y) \tag{3.41}$$

U 和 V 的方差和协方差为

$$\mathrm{Var}(U) = c^{\mathrm{T}} \mathrm{Var}[\phi_x(x)] c = \alpha^{\mathrm{T}} k_x k_x \alpha \tag{3.42}$$

$$\mathrm{Var}(V) = \beta^{\mathrm{T}} k_y k_y \beta \tag{3.43}$$

$$\mathrm{Cov}(U, V) = \alpha^{\mathrm{T}} k_x k_y \beta \tag{3.44}$$

式中，$\mathrm{Var}()$ 为方差矩阵；$\mathrm{Cov}()$ 为协方差矩阵。核典型相关分析的核心问题是求解相关系数最大时对应的 U 和 V。其相关系数表示为

$$\mathrm{Corr}(U, V) = \frac{\mathrm{Cov}(U, V)}{\sqrt{\mathrm{Var}(U)} \sqrt{\mathrm{Var}(V)}} = \frac{\alpha^{\mathrm{T}} k_x k_y \beta}{\sqrt{\alpha^{\mathrm{T}} k_x k_x \alpha} \sqrt{\beta^{\mathrm{T}} k_y k_y \beta}} \tag{3.45}$$

求解问题为一个优化问题。

$$\max_{a,b} \alpha^{\mathrm{T}} k_x k_y \beta$$
$$\text{s.t. } \alpha^{\mathrm{T}} k_x k_x \alpha = \beta^{\mathrm{T}} k_y k_y \beta = 1 \tag{3.46}$$

由拉格朗日乘数法可得：

$$L = \alpha^{\mathrm{T}} k_x k_y \beta - \frac{\rho_\alpha}{2}\left(\alpha^{\mathrm{T}} k_x k_x \alpha - 1\right) - \frac{\rho_\beta}{2}\left(\beta^{\mathrm{T}} k_y k_y \beta - 1\right) \tag{3.47}$$

式中，ρ_α 和 ρ_β 为待求参数。对上式求导，令导数为 0，同时防止矩阵不可逆对其正则化：

$$\frac{\partial L_{\alpha,\beta}}{\partial \alpha} = 0 \rightarrow k_x k_y \beta = \rho_\alpha \left[\epsilon_1 k_x k_x + (1-\epsilon_1) k_x \right] \alpha \tag{3.48}$$

$$\frac{\partial L_{\alpha,\beta}}{\partial \beta} = 0 \rightarrow k_y k_x \alpha = \rho_\beta \left[\epsilon_2 k_y k_y + (1-\epsilon_2) k_y \right] \beta \tag{3.49}$$

式中，ϵ_1 和 ϵ_2 都是正则化参数。联合约束条件，可以得到 $\rho_\alpha = \rho_\beta$，定义 $\rho = \rho_\alpha = \rho_\beta$，上式依旧可以转换为求解特征根的问题：

$$k_{xx} k_{yy} \left[\epsilon_2 k_{yy} k_{yy} + (1-\epsilon_2) k_{yy} \right]^{-1} k_{yy} k_{xx} \alpha = \rho^2 \left[\epsilon_1 k_{xx} k_{xx} + (1-\epsilon_1) k_{xx} \right] \alpha \tag{3.50}$$

$$k_{yy} k_{xx} \left[\epsilon_1 k_{xx} k_{xx} + (1-\epsilon_1) k_{xx} \right]^{-1} k_{xx} k_{yy} \beta = \rho^2 \left[\epsilon_2 k_{yy} k_{yy} + (1-\epsilon_2) k_{yy} \right] \beta \tag{3.51}$$

求解方程，可以得到相应的特征根和特征向量，以及对应的核典型变量 U 和 V。同样地，构建 MAD 变量提取非线性不变点。

$$\mathrm{Var}(\mathrm{MAD}_i) = \lambda_i = 2[1 - \mathrm{Corr}(U,V)] \tag{3.52}$$

$$Z = \sum_{i=1}^{N} \frac{(\mathrm{MAD}_i)^2}{\lambda_i} \tag{3.53}$$

$$\mathrm{Pr(no\ change)} = 1 - P_{x^2,S}(Z) \tag{3.54}$$

式中，$P_{x^2,S}$ 表示自由度为 S 的卡方检验；Z 满足自由度为 S 的卡方分布，$\mathrm{Pr(no\ change)}$ 大于一定阈值的像素被确定为非线性不变点。

基于核典型相关分析提取的非线性不变点所对应的拟合关系是非线性的。在获取非线性不变点后，需要进一步拟合这些不变点在图像间的转换关系。核典型相关分析提取的非线性点需满足以下条件：

$$\mathrm{NIFs} = \left\{ (x_{i_k}, y_{i_k}), 1 - P_{x^2,N}(Z) > 0.99 \right\} \tag{3.55}$$

子空间 $U_{x_{i_k}} = \left\{ f, f = \sum_k a_k k(x_{i_k}, x), (x_{i_k}, y_{i_k}) \in \mathrm{NIFs} \right\}$ 是 $k(x_{i_k}, x)$ 的再生核希尔伯特（Hilbert）空间，子空间 $V_{y_{i_k}} = \left\{ g, g = \sum_k b_k k(y_{i_k}, y), (x_{i_k}, y_{i_k}) \in \mathrm{NIFs} \right\}$ 是 $k(y_{i_k}, y)$ 的再生核希尔伯特空间，于是 $x_{i_k} \in U_x, y_{i_k} \in V_y$。选择多项式核提取非线性不变点：

$$y(x) = a_0 + a_1 x + a_2 x^2 + \cdots + a_n x^n \tag{3.56}$$

多项式方程作为拟合关系式来描述非线性点在图像间的转换关系，对目标图像整幅图像进行校正，得到辐射一致性处理的结果图像。

2. 实验分析

实验数据使用国产高分一号卫星多光谱数据（GF-1）。利用核典型相关分析提取非线性不变点的输出参数为正则化参数 ϵ_1 和不变点阈值 Pr(no change) 。选用多项式核函数，其中 $n=3, \gamma=1, c=2$ 。为了保证与典型相关分析一致，参数值设置为 $\epsilon_1=0.0001$ 和 Pr(no change) > 0.99 。

核典型相关分析提取的不变点数量远大于典型相关分析方法提取的伪不变点数量，为分析伪不变点的分布，将非线性不变点的分布与原始图像叠加显示，如图 3.12 所示。图 3.12 中绿色的点代表着非线性不变点，由该分布图可直观得到，基于核典型相关分析提取的非线性不变点大多分布于植被区域。

为分析不同时相图像的非线性不变点间的变换关系，绘制非线性不变点的散点密度分布图，如图 3.13 所示。依据散点密度分布图可以发现不变点间的关系呈现的非线性。

图 3.12　非线性不变点与原始图像的叠加图

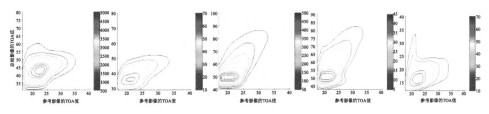

图 3.13　非线性不变点的散点密度图

为评价核典型分析方法的非线性辐射归一化效果，在与线性辐射归一化结果对比的同时，另外引入同为非线性的直方图匹配法的结果进行对比，结果如图 3.14 所示。图 3.14 中每一幅图像都是镶嵌图像，图 3.14（a）是典型相关分析归一化结果和参考图像的镶嵌图，其中图像左边是归一化结果图，右边是参考图像。图 3.14（b）是核典型相关分析的归一化结果与参考图像镶嵌图，其中图像左边是归一化结果图，右边是参考图像。图 3.14（c）是直方图匹配的归一化结果图和参考图像的镶嵌图，其中图像左边是校正后的结果图像，图像右边是参考图像。

图 3.14（a）表明在基于典型相关分析的归一化处理之后，辐射差异减小，但由地物随时间的自然生长引起的季相差异没有改善，造成直观目视解译时仍然感觉辐射差异明显。图 3.14（b）表明在基于核典型相关分析的归一化处理后，图像间的辐射差异得到明显改善，不论是拍摄条件引起的辐射差异，或者地物自然生长造成的季相差异，都得到很好的处理。其中，图像对的归一化结果相比其他图像对的归一化结果仍存在明显的辐射差异。这是由于该图像对上存在明显的云像素，这一明显的地物变化在归一化后被放大和增强。图 3.14（c）表明基于直方图匹配的归一化处理之后，图像间辐射差异被很好的消除。由于直方图匹配的无差别像素处理，不仅拍摄条件或地物季相差异引起的辐射差异被消除，地物本身发生本质改变引起的光谱差异也被消除。

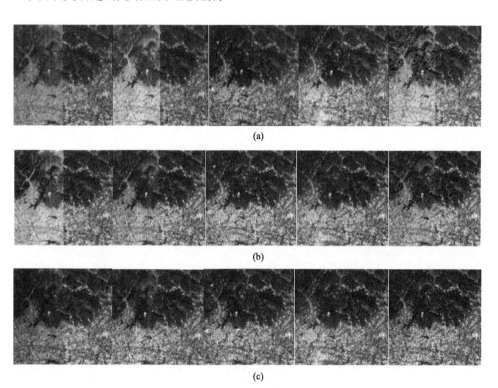

图 3.14　目标图像分别与基于典型相关分析、核典型相关分析、直方图匹配方法的相对辐射归一化结果镶嵌图

对比基于典型相关分析、核典型相关分析和直方图匹配三种方法的归一化结果的均方根误差、相关系数和直方图相似性三种评价指标的值，首先基于核典型相关分析的辐射归一化结果与参考图像的均方根误差最小，相关系数最大。而且随着目标图像和参考图像间的时相差异增大，均方根误差增大，相关系数减小。其次是基于典型相关分析的归一化的结果。基于直方图匹配的相对辐射归一化方法具有最大的均方根误差值和最小的相关系数。这意味着与基于典型相关分析和直方图匹配的方法相比，基于核典型相关分析的相对辐射归一化方法能够保留图像对之间更好的相似性和更高的相关性。直方图相似性是度量图像对之间视觉色差的一个指标。基于直方图匹配的辐射归一化结果图像的直方图与参考图像的直方图相似性最高，基于核典型相关分析的辐射归一化结果具有第二高的相似性，而基于典型相关分析的线性辐射归一化的结果的直方图相似性最低。然而，直方图匹配使用全局统计信息对图像进行归一化，消除了图像对之间所有的光谱差异，包括地物发生本质变化引起的光谱差异和必须保留的差异，这不适于大部分遥感图像处理应用。另外，基于核典型相关分析的非线性辐射归一化结果的直方图相似性明显高于基于典型相关分析的线性辐射归一化结果。基于核典型相关分析的辐射归一化结果可以保持每个图像对之间更好的相似性和更高的相关性，并且可有效避免颜色差异的传递。

3. 不同核函数的典型相关分析

实验表明，使用多项式核函数进行辐射归一化处理能很好地消除多时相图像间的辐射差异。任何满足 Mercer 定理的半正定函数都可以作为核函数，而多项式核函数不一定是最佳映射函数，且不同的核函数对算法结果的影响大小未知。为了讨论不同核函数对相对辐射归一化处理的影响，选择线性核函数、多项式核函数与高斯核函数三种不同核函数进行比较：

$$k_{\text{lin}}(x,z) = x^{\text{T}}z \tag{3.57}$$

$$k_{\text{poly}}(x,z) = (\gamma x^{\text{T}}z + c)^n \tag{3.58}$$

$$k_{\text{rbf}}(x,z) = \exp(-\gamma \| x - z \|^2) \tag{3.59}$$

图 3.15 为三种不同核函数提取的非线性不变点在原始图像上的分布图。线性核函数提取的非线性不变点为蓝色，多项式核函数提取的非线性不变色对应绿色，高斯核函数提取的非线性不变色对应红色。从图 3.15 中可以看出，三种核函数提取的非线性不变点大多分布在植被区域，只有非常少量的点分布于人工建筑物和裸地区域。

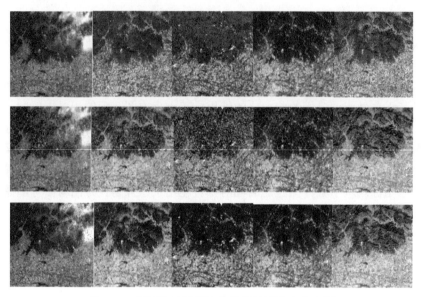

图 3.15　不同核函数提取的非线性不变点分布图

　　为了更细致地分析非线性不变点的分布情况，记录不同核函数提取的非线性不变点的总数量、分布在植被区域的非线性不变点以及分布在植被区域的不变点占总数的百分比。三种核函数中，线性核函数提取的非线性不变点数量最多，其次是高斯核函数，多项式核函数提取的非线性不变点数量最少；三种核函数提取的非线性不变点中，分布在植被区域的点的数量随总数量的增加而增加，所占百分比保持相对稳定；三种核函数提取的非线性不变点互相有重合点，且这些重合不变点也大多分布在植被区域。

　　利用所提取的非线性不变点进行辐射归一化方程拟合时，对比不同核函数提取的非线性不变点拟合的方程系数，拟合系数满足：目标图像与参考图像间时相差异越大，则 3 次项拟合系数越大，即非线性越强。利用图像间辐射归一化方程对整幅图像进行归一化处理。图 3.16 分别为三种核函数的辐射归一化结果镶嵌图，其中图 3.16（a1）～图 3.16（a5）是五幅图像基于线性核函数的辐射归一化结果与参考图像镶嵌图，左边是辐射归一化结果，右边是参考图像；图 3.16（b1）～图 3.16（b5）是上述五幅图像基于多项式核函数的辐射归一化结果与参考图像的镶嵌图，左边是辐射归一化结果，右边是参考图像；图 3.16（c1）～图 3.16（c5）是上述五幅图像基于高斯核函数的辐射归一化结果与参考图像镶嵌图，左边是辐射归一化结果，右边是参考图像。从目视角度观察，三种核函数的归一化结果中辐射差异都明显减小，实验数据的辐射一致性都有了很大的提高；多项式核函数的归一化结果好于高斯核函数，高斯核函数的归一化结果又好于线性核函数，线性核函数的 5 个结果中，有两幅图像的辐射归一化结果相较于其他三幅图像的结果一致性较差，精度仍然需要提高。

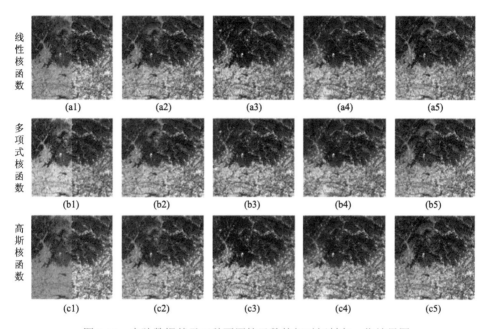

图 3.16　实验数据基于三种不同核函数的相对辐射归一化结果图

选择均方根误差、相关系数、直方图相似性指数三种辐射归一化方法的精度评价指数，对三种核函数的辐射归一化结果进行分析和评价。均方根误差值越小，两幅图像的相似度越高；相关系数越大，表明两幅图像相关性越好；直方图相似性值越大，表示两幅图像的直方图的相似度越高。实验数据表明，三种核函数提取非线性不变点的数量有差异，但分布规律相似，大多数不变点分布在植被区域。统计三种方法提取的重合点的数量与分布，重合点也大多分布于植被区域。分别依据提取的非线性不变点拟合非线性方程，对图像进行辐射归一化处理，发现对于时相相近、季相差异较小的图像，三种核函数基于 3 次多项式拟合的归一化结果相似；时相差异较大、季相差异明显时，三种核函数基于 3 次多项式拟合的归一化结果有明显差异。其中，基于多项式核函数的相对辐射归一化结果最好。

3.5 小 结

本书介绍多源多光谱数据辐射一致性自动处理技术，包括绝对辐射校正与相对辐射校正两类方法。绝对辐射校正的目的是将遥感数据由原始 DN 值转换到具有统一物理含义的定量的地表反射率的过程，可以有效消除不同传感器在不同增益模式下成像的数据差异，以及大气的影响，其过程包括辐射定标与大气校正。为实现工程化的卫星数据绝对辐射校正处理，本书详细介绍了常用的查找表构建算法。相对辐射校正的目的是消除同源或多源遥感卫星多光谱数据之间的辐射差异，对多源数据有较高的通用性。本书主要论述基于典型相关分析自动提取图像之间伪不变特征点集的相对校正方法，并且进行扩展，介绍了一种基于核典型相关分析的非线性辐射归一化方法，提取图像之间的非线性关系进行辐射归一化处理。在多源遥感卫星多光谱图像数据一般处理流程中，辐射一致性处理与几何归一化处理目前没有固定的先后顺序，可以先进行辐射处理，然后再进行几何处理，反过来也可以。目前，很多卫星数据的标准数据产品生产流程是先进行绝对辐射校正，然后进行系统几何校正与几何精纠正，最后再选择是否进行相对辐射校正处理。需要注意的是，辐射一致性处理流程中涉及成像几何的观测角度与太阳角度会受几何归一化处理的影响，需要同步进行几何校正转换。

参 考 文 献

李小英, 顾行发, 闵祥军, 等. 2005. 利用 MODIS 对 CBERS-02 卫星 CCD 相机进行辐射交叉定标. 中国科学: E 辑, 35(B12): 41-58.

徐希孺. 2017. 遥感物理. 北京: 北京大学出版社.

余晓敏, 陈云浩. 2007. 基于改进的自动散点控制回归算法的遥感影像相对辐射归一化. 光学技术, 33(2): 185-188.

Bai Y, Tang P, Hu C. 2018. Kcca transformation-based radiometric normalization of multi-temporal satellite images. Remote Sensing, 10: 432.

Camps-Valls G, Bruzzone L. 2009. Kernel Methods for Remote Sensing Data Analysis. Hoboken, NJ, USA: Wiley.

Canty M J, Nielsen A A. 2008. Automatic radiometric normalization of multitemporal satellite imagery with the iteratively re-weighted mad transformation. Remote Sensing of Environment, 112(3): 1025-1036.

Cao C, Heidinger A K. 2002. Intercomparison of the longwave infrared channels of modis and avhrr/noaa-16 using simultaneous nadir observa tions at orbit intersections//Earth Observing Systems VII. SPIE: 4814: 306-316.

Caselles V, Lopez M G. 1989. An alternative simple approach to estimate atmospheric correction in multitemporal studies. International Journal of Remote Sensing, 10(6): 1127-1134.

Chander G, Mishra N, Helder D L, et al. 2012. Applications of spectral band adjustment factors (sbaf) for cross-calibration. IEEE Transactions on Geoscience and Remote Sensing, 51(3): 1267-1281.

Du Y, Teillet P M, Cihlar J. 2002. Radiometric normalization of multitemporal high-resolution satellite images with quality control for land cover change detection. Remote Sensing of Environment, 82(1): 123-134.

Elvidge C D, Yuan D, Weerackoon R D, et al. 1995. Relative radiometric normalization of landsat multispectral scanner(mss)data using a automatic scattergram-controlled regression. Photogrammetric Engineering and Remote Sensing, 61(10): 1255-1260.

Gao B C, Heidebrecht K B, Goetz A F. 1993. Derivation of scaled surface reflectances from aviris data. Remote Sensing of Environment, 44(2-3): 165-178.

Hajj M E, Bégué A, Lafrance B, et al. 2008. Relative radiometric normalization and atmospheric correction of a spot 5 time series. Sensors, 8(4): 2774-2791.

Hall F G, Strebel D E, Nickeson J E, et al. 1991. Radiometric rectification: toward a common radiometric response among multidate, multisensor images. Remote Sensing of Environment, 35(1): 11-27.

Heidinger A K, Straka Iii W C, Molling C C, et al. 2010. De-riving an inter-sensor consistent calibration for the avhrr solar reflectance data record. International Journal of Remote Sensing, 31(24): 6493-6517.

Kotchenova S Y, Vermote E F, Matarrese R, et al. 2006. Validation of a vector version of the 6s radiative transfer code for atmospheric correction of satellite data. Part i: Path radiance. Applied Optics, 45(26): 6762-6774.

Nielsen A A, Conradsen K, Simpson J J. 1998. Multivariate alteration detection (mad) and maf postprocessing in multispectral, bitemporal image data: New approaches to change detection studies. Remote Sensing of Environment, 64(1): 1-19.

Rao C N. 1995. Inter-satellite calibration linkages for the visible and near-infrared channels of the advanced very high resolution radiometer on the noaa-7,-9, and-11spacecraft. International Journal of Remote Sensing, 16: 1931-1942.

Robinove C J. 1982. Computation with physical values from landsat digital data. Photogrammetric Engineering and Remote Sensing, 48(5): 781-784.

Sadeghi V, Ebadi H, Ahmadi F F. 2013. A new model for automatic normalization of multitemporal satellite images using artificial neural net work and mathematical methods. Applied Mathematical Modelling, 37: 6437-6445.

Schott J R, Salvaggio C, Volchok W J. 1988. Radiometric scene normalization using pseudoinvariant features. Remote Sensing of Environment, 26(1): 1-16.

Slater P N, Biggar S F, Thome K J, et al. 1996. Vicarious radio-metric calibrations of eos sensors.

Journal of Atmospheric and Oceanic Technology, 13: 349-359.

Teillet P, Fedosejevs G, Thome K, et al. 2007. Impacts of spectral band difference effects on radiometric cross-calibration between satellite sensors in the solar-reflective spectral domain. Remote Sensing of Environment, 110(3): 393-409.

Teillet P, Slater P, Ding Y, et al. 1990. Three methods for the absolute calibration of the noaa avhrr sensors in-flight. Remote Sensing of Environment, 31(2): 105-120.

Vermote E F, Kotchenova S. 2008. Atmospheric correction for the monitoring of land surfaces. Journal of Geophysical Research: Atmospheres, 113(D23).

Vermote E F, Tanré D, Deuze J L, et al. 1997. Second simulation of the satellite signal in the solar spectrum, 6s: An overview. IEEE Transactions on Geoscience and Remote Sensing, 35(3): 675-686.

Volpi M, Camps-Valls G, Tuia D. 2015. Spectral alignment of multi- temporal cross-sensor images with automated kernel canonical correlation analysis. Isprs Journal of Photogrammetry and Remote Sensing, 107: 50-63.

第 4 章

薄雾去除

薄雾指存在于遥感卫星多光谱图像中局部区域的、分布厚度不均匀但不完全遮盖地物的气溶胶物质。本书研究的薄雾去除技术不同于完全遮盖地表的厚云及云下阴影的处理，也不同于大气校正过程中定量的气溶胶光学厚度反演。本书的薄雾去除技术主要基于图像处理算法提取薄雾的分布与厚度，目的是提高图像的目视清晰度。处理结果有时会影响局部区域的地物光谱特性，不一定适合某些光谱特征的定量遥感应用，但有助于遥感制图与图像解译等应用。薄雾去除算法很多时候是在光谱保真（定量）和图像清晰度（定性）之间的一个均衡。本章介绍了遥感图像处理中常用的薄雾去除技术，包括同态滤波法、小波变换法、大尺度中值滤波法三种基于滤波的去雾算法，暗通道法及基于薄雾成像模型的定量化薄雾去除算法，分析了不同方法在去雾效果与对光谱的影响等方面的差异，为读者根据具体应用场景选择合适的算法提供参考。本章还介绍了一种基于对抗网络的深度学习去雾算法。

4.1 引　言

遥感薄雾去除方法可以简单分为两类：基于非模型的图像增强算法和基于模型的图像复原算法。基于非模型的图像增强算法有全局或局部直方图均衡化算法、多尺度 Retinex 算法等。此类方法不分析雾天图像形成原理，只从对比度等方面对图像进行处理，这并不能从光学成像的本质上实现去雾。目前研究与应用更多的是基于模型的图像复原算法，其原理是从图像退化出发，通过求解图像成像逆过程来获得清晰的无雾图像，如基于马尔可夫随机场理论拉伸图像对比度（Tan, 2008），或者通过估算景物的反射率来推断大气的传递系数（Fattal, 2008），但前者获得的去雾图像颜色过于饱和，景深突变处容易产生光晕效应，而后者对浓雾图像处理效果较差且时间复杂度高。基于暗通道先验的去雾算法（He et al., 2009）

是图像去雾领域中的经典方法，它本质上是一种统计意义上的算法，由于其中使用的软抠图算法运算量较大，后续的改进算法采用了中值滤波以提高效率（Tarel and Hautiere, 2009），或是利用大气光强度和暗通道差值的绝对值来判断雾天图像中是否存在明亮区域，以降低时间复杂度（Sun et al., 2014）。Zhu 等（2015）提出的颜色衰减先验（color attenuation prior）方法也取得了较好的去雾效果。另外，还有结合 Retinex 理论和暗通道先验来恢复夜间无雾图像的方法（Yang and Bai, 2017）。

4.2　基于滤波的薄雾去除算法

本节介绍遥感图像处理中常用的三种薄雾去除算法：同态滤波法、小波变换法、大尺度中值滤波法。

4.2.1　同态滤波法

同态滤波法利用图像的光照特征，减少光照不均匀对对比度增强产生的影响（Mitchell et al., 1977；Liu and Hunt, 1984）。经典的同态滤波法是在频率域上进行的，先利用傅里叶变换将图像变换到频率域，然后再用适当的滤波函数对低频部分和高频部分施加不同的影响，最后再用傅里叶反变换转换回来。频率域算法有几个缺点：计算傅里叶变换要扩展到复数域，占用运算空间较大，且傅里叶变换和傅里叶反变换花费的时间较长。同态滤波法通过一个同态滤波函数，在频率域中将低频和高频分开进行滤波，在加强高频的同时亦能减弱低频，最终的结果是压缩图像的动态范围以及增加图像各部分间的对比度，达到一定的薄雾消除效果。赵忠明将同态滤波用于全色遥感图像的薄雾去除中，取得了相较基于直方图增强法更好的处理效果（Zhao and Zhu, 1996），之后围绕同态滤波技术与算法优化方法进行改进，一批专门针对遥感图像薄雾去除的研究论文被发表，相关集成算法逐步成熟，在很多国产遥感平台软件中也都有所体现。同态滤波法处理流程图如图 4.1。

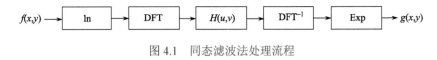

图 4.1　同态滤波法处理流程

同态滤波法的理论基础是照度-反射模型，该模型将图像看成是照度和反射两部分的乘积：

$$f(x,y) = i(x,y)r(x,y) \qquad (4.1)$$

同态滤波法主要是利用照度-反射模型来对图像进行频域处理,并通过灰度范围的压缩和对比度增强来改进一幅图像的外观。

对式(4.1)两边取对数,得

$$\ln f(x,y) = \ln i(x,y) + \ln r(x,y)$$

进行傅里叶变换:

$$Z(u,v) = F_i(u,v) + F_r(u,v)$$

借助滤波函数 $H(u,v)$ 对频域函数 $Z(u,v)$ 进行处理,得

$$S(u,v) = H(u,v)Z(u,v) = H(u,v)F_i(u,v) + H(u,v)F_r(u,v)$$

对 $S(u,v)$ 进行傅里叶反变换可得

$$s(x,y) = i'(x,y) + r'(x,y) \qquad (4.2)$$

对式(4.2)进行指数运算获得增强图像 $g(x,y)$:

$$g(x,y) = e^{s(x,y)} = e^{i'(x,y)}e^{r'(x,y)} = i_0(x,y)r_0(x,y) \qquad (4.3)$$

图像照度分量通常具有空间域的缓慢变化特征,而反射分量往往引起突变,特别是在不同物体的连接部分。这些特性导致图像对数傅里叶变换的低频成分与照度相联系,而高频成分与反射相联系。虽然这些联系只是在大体上近似,但它们在图像增强上的应用十分有效,因此可以利用同态滤波的处理方式对照射分量和反射分量分别进行减弱和增强处理,以增强原图像的对比度。这些处理依赖于滤波函数 $H(u,v)$ 的合理选取。常用的高通滤波函数形式如下:

$$H(u,v) = (r_H - r_L)\left(1 - e^{-c\left(D^2(u,v)/D_0^2\right)}\right) + r_L \qquad (4.4)$$

式中, $D^2(u,v)$ 为点 (u,v) 到傅里叶变换原点的距离;常数 c 则是控制滤波器函数锐化效果的参数, c 的范围在 r_L 与 r_H 之间。

4.2.2 小波变换法

小波变换法同样利用了薄雾的低频高亮特性,即图像中薄雾覆盖区域的亮度值要比图像清晰区域的亮度值大,而且图像中薄雾覆盖区域的清晰度要比无云区域更差。薄雾与地表地物相比,主要集中在图像的低频区域,而地物主要集中在图像的高频区域。图像中薄雾的分布是有厚度变化的,它是一个从最厚处到清晰区域逐渐减小的过程。相对来说,薄雾覆盖区域的亮度值要比清晰区域的亮度值高,但是如果直接利用亮度阈值对原始图像进行分割,则图像中地表的许多高反射率地物也会被误识别为薄雾区,而薄雾区中较暗的部分又被漏识。利用小波

变换可以有效提取高亮且低频的区域，并能排除高亮高频地物的影响。通常经过五层小波分解后，就可以在低频图像中用合适的阈值将薄雾区分出来，并能根据小波分解的低频图像估算薄雾的大致厚度分布。Du 等（2002）利用小波变换得到了很好的去雾效果，但经过多次抽样后估算的薄雾分布图的空间分辨率过低。遥感图像的小波变换去雾研究中，Fen 等（2007）利用无抽样小波变换（undecimated wavelet transform, UWT）改善了去雾效果，避免了分解层数增加导致的薄雾估算图像分辨率下降的问题，但也有多次无抽样小波运算量大的缺点。

小波变换的基本思想是用一组小波函数或者基函数表示一个函数或者信号。小波分析是把一个信号分解成将原始小波经过移位和缩放之后的一系列小波。对于 1 维信号（1-D），在多尺度空间 $\{V_{j\,j\in Z}\}$ 中，尺度函数 $\phi(x)$ 与小波函数 $\psi(x)$ 具有以下性质：$\psi(x)$ 定义高频信息，且 $\int \psi(x)\mathrm{d}x = 0$；$\phi(x)$ 定义低频信息，且 $\int \phi \mathrm{d}x = 1$；小波序列函数 $\{\phi_{a,b}(x)\}$ 可由基本小波函数 $\psi(x)$ 的平移与伸缩表达：

$$\psi_{a,b}(x) = \frac{1}{\sqrt{|a|}}\psi\left(\frac{x-b}{a}\right) \tag{4.5}$$

式中，a 为伸缩因子；b 为平移因子。

图像可以看成 2 维平面，对于 2-D 小波变换，在尺度空间 $\left\{C_{n,m}^{0}\right\}_{n,m\in Z}$ 中，小波分解第 k 层的公式为

$$
\begin{aligned}
C_{n,m}^{k} &= \sum_{j,l\in Z}\overline{h}_{j-2n}\overline{h}_{l-2m}C_{j,l}^{k-1} \\
D_{n,m}^{k1} &= \sum_{j,l\in Z}\overline{h}_{j-2n}\overline{g}_{l-2m}C_{j,l}^{k-1} \\
D_{n,m}^{k2} &= \sum_{j,l\in Z}\overline{g}_{j-2n}\overline{h}_{l-2m}C_{j,l}^{k-1} \\
D_{n,m}^{k3} &= \sum_{j,l\in Z}\overline{g}_{j-2n}\overline{g}_{l-2m}C_{j,l}^{k-1} \\
& k = 1, 2, \cdots, N
\end{aligned}
\tag{4.6}
$$

式中，$\{h_k\}_{k\in Z}$ 为正则滤波系数；$g_k = (-1)^{k-1}\overline{h}_{1-k}$；$\left\{D_{n,m}^{k1}\right\}$ 为水平分量；$\{D_{n,m}^{k2}\}$ 为垂直分量；$\left\{D_{n,m}^{k3}\right\}$ 为对角分量；$\left\{C_{n,m}^{k}\right\}$ 为低频信息分量。图 4.2 为一个 2-D 小波分解 4 层的例子，可见随着分解层数的增加，用于估算薄雾分布的低频图像 $\{C_{n,m}^{k}\}$ 尺寸迅速减小，所以为了获得足够分辨率的薄雾图像，小波分解的层数不宜超过 5 层。小波函数可以选择常用的 Daubechies 小波（db$N$）（Daubechies, 1988），包括简单的 Haar 小波（db1）。利用无抽样小波变换可以避免分解层数增加导致的薄

雾估算图像分辨率下降的问题，但同时增加了运算量及中间数据存储消耗。

薄雾区对图像的影响表现在有薄雾覆盖的区域亮度值要比清晰区域高，且薄雾区在变换域上主要集中在低频，其在小波分解后低频图像数据值上的表现就是薄雾区的低频系数值要比清晰区域的低频系数值大，因此将图像上薄雾区的低频系数值减小，同时对薄雾区的高频信息增强，再对调整后的小波分解系数进行小波反变换，便可以得到薄雾消除后的图像。

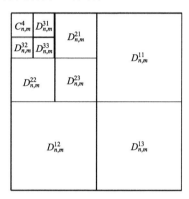

图 4.2　2-D 小波分解示例，4 层

4.2.3　大尺度中值滤波法

针对大尺寸遥感图像的快速去雾需求，一种运算速度与滤波半径无关的快速中值滤波法被用于薄雾分布与厚度的估计，对于较厚雾霾也具有明显的去除效果。

大尺度滤波去雾算法假定图像中具有高亮且低频特性的局部区域为薄雾。先确定薄雾厚度 $V(x, y)$ 的取值范围，首先有 $V(x, y) > 0$ ，即在整幅影像的所有位置都一定存在大气影响。其次，地表反射光经大气衰减后到达传感器的部分是非负的，故有 $V(x, y) < L(x, y)$ 。

多光谱图像中，记位于可见光波段 (x, y) 像素最小值组成的新的波段数据为 $W(x, y)$ 。由于地表反射经大气到达传感器的亮度总是非负的，大气光再亮也不会超过该位置上波段最小值的亮度，所以有 $V(x, y) \leqslant W(x, y)$ 。

对于 $W(x, y)$（Tarel and Hautiere，2009）大尺度中值滤波法描述的薄雾越厚，该区域的低频信号越多，总体越平滑且具有像元值较高的特性，于是给出以下公式：

$$A(x, y) = \text{median}(W)(x, y)$$
$$B(x, y) = p[A(x, y) - \text{median}_r(|W - A|)(x, y)]$$

（4.7）

式中，median 表示中值滤波；r 为中值滤波矩形窗体的半径。选择中值滤波是因

为中值滤波一个突出的优点就是在消除噪声的同时，还能防止边缘模糊。式（4.7）先对 $W(x,y)$ 进行大尺度核的中值滤波，得到的是 $A(x,y)$ 局部平滑但又保持了跃迁边缘的图像，$A(x,y)$ 可以描述图像中局部区域的划分，但不能描述不同区域的平滑程度，假设越平滑且越亮的位置大气光越强、雾越厚，为了描述具体每一像素位置大气光强（雾的浓度），大气光越强（雾越厚）的位置应越平滑。$W(x,y)$ 与 $A(x,y)$ 在相应像素位置上的值越接近，$\mathrm{median}_r(|W-A|)(x,y)$ 的值越小，$A(x,y)-\mathrm{median}_r(|W-A|)(x,y)$ 的值越大。反之，大气光弱（雾薄）的地方 $\mathrm{median}_r(|W-A|)(x,y)$ 的值越小。式（4.7）中的 p，用于控制去雾程度，取值范围为 0~1，体现由大气光估计数量值到亮度值的比例关系，目前主要靠经验来确定。考虑到大气光的取值范围，$0<V(x,y)<W(x,y)$，最终：

$$V(x,y)=\max\{\min[B(x,y),W(x,y)],0\} \tag{4.8}$$

将估计出的 $V(x,y)$ 值代入薄雾成像模型[见式（4.11）～式（4.15）]便能获取地表辐射 $J(x,y)$，即经过薄雾消减处理后的图像。

$V(x,y)$ 的估算利用中值滤波具有大滤波半径的特点，常用的滤波半径范围为 50～100 像元。随着滤波半径的增大，矩形的滤波窗口已经不适用，需要圆形的滤波窗口。图像中每个像元位置都要查找圆形大半径内像元值的中值，随着半径的增加运算量也迅速增加。这里需要一种运算效率与滤波半径无关的快速中值滤波算法，采用复杂度为 $O(1)$ 的快速中值滤波算法（Perreault and Hebert，2007）。该算法利用直方图预存圆形区域内所有像元值的排序数据，像元点每移动一位，直方图只更新边界部分的像元值，从而实现快速计算中值，见图 4.3。

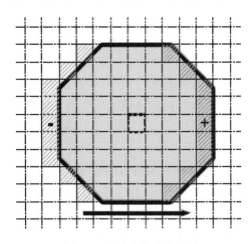

图 4.3　快速中值滤波示例

$V(x, y)$ 的计算过程是将图像中具有高亮度、低频且大面积分布的像元找出来作为估算薄雾的基准。按照类似的原理，将中值滤波器换成均值滤波器也可以取得近似的效果。

4.3 基于暗通道的薄雾去除算法

暗通道法是一种广泛应用于数码照片去雾的算法。暗通道法利用暗通道先验估计透射率，然后代入薄雾成像模型恢复清晰图像。暗通道先验源于遥感领域的暗植被法，首先被用于数码照片的去雾处理中并取得较好的去雾效果。该先验假设在大景深场景类数码照片中的绝大多数非天空的局部区域里，某一些像元位置总有至少一个颜色通道具有很低的值。这些属于不同波段的、由一定区域内最小像元值组成的新波段，称为暗通道。He 等（2009）统计了 5000 多幅图像的特征，绝大多数符合这个先验，并利用暗通道先验取得了很好的去雾效果。薄雾成像模型可以看作是一种简化的遥感辐射传输模型，只模拟了薄雾成像几何，计算过程是非定量的，没有物理单位。

4.3.1 薄雾成像模型

薄雾成像模型简化了遥感辐射传输过程，忽略了多次散射和发射的影响，薄雾成像模型在提出时利用比尔定律（或称布格定律、朗伯定律）描述薄雾对光传输的衰减，即光通过均匀介质传播的辐射强度近似指数函数 $e^{-k\lambda U}$，k 为经验系数、λ 为中心波长，该指数函数的自变量是质量吸收截面和路径长度 U 的乘积。路径长度 U 可以用来表示薄雾的厚度，薄雾越厚，光通过薄雾后衰减的比例越大。虽然模型中将大气衰减描述成指数形式，但在实际利用薄雾成像模型进行图像薄雾厚度估计时，通过非定量化的数字图像难以获取任一像元位置处的路径长度 U 与薄雾厚度之间的指数关系，无法求解经验系数 k，只能进一步简化求解该点的透过率，即 $e^{-k\lambda U}$ 整体的值。记像元位置 (x, y) 处的大致透过率 $t(x, y)$ 为

$$t(x, y) = e^{-k\lambda U} \tag{4.9}$$

注意 $t(x, y)$ 在这里已经不是严格物理模型里的透过率了，而是对薄雾引起的光线衰减比例的一个数值度量。

将薄雾引起的衰减简单描述成 $t(x, y)$ 后，卫星传感器接收的辐射便可以简化表示为两部分的和，一部分为经过大气衰减后到达地面，经地面反射后又经过一次大气衰减后到达传感器的太阳光的辐射亮度。另一部分为太阳辐射大气分子上反射后到达传感器的辐射亮度。记传感器最终接收到的辐射为 $L(x, y)$，地表反射

率为 $b(x, y)$，太阳辐射为 $I(x, y)$，则薄雾成像模型表示为

$$L(x, y) = I(x, y)t(x, y)b(x, y)t(x, y) + I(x, y)[1 - t(x, y)] \quad (4.10)$$

薄雾成像辐射传输过程见图 4.4。

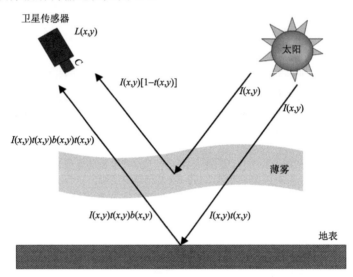

图 4.4 遥感图像薄雾成像示例

去雾的目的是获得地表真实辐射，记 $J(x, y)$ 为地表的真实辐射，则有 $J(x, y) = I(x, y)t(x, y)b(x, y)$，薄雾成像模型进一步简化为

$$L(x, y) = J(x, y)t(x, y) + I(x, y)[1 - t(x, y)] \quad (4.11)$$

由式（4.11）便可求解清晰地表 $J(x, y)$：

$$J(x, y) = \frac{L(x, y) - I(x, y)[1 - t(x, y)]}{t(x, y)} \quad (4.12)$$

在已知太阳辐射 $I(x, y)$ 及透过率 $t(x, y)$ 的情况下，便可以获得去雾后的数据 $J(x, y)$。通常太阳辐射 $I(x, y)$ 的值可以认为是固定值，求解的关键便是对透过率 $t(x, y)$ 的估算。

模型中若直接将太阳辐射大气分子上反射后到达传感器的辐射亮度作为估算的目标，记

$$V(x, y) = I(x, y)[1 - t(x, y)] \quad (4.13)$$

通常 $V(x, y)$ 被称为大气光，或者天空光。此时公式变为

$$L(x, y) = J(x, y)\left[1 - \frac{V(x, y)}{I(x, y)}\right] + V(x, y) \quad (4.14)$$

对应的地表辐射 $J(x, y)$ 表示为

$$J(x, y) = \frac{L(x, y) - V(x, y)}{1 - \dfrac{V(x, y)}{I(x, y)}} \qquad (4.15)$$

这样 $J(x, y)$ 的求解便是对 $V(x, y)$ 与 $I(x, y)$ 的估计。$V(x, y)$ 表示的是太阳辐射照射到大气上，经反射到达传感器的部分。利用薄雾成像模型去雾，通过图像估算 $t(x, y)$ 与 $V(x, y)$，会受地表覆盖类型及薄雾估算参照地物选取方法的影响。与估算透过率 $t(x, y)$ 相比，$V(x, y)$ 的估算更加直接与简便，同时估算过程导致的不确定性也越大。例如，$V(x, y)$ 的值在大尺度中值滤波算法中是通过图像中的低频高亮区域估算的。而 $t(x, y)$ 的值在暗通道算法中则是基于暗通道先验估算的。

4.3.2 暗通道先验

暗通道先验首先被用于数码照片的去雾处理并取得较好的去雾效果（He et al., 2009）。该先验假设在大景深场景类数码照片中的绝大多数非天空的局部区域里，某一些像元位置中有至少一个颜色通道具有很低的值。这些属于不同波段的、在一定区域内最小像元值组成的新的波段称为暗通道。其数学表达式如下：

$$J^{\mathrm{dark}}(x, y) = \min_{(x,y) \in \Omega(r)} \{ \min_{(x,y) \in \mathrm{bands}} [J(x, y)] \} \qquad (4.16)$$

式中，$J(x, y)$ 表示图像 (x, y) 位置的像元值；bands 表示 RGB 三个波段；$\Omega(r)$ 表示以 (x, y) 像元为中心、半径为 r 个像元的窗口区域。如果 $J(x, y)$ 为没有薄雾的清晰图像，则根据暗通道先验，有 $J(x, y) \Rightarrow 0$。

将薄雾成像模型公式两边同时除以 $I(x, y)$，变形为式（4.17）：

$$\frac{L(x, y)}{I(x, y)} = \frac{J(x, y)}{I(x, y)} t(x, y) + 1 - t(x, y) \qquad (4.17)$$

式中，根据暗通道先验，对于没有薄雾的图像 $J(x, y)$，在所有波段里，在半径为 r 的窗口内总有光强度极小的值，即

$$\min_{(x,y) \in \Omega(r)} \{ \min_{(x,y) \in \mathrm{bands}} [J(x, y)] \} = 0 \qquad (4.18)$$

于是：

$$\min_{(x,y) \in \Omega(r)} \left\{ \min_{(x,y) \in \mathrm{bands}} \left[\frac{L(x, y)}{I(x, y)} \right] \right\}$$

$$= t(x, y) \min_{(x,y) \in \Omega(r)} \left\{ \min_{(x,y) \in \mathrm{bands}} \left(\frac{L(x, y)}{I(x, y)} \right) \right\} + 1 - t(x, y) \qquad (4.19)$$

故透过率 $t(x, y)$：

$$t(x,y) = 1 - \omega \min_{(x,y)\in\Omega(r)}\left\{\min_{(x,y)\in\text{bands}}\left[\frac{L(x,y)}{I(x,y)}\right]\right\} \qquad (4.20)$$

式中，因子 $\omega \in [0,1]$ 来控制透射率的估计值，如 $\omega = 0.95$ 表示去除 95%的薄雾。采用的滤波窗口半径 r 取值通过图像本身经验确定，通常取值 2～20 像元，当 r 取值较大时得到的透过率图较粗糙，容易产生斑块现象。对于高分辨率多光谱图像，由于地表覆盖在高分辨率下的复杂性更高，为获得相对平滑过渡的薄雾分布，常设 r 的值范围为 50～100，甚至更高，这样在提高运算速度的同时，也导致薄雾估计的斑块化更严重，尤其是对地表覆盖类型复杂的城镇区域最终的去雾效果较差，所以需要对粗斑块的薄雾分布估计进行精细化处理。

4.3.3 薄雾精细分布的快速估计

精细化薄雾分布的算法有很多，在数字图像处理领域常用基于 Matting 的算法，该算法将整幅薄雾粗估计图像与整幅原始图像构建全局矩阵整体求解特征值，算法精度较高，但运算速度会随图像尺寸的增加而快速降低，对于一般手机照片或数码相机照片的处理速度是可以接受的，但对于图像尺寸大的遥感图像，想实现快速处理是困难的。为此，用导向滤波（guided filter）结合 BoxFilter 均值快速计算算法获得更加精细化的 $t(x,y)$。

导向滤波算法中，将原始的有薄雾图像 $L(x,y)$ 作为导向图像，待精细化的 $V(x,y)$ 作为滤波输入图像，记输出图像为 $\hat{V}(x,y)$。像元点 (x,y) 处的滤波结果被表达成一个加权平均：

$$\hat{V}(x,y) = \sum_{i\in\omega_k} W_i[L(x,y)]V(x,y) \qquad (4.21)$$

假设导向滤波器在导向图像 $L(x,y)$ 和滤波输出 $\hat{V}(x,y)$ 之间是一个局部线性模型：

$$\hat{V}(x,y) = a_k L(x,y) + b_k, (x,y)\in\omega_k \qquad (4.22)$$

通过最小化下面的窗口 ω_k 的代价函数：

$$E(a_k,b_k) = \sum_{\omega_k}\{[a_k L(x,y) + b_k - V(x,y)]^2 + \epsilon a_k^2\} \qquad (4.23)$$

得到局部线性系数 a_k、b_k 的值。

导向滤波算法如下。

步骤 1：

$$\text{mean}_L = f_{\text{mean}}[L(x,y)]$$

$$\text{mean}_V = f_{\text{mean}}[V(x,y)]$$
$$\text{corr}_L = f_{\text{mean}}[L(x,y).*L(x,y)] \qquad (4.24)$$
$$\text{corr}_{LV} = f_{\text{mean}}[L(x,y).*V(x,y)]$$

步骤 2：

$$\text{var}_L = \text{corr}_I - \text{mean}_I.*\text{mean}_I$$
$$\text{cov}_{LV} = \text{corr}_{IV} - \text{mean}_I.*\text{mean}_V \qquad (4.25)$$

步骤 3：

$$a = \text{cov}_{LV}./(\text{var}_L + \epsilon)$$
$$b = \text{mean}_V - a.*\text{mean}_L \qquad (4.26)$$

步骤 4：

$$\text{mean}_a = f_{\text{mean}}(a)$$
$$\text{mean}_b = f_{\text{mean}}(b) \qquad (4.27)$$

步骤 5：

$$\hat{V}(x,y) = \text{mean}_a.*L(x,y) + \text{mean}_b \qquad (4.28)$$

式中，f_{mean} 为中值滤波器，滤波半径为 r；ϵ 为归一化参数。

可见该方法的主要过程集中于简单的均值模糊，而均值模糊有多种和半径无关的快速算法。均值滤波器运算，我们采用 BoxFilter 优化方法，如图 4.5 所示，它可以使复杂度为 $O(MN)$ 的求和、均值、方差等运算降低到近似于 $O(1)$ 的复杂度。

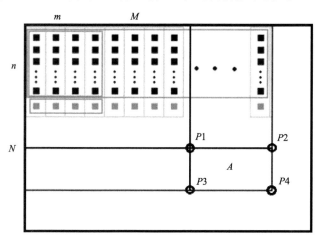

图 4.5 BoxFilter 示例

BoxFilter 的原理来自 Integral Image，Integral Image 使得图像的局部矩形求和运算的复杂度从 $O(MN)$ 下降到了 $O(4)$。Integral Image 首先建立一个宽、高与原图像相等的空白图像，然后对这个空白图像赋值，其中像元值 $P(x, y)$ 赋为该点与图像左上角所构成的矩形中所有像元的和。赋值后，想要计算某个矩形像元的和，如矩形 A 的像元和就可以用 4 个角的像元值计算 $A = p1 - p2 - p3 + p4$，即 $O(4)$。Integral Image 能够快速计算任意大小的矩形求和运算。不同于 Integral Image，BoxFilter 建立的空白图像中的每个元素的值是该像元邻域内的像元和（或像元平方和），在需要求某个矩形内像元和时，直接访问数组中对应的位置就可以了。因此，BoxFilter 的复杂度是 $O(1)$。BoxFilter 的初始化过程如下：

（1）给定一张图像，宽高为 (M, N)，确定待求矩形模板的宽高 (m, n)，图中每个黑色方块代表一个像元。

（2）开辟一段大小为 M 的数组，记为 buff，用来存储计算过程的中间变量，用灰色方块表示。

（3）将矩形模板从左上角 $(0,0)$ 开始，逐像元向右滑动，到达行末时，矩形移动到下一行的开头 $(0,1)$，如此反复，每移动到一个新位置时，计算矩形内的像元和，保存在数组 A 中。以 $(0,0)$ 位置为例进行说明：首先将 $n \times M$ 矩形内的每一列像元求和，结果放在灰色方块内，再对 $1 \times m$ 的灰色像元求和，结果即 $n \times m$ 矩形内的像元和，把它存放到数组 A 中，如此便完成了第一次求和运算。

（4）每次 $n \times m$ 矩形向右移动时，实际上就是求对应的 $1 \times m$ 个灰色块的像元和，此时只要把上一次的求和结果减去 $1 \times m$ 个灰色块的第一个灰色块，再加上它右面的一个灰色块，就是当前位置的和了，可用公式表示：$\text{sum}[i] = \text{sum}[i - 1] - \text{buff}[x - 1] + \text{buff}[x + m - 1]$。

（5）当 $n \times m$ 矩形移动到行末时，需要对 buff 进行更新。因为整个 $n \times M$ 矩形下移了一个像元，所以对于每个 $\text{buff}[i]$，需要加上一个新进来的像元，再减去一个出去的像元，然后便开始新的一行的计算了。

采用 BoxFilter 优化后的 Guided Filter 算法复杂度大幅降低，运算速度非常快。图 4.6 为导向滤波处理前后示例。

 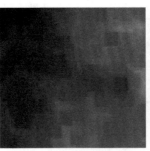 

(a) 原始图　　　　　　　　(b) 暗道通图　　　　　　　　(c) 导向滤波图

图 4.6　导向滤波示例

4.4　定量薄雾去除算法

上述去雾算法的计算过程都是非定量的，输入数据不要求具有物理单位，多适用于非定量的遥感应用。对于定量应用，要求去雾运算过程保持物理量含义不变，此时算法限制严格。实际上传统的遥感图像大气校正过程本身就具有去雾功能，消除大气气溶胶的影响就得到了清晰的地表反射率，如果大气校正算法中的气溶胶估计部分考虑到不均匀气溶胶的分布与厚度估算，再利用多光谱图像中的中波红外波段特性，最终的去雾效果往往会超过非定量的去雾算法。

4.4.1　辐射传输过程中的气溶胶光学厚度

定量的薄雾去除涉及的遥感辐射传输模型主要是针对气溶胶的，核心是气溶胶光学厚度的估算，将估算出的气溶胶光学厚度代入大气校正过程中的辐射传输模型即可完成薄雾去除。大气气溶胶是指悬浮在大气中的固体和液体微粒与气体载体共同组成的多相体系，气溶胶的粒子半径一般在 $10^{-3} \sim 10^2 \, \mu m$。

气溶胶光学厚度是由气溶胶对光的吸收和散射特性产生的，可见光范围内主要是散射。气溶胶粒子的散射与粒子半径 r 有关，在波长 λ 下，根据粒子尺度参数 $\alpha = 2\pi r / \lambda$ 将散射过程分为三类：瑞利散射、米氏散射和几何光学散射。气溶胶的光学厚度指沿辐射传输路径，在单位截面上产生的总削弱，是无量纲量。其公式表示为

$$\delta = \int_0^1 k_{ex} \rho \mathrm{d}l \tag{4.29}$$

式中，k_{ex} 为气溶胶吸收和散射的质量与体积削弱系数；ρ 为气溶胶密度；l 为大气厚度。上述公式描述了气溶胶光学厚度是在给定的吸收层中，沿路径的累积不透明度的一种度量，代表了薄雾的光学特性，反映了整层大气中颗粒物对太阳辐射的削弱程度，也就是大气层中颗粒物含量多少，即薄雾的厚度。

气溶胶光学厚度的反演与大气校正遥感辐射传输过程是紧密结合的。常用的辐射传输方程表示为

$$L(\tau_a, \mu_s, \mu_v) = L_0(\tau_a, \mu_s, \mu_v) + F_d(\tau_a, \mu_s) T(\tau_a, \mu_v) \rho / \left[1 - s(\tau_a) \rho \right] \tag{4.30}$$

式中，L 为卫星传感器接收到的辐射值，该值是一个由大气的光学厚度 τ_a、太阳天顶角的余弦 μ_s、观测角的余弦 μ_v 及卫星与太阳的相对方位角确定的物理量，大气的光学厚度包括气体分子的光学厚度和气溶胶光学厚度；L_0 为整层大气反射的太阳辐射；F_d 为下行辐射；T 为地表到传感器的透过率；ρ 为地表反射率。

卫星传感器接收到的辐射值 L 与表观反射率之间的关系为

$$\rho_T = \frac{\pi L}{\mu_s E_{\text{sun}}} \tag{4.31}$$

式中，E_{sun} 为大气顶层的太阳通量。将式（4.31）代入辐射传输方程，获得表观反射率的表达式：

$$\rho_T\left(\tau_a,\mu_s,\mu_v\right) = \rho_0\left(\tau_a,\mu_s,\mu_v\right) + \frac{\rho}{1-\rho s\left(\tau_a\right)} T\left(\tau_a,\mu_s\right) T\left(\tau_a,\mu_v\right) \tag{4.32}$$

式（4.32）等号右面第一项 ρ_0 为大气分子与气溶胶的散射；第二项为地表与大气的共同贡献。可见，式（4.32）是一个关于气溶胶光学厚度与地表反射率的函数，在第 3 章的大气校正流程中是已知气溶胶光学厚度，反演得到地表反射率，这里要反演气溶胶光学厚度，则需要已知地表反射率，而大气校正流程中气溶胶光学厚度的反演是在地表反射率之前进行的，如何在未知地表反射率的情况下求解气溶胶光学厚度？

暗目标法是目前气溶胶光学厚度反演的常用方法（Kaufman and Sendra，1988），暗目标法主要用在图像中存在地表反射率极低的像素点的情况下，地表反射率假定为 0，后者是某一极低值，于是在这些极低像素点处的反射率可以认为全部为大气贡献，即有

$$\rho_T^{\text{dark}}\left(\tau_a,\mu_s,\mu_v\right) = \rho_0^{\text{dark}}\left(\tau_a,\mu_s,\mu_v\right) \tag{4.33}$$

暗目标法对于下垫面是海洋的情况，在不考虑镜面反射时，水面对太阳直射辐射的反射率非常低，并且水面上大气分子的密度与组成相对地表也比较稳定，海面的反射率极低，或者在已经精确测定下，可以比较精确地反演出海洋上空的气溶胶厚度。对于下垫面为陆地的情况，地表的复杂性使得暗目标法反演精度明显降低。虽然地表反射率相对于海洋平面显著增加，并且不同地物的反射率差异明显，但是通过对地表反射率的观测发现，在浓密植被区域 2.1μm 通道的地表反射率与可见光 0.45μm 处的蓝光及 0.6～0.7μm 处的红光之间存在相对稳定的线性关系（Kaufman et al.，1997），利用暗植被估算气溶胶光学厚度即所谓的暗植被法（dense dark vegetation, DDV），该方法已经被用于 MODIS、Landsat TM/ETM+等数据气溶胶反演（Liang et al.，2001；Vermote and Saleous，2007）。由于 2.1μm 通道对于大多数气溶胶是透明的，假设暗植被在 2.1μm 处的散射可以忽略，吸收为透过率的主要影响因素，则可用暗植被处表观反射率近似地表反射率，用 Kaufman 提出的关系计算暗植被像元在蓝波段与红波段的地表反射率。

$$4\rho_{\text{blue}} = \rho_{2.1}$$
$$2\rho_{\text{red}} = \rho_{2.1}$$
$$\qquad(4.34)$$

根据暗植被像元在蓝波段与红波段的地表反射率与表观辐亮度，搜索查找表来确定蓝波段与红波段上暗植被处的光学厚度，计算暗植被像元在其他波段的光学厚度的公式为

$$\tau_i = a\lambda_i^{-b} \qquad(4.35)$$

式中，τ_i 为气溶胶光学厚度；λ_i 为通道 i 的中心波长；系数 a、b 通过蓝波段与红波段处的暗植被像元计算出来，b 即埃斯特朗指数。

暗植被法反演气溶胶光学厚度精度受到所选取的暗植被反射率的不确定性和气溶胶模式的影响。0.01 的地表反射率误差会带来大约 0.1 的气溶胶光学厚度的误差（Kaufman et al., 1997）。以 MODIS 蓝光波段的地表反射率产品为例，有研究表明，51.30%误差可以控制在±5%的范围内（Vermote and Saleous, 2007）。对于不包含 2.1μm 波段的多光谱图像，暗植被处的最小地表反射率值可以用经验值代替，虽然使得算法的气溶胶光学厚度估算精度降低，但相对于简单的暗目标法具有更好的精度，暗植被法计算过程可以很大程度保持多光谱数据地物的光谱特性。

暗植被法在具体使用时通常假定气溶胶光学厚度在整幅图像中是均匀的，通过一幅图像中找到的所有暗植被像素点来估算出一个尽量精确的气溶胶光学厚度。假定整幅图像气溶胶是均匀的是目前大气校正常用的假设，并且也符合大多数实际数据处理的情况。例如，在 ENVI 中的大气校正模块 FLAASH 中，气溶胶光学厚度对于整幅图像都是一个数值。

单值气溶胶光学厚度只能用于校正均匀气溶胶的图像，为了能获取不均匀气溶胶分布图像，可以对每个暗植被点分别估算对应的气溶胶光学厚度，然后采用插值法估算整景图像的气溶胶光学厚度分布的方式。当图像中找到较多暗植被像素点时，可以采用简单的移动窗口内插技术（Fallahadl et al., 1997），原理是使用一个 3×3 像素的窗口对数据各个波段在暗目标处的气溶胶厚度进行循环插值，循环中对每个没有气溶胶厚度值的像素位置，查找该像素位置所在 3×3 的窗口范围内是否包含有气溶胶厚度值的像素，若有则对整个 3×3 的窗口范围内的所有像素估算气溶胶厚度值，若窗口范围内没有气溶胶厚度值的像素，则跳过该像素，随着循环的进行，该像素所在的窗口最终会包含气溶胶厚度值。假若图像中找到的暗植被像素点不多，为了获取不均匀气溶胶分布图，可以采用运算稍复杂的插值方式，如克里金插值，根据暗植被像素点空间位置及相关程度赋予不同的权重，采用滑动加权平均的方式获得光滑的内插结果。假若图像中找不到足够的暗植被

像素点，或者没有暗植被，此时暗植被法失效。

对比度降低法（contrast reduction method）可以对缺少暗植被的数据进行薄雾去除，即不均匀气溶胶估算（Tanre et al., 1988）。该方法虽然是早期研究陆地污染气溶胶采用的遥感方法，并且仅采用可见光红、蓝通道数据，气溶胶厚度反演的绝对精度相对于今天复杂算法偏低，但对于分辨率30m左右，谱段通道宽且多位于可见光与近红外的多光谱陆地资源卫星而言是一种有效可行的估算不均匀气溶胶的方式。

对比度降低法适用于地表反射率很稳定的区域，如植被覆盖率低的区域，假定这些区域相近时间获取的数据变化主要归因于大气光学特性，尤其是较厚气溶胶的影响。对比度降低法假设气溶胶散射减少了局部区域反射率的方差。气溶胶光学厚度越高，反射率方差就越小。其利用公式可表示为，表观辐射亮度在临近像元上的方差 σ_T^2 与 σ^2 地表局部辐射亮度的方差近似线性相关：

$$\sigma_T^2(\tau_a,\mu_s,\mu_v)=\sigma^2 T^2(\tau_a,\mu_s)T^2(\tau_a,\mu_v) \tag{4.36}$$

对比度降低法求解式（4.36）是利用地理重叠区域的、获取时间近似的一幅清晰图像作为参考，来反演薄雾图像的气溶胶厚度。将清晰图像中每个像素点计算得到的 σ^2 与对应到薄雾图像上的像素点的 σ_T^2 代入公式，大气透过率采用经验的大气衰减表达式：

$$T(\tau_a,\mu_v)=\exp\left(\frac{-\tau}{\mu_v}\right) \tag{4.37}$$

式（4.37）是一个依赖气溶胶光学厚度 τ 的关系式，于是根据清晰图与薄雾图的方差便可以求解气溶胶光学厚度。

对比度降低法被用于利用 Landsat TM 数据估算撒哈拉沙漠的气溶胶光学厚度，以此监控沙尘暴（Tanre et al., 1988；Tanre and Legrand, 1991），也被用于 AVHRR 数据的气溶胶反演，得到了与通常方法近似的反演精度（Holben et al., 1992）。该方法对临近地区地表反射率不变的假设及它们之间的高对比度，限制了这种方法在气溶胶反演上的适用范围，如原本均匀的气溶胶反演精度受地表多样性的影响较大，得到的气溶胶反演结果往往具有很大不确定性，反而精度不高。但对于浓重的薄雾及不均匀的薄雾，对比度降低法是有效的。

4.4.2 区域直方图匹配法

通过基于辐射传输模型的去雾方法首先估算大气气溶胶厚度，然后将大气气溶胶光学厚度代入辐射传输模型完成大气校正，获得地表反射率。该类方法的核心是大气辐射传输模型，常用的暗植被法主要依赖图像数据中的地表植被覆盖程度，对于植被覆盖程度不高的数据，不均匀气溶胶估算的精度有限，所以在具体的定量应用中，如果目的不是气溶胶光学厚度反演，而只是为了获得地表反射率数据，可以考虑先削弱气溶胶在图像中分布的不均匀性，然后再利用基于辐射传输模型的方法估算相对均匀的气溶胶厚度，进而利用大气校正得到地表反射率。

区域直方图匹配法是一种简单的减弱气溶胶分布不均匀性的方法，该方法已经被利用到 ATCOR-2/3 大气校正前的薄雾处理流程中（Richter, 2005），对图像小区域、厚度不大的局部薄雾去除效果明显。

区域直方图匹配法假设清晰区域与模糊（薄雾）区域的地表反射率直方图是相同的，具体包含以下步骤（Richter, 1996）：

（1）把整景图像划分成 $N \times M$ 个小方格区域。

（2）以交互的方式将整景图像划分为清晰区域与模糊区域。

（3）把模糊区域的小区直方图与清晰区域的直方图进行匹配，达到消除模糊区域薄雾的目的。

该方法对于薄雾分布少，并且分布面积不大的情况可以取得一定的薄雾去除效果。因为小区域内地表覆盖类型的差异往往不大，直方图统计的假设条件较容易满足。基于直方图统计的办法对于整景数据，往往会改变地物光谱的分布关系，但对于相邻的小方格区域之间，假设具有相同的直方图是合理的。该方法的缺点是对于大范围的薄雾去除效果有限，并且在平滑薄雾的同时可能会改变一些地物类型复杂的方格区域内的地物光谱特性。另外一个限制该方法使用范围的因素是每一幅图像都需要人工在图像中划分出清晰区域与薄雾区域（Richter, 2005），难以满足海量遥感数据的处理需求。

梁顺林类型匹配法是一种利用多光谱波段特性减弱气溶胶分布不均匀性的方法（Liang et al., 2001），该方法为其设计的一种针对 Landsat TM/ETM+数据的大气纠正算法，不仅考虑了气溶胶的空间分布，而且也考虑了临近效应的纠正。

梁顺林类型匹配法的原理是：由于 Landsat TM/ETM+数据的 1、2、3 可见光波段受大气影响较大，而 4、5、7 波段波长较长，受大气影响很小，因此将 1、4 波段做比值处理可以突出薄云的影响，对比值图像进行分割，即能较准确地划分出受影响的区域和未受影响的区域。利用 4、5、7 波段合成图像进行 K 均值聚类，理论上能够客观地对真实地表进行类型划分。假设在同一景 TM 图像中或同一研究区域内，每一地表类型的反射情况相同，这样就可以对每一聚类用清晰区域的平均反射率代替模糊区域的反射率，从而较大程度地消除薄云的影响，具体算法流程见图 4.7。

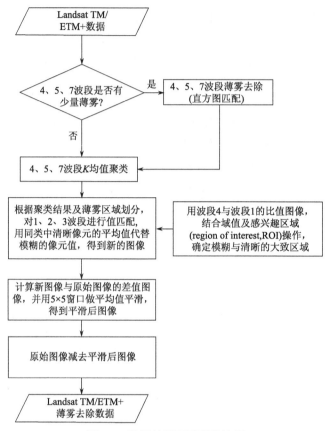

图 4.7　梁顺林类型匹配法流程

　　梁顺林类型匹配法要比区域直方图匹配法更细致，按照相近类别进行直方图匹配，并且利用了多光谱图像波段特性，薄雾不均匀性的减弱效果也更好，在满足薄雾区域与清晰区域地物类型大致相似的情况下，与区域直方图匹配法比较，去除的薄雾区域可以更大。梁顺林类型匹配法同样依赖人机交互确定清晰区域与模糊区域。虽然可以使用一些软件中的组件加快该步骤的处理时间，如利用 ERDAS 软件中缨帽变换的 TCT 组件，然而对于很亮的地表或者模糊区域广泛分布时往往就失去作用了。开发一个可靠的自动算法也是比较困难的，即使只是针对 Landsat TM/ETM+数据而言，所以最可靠的方式就是人工手绘。这个算法对手绘的精度要求很低，因为不要求确定清晰区域与模糊区域的精确边界。

　　对于薄雾过浓的情况，如果薄雾对 4、5、7 波段的污染严重，区域直方图匹配法无法很好地消除 4、5、7 波段的薄雾，那么在进行 K 均值聚类时，就会将受薄雾污染的地物划分到单独的类别中，在后面的清晰区域与模糊区域类别匹配时，导致类别对应错误或者无可对应的类别。K 均值聚类需要提前确定好类别数量，而对于不同的数据，包含的地物类别数目是不同的，当给定的类别数目与数据实际的可能类别数相差过大时，类别的对应也可能出现偏差，影响最终的去雾效果。

4.5 几种薄雾去除算法比较

4.4 节介绍了遥感图像去雾的几种常用算法，根据数据应用目的的不同，需要选择合适的算法，本节将使用一个数据处理的例子，通过直观目视与典型地物光谱保持两方面比较几类算法，为读者选择去雾算法提供直观的参考依据。

实验数据采用国产高分一号（GF-1）卫星多光谱数据。GF-1 卫星于 2013 年 4 月发射，采用太阳同步轨道，搭载 2 台 2m 全色及 8m 多光谱高分辨率相机和 4 台 16 m 中分辨率多光谱相机，实现了高分辨率与大幅宽的结合，实现了 2m 高分辨率与大于 60km 成像幅宽，16m 分辨率宽幅相机通过 4 台相机视场拼接实现大于 800km 成像幅宽，具有侧摆 35°的能力。实验数据采用 PMS1 传感器的四波段多光谱数据，8m 分辨率，北京区域 115.9°E、39.7°N，成像时间 2013 年 8 月 10 日。

图 4.8 为利用暗植被法估算气溶胶光学厚度并进行大气校正后达到的去雾效果，采用 ENVI 默认的 2%线性拉伸显示，按照 RGB 显示前三个波段，原始图像中薄雾明显，且分布从左上角到右下角逐步增厚，基于暗植被的气溶胶定量反演大气校正后，受大气影响大的蓝光波段数值上整体被压低，视觉上去雾效果有限。

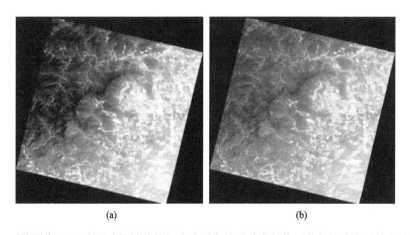

(a)   (b)

图 4.8　原始图像(a)及利用暗植被估算气溶胶厚度并通过大气校正获得的地表反射率结果(b)

图 4.9 为暗通道法的去雾效果，其中 $\omega = 0.95$，滤波半径 $r = 12$，经验参数 r 主要根据数据地物特性及空间分辨率确定，设置合适的 r 可以提高薄雾与高亮地物区的区分度，控制去薄雾的程度主要依赖 ω，通过调整 ω 的值来控制 $t(x, y)$ 的数值，暗通道法的去雾效果视觉上优于利用暗植被的结果，但右下角仍然存在一定薄雾，事实上暗目标像素值已经接近零值，区域再次计算的透射率 $t(x, y) = 1$，再次估算的暗通道数据将全为零值，即利用暗通道作为参照已经无法再提高薄雾的去除程度。大尺度中值滤波的薄雾去除，其中 $p = 0.95$，滤波半径 $r = 50$，控制去薄雾的程度主要依赖 p，通过调整 p 的值来控制 $V(x, y)$ 的数值，图中已经看不出薄雾的存在，一些高亮区域的地表亮度同时也被降低了，p 取值可以超过 1 的值，使得 $V(x, y)$ 的值最大接近天空光 $I(x, y)$，此时结果图全为黑，而 p 取小值时，如 $p = 0.7$，去薄雾的效果则接近暗通道法。

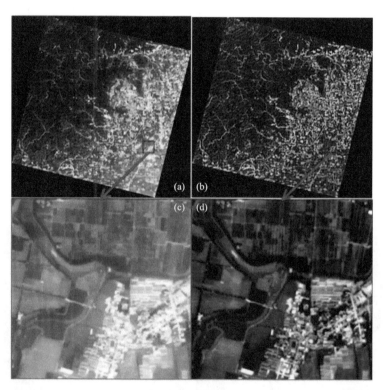

图 4.9　去雾效果比较 （a）利用暗通道达到的去雾效果；（b）利用大尺度中值滤波达到的去雾效果；（c）图（a）红框区域放大；（d）图（b）红框区域放大

　　图 4.10 为利用暗通道法估算的 $t(x,y)$ ，$\omega = 0.95$ ，$r = 12$ ，与大尺度中值滤波法估算的 $V(x,y)$ ，$p = 0.95$ ，$r = 50$ 。这个中值一般在薄雾区域为亮目标值。显示亮度的不同主要是由于 $t(x,y)$ 与 $V(x,y)$ 是不同的物理量，量纲和数值范围都不同。

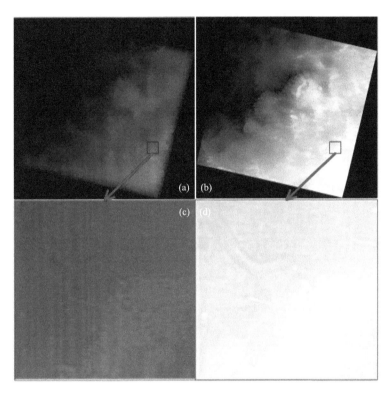

图 4.10　薄雾估计结果比较（a）利用暗通道法估算的 $t(x,y)$ ，$\omega=0.95$ ，$r=12$ ；（b）利用大尺度中值滤波法估算的 $V(x,y)$ ，$p=0.95$ ，$r=50$ ；（c）和（d）红框区域放大

　　为了分析去雾前后典型地物的光谱曲线变化，在数据中的左上角清晰区域与右下角薄雾区域分别画出植被与裸地为主的感兴趣区域。通过所选感兴趣区域内像素的平均光谱，分析不同去雾方式对典型地物光谱的影响，见图 4.11。

　　图 4.12 为基于暗植被法去雾后 a、b、c 区域平均光谱曲线的比较，表明基于暗植被去雾对光谱的改变不大，前三个波段去雾前后光谱形状接近，区域 a、b 受薄雾影响大，去雾后前三个波段数值略微降低，区域 c 数值上与 FLAASH 的结果近似。暗通道法去雾后，对应 a、b、c 区域平均光谱曲线的比较。红线距离黑线偏大的位置表明基于暗通道去雾对地物光谱有一定程度的改变，改变幅度略大于基于暗植被的去雾结果，但光谱的基本形状特性得到保持。

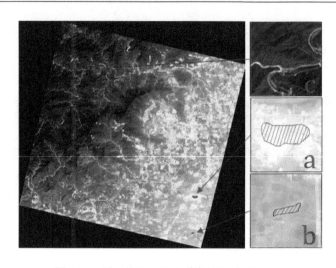

图 4.11　用于统计平均光谱曲线的感兴趣区域

a：薄雾区域裸地，6194 像素；b：薄雾区域植被，1228 像素；c：清晰区域植被，2644 像素

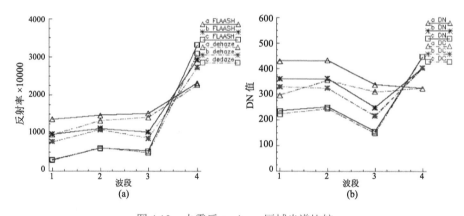

图 4.12　去雾后 a、b、c 区域光谱比较

（a）基于暗植被法，实线为 FLAASH 的结果，虚线为利用暗植被法估算气溶胶厚度并通过大气校正获得的地表
反射率结果；（b）暗通道法去雾，实线为原始 DN 值，虚线为去雾后的结果

图 4.13 为大尺度中值滤波去雾法 a、b、c 区域平均光谱曲线的比较，黑线为原始 DN 值，红色虚线为 $p = 0.75$ 时去雾后的结果，此时去雾效果接近基于暗通道去雾，对应红线与黑线位置偏差较基于暗通道去雾的结果要大，区域 a 的前两个波段光谱值在去雾前后甚至增大了，表明基于大尺度中值滤波去雾对地物光谱特性的保持性要差于基于暗通道去雾；蓝色虚线为 $p = 1.00$ 时去雾后的结果，去雾的视觉效果较好，但与红线相比，距离黑线的位置进一步增大，并且平均像素值减小明显；墨绿色虚线为 $p = 1.50$ 时去雾后的结果，平均像素值大幅减小，光

谱的曲线特性在数值上的差距缩小，可见随着参数 p 的取值增大，基于大尺度中值滤波去雾整体的像素值有降低的趋势。基于大尺度中值滤波去雾数据在 $p=1.00$ 时视觉效果较好，而此时图像的整体像素值较原始数据明显降低了，可见基于大尺度中值滤波去雾对地物的光谱特性的改变。

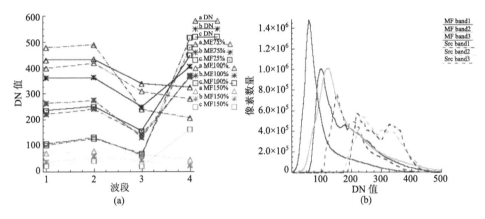

图 4.13　基于大尺度中值滤波去雾

（a）a、b、c 区域光谱比较，黑线为原始 DN 值，红色虚线为 $p=0.75$ 时去雾后的结果，蓝色虚线为 $p=1.00$ 时去雾后的结果，墨绿色虚线为 $p=1.50$ 时去雾后的结果；（b）直方图比较，$p=1.00$，蓝色、绿色、红色分别是波段 1、波段 2、波段 3 的直方图，实线、虚线分别是去雾图像、原始图像的直方图，排除了 0 值的统计

图 4.14 为另一景 GF-1 PMS2 数据北京区域的薄雾去除实验，同样体现去雾能力与地物光谱保持之间的矛盾关系。

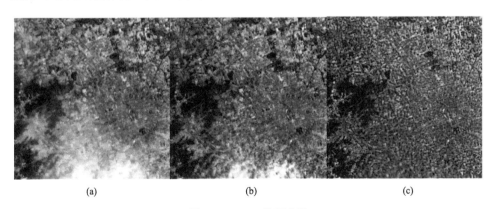

图 4.14　GF-1 数据实验

（a）原始图像；（b）数据基于暗通道的薄雾去除结果，$\omega=0.95$，$r=50$；（c）数据基于大尺度中值滤波的薄雾去除结果，$p=0.95$，$r=50$

上述数据去雾实验的直观体现是：在去除薄雾的能力上，基于大尺度中值滤波去雾要强于基于暗通道的去雾，较厚薄雾也能有效去除，基于暗通道去雾要强于基于暗植被去雾，可以有效消除不均匀分布的薄雾，利用暗植被估算气溶胶厚度，再进行大气校正取得的去雾效果最有限，对局部区域的不均匀薄雾去除效果不明显；在对地物光谱特性的保持上，基于暗植被去雾对地物的光谱改变最小，去雾后反演得到的地表反射率光谱与 FLAASH 的结果近似，具有一定的定量应用前景，基于暗通道去雾对地物光谱特性有一定改变，光谱曲线依旧接近基于暗植被的结果，基于大尺度中值滤波去雾对地物光谱改变最大，表现为整体像素值随着参数 p 的增大而降低。

去雾算法的选择方面，我们建议：

（1）对于定量遥感应用，建议采用基于暗植被的气溶胶定量反演技术，对于宽幅的多光谱数据，基于暗植被的气溶胶定量反演结果比整景使用一个气溶胶光学厚度值在视觉效果上要好，主要算法对地物光谱特性的改变小，对于薄雾有一定程度的去除效果。

（2）对于图像遥感分类应用，基于暗植被的气溶胶定量反演技术与基于暗通道原理的薄雾去除技术都是适用的，两者对地物光谱特性的保持效果良好，基于暗植被的气溶胶定量反演技术适用于基于地表反射率数据的遥感分类，基于暗通道去雾适用于基于 DN 值的分类。

（3）对于图像遥感制图应用，基于暗通道去雾与基于大尺度中值滤波去雾都是适用的，尤其是基于暗通道去雾效果明显，而对没有薄雾的清晰图像影响小，可以作为多光谱数据预处理过程中的固定步骤，对于个别存在较厚薄雾数据的处理，可以考虑使用基于大尺度中值滤波的薄雾去除技术，通过人工调整参数，取得去薄雾效果与地物光谱特性保持之间的平衡。

4.6　基于深度学习的薄雾去除

2011 年以来，深度学习技术，尤其是卷积神经网络（convolutional neural network，CNN）快速发展，其在图像分类、物体检测、动作识别等方面的性能优于传统方法。基于深度学习的去雾方法主要可以分为两类：一类是利用深度学习估计透射率，然后基于薄雾成像模型进行图像去雾。（Cai et al., 2016）提出了一种端到端的 CNN 网络，采用深度 CNN 结构（4 层），用 BReLU 激活函数估计透射率，提高了恢复图像的质量。（Zhang and Patel, 2018）使用端到端去雾网络，将薄雾成像模型嵌入网络，采用新的边缘保留损失函数，采取阶段式训练的方法，并引入生成对抗网络（GAN）框架内的联合判别器。另一类是直接去雾，输入有雾图像，直接输出去雾图像。

本节介绍一种基于对抗学习的物理驱动去雾模型，讨论构建训练用数据集的手段，以及将深度学习去雾算法应用到实际工程项目中所涉及的适应性改造。

4.6.1　基于对抗学习的物理驱动去雾模型

本节所提出的端到端边缘精准去雾模型 Guided-Pix2Pix 可用于图像去雾及抑制结果中边缘区域的光晕伪影（Jiao et al., 2021）。Guided-Pix2Pix 使用一种单景数据端到端去雾方法，将 Pix2Pix 的生成器网络作为透射率估计主干网络，同时加入可微分导向滤波层对透射率进行优化，并利用大气散射模型的逆变换对图像进行去雾。在训练中，大气散射模型被嵌入网络学习过程，实现了端到端学习，并保证学习过程遵循物理驱动的大气散射模型。在模型设计上，使用编码器-解码器结构进行透射率预测，通过跳层连接方式融合不同层次的特征映射，并使用可微分导向滤波对透射率进行结构传递滤波优化，保证透射率估计服从有雾图像的空间特征分布，综上得到大气散射模型所需参数（透射率）的估计值。训练时，使用 $L1$ 损失作为感知损失，确保结构相似；并引入马尔可夫判别器和基于生成对抗网络架构的联合判别器，进一步结合透射率估计值和大气光估计值之间的相互结构信息，判定去雾结果的逼真程度，得到更逼真的去雾结果。特别地，导向滤波层中所有计算均可微分，嵌入模型时能保证特征映射的前传和梯度的后传。实验结果表明，该方法能缓解图像中物体边缘区域的光晕伪影，改善去雾结果。

算法同样基于薄雾成像模型：

$$I(z) = J(z)t(z) + A(z)[1 - t(z)] \tag{4.38}$$

式中，I 为观测到的图像；J 为真实场景辐射度；A 为全局大气光；t 为透射率；z 为图像上像素的空间标记。完成透射率 t 和大气光 A 的估计之后，可通过式（4.39）恢复清晰图像。

$$J(z) = \frac{I(z) - A(z)[1 - t(z)]}{t(z)} \tag{4.39}$$

模型需要比较准确地估计透射率，而大气光 A 可用图像中最亮像素的 RGB 值来估计，这样就可以恢复清晰图像。

网络及训练模式如图 4.15 所示，包含 4 个模块：透射率估计网络、大气光估计、大气散射模型逆变换和联合判别器网络。

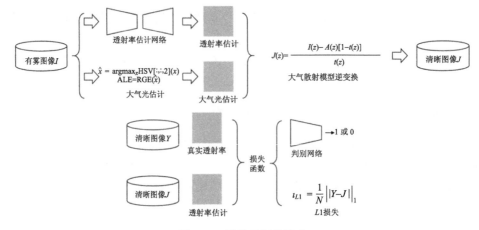

图 4.15 网络及训练模式

透射率估计使用基于 Pix2Pix 的多级特征跳层连接编码器-解码器结构。该结构使用编码器-解码器作为基本结构，构造多层特征提取的卷积神经网络（CNN）结构。该结构使用跳层来连接模块中所有层，可最大化网络中流动的特征信息，并确保网络更易收敛。网络设计中，先构建生成器，体系结构是经过修改的 U-Net，编码器中的每个块是（Conv→Batchnorm→Leaky ReLU），解码器中的每个块是 [Transposed Conv→Batchnorm→Dropout（适用于前三个块）→ReLU]，编码器和解码器之间存在跳过连接（如 U-Net 中）。该结构可将输入的特征映射重构为原始分辨率。在跨层连接设计上，将串联与对应于相同尺寸的特征一起使用。

透射率细化模型紧随 Pix2Pix 主干网络，将可微分导向滤波嵌入该网络中，并以一阶段方法优化透射率粗略估计值。注意到可微分导向滤波层由导向滤波（guided filter，GF）（He et al.，2013）和深度导向滤波（deep guided filter，DGF）（Wu et al.，2018）派生得来，但不带有任何可学习参数。因此，无须给出损失函数关于本层参数的梯度。可微分导向滤波和对应方法（He et al.，2013）和深度导向滤波（Wu et al.，2018）是有显著区别的：DGF 在 GF 中引入了可训练参数，原始 GF 不可微分，且经常以后处理的形式使用；与其相反，可微分导向滤波直接附在主干网络之后，组成端到端模型，完成单阶段去雾。相比其他方法，该方法能够有效缓解明暗像素间光晕伪影。

全局大气光使用以下方法估计：根据大气散射模型，对于给定的图像假设大气光分布均匀，即大气光估计中每个像素都具有相同的值。将 RGB 图像转换为 HSV 表示，取 V 通道中最亮像素的位置索引 x，并在 RGB 图像中取得 RGB 三通道值作为大气光估计值 $RGB(x)$。大气光预测结果与输入图像具有相同分辨率，其中填充的像素具有相同的值。

估计透射率和大气光后，通过大气散射模型逆变换进行图像去雾。在本模型实现时，可直接将大气散射模型嵌入去雾总体框架中，便于整合透射图、大气光和去雾图像之间的关系，并确保通过优化上述 3 项来共同优化整个网络结构。

在设计损失函数时，仅使用 L_2 损失可能导致最终结果模糊，使透射率估计损失大量细节，在去雾图像中出现光晕伪影。为了减少最终预测结果的伪影，引入对抗学习策略辅助训练。

采用对抗学习策略的原因在于克服基于 L_2 范数损失函数带来的细节损失。当输出结果和真实结果不能被判别器区分时，输出结果和真实结果的质量达到一致，表明去雾模型能够恢复原始图像的质量。

去雾图像的估计和去雾图像之间的结构信息高度相关。因此，为了利用这两种模态之间对结构信息的依赖性，引入一个联合判别器来学习一个联合分布，以确定"透射图–模糊图像"数据对是真实的还是假的。通过利用联合分布优化，可以更好地利用它们之间的结构相关性。对于给定的图像，大气光估计是分布均匀的。实际训练中，可将去雾图像与透射率估计作为一对样本连接起来，然后将其输入到判别器中。

基于马尔可夫判别器的对抗学习策略及去雾后处理方法具体如下：

为有效训练网络，总体损失函数联合对抗损失和感知损失来更新网络。具体地，判别器仍源自 Pix2Pix，由 "Convolution→Instance Normalization→Leaky ReLU" 块组成。判别器对输出的局部块进行判定，而非对全图进行判定。实现时，分别将有雾图像与无雾图像或真值级联起来输入判别器中。

使用上述网络和散射模型，主干网络接收有雾图像 I 为输入，生成透射率粗略估计值 t_0，并且粗略去雾图像的粗估计 $\hat{J}_0$ 也可根据上述因子求得。

$$t_0 = G_0(I)\hat{J}_0(z) = \frac{I(z)-A}{t_0(z)} + A \tag{4.40}$$

透射率边缘优化和去雾图像由式（4.41）给出。

$$t = f_{\text{guided}}(I,t_0)\hat{J}(z) = \frac{I(z)-A}{t(z)} + A \tag{4.41}$$

所提出的模型可通过前传估计边缘优化透射率，输出去雾图像，也可通过反传训练模型参数。现定义反传所用损失函数。L_1 损失常作为感知损失，因其可逐像素度量去雾和清晰图像之间的差异，其公式具体如下：

$$L_{L_1} = E_{J\sim\text{pdata},\hat{j}\sim pG}\left[\|J-\hat{J}\|_1\right] \tag{4.42}$$

对抗损失可引导生成器 G 生成判别器 D 难以判定真伪的无雾图像，该对抗损失源自 GAN 结构。其目标函数由式（4.43）给出。

$$V(G,D) = \min_G \max_D E_{J \sim \text{pdata}}[\ln D(J)] + E_{J \sim pG}[\ln(1 - D(\hat{J}))] \qquad (4.43)$$

受梯度下降法优化，可通过梯度下降法和向后传播更新 G_0 参数。

在 G_0 的参数锁定之后，透射率的预测和边缘优化、图像去雾由式（4.44）给出：

$$t = f_{\text{guided}}[I, G_0(I)]\hat{J}(z) = \frac{I(z) - A}{t(z)} + A \qquad (4.44)$$

此外，使用对比敏感 Retinex 后处理增强视觉效果：首先，多尺度 Retinex 增强了去雾图像的细节部分。

$$r(z) = \sum_k w_k \ln \hat{J}(z) - \ln\left[F_k(z) * \hat{J}(z) \right] \qquad (4.45)$$

式中，$F_k(z) * \hat{J}(z)$ 表示高斯模糊。

最后，根据上述最小值 $\min_r = \mu_r - d_r \cdot \sigma_r$ 和最大值 $\max_r = \mu_r + d_r \cdot \sigma_r$，对去雾图像数据范围重新缩放，并裁剪数据范围至 $0 \sim 255$，公式如下：

$$\hat{J}(z) = \frac{r(z) - \min_r}{\max_r - \min_r} \cdot 255 \qquad (4.46)$$

4.6.2 深度学习训练样本库

由于复杂的深度模型较容易牺牲对新数据的解释能力，在训练中体现为训练数据上的表现非常好，但在测试数据上的表现较差。增加训练样本数量是最有效的措施，其需要建立规模较大的"有雾-无雾"标记样本库。

样本库建立可以使用已经获得的大量遥感影像数据，可以对同地点不同时相的数据进行人工选择，选出相应"有雾-无雾"数据，也可以基于薄雾成像模型进行模拟自然有雾图像，构建样本和标签库。

一种人工采集样本的方式是基于网络在线地图对同区域不同时相的数据进行样本采集。例如，选择谷歌地图作为数据源，相比其他网络地图数据，谷歌地图数据的历史数据更丰富，对于同一热点区域可供选择的时相数据更多。在谷歌地图上，手动拖动滑动窗口寻找有薄雾的区域。例如，海边空气湿度大，极易在海港上空形成云雾，如全球各个国家的港口，沿海岸线的城市地区，还有深山、树木丛生地段。此外，还可以根据某一热点区域的天气变化特性查找，通过地理坐标确定薄雾较多的区域。谷歌地图在同一地点提供多时相数据，可通过手动选择不同时刻查看该地区的影像是否存在薄雾。谷歌地图多在热点区域有高分辨率影像。通过区域查询、不同时相查询，确定要下载区域的薄雾影像和清晰影像，框选下载区域范围，完成下载。将清晰图像与薄雾图像对裁切为 512×512 像素尺寸的样本组，并根据次序编号保存在 haze 与 lable 文件夹下。

另一种人工采集样本的方式是利用现有的多源遥感图像生产，采用传统的薄雾去除算法处理多源遥感影像，从中选择去雾结果理想的数据或区域，进行 512×512 分块裁切生产样本组。这种方式可避免谷歌地图采集有雾和清晰样本对时，不同时相可能出现的地表变化差异，但受限于传统去雾算法能力，可能限制了深度学习算法的参数训练潜力。

利用雾成像模型对清晰图像人工模拟薄雾，然后生产样本对。

$$I(z) = J(z)t(z) + A(z)[1 - t(z)] \tag{4.47}$$

当大气光 A 均匀时，透射率可表示为 $t(z) = \mathrm{e}^{-\beta d(z)}$。采用该模型，随机选择全局大气光和散射系数，可对应生成带雾图像、透射率和大气光等用于训练。

采用上述模型，使用原始图像 98%分位数的 1.5 倍作为大气光，添加透射率 $t(z) \in [0.3, 0.9]$ 的薄雾，对应生成带雾图像、透射率和大气光等数据，可用于训练。

首先，利用预设的云掩模生成透射率分布，很多遥感图像数据产品都包含云/雾的质量标记数据，如 Landsat 系列卫星的 Collection-1 标准数据产品，利用云掩膜提取云数据，将云区像素按照值大小转化为 $[0.3, 0.9]$ 的透射率，非云区像素透射率值设为 1，将该透射率图像按照地理坐标叠加到另一幅清晰无云的图像中，根据薄雾成像模型便得到了一幅添加了薄雾的模拟图像，生成的有雾图像数据如图 4.16 所示。

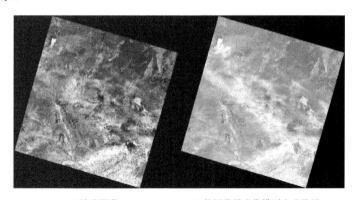

(a) 清晰图像　　　　　　　(b) 使用薄雾成像模型生成薄雾

图 4.16　模拟自然有雾图像结果图

利用模拟生成的薄雾图像与原始的清晰图像进行分块裁切生产样本对时，参照模拟透射率图，仅保留包含模拟薄雾区域的裁切分块（图 4.17）。开发薄雾样本

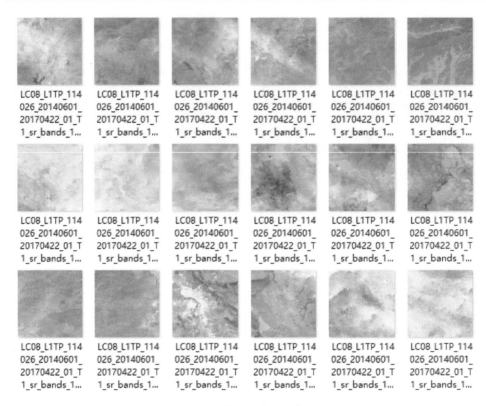

图 4.17　haze 文件夹下薄雾图像样本示例

裁切工具生产 512×512 与 1024×1024 像素尺寸的样本对，程序自动剔除包含填充背景值的数据与透射率较低的厚云区域，后续经过简单的人工目视检查，剔除一些低质量的样本对，得到最终结果样本数据示例，如图 4.18 所示。

4.6.3　算法优化

深度学习去雾算法数据处理流程如图 4.19 所示。

输入图像：高分辨率全色与多光谱图像。

生产训练样本：根据规范生产训练样本数据，去雾样本数据为 512×512 像素尺寸的图像对，haze 与 label 分别对应包含薄雾的图像与清晰地表图像，含薄雾的图像与清晰地表图像分别保存在不同文件夹中，且命名格式对应相同。

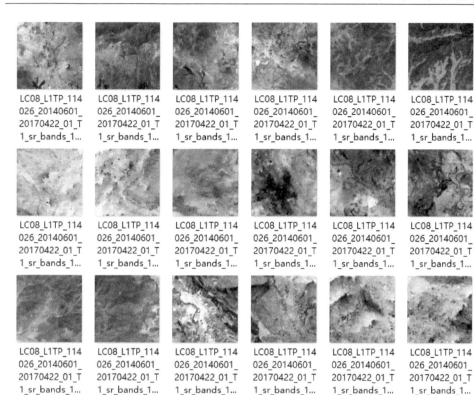

图 4.18 lable 文件夹下清晰图像样本示例

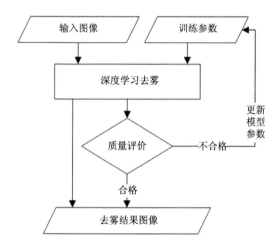

图 4.19 深度学习去雾算法数据处理流程

深度学习去雾：基于深度学习的去雾处理。其包含默认训练参数文件，可直接使用输入图像进行去雾处理，也可使用自己的训练参数进行去雾。

质量评价：人工评价去雾效果，可利用目视解译，也可使用定量数据评价指标。

更新模型参数：将模型训练得到的参数应用到现有深度学习去雾算法模型中。

去雾结果图像：去雾后的高分辨率全色与多光谱图像。

由于深度学习每次只能处理 1024×1024/512×512 像素尺寸的图像，因此在处理前需要将大尺寸影像按一定规格进行裁剪分块处理，对分块图像分块输出去雾结果，每个分块图像是独立进行去雾处理，导致处理后的分块结果拼接后得到的整体去雾结果图像有时存在明显分块现象，在经过消除拼接线与匀色处理后，最终的结果图像"瓦片"现象可能无法完全消除，如图 4.20 所示的数据处理例子。

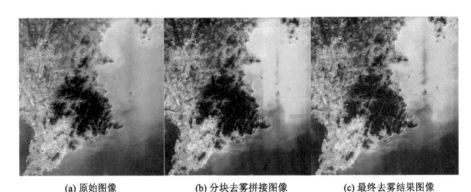

(a) 原始图像   (b) 分块去雾拼接图像   (c) 最终去雾结果图像

图 4.20 深度学习去雾算法-对输入图像进行分块处理

为消除图像分块处理导致的"瓦片"现象，将合并分块的匀色处理的对象由分块的去雾结果图像调整为分块的透射率估计图像，由于薄雾分布图像（透射率图像）本身具有低频特性，图像均匀模糊，地物边缘过渡平滑，针对薄雾分布图像拼接后出现的"瓦片"现象，对分布图像进行拼接线消除与匀色，再将整幅图像代入薄雾成像模型进行去雾，可进一步减弱"瓦片"现象，得到的结果中"瓦片"边界与过渡被有效消除，提高了最终结果图像质量。

深度学习去雾算法流程如图 4.21 所示。

去雾算法流程中利用 Pix2Pix 的生成器网络作为透射率估计主干网络，加入可微分导向滤波层对透射率进行优化，并利用大气散射模型的逆变换对图像进行去雾。其大致过程简介如下。

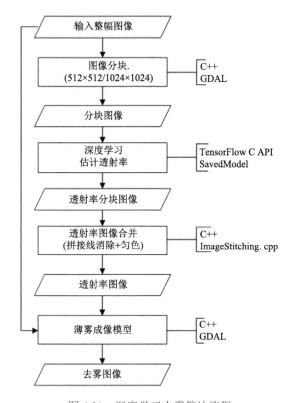

图 4.21 深度学习去雾算法流程

图像分块：为了提取整幅影像的薄雾厚度分布图像，由于深度学习每次只能处理 1024×1024/512×512 的图像，因此在处理前需要将大尺寸影像按一定规格进行裁剪分块处理。

深度学习估计透射率：在深度学习过程中，使用编码器–解码器结构进行透射率预测，通过跳层连接方式融合不同层次的特征映射，并使用可微分导向滤波对透射率进行结构传递滤波优化，保证透射率估计服从有雾图像的空间特征分布，综上得到大气散射模型所需参数（透射率）的估计值。

透射率图像合并：经深度学习估计透射率得到的薄雾透射率图像以分块形式存在，需对薄雾透射率图像进行拼接合并，完成对拼接线消除与匀色后得到整幅透射率图像。

薄雾成像模型：在优化逆变换过程中，使用基于生成对抗网络架构的联合判别器，进一步结合透射率估计值和大气光估计值之间的相互结构信息，判定去雾结果的逼真程度，经透射率图像合并后及薄雾分布图像处理后可得到更逼真的去雾结果。

　　深度学习去雾算法采用的开发环境是 TensorFlow，源码采用 Python 编写。深度学习算法在进行工程化部署时，目前通常采用制作 Docker 容器镜像的方式。使用 Docker 镜像的问题之一是镜像包含操作系统及依赖运行环境，其占用硬盘空间经常超过一张光盘的容量，而很多国内的工程项目出于代码安全考虑，在算法部署时要求光盘导入。针对这种情况，深度学习去雾算法采用 TensorFlow C API 部署模型，将模型转化为 SavedModel，SavedModel 包含完整的 TensorFlow 程序，包括权重和计算。它不需要运行原始的模型构建代码，而是将训练过程中保存的参数权重转换为 SavedModel 格式，然后按照 dll 动态库调用的方式直接部署使用。

参 考 文 献

Cai B, Xu X, Jia K, et al. 2016. Dehazenet: An end-to-end system for single image haze removal. IEEE Transactions on Image Processing, 25(11): 5187-5198.

Daubechies I. 1988. Orthonormal bases of compactly supported wavelets. Communications on Pure and Applied Mathe-Matics, 41(7): 909-996.

Du Y, Guindon B, Cihlar J. 2002. Haze detection and removal in high resolution satellite image with wavelet analysis. IEEE Transactions on Geoscience and Remote Sensing, 40(1): 210-217.

Fallahadl H, Jaja J, Liang S L. 1997. Fast algorithms for estimating aerosol optical depth and correcting thematic mapper imagery. Journal of Supercomputing, 10(4): 315-329.

Fattal R. 2008. Single image dehazing. ACM Transactions on Graphics, 27(3): 1-9.

Fen C, Dongmei Y A N, Zhongming Z. 2007. Haze detection and removal in remote sensing images based on undecimated wavelet trans form. Geomatics and Information Science of Wuhan University, 32(1): 71-74.

He K, He M, Sun J, et al. 2009. Single image haze removal using dark channel prior. IEEE Conference on Computer Vision and Pattern Recognition. 1956-1963.

He K, Sun J, Tang X. 2013. Guided image filtering. IEEE Transactions on Pattern Analysis and Machine Intelligence, 35(6): 1397-1409.

Holben B, Vermote E, Kaufman Y J, et al. 1992. Aerosol retrieval over land from avhrr data-application for atmospheric correction. IEEE Transactions on Geoscience and Remote Sensing, 30(2): 212-222.

Jiao L, Hu C, Huo L, et al. 2021. Guided-pix2Pix: End-to-end inference and refinement network for image dehazing. IEEE Journal of Selected Topics in Applied Earth Observations and Remote Sensing (JSTARS), PP(99): 1.

Kaufman Y J, Sendra C. 1988. Algorithm for automatic atmospheric corrections to visible and near-ir satellite imagery. International Journal of Remote Sensing, 9(8): 1357-1381.

Kaufman Y J, Wald A E, Remer L A, et al. 1997. The modis 2.1-mu m channel - correlation with visible reflectance for use in remote sensing of aerosol. IEEE Transactions on Geoscience and

Remote Sensing, 35(5): 1286-1298.

Liang S L, Fang H L, Chen M Z. 2001. Atmospheric correction of Land sat ETM+ land surface imagery - part i: Methods. IEEE Transactions on Geoscience and Remote Sensing, 39(11): 2490-2498.

Liu Z K, Hunt B R. 1984. A new approach to removing cloud cover from satellite imagery. Computer Vision Graphics and Image Processing, 25(2): 252-256.

Mitchell O R, Delp E J, Chen P L. 1977. Filtering to remove cloud cover in satellite imagery. IEEE Transactions on Geo- Science and Remote Sensing, 15(3): 137-141.

Perreault S, Hebert P. 2007. Median filtering in constant time. IEEE Transactions on Image Processing, 16(9): 2389-2394.

Richter R. 1996. Atmospheric correction of satellite data with haze removal including a haze/clear transition region. Computers & Geosciences, 22(6): 675-681.

Richter R. 2005. Atmospheric Topographic Correction for Satellite Imagery: Atcor-2/3 User Guide. 6.1 ed.

Sun X, Sun J, Zhao L, et al. 2014. Improved algorithm for single im age haze removing using dark channel prior. Journal of Image and Graphics, 19(3): 381-385.

Tan R. 2008. Visibility in bad Weather from a Single Image. IEEE Conference on Computer Vision and Pattern Recognition.

Tanre D, Deschamps P Y, Devaux C, et al. 1988. Estimation of saharan aerosol optical-thickness from blurring effects in thematic mapper data. Journal of Geophysical Research- Atmospheres, 93(D12): 15955-15964.

Tanre D, Legrand M. 1991. On the satellite retrieval of saharan dust optical-thickness over land - 2 different approaches. Journal of Geophysical Research-Atmospheres, 96(D3): 5221-5227.

Tarel J, Hautiere N. 2009. Fast Visibility Restoration from a Sin gle Color or Gray Level Image. IEEE International Conference on Computer Vision.

Vermote E, Saleous N. 2007. Ledaps Surface Reflectance Product Description. 2.0 ed.

Wu H, Zheng S, Zhang J, et al. 2018. Fast End-to-end Trainable Guided Filter. 2018 IEEE Conference on Computer Vision and Pattern Recognition (CVPR).

Yang A, Bai H. 2017. Nighttime image defogging based on the theory of retinex and dark channel prior. Laser & Optoelectronics Progress, 54(4): 041002-1-041002-7.

Zhang H, Patel V M. 2018. Densely Connected Pyramid Dehazing Network. 2018 IEEE Conference on Computer Vision and Pattern Recognition (CVPR).

Zhao Z M, Zhu C G. 1996. 遥感图像中薄云的去除方法. 环境遥感, 11(3): 195.

Zhu Q S, Mai J M, Shao L. 2015. A fast single image haze removal algorithm using color attenuation prior. IEEE Transactions on Image Processing, 24(11): 3522-3533.

第 5 章

云/云影检测与修补

遥感影像不可避免地会受到云层遮挡，造成遥感图像获得地物信息衰减甚至完全损失。因此，云和云下阴影的检测被认为是遥感图像预处理的基础工作之一。本章包含两部分内容：云与云下阴影的检测、云与云下阴影的修补。云与云下阴影检测的目的是标记出多源遥感图像中的云与云下阴影的掩膜图像，方便后续的大气校正、分类、变化检测等遥感应用。云与云下阴影修补的目的是将标记为云与云下阴影的区域，利用同区域的时相近似数据填补并进行光谱一致化处理，生产不受云影响的清晰图像。本章首先介绍一种自动的遥感图像通用云与云下阴影检测算法，然后介绍一种新的基于深度学习的云与云下阴影检测算法，最后介绍一种自动的云与云下阴影修补算法以及该算法应用于中国区域无云数据集的生产情况。

5.1 云/云影检测的传统方法

高精度的云与云下阴影的质量标记是遥感卫星数据产品应用于陆表定量参数精确提取的前提。云与云下阴影的质量标记是卫星多光谱数据中一种重要的数据产品。

国外针对各种多光谱卫星数据的云与云下阴影检测算法已开展了大量研究，并生产出各自的质量标记数据产品。例如，国外典型的卫星数据产品包括 MODIS、Landsat、Sentinel-2 等，它们都包含标记云与云影像素的质量标记波段。代表性的云检测算法有自动云覆盖评估 ACCA 算法和 Fmask（function of mask）算法。ACCA 算法基于云及云影的物理属性建立阈值规则进行检测，包含 5 个波段与 26 个波段测试规则，总体可操作性强且无显著系统性误差。Fmask 算法利用包括热红外波段在内的所有 Landsat 波段，相比 ACCA 算法精度更高。Tmask（multi-temporal mask）算法利用多时相数据提高了检测精度，同时还适用于变化检测应用。MFmask（mountainous Fmask）算法在 Fmask 算法的基础上引入数字高程模型（digital elevation model，DEM），改善了地形起伏较大区域的云阴影检测情况。

国内近年来随着高分辨率对地观测系统重大科技专项等项目的实施，发射了高分（GF）、资源（ZY）、环境（HJ）等系列卫星，获取了海量高分辨率光学遥感图像。国内卫星多光谱数据由于大多只有 3 个可见光波段与 1 个近红外波段，缺少云检测常用的红外波段与水汽/CO_2 吸收波段，无法利用厚云上表层的低温特征，云和云影检测单纯依赖国外 Landsat 数据的光谱阈值类云检测算法精度不高且欠稳定。国内学者尝试结合图像处理、形态学、机器学习、深度学习等算法来进一步提高检测精度。多特征组合（multi-feature combined，MFC）云和云影自动检测算法利用导向滤波提高了云与云影边缘区域的检测精度，但同时也存在大面积的高亮地表与冰雪错分为云，地形阴影、水体与云影容易混分等问题。为了进一步提高检测精度，李腾腾等（2016）在资源三号的云检测算法中使用了分形维数和平均梯度等算法，并在云雪并存的场景数据中验证了纹理特征对提高检测精度的作用。

机器学习是一种基于统计的图像分类方法，利用支持向量机（support vector machine, SVM）、神经网络（neural network, NN）等分类模型也可以进行云和云阴影检测，如 Hughes 和 Hayes（2014）利用神经网络的自动检测识别云与云影。Chai 等（2019）采用人工标注的云和云阴影掩膜数据训练深度卷积神经网络，将 Landsat 影像像元分割为云、薄云、云阴影或无云四个类别，Jiao 等（2020）结合 UNet 网络和全连接条件随机场，设计了一种二阶段的云和阴影识别模型，实验证明模型整体精度超过 90%，并优化了云和阴影边缘区域的检测表现。此外，Jiao 等（2020）结合 UNet 和基于导向滤波的条件随机场，设计了一种端到端的云和阴影识别模型，在保证云和阴影边缘识别准确的前提下提高了模型的易用性。

5.1.1 算法

本节介绍一种针对国产卫星多光谱影像的云与云下阴影检测算法，算法的目的是满足生产包含云与云影逐像素标记的质量波段的数据产品生产流程需求，所以算法针对独立的单幅影像设计，而没有考虑多幅序列影像的云检测算法。序列影像云检测算法需要将同区域相近时相的多幅影像作为输入条件，利用云在不同图像中的变化特性进行检测，而在批量自动化的标准数据产品生产中获取满足条件的序列影像往往是困难的。

单幅影像的云与云下阴影检测算法基于现有研究成果，以光谱阈值云与阴影检测算法为基础，结合图像处理与形态学等算法提高检测精度，目标是形成一套精度相对稳定的、适合国产四波段多光谱卫星影像的云与云阴影检测算法流程，用于生产云掩膜产品。算法包含云检测与云影检测两个流程，总体技术路线如图5.1 所示。

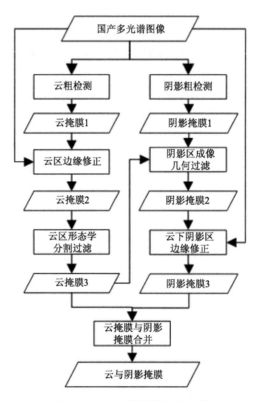

图 5.1　云与云阴影检测流程图

1. 云与阴影的粗检测

云粗检测基于经典光谱阈值法，参考 LEDAPS 中的云识别算法与 FMask 算法，根据四波段多光谱图像特点与数据实验，选择尽量少的阈值参数，提高粗检测结果的置信度。厚云粗检测使用 HOT（haze optimized transformation）指数 VBR（visible band ratio）指数来完成，计算公式如下：

$$HOT = B1 - 0.5 \times B3 \tag{5.1}$$

$$VBR = \frac{\min(B1, B2, B3)}{\max(B1, B2, B3)} \tag{5.2}$$

式中，$B1$、$B2$、$B3$ 分别为蓝波段、绿波段、红波段数据。云粗检测的阈值为 $HOT \geqslant P1\ \&\&VBR \geqslant P2$，其中阈值参数 $P1$ 与 $P2$ 是根据不同传感器数据源不同，通过数据实验得到的经验值。

为了让阈值 $P1$ 与 $P2$ 数值尽量稳定，使用表观反射率计算 HOT 与 UBR 的值（TOA 的计算方法参考第 3 章）。为了获得稳定且高置信度的厚云检测结果，缩小 $P1$ 与 $P2$ 阈值范围是最简单的方式，实验表明，$P1 = 0.2$，$P2 = 0.7$ 可以适用于 GF-1/2 等多光谱数据。

云影的粗检测算法基于光谱阈值法，目的是检测出所有可能的阴影区域，包含云下阴影、山区地形阴影与暗地表（如暗水体、暗植被等）等，阴影粗检测实际上提取了所有的黑色区域。使用近红外波段阈值与 NDVI 指数进行阴影粗检测，并结合洪水填充（flood fill）算法初步扩充阴影检测种子区域，得到阴影粗检测结果。NDVI 指数的计算公式为

$$NDVI = \frac{B4 - B3}{B4 + B3} \qquad (5.3)$$

式中，$B3$ 与 $B4$ 分别为红波段与近红外波段数据。阴影粗检测的阈值为 $NDVI \leqslant P4\ \&\&B4 \leqslant P5$，其中经验阈值参数 $P4 = P5 = 0.15$。

2. 云与阴影的边缘修正

云与阴影粗检测的结果仅包含满足严格阈值条件的云与阴影的结果。云与阴影的边缘修正是将粗检测的结果作为"种子区域"，利用图像处理算法对种子区域进行"生长"得到接近真实范围边缘的云与云下阴影。目前，可用于云区边缘修正的典型算法有基于导向滤波的修正算法与基于超像素分割的修正算法。超像素是指具有相似纹理、颜色、亮度等特征的相邻像素构成的图像块。导向滤波则是一种相对简单有效的边缘精化算法（导向滤波的算法可参考第 4 章）。MFC 云检测算法中利用导向滤波来提高国产 GF-1 卫星 WFV 多光谱图像云影边缘区域的检测精度。

图 5.2 是利用导向滤波修正云与云下阴影的例子。

3. 云区过滤

国产卫星多光谱数据在仅包含可见光与近红外波段的情况下，基于简单阈值的云检测会导致对干燥裸地、高亮建成区、雪等多种情况的误检测，因为它们的光谱特性在可见光与近红外范围是难以区分的。图 5.3 是误检区域高亮地表、云区、雪山 4 个波段的平均光谱曲线，可见三者的光谱曲线近似，尤其是云区与雪山。光谱阈值类云检测算法难以区分三者。

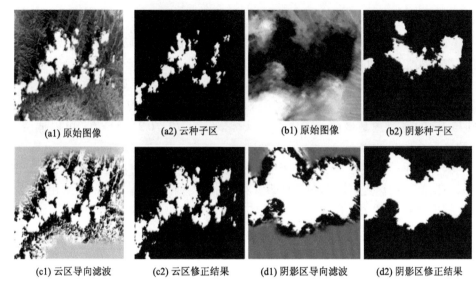

(a1) 原始图像　　　(a2) 云种子区　　　(b1) 原始图像　　　(b2) 阴影种子区

(c1) 云区导向滤波　　(c2) 云区修正结果　(d1) 阴影区导向滤波　(d2) 阴影区修正结果

图 5.2　导向滤波修正云与云下阴影边缘示例

为了过滤误检测的云区，假定在大多数情况下，误检测的高亮地表类型相比较云区具有相对复杂的纹理与形态特征。通过构建不同的几何特征、纹理特征过滤误检。

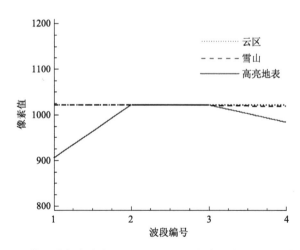

图 5.3　误检区域高亮地表、云区、雪山 4 个波段的平均光谱曲线比较

基于几何与纹理特征的过滤算法，以每个云像素连通区域为计算对象，首先对于每个云像素连通区域，只有像素数量达到一定数量，该区域才会体现出明显的纹理与几何特性，所以过滤算法首先将像素数目小于一定像素（如 50）的连通

区域排除在特征计算之外，包括离散的云点区与云区中的漏洞。将小区域排除也可以大幅提高运算效率。

下一步，利用纹理特征可进一步剔除误检，如采用通过计算具有旋转不变特性的灰度纹理 LBP（local binary pattern）的直方图距离差异排除部分包含简单纹理的误检区域。

然后，利用连通区域的周长面积比过滤误检的高亮建城区、河流等。例如，使用 FRAC（fractal dimension index）指数提取周长面积比大的像素联通区域。

$$FRAC = \frac{2\ln(perimeter / 4)}{\ln(area)} \qquad (5.4)$$

式中，perimeter 为当前连通区域边缘像素的个数；area 为连通区域像素总数。将 FRAC ≥ 1.5 的连通区域标记由云更改为地表。

由于之前排除误检测的步骤都是以像素连通区域为对象，而对于云区与高亮地表相互连接的连通区域，之前的过滤步骤无法处理，如图 5.4 所示例子，区域 1 为厚云区域，区域 2 为高亮的河流误检，区域 3 为高亮建城区误检，三个区域构成一个像素连通区域，要剔除误检的区域 2 与区域 3，首先需要将一个连通区域分割成三个连通区域，然后再次利用 FRAC 排除区域 2 与区域 3。

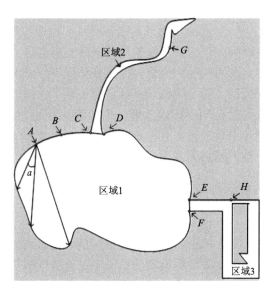

图 5.4　像素连通区域分割示例

其中 A~H 为区域边界上的像素点位置；a 为角度

分割连通区域方法为：对于连通区域边缘的像素，计算其在不同方向上通过该连通区域内部连接其他边缘像素的不间断直线所包含的像素总数，然后利用该像素数与当前连通区域像素总数的比值大小，结合经验阈值将所有连通区域边缘点划分为大点与小点两类，若当前连通区域同时包含大点与小点集合，则通过连接大点与小点之间的过渡点，将该连通区域分割成多个连通区域。具体步骤为：图 5.4 中 A、B、C、D、E、F、G、H 为像素连通区域边缘上的点，为了提高运算效率，对于边缘点仅计算按照一定步长取样的点，如 A 与 B 点之间间隔 10 个像素。计算方向同样采用一定步长取值，如 A 点计算中的角度 a 为 10°。将所有边缘点根据其在不同方向上通过该连通区域内部连接其他边缘像素的不间断直线所包含的像素总数与当前连通区域像素总数的比值大小，结合经验阈值划分为大点与小点两类，则 A、B、C、D、E、F 为大点，G、H 为小点。连接大点与小点之间的过渡点，将当前连通区域分割成多个连通区域，如 C 与 D 点为过渡点，它们之间的连线划分出了区域 2，同样点 E 与点 F 之间的连线划分出了区域 3。

云的实际形态非常复杂，利用形态与纹理有时也难以有效与地表区分开，甚至降低检测精度，所以云区形态学过滤分割步骤在云检测流程中是根据具体数据可选与可调整的。

4. 云阴影过滤

阈值法得到的阴影区域包含云下阴影与其他暗地表阴影，云阴影过滤的目的是尽量过滤掉非云下阴影的部分。假定在大多数情况下，云下阴影与云之间存在基本固定的几何位置关系，云下阴影通过该几何关系，在固定的方位与距离内存在与之匹配的云。通过云与云下阴影之间的方位距离匹配过滤掉其他误检的阴影。

遥感图像中云阴影相对于云的方位角可以通过卫星数据辅助文件中记录的太阳天顶角、太阳方位角、观测天顶角、观测方位角计算得到，成像几何见图 5.5，计算公式为

$$\tan\theta = -\frac{\sin\alpha\tan\beta + \sin\omega\tan\mu}{\cos\alpha\tan\beta - \cos\omega\tan\mu}$$

云影像在云的方位角方向上，距云的距离可以通过云高近似估算，云影像可能存在的区域便可确定，从阴影粗检测的结果中过滤掉区域外的部分。

阴影区几何匹配过程是将每个像素连通的云区通过在阴影方向上移动一定像素距离，在查找到与阴影像素重叠数量取得最大值时停止，保留与云匹配成功的阴影连通区域，排除没有匹配到云区的阴影。

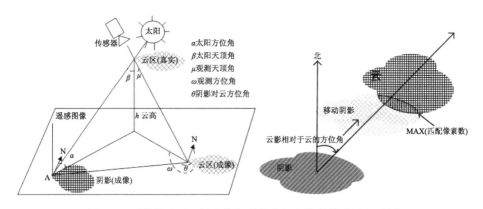

图 5.5　云影像对于云的方位角成像几何与像素移动匹配示例

　　云与云影成像几何的计算需要记录参数文件的辅助文件。但有时国产卫星数据产品的辅助文件是不完整或缺失的，或者待处理的数据已经经过系统几何校正，角度文件对应原始分幅数据，而缺失系统几何校正后对应的角度数据，并且几何精校正或正射校正卫星数据产品往往不包含系统几何校正参数文件（有理函数模型参数 RPCs），即使有原始分幅数据对应的角度文件，用户也难以将其按照系统几何校正的方式进行转换。此时需要一种不依赖成像参数的云与云影相对几何关系估计方法，可以使用一种基于图像估计云影相对云的方位与距离的方法。

　　将云掩膜与云影掩膜作为输入，图 5.6 是云影相对于云的方位角查找方法示意图。利用所有厚云像素在 360°方向上查找固定距离下包含阴影像元最多的方向，具体是将 360°范围按照 10°间隔分成 36 个方向，在这 36 个方向上查找所有云像素在固定距离处的点是否为阴影像素，统计 36 个方向上阴影像素的数量，找到阴影像素数量最多的方向 a。再以该方向 a，按照 0.5°间隔、前后 5°范围共 21 个方向上查找所有云像素在固定距离处的点是否为阴影像素，统计 21 个方向上阴影像素的数量，找到阴影像素数量最多的方向作为云影相对于云的方位角 b，精度为 0.5°。查找固定距离 AB，是指云与对应的云影连线的平均像素数，该值根据具体卫星图像数据的不同而有不同的经验值，如国产 GF-1 卫星 WFV 图像取值 160。云影相对于云的距离估计中，在云影相对于云的方位角方向上利用最大像素数匹配查找云影相对于云的最佳平均距离。给定一个云到云影之间连线的最大像素距离。在云影相对于云的方位角方向上一定范围内移动云区，计算与云影区的匹配像素数，当移动云区到达匹配像素区的像素总数最大时得到云与云影的最佳距离。

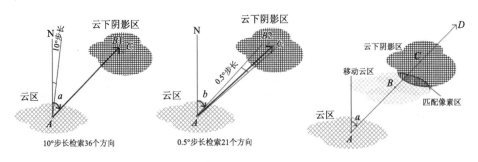

图 5.6　云影相对于云的方位角查找方法示意图

5.1.2　实验结果

　　云与云下阴影检测算法可应用于国产高分卫星数据的质量标记产品，图 5.7 是 GF-1 WFV 数据的一个示例。

图 5.7　GF-1 WFV 数据云与云影检测示例

　　该算法是以 GF-1 WFV 数据为代表的国产四波段多光谱卫星图像进行云与云阴影检测，完成了中国区域 2020 年超过五万景数据的自动处理。为了快速完成数据处理精度的整体评价，在输出标准云掩膜产品的同时，对每景输入数据同时输出该数据的 R4G3B2 彩色合成 jpg 缩略图与云检测结果 jpg 缩略图。直接通过预览的方式即可快速评价云检测精度情况，如图 5.8 所示。

　　为了定量化比较本节算法精度，使用逐像素比较法统计与 MFC 算法检测一致的像素数量所占全部云与云影像素数的百分比，公式如下：

$$100\% - \left| \frac{\text{Cloud}_{\text{our}} - \text{Cloud}_{\text{mfc}}}{\text{Cloud}_{\text{mfc}}} \right| \times 100\% \tag{5.5}$$

$$100\% - \left| \frac{\text{Shadow}_{\text{our}} - \text{Shadow}_{\text{mfc}}}{\text{Shadow}_{\text{mfc}}} \right| \times 100\% \tag{5.6}$$

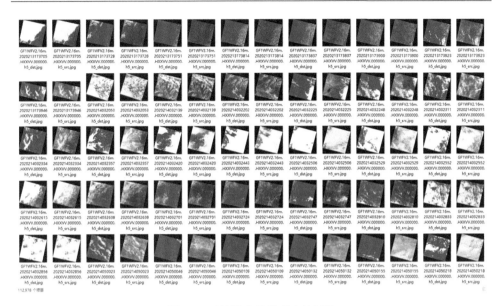

图 5.8　云掩膜产品精度定性评价

式中，$Cloud_{our}$、$Shadow_{mfc}$ 分别表示本节算法检测出的云像素数量与 MFC 算法检测出的云影像素数量，公式中的绝对值运算表示统计多检测与漏检测两种情况的误检像素数量。从敦煌实验区数据中选择了 10 景云检测精度相对理想的结果统计，中国甘肃省敦煌地区以荒漠、戈壁、山区为主，地表干旱、高亮，缺少植被，山区包含雪山，且雪线年内变化大，山区地形阴影对比反差大等。这些特点对于验证云与云影检测算法精度要求更高。实验结果发现，云区的检测一致性平均值为 85.52%，云影区的检测一致性平均值为 80.45%，见图 5.9。

敦煌实验区数据中也存在误检的情况，主要是高亮地表与积雪误检为云。图 5.10 是一个包含大面积误检的例子，上部区域包含大面积的高亮地表误检区域，下部区域包含以雪山为主的误检区域。对于存在大量云区误检的图像，云影方位的计算错误会导致云影误检，如图中山区北侧的阴影区域被误检为云影区。

国产卫星多光谱数据单景的云与云下阴影检测算法仍然存在误检测等不完善的地方，如何进一步提高精度还需要进一步研究，如引入逐月份的地表平均反射率辅助数据作为基准，精化阈值；或者引入 DEM 高程数据生产区域雪山雪线数据，减少对雪山的误检测等。另外，研究基于深度学习的云与云影的检测，通过不断积累样本数据，尤其是积累特定区域长时间序列的样本数据，结合地表类型、季候特征、地形、高程等多源数据，逐渐建立起特定区域云与云影的知识图谱本体、属性与关系，结合智能识别推理检测云与云影。

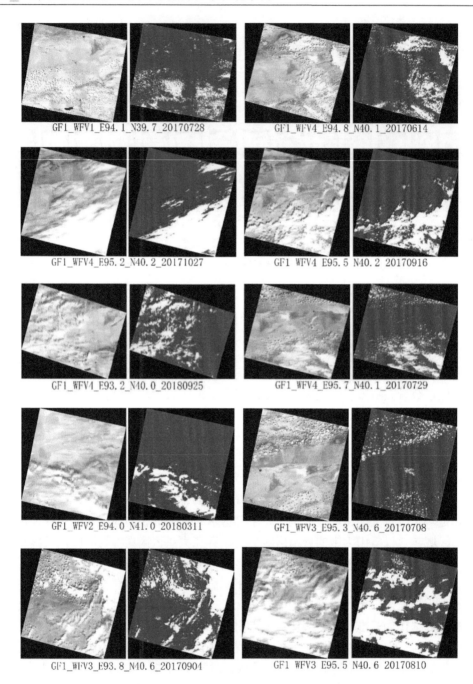

图 5.9　敦煌实验区云与云影检测结果示例

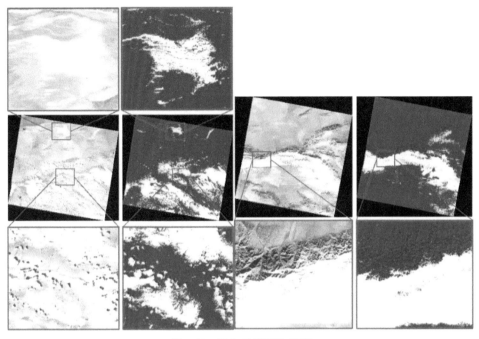

图 5.10　云与云影误检示例

5.2　云/云影检测的深度学习方法

随着机器学习和计算机视觉技术的发展，自然图像上数据驱动的语义分割方法日渐繁荣。云和阴影检测被形式化为计算机视觉任务中语义分割问题，相关研究也将先进的分割模型引入云和阴影的检测中（Chai et al., 2019）。

遥感影像光谱特征云和阴影分割方法可分为 3 类：光谱阈值、时序区分和统计方法（Chai et al., 2019）。阈值方法通过观测光谱数据的分布，检测有限域的云和阴影（Sun et al., 2018; Qiu et al., 2017; Vermote et al., 2016; Li et al., 2017）。CFMask（Zhu and Woodcock, 2012; Foga et al., 2017）充分探索光谱特征，给出了云和阴影检测的基准方法。时序区分方法（Zhu and Helmer, 2018; Frantz et al., 2015; Zhu and Woodcock, 2014）通过观测动态云和阴影，根据图像前后的差异来实现检测。基于统计的方法（Ricciardelli et al., 2008; Amato et al., 2008）探索空间和光谱特征的统计值，将云和阴影的检测形式化为逐像素分类方法；该类方法与基于学习的检测方法高度相关。基于统计的方法需提供较准确的标记，才能拟合云和阴影的分布。最近，随着自然图像上数据驱动的语义分割方法的长足发展，云和阴影检测可被形式化为语义分割问题，并使用基于 CNN 的逐像素分类模型实现检测（Chai et al., 2019）。

语义分割（semantic segmentation）也被称为密集分类（dense classification），旨在根据图像语义信息，将图像中的每个像素划分到预定义的类中，且图中同一目标物体的像素应被划分到同一个类中。高级视觉任务（如图像分类、目标检测）试图理解图像高级语义信息，而低级视觉任务试图为细粒度视觉任务提供基础。

自然图像分割模型同时进行目标识别和逐像素分类：模型接收自然图像为输入，输出图像分割建议（segmentation proposal）。由可训练神经网络执行的语义分割被称为神经图像分割，因为特征提取和转换的主干网络基本上是建立在卷积神经网络（Long et al., 2015; Ronneberger et al., 2015; Lin et al., 2017; Zhao et al., 2017; Badrinarayanan et al., 2017; Kendall et al., 2017）或者图神经网络（Bruna et al., 2014; Defferrard et al., 2016）上。神经语义分割主要通过最小化逐像素成本函数来建模密集分类任务（Long et al., 2015; Ronneberger et al., 2015），此类方法主要使用成对标记样本训练端到端模型。神经语义分割总体受益于基于 CNN 的主干网络，它有效提供了语义特征变换。模型选用广泛使用的预训练模型作为主干网络，对特征提取器和分类器进行微调获得分割模型。典型的主干网络模型包括 VGG-16 / VGG-19（Simonyan and Zisserman, 2014）、MobileNets V1 / V2 / V3（Howard et al., 2017, 2019; Sandler et al., 2018）、ResNet18 / ResNet50 / ResNet101（He et al., 2016a, 2016b）、DenseNet（Huang et al., 2017）、EfficientNet（Tan and Le, 2020）等。这些主干网络因其精巧的特征提取以及大规模图像数据集上的充分训练（如 ImageNet（Russakovsky et al., 2015）），有助于高层语义理解，充分提升准确率和分割效果。

神经图像分割通过多种方法，试图改善密集预测任务的精确率，包括放大感受野（Ronneberger et al., 2015; Chen et al., 2016; Farabet et al., 2013; Mostajabi et al., 2015; Zhang et al., 2018）、接收多尺度输入图像（Chen et al., 2016; Lin et al., 2016）、重用多尺度特征映射（Zhao et al., 2017; Liu et al., 2015）或嵌入多比率的膨胀卷积（Chen et al., 2014, 2018a, 2017, 2018b; Li et al., 2018; Yu and Koltun, 2016）。代表性分割模型结合一种或多种技术点来达到最佳预测水平，如 U-Net（Ronneberger et al., 2015）、RefineNet（Lin et al., 2017）、PSPNet（Zhao et al., 2017）、FastFCN（Wu et al., 2019）和 DeepLab 系列（Chen et al., 2014, 2018a, 2017, 2018b; Wang et al., 2018）。另外，编码器-解码器结构（Badrinarayanan et al., 2017; Kendall et al., 2017; Zhang et al., 2018; Ronneberger et al., 2015）抽取多种代表性特征，转换为隐特征向量，最后逐元素给出分割预测。此外，跳层连接（He et al., 2016a, 2016b; Ronneberger et al., 2015）通过建立短路来重用具有区分性的特征映射，有利于梯度的反向传播，已被证实能够获得超越传统方法的较好效果。级联网络（cascade nets）（Cheng et al.，2020）级联多个相似网络，对比单个网络可显著提升分割效果。目前，学习动态结构（Li et al.，2020）和图推理（Li et al.，2020）使得自适应设计流行起来。

基于以上主干网络，神经图像分割技术在像素级标注上显著进步。全卷积网络（fully convolutional networks，FCN）（Long et al.，2015）开启了神经图像分割时代，通过将全连接层替换为卷积层来适应不同尺寸图像的分割。U-Net（Ronneberger et al.，2015）方法通过残差连接级联中间同尺寸特征映射，实现网络中间特征融合。SegNet（Badrinarayanan et al.，2017; Kendall et al.，2017）继承了编码器-解码器结构，并用来实现快速场景理解。Jegou 等（2017）扩展了 DenseNet（Huang et al.，2017）并将其引入语义分割任务中。FastFCN（Wu et al.，2019）使用联合金字塔上采样来降低计算复杂度。

语义分割研究同样探索了特征机制和数据分布方法：基于膨胀卷积的方法平衡了大感受野和卷积核尺寸两者，为基于小卷积核、不同膨胀系数的大规模稀疏上采样提供了可能性。Yu 和 Koltun（2016）提出了一种使用膨胀卷积的多尺度上下文聚合方法。RefineNet（Lin et al.，2017）通过长距离残差连接来充分提取细粒度特征，以增强高分辨率分类效果。PSPNet（Zhao et al.，2017）使用金字塔池化模块来聚合全局特征表示。Peng 等（2017）研究表明，在分类和定位的联合任务中，大卷积核为关键要素，并提出了一种全局卷积网络。UPerNet（Xiao et al.，2018）尝试在一次计算内发现丰富视觉知识和解析多种视觉概念。HRNet（Sun et al.，2019）对并行卷积的特征进行聚合，实现更强特征表示的学习。Gated-SCNN（Takikawa et al.，2019）使用专门形状处理的侧分支，建立了双流分割模型。Papandreou 等（2015）将 EM（Bishop，2007）算法应用到弱监督和半监督图像分割中。

DeepLabs 系列方法设计了一系列语义分割模型，利用空洞卷积、全连接条件随机场后处理、逐通道分离卷积、空洞空间金字塔池化模块，以及新型主干网络，试图提高效率和鲁棒性。DeepLab V1（Chen et al.，2014）使用空洞卷积和全连接条件随机场后处理，设计了一种粗定位和边缘优化的流程，随后 DeepLab V2（Chen et al.，2018a）对其结果进行了优化。DeepLab V3（Chen et al.，2017）移除了 CRF，但却提升了分割的精度。DeepLab V3+（Chen et al.，2018b）将 Xception（Chollet，2017）中逐通道的分离卷积应用在空洞空间金字塔池化模型和解码器上，提升了计算效率和鲁棒性。

此外，在 CNN 提取高级视觉特征后，将分割建模为概率图模型（probabilistic graphic model，PGM）也成为一种研究趋势。CRFasRNN（Zheng et al.，2015）将 CRF 作为 RNN 层进行实现，完成了神经网络预测和 CRF 边缘优化的端到端训练和推理。深度解析网络（deep parsing network）（Liu et al.，2015）使用 CNN 对一元项和二元项进行建模，并使用额外层对平均场近似进行建模，在 PASCAL VOC 2012 比赛上取得了较好的成绩。此外，高斯条件随机场（Gaussian conditional random fields，G-CRF）和深度学习结构（Chandra and Kokkinos, 2016）也被用来解决结构化预测问题，其继承了统一全局优化、端到端训练和自发现的二元项。

当前的分割方法对语义目标定位任务进行了全方位的探索，并在密集分类任务中取得了可观的表现。但对于模型来说，不断放大的感受野能增强感知高级语义信息，如图像中的目标实例，但对于低级视觉特征的关注度不够，因此沿着边缘精准分离目标仍具有挑战性。另外，需针对遥感数据的固有特性，对上述方法进行适配，以适应遥感数据分析任务。

5.2.1 Refined UNet：基于 UNet 和全连接条件随机场的云和阴影边缘精准

分割方法

本节介绍 Refined UNet，用以实现云和阴影粗粒度定位，以及细粒度边缘优化分割，主要内容来自 Jiao 等（2020）。具体地，使用 UNet 作为分割模型主干网络进行云和阴影的粗粒度定位，在训练时使用自适应权重平衡像素类别，在训练数据集上从头训练；随后使用全连接条件随机场（fully connected conditional random fields, 全连接 CRF）对云和阴影分割建议的边缘进行细粒度优化；最终 Refined UNet 可实现云和阴影的边缘精准分割（图 5.11）。

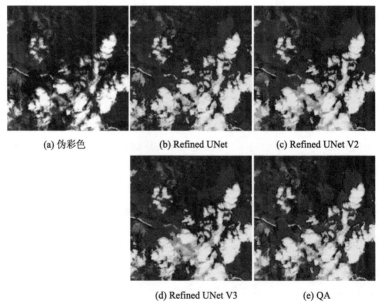

(a) 伪彩色　　　　(b) Refined UNet　　　　(c) Refined UNet V2

(d) Refined UNet V3　　　　(e) QA

图 5.11　Refined UNet 系列云和阴影分割结果（Jiao et al., 2020）

1. 总体流程

Refined UNet 总体框架描述如下。大尺寸高分辨率遥感影像难以使用 UNet 进行整体分割，所以逐块预测是一种处理遥感图像的实用解决方案。将多光谱遥感影像裁剪成小块，输入 UNet 获得云和阴影的粗粒度分割建议，之后将小块分割建议重建为原分辨率分割建议。在后处理阶段，全连接 CRF 可从全局整体优化整景图像，改善图块边缘的预测一致性并消除孤立的区域。具体地，UNet 预测与全连接 CRF 边缘优化的级联方法描述如下：

（1）首先将遥感图像重新缩放、边缘填充并裁剪成大小为 $w^{\mathrm{crop}} \times h^{\mathrm{crop}}$ 的图像块。预训练 UNet 对图像块进行逐像素分类，获取粗粒度分割建议之后拼接成原分辨率的整景图像分割建议。

（2）全连接 CRF 接收原分辨率大小的分割建议，以及 3 通道边缘敏感图像为输入，优化 UNet 分割建议中云和阴影的边缘区域。

该方法的整体流程如图 5.12 所示。

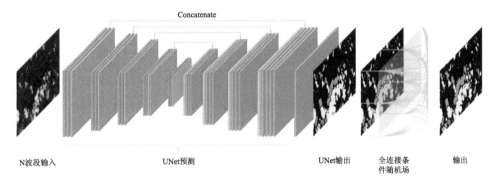

图 5.12　Refined UNet 流程图（Jiao et al., 2020）

2. UNet 主干网络对云和阴影进行粗定位

在图像分割任务中，UNet 为一种公认有效的分割模型。给定需要逐像素分类的图像，UNet 架构可以在编码器中逐层提取各级图像特征，将其重新组合为较高级语义特征，同时可以根据多级特征，用解码器执行逐元素分类。在加权的交叉熵损失函数的驱动下，UNet 逐渐锁定特征提取器中的可学习参数；完成训练后，对测试图像给出接近地表覆盖分类的期望输出。UNet 的编码器解码架构如图 5.13 所示，其中由 "Conv-ReLU-MaxPooling" 组成的下采样块用于提取特征，而由 "UpSample-Conv-ReLU" 组成的上采样块输出相同分辨率的分割建议。

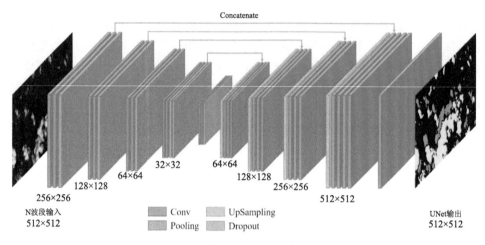

图 5.13　UNet 主干网络进行云和阴影粗定位（Jiao et al., 2020）

　　在训练时，提出了一种自适应加权多分类交叉熵损失函数，以驱使网络关注分割任务中数量较少的样本群体。具体地，定义当前图像块中类别 i 的像素数为 M_i、所有类别像素数向量为 $\boldsymbol{M}$，以及动态自适应权重向量为 $\boldsymbol{\alpha}$，权重向量元素 α_i 为向量 $\boldsymbol{M}$ 中最大值 $\max(\boldsymbol{M})$ 与 M_i 的比值，即分割中的小样本可以具有较高的权重。因此，损失函数如下所示：

$$\mathcal{L}^{\text{seg}}(y, \hat{y}) = -\sum_k \alpha_y \cdot y_k \cdot \ln \text{softmax}(\hat{y}_k) \tag{5.7}$$

其中，$\text{softmax}(\cdot)$ 表示 softmax 函数，如式（5.8）所示：

$$\text{softmax}(\hat{y}) = \frac{\exp(\hat{y})}{1^{\text{T}} \exp(\hat{y})} \tag{5.8}$$

式中，y 表示标签的独热向量（one-hot vector）；$\hat{y}$ 表示 UNet 关于输入 x 的预测；α 为每个类别的自适应权重向量。α 的每个元素均如式（5.9）所示。

$$\alpha_i = \frac{1}{M_i} \max(\boldsymbol{M}) \tag{5.9}$$

式中，α_i 代表类别 i 的动态权重；M_i 代表类别 i 的向量总计数；$\boldsymbol{M}$ 为所有类别像素数向量。

3. 全连接条件随机场后处理

UNet 可检测到云和云阴影的存在并大致定位,但却无法精确地勾画云和阴影的边界。分割中边界模糊的可能原因推测如下:多个最大池化层放大了神经网络的感受野,有效改善了神经网络提取高级特征(即语义信息)的能力,有助于完成高级视觉任务,如图像分类。但使用多个最大池化层会在低级视觉任务中带来更多不变性,这不利于云和阴影分割中的精确边界检测(Chen et al., 2014)。即使级联网络前方的中间层特征映射试图减轻高分辨率特征的缺失,但 UNet 仍会在细粒度分割中受到影响。考虑到 UNet 预测的缺点,采用全连接 CRF 后处理来细化云和阴影边界的精确位置。

基于全连接 CRF 的云和阴影边缘优化方法描述如下。逐像素分类(X, I)可表示为由 Gibbs 分布表征的条件随机场,如式(5.10)所示。

$$P(X = x \mid I) = \frac{1}{Z(I)} \exp[-E(x \mid I)] \tag{5.10}$$

式中, $E(x)$ 表示 Gibbs 能量; I 表示全局观测(即图像); $Z(I)$ 为归一化项,用以保证概率正确($0 \leqslant P \leqslant 1$)。

在全连接 CRF 中,相应的 Gibbs 能量函数定义如下:

$$E(x) = \sum_i \psi_{\mathrm{u}}(x_i) + \sum_i \sum_{i<j} \psi_{\mathrm{p}}(x_i, x_j) \tag{5.11}$$

式中,x 表示一种像素级标签分配(label assignment)方式;ψ_{u} 为一元势函数(unary potential); ψ_{p} 为二元势函数(pairwise potential)。

一元势函数 $\psi_{\mathrm{u}}(x_i)$ 可根据 UNet 输出得到(Krähenbühl and Koltun, 2011),而二元势函数 $\psi_{\mathrm{p}}(x_i, x_j)$ 定义如下:

$$\psi_{\mathrm{p}}(x_i, x_j) = \mu(x_i, x_j) \sum_{m=1}^{K} w^{(m)} \underbrace{k^{(m)}(f_i, f_j)}_{k(f_i, f_j)} \tag{5.12}$$

式中, $\mu(x_i, x_j)$ 表示全连接 CRF 的类标签兼容性函数(label compatibility function); f_i 和 f_j 为势函数特征向量(feature vector)。在本节中,Potts 模型 $\mu(x_i, x_j) = \left[x_i \neq x_j \right]$ 被用作类标签兼容性函数。

对比敏感的双核势函数(contrast-sensitive two-kernel potential)(Krähenbühl and Koltun, 2011),用于获取两个光谱特征相似的邻接像素之间的连通性,同时也用于去除分类中的孤立区域,其定义如下:

$$k(f_i, f_j) = w^{(1)} \exp\left(-\frac{\|p_i - p_j\|^2}{2\theta_\alpha^2} - \frac{\|I_i - I_j\|^2}{2\theta_\beta^2}\right) + w^{(2)} \exp\left(-\frac{\|p_i - p_j\|^2}{2\theta_\gamma^2}\right) \quad (5.13)$$

式中，p_i 和 p_j 分别表示像素 i 和 j 的空间坐标特征；I_i 和 I_j 分别为像素 i 和 j 的光谱特征。本节研究中，光谱特征 I_i 和 I_j 由 5、4 和 3 波段组合的伪彩色图像构成。注意到 θ_α、θ_β 和 θ_γ 为三个关键超参数，可用于控制连通性和相似性的程度，且会显著影响边缘优化的性能。

CRF 推理旨在通过最小化能量函数 $E(x)$ 来最大化后验概率（maximun a posteriori, MAP）$P(x)$，取最大化后验概率的观测值 $\hat{x}$ 作为逐像素分类优化结果，即 $\hat{x} = \mathrm{argmax}_x P(x)$，其中 $P(x) = 1/Z \exp[-E(x)]$。平均场逼近方法为近似推理，可加速 CRF 推理，避免了 $P(X)$ 精确值的复杂计算过程。Krähenbühl 和 Koltun（2011）提出了一种全连接 CRF 的快速推理解决方案，使用迭代的消息传递算法用以近似推理 CRF 分布。该解决方案有助于以线性时间复杂度推理全连接 CRF，从而能够在分割任务中高效推理分割结果。由式（5.14）定义的平均场近似推理可生成迭代更新算法，并在算法 1 中详细介绍该平均场近似算法。

$$Q_i(x_i = l) = \frac{1}{Z_i} \exp\left\{-\psi_u(x_i) - \sum_{l' \in \mathcal{L}} \mu(l, l') \sum_{m=1}^{K} w^{(m)} \sum_{j \neq i} k^{(m)}(f_i, f_j) Q_j(l')\right\} \quad (5.14)$$

算法 1：全连接 CRF 中平均场近似

1: 初始化 Q：$Q_i(x_i) \leftarrow \exp\{-\phi_u(x_i)\} / Z_i$

2: While 未收敛时 do

3: $\quad \tilde{Q}_i^{(m)}(l) \leftarrow \sum_{j \neq i} k^{(m)}(f_i, f_j) Q_j(l)$ for all m

4: $\quad \hat{Q}_i(x_i) \leftarrow \sum_{l \in \mathcal{L}} \mu^{(m)}(x_i, l) \sum_m w^{(m)} \tilde{Q}_i^{(m)}(l)$

5: $\quad Q_i(x_i) \leftarrow \exp\{-\psi_u(x_i) - \hat{Q}_i(x_i)\}$

6: 归一化 $Q_i(x_i)$

7: End while

5.2.2　Refined UNet V2：端到端的云和阴影降噪分割模型

本节介绍 Refined UNet V2，用以实现单阶段云和阴影的粗定位和边缘优化分割，主要内容来自 Jiao 等（2020）。该方法继承 Refined UNet（Jiao et al., 2020）

的二阶段设计，但探索相应端到端解决方案，可完成对云和阴影粗定位和边缘优化的端到端实现。具体地，使用基于导向高斯滤波的消息传递进行计算高效的 CRF 推理，替代了复杂的高维滤波。该方法在具体实现上，使用了一种朴素的 GPU 端到端实验原型。该模型由降噪的局部线性模型推导得来，可有效去除冗余孤立分割区域或像素，生成更"干净"的分割建议。

1. 总体流程

我们首先介绍面向遥感高分影像的 Refined UNet v2 去噪分割模型概述。分割模型难以对大尺寸高分辨率遥感影像直接进行分割，所以逐块预测是一种处理遥感图像的实用解决方案。端到端的 UNet-CRF 结构采用一阶段方法，从局部角度粗略地定位云和阴影、细化边缘并去除分割噪声。具体地，将多光谱遥感影像裁剪成小块，逐块输入模型中获得云和阴影的细化分割建议，之后将小块分割建议重建为原分辨率分割建议，作为一景图像的云/阴影分割结果。

该模型接收 7 波段 512×512 图像块为输入，生成对应的边缘优化分割建议。因此，首先需将遥感高分图像补边并裁剪为 512×512 大小的图像块，然后逐块输入网络进行粗分割和边缘优化。整景分割建议利用逐块的分割建议重建。在本节方法中，预训练 UNet 继承自 Jiao 等（2020），后面的小节将介绍嵌入网络的 CRF 边缘优化层。图 5.14 展示了模型的整体流程。

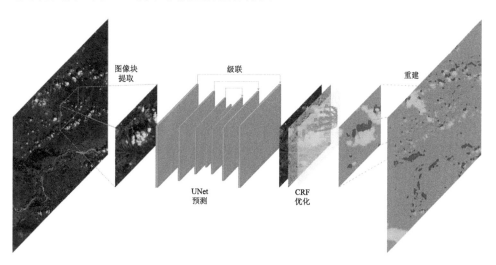

图 5.14　Refined UNet v2 整体流程（Jiao et al.,2020）

2. 基于高斯导向滤波的双边消息传递

如 5.2.1 所述，Krähenbühl 和 Koltun（2011）介绍了全连接 CRF 的快速推理方法：使用高维高斯滤波进行快速消息传递，如式（5.15）所示。基于多面体排列格（permutohedral lattice）结构（Adams et al., 2010）的高维高斯滤波，将双边消息传递的时间复杂度降为线性（$O(N)$）。

$$
\begin{aligned}
\tilde{Q}_i^{(m)}(l) &= \underbrace{\sum_{j \neq i} k^{(m)}(f_i, f_j)Q_j(l)}_{消息传递} \\
&= \underbrace{\left[G_{\Lambda^{(m)}} \otimes Q(l) \right](f_i)}_{\tilde{Q}_i^{(m)}(l)} - Q_i(l)
\end{aligned}
\tag{5.15}
$$

然而，高维高斯滤波实现时非常复杂，不利于 GPU 实现和网络端到端推理。导向高斯滤波与双边特征类似，其朴素实现可用于双边消息传递。因此，双边消息传递项由导向高斯滤波实现，而平滑项依旧使用高斯核。

$$
\begin{aligned}
\tilde{Q}_i^{(1)}(l) &= \underbrace{\sum_{j \neq i} k^{(1)}(f_i, f_j)Q_j(l)}_{双边消息传递} \\
&= \underbrace{\overline{a_i}'I_i + \overline{b_i}'}_{GGF}
\end{aligned}
\tag{5.16}
$$

其中，平滑项由式（5.16）给出。

$$
k_{ij}^{(2)} = \exp\left(-\frac{\left| p_i - p_j \right|^2}{2\theta_\gamma^2} \right)
\tag{5.17}
$$

双边项计算具体如式（5.17）和式（5.18）所示。

$$
\begin{aligned}
\overline{Q}_k' &= \frac{\sum_{i \in \dot{\omega}_k} g_{ik} Q_i}{\sum_{i \in \dot{\omega}_k} g_{ik}} \\
\mu_k' &= \frac{\sum_{i \in \dot{\omega}_k} g_{ik} I_i}{\sum_{i \in \dot{\omega}_k} g_{ik}} \\
a_k &= \frac{\sum_{i \in \dot{\omega}_k} g_{ik} I_i Q_i - \sum_{i \in \dot{\omega}_k} g_{ik} I_i \overline{Q}_k'}{\sum_{i \in \dot{\omega}_k} g_{ik} I_i^2 - \sum_{i \in \dot{\omega}_k} g_{ik} I_i \mu_k' + \epsilon \sum_{i \in \dot{\omega}_k} g_{ik}} \\
b_k &= \frac{\sum_{i \in \dot{\omega}_k} g_{ik} (Q_i - a_k I_i)}{\sum_{i \in \dot{\omega}_k} g_{ik}}
\end{aligned}
\tag{5.18}
$$

$$\overline{a'_i} = \frac{\sum_{k\in\dot\omega_i} g_{ki} a_k}{\sum_{k\in\dot\omega_i} g_{ki}}$$

$$\overline{b'_i} = \frac{\sum_{k\in\dot\omega_i} g_{ki} b_k}{\sum_{k\in\dot\omega_i} g_{ki}}$$

因此，多通道 CRF 层的平均场近似推理由算法 2 给出。

算法 2：CRF 推理中端到端平均场近似

1:　　初始化 Q：$Q_i(x_i) \leftarrow \exp\{-\phi_u(x_i)\}/Z_i$

2:　　While 未收敛时 do

3:　　　$\tilde Q_i^{(1)}(l) \leftarrow \overline{a'_i} I_i + \overline{b'_i}$

4:　　　$\tilde Q_i^{(2)}(l) \leftarrow \sum_{j\neq i} k_{ij}^{(2)} Q_j(l)$

5:　　　$\hat Q_i(x_i) \leftarrow \sum_{l\in\mathcal{L}} \mu^{(m)}(x_i,l) \sum_m w^{(m)} \tilde Q_i^{(m)}(l)$

6:　　　$Q_i(x_i) \leftarrow \exp\{-\psi_u(x_i) - \hat Q_i(x_i)\}$

7:　　　归一化 $Q_i(x_i)$

8:　　End while

5.2.3　Refined UNet v3：基于多通道光谱特征的端到端云和阴影快速分割模型

本节介绍 Refined UNet v3，用以提升 Refined UNet v2 在单通道图像模糊边界处的分割表现及分割效率，主要内容来自 Jiao 等（2021）。具体地，继承 Refined UNet v2 的端到端边缘精准分割架构：UNet 网络进行云和阴影粗分割，级联 CRF 层进行边缘优化。在 CRF 层消息传递时，多通道导向高斯滤波作为双边消息传递项，检测模糊边缘，而基于快速傅里叶变换（fast Fourier transform, FFT）的高斯滤波用来实现快速高斯滤波。

1. 总体流程

Refined UNet v3 继承了端到端 Refined UNet v2 的设计，将 UNet 主干网络和基于多通道 CRF 平均场近似推理的边缘优化层级联到一起。该模型同样难以对大尺寸高分辨率遥感影像直接预测，所以逐块预测是一种处理遥感图像的实用解决方案。端到端的 UNet-CRF 结构采用一阶段方法，从局部角度粗略地定位云和阴影、细化边缘并去除分割噪声。模型将多光谱遥感影像裁剪成小块，逐块输入模型中获得云和阴影的边缘优化分割建议，之后将小块分割建议重建为原分辨率分割建议，作为一景图像的云/阴影分割结果。

具体地，模型接收 7 波段高分遥感图像为输入，使用主干网络对云和阴影进行粗粒度定位，并使用嵌入的 CRF 层对分割边缘进行优化。值得注意的是，该模型的最终目的是实现一个一阶段方法，这意味着预测和边缘优化需被封装在一个端到端模型中。其中，UNet 包含 4 个由"Convolution-ReLU-MaxPooling"组成的降采样块和 4 个由"UpSample-Convolution-ReLU"组成的上采样块。在模型中，残差连接用以级联相同大小的中间层特征映射。最终，逐像素标记类别的似然值由该主干网络生成。请参考 Jiao 等（2020）获取更多 UNet 的实现和训练细节。图 5.15 展示了 Refined UNet v3 整体流程。

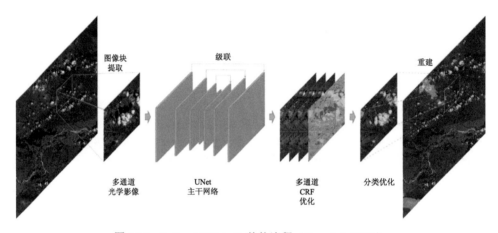

图 5.15 Refined UNet v3 整体流程（Jiao et al.,2021）

2. 基于多通道高斯导向滤波的双边消息传递项

如 5.2.1 节所示，高维高斯滤波实现时非常复杂，不利于 GPU 实现和网络端到端推理；导向高斯滤波与双边特征类似，可用于双边消息传递；但 Refined UNet v2 中单通道导向高斯滤波在灰度图像中模糊边界处，分割效果不佳。因此，Refined UNet v3 利用多通道导向高斯滤波快速计算双边消息传递项，如式（5.19）所示。

$$\sum_{j\in\omega_i,j\neq i} k^{(1)}\left(\vec{f}_i,\vec{f}_j\right)q_j = \vec{a}_i'^\top \vec{I}_i + \vec{b}_i' \tag{5.19}$$

其中，

$$\vec{\mu}'_j = \sum_{k \in \mathring{\omega}_j} w_{jk} \vec{I}_k$$

$$\vec{q}'_j = \sum_{k \in \mathring{\omega}_j} w_{jk} q_k$$

$$\Sigma'_j = \sum_{k \in \mathring{\omega}_j} w_{jk} \vec{I}_k \vec{I}_k^{\top} - \vec{\mu}'_j \vec{\mu}_j'^{\top}$$

$$\vec{a}_j = \left(\Sigma'_j + \epsilon U\right)^{-1} \left(\sum_{k \in \mathring{\omega}_j} w_{jk} \vec{I}_k q_k - \vec{q}'_j \vec{\mu}'_j \right)$$

$$b_j = \vec{q}'_j - \vec{a}_j^{\top} \vec{\mu}'_j$$

$$\overline{\vec{a}}'_i = \sum_{j \in \mathring{\omega}_i} w_{ij} \vec{a}_j$$

$$b'_i = \sum_{j \in \mathring{\omega}_i} w_{ij} b_j$$

具体实现时，假设图像 $\boldsymbol{I}$ 和分布 $\boldsymbol{Q}$ 由 3 维张量给定，在最后加入辅助维度，可得

$$\boldsymbol{I} \in \mathbb{R}^{H \times W \times C \times 1}, \boldsymbol{Q} \in \mathbb{R}^{H \times W \times N \times 1} \tag{5.20}$$

其中，H 和 W 分别表示高和宽；C 为通道数；N 为类别数。

定义 $\boldsymbol{I}$ 和 $\boldsymbol{Q}$ 的转置为

$$\boldsymbol{I}^{\top} \in \mathbb{R}^{H \times W \times 1 \times C}, \boldsymbol{Q}^{\top} \in \mathbb{R}^{H \times W \times 1 \times N} \tag{5.21}$$

另外，定义空间滤波为沿高和宽的轴进行滤波。

$$\overline{\boldsymbol{I}}' = \boldsymbol{I} \otimes \mathcal{G}_{\mathring{\omega}} \in \mathbb{R}^{H \times W \times C \times 1}$$

$$\overline{\boldsymbol{Q}}' = \boldsymbol{Q} \otimes \mathcal{G}_{\mathring{\omega}} \in \mathbb{R}^{H \times W \times N \times 1} \tag{5.22}$$

$\boldsymbol{I}$ 和其本身的相关（correlation）运算为

$$\boldsymbol{I} \boldsymbol{I}^{\top} \in \mathbb{R}^{H \times W \times C \times C} \tag{5.23}$$

类似地，$\boldsymbol{I}$ 的高斯加权平均和其本身的相关运算为

$$\overline{\boldsymbol{I}}\,\overline{\boldsymbol{I}}'^{\top} \in \mathbb{R}^{H \times W \times C \times C} \tag{5.24}$$

关于 $\boldsymbol{I}$ 的协方差张量为

$$\Sigma = \left(\boldsymbol{I} \boldsymbol{I}^{\top}\right) \otimes \mathcal{G}_{\mathring{\omega}} - \overline{\boldsymbol{I}}\,\overline{\boldsymbol{I}}'^{\top} \in \mathbb{R}^{H \times W \times C \times C} \tag{5.25}$$

线性系数张量 $\boldsymbol{A}$ 和 $\boldsymbol{B}$ 为

$$A = \left(\Sigma + \epsilon U\right)^{-1}\left(\left(IQ^\top\right)\otimes \mathcal{G}_{\overset{\circ}{\omega}} - \overline{I}'\overline{Q}'^\top\right)$$
$$\in \mathbb{R}^{H\times W\times C\times N} \tag{5.26}$$
$$B = \overline{Q}' - A^\top \overline{I}' \in \mathbb{R}^{H\times W\times N\times l}$$

其中，U 表示单位张量。

最后，更新的分布 Q^* 为

$$Q^* = \left(A\otimes\mathcal{G}_{\overset{\circ}{\omega}}\right)^\top I + B\otimes\mathcal{G}_{\overset{\circ}{\omega}} \in \mathbb{R}^{H\times W\times N\times l} \tag{5.27}$$

多通道 CRF 的平均场近似推理在算法 3 中给出。

算法 3：多通道 CRF 推理中的端到端平均场近似

1： 初始化 Q：$Q_i(x_i) \leftarrow \exp\{-\phi_{\mathrm{u}}(x_i)\}/Z_i$

2： While 未收敛时 do

3： $\quad \tilde{Q}_i^{(1)}(l) \leftarrow \overline{a}_i^\top \overline{I}_i + \overline{b}_i'$

4： $\quad \tilde{Q}_i^{(2)}(l) \leftarrow \sum_{j\neq i} k_{ij}^{(2)} Q_j(l)$

5： $\quad \hat{Q}_i(x_i) \leftarrow \sum_{l\in\mathcal{L}} \mu^{(m)}(x_i,l)\sum_m w^{(m)}\tilde{Q}_i^{(m)}(l)$

6： $\quad Q_i(x_i) \leftarrow \exp\{-\psi_{\mathrm{u}}(x_i) - \hat{Q}_i(x_i)\}$

7： 归一化 $Q_i(x_i)$

8： End while

5.2.4 实验及结果分析

本节介绍 Refined UNet 系列方法的视觉和定量比较、关于 CRF 中 r 和 ϵ 的超参数敏感性实验、计算效率比较，主要内容来自 Jiao 等（2020）。

1. 实验数据、预处理、实现细节和评价指标介绍

实验使用 Landsat 8 OLI 遥感影像数据集来训练、验证和测试 Refined UNet 的性能。选择 2013～2015 年的图像数据，将其划分为训练集和验证集；同时选择 2016 年的图像数据作为视觉和数值评价的测试数据。云和阴影标签由 CFMask 算法标记的像素质量评价波段导出：标记高置信度的云和阴影像素为分割标签，忽略低置信度的云和阴影。背景（background）、填充值（fill values）、阴影（shadows）和云（cloud）的类 ID 分别数值化为 0、1、2 和 3；将土地、雪和水等像素类别合并到背景类别中，因为云和阴影的分割任务为当前讨论的关键问题。注意到在这里使用的标签数据被称为"参考值"而不是"真值"，因为标签数据使用了膨胀运算，像素级别不够精确。Landsat 8 OLI 中 7 波段图像为默认输入。为便于视觉评价，将 5 近红外、4 红波段和 3 绿波段作为 RGB 通道来构造伪彩色图像。对伪彩色图像执行2%线性拉伸算法，以增强对比度和可视化效果。由于其足够的对比度和明显的边缘，伪彩色图像被用作全连接 CRF 的输入。

训练集、验证集和测试集选取的数据样本如下所示。

训练集。

（1）2013 年：2013-04-20、2013-06-07、2013-07-09、2013-08-26、2013-09-11、2013-10-13 和 2013-12-16。

（2）2014 年：2014-03-22、2014-04-23、2014-05-09、2016-06-10 和 2014-07-28。

（3）2015 年：2015-06-13、2015-07-15、2015-08-16、2015-09-01 和 2015-11-04。

验证集。

（1）2013 年：2013-06-23、2013-09-27 和 2013-10-29。

（2）2014 年：2014-02-18 和 2014-05-25。

（3）2015 年：2015-07-31、2015-09-17 和 2015-11-20。

测试集。

2016 年：2016-03-27、2016-04-12、2016-04-28、2016-05-14、2016-05-30、2016-06-15、2016-07-17、2016-08-02、2016-08-18、2016-10-21 和 2016-11-06。

图像预处理先对图像进行边缘填充，之后进行切片。具体地，先将填充值置为 0，并用 0 值填充边缘区域。填充大小由式（5.28）确定，其中 w^l、w^r、h^u 和 h^d 分别代表左右上下填充大小。填充后将原始图像数据裁剪为512×512的图像块进行训练、验证或测试。

$$\begin{aligned} w^l &= \left\lfloor \frac{1}{2}\left(w^{crop} - \left(w^{raw} \bmod w^{crop}\right)\right)\right\rfloor \\ w^r &= w^{crop} - w^l \\ h^u &= \left\lfloor \frac{1}{2}\left(h^{crop} - \left(h^{raw} \bmod h^{crop}\right)\right)\right\rfloor \\ h^d &= h^{crop} - h^u \end{aligned} \tag{5.28}$$

使用式（5.29）将图像中的像素值归一化至[0,1)。

$$x^*_{ijk} = \frac{x_{ijk} - \min(x)}{\max(x) - \min(x) + \epsilon} \tag{5.29}$$

式中，ϵ 为 10^{-10}，用以避免像素值被 0 除。

此外，为公平比较，Refined UNet v2 和 v3 中预训练 UNet 继承 Jiao 等（2020）：UNet 主干网络已被充分训练和验证，因此不再给出训练集和验证集。

具体实现时，Refined UNet 系列方法中 UNet 主干网络由 4 个"卷积–批归一化–ReLU"下采样组件和 4 个"上采样–卷积–批归一化–ReLU"上采样组件构成。在训练集上重新开始训练模型，以 7 波段或 4 波段图像作为输入，并将每个像素分配到 0~3 四个类别内。使用 ADAM 优化器对模型执行梯度下降，其中 β_1、β_2 和学习率分别为 0.9、0.999 和 0.001。Refined UNet 中全连接 CRF 的输入为完整一景伪彩色图像和 UNet 生成的图像分割建议，输出边缘优化的分割结果。根据经验，默认的 θ_α、θ_β 和 θ_γ 分别设置为 80、13 和 3。在后续实验中对全连接 CRF 的上述超参数进行充分测试。Refined UNet v2 的 CRF 根据经验将 ϵ 设置为 10^{-8}，而 r 以步长为 10 从 10 遍历至 80，并选择 $r=20$ 的结果作为视觉评价。Refined UNet v3 的 CRF 推理的配置如下所示。使用 TensorFlow 框架实现高斯滤波和导向高斯滤波，高斯核中心权重被置为 0，便于屏蔽自身的消息传递。对比实验中，epsilon 的遍历范围为 10^{-7}~10^{-1}，变化步长为 10^{-1}，r 的遍历范围为 60~140，变化步长为 10。

数值评价指标上，我们也继承了 Jiao 等（2020）中的评价指标，包括准确率、精确率、召回率和 $F1$ 分数。精确率 P 报告了对特定类模型可正确预测多少像素，召回率 R 报告模型检索出多少特定类别的像素，$F1$ 分数为二者的调和平均数。式（5.30）定义了上述指标。

$$P_i = \frac{N_{ii}}{\sum_{i=1}^{C} N_{ij}}$$

$$R_i = \frac{N_{ii}}{\sum_{j=1}^{C} N_{ij}} \qquad (5.30)$$

$$F_{1i} = 2 \cdot \frac{P_i \cdot R_i}{P_i + R_i}$$

式中，N_{ij} 表示应被分为 i 类实际被分为 j 类的累计像素数；C 为类别总数。

此外，时间消耗也被视为一种评价指标，可用来表明模型的计算效率。

2. Refined UNet 系列方法的定量比较

本节对 Refined UNet 系列方法进行定量评价。注意到评价指标的均值 μ 和

标准差 σ 是从测试集的全局角度对各项方法的性能进行评价。表 5.1 展示了整体准确率、每个预定义类的精确率、召回率和 $F1$ 分数。有趣的是，各项方法的准确率得分没有显著差异，表明 Refined UNet v3 可达到与对应 Refined UNet 和 Refined UNet v2 方法指标相近的定量分割性能。背景值、填充值和云的评价指标也有类似的性质。然而，阴影的精确率同对应方法相近，但随半径增长，召回率下降，这也造成了 $F1$ 分数的下降；但尽管 Refined UNet v3 半径远比 Refined UNet v2 大，Refined UNet v3 的阴影指标变化范围也比 Refined UNet v2 小。我们将召回率上的变化归因于多通道消息传递项：其显著提高了 Refined UNet v3 在数值指标上的表现。综上，实验表明，基于多通道光谱特征的 Refined UNet v3 在云分割的定量评价上与 Refined UNet 和 Refined UNet v2 相近，而在阴影分割上，定量评价优于 Refined UNet v2。

3. Refined UNet 系列方法的视觉对比

我们对云和阴影分割的最终目标是对遥感图像生成边缘精准的云和阴影标记，利用图像低级视觉特征来实现这种分割方法。因此，最具有判别性的评估方法应该是视觉评价。图 5.16 和图 5.17 分别从全局和局部角度展示了 Refined UNet、Refined v2 和 Refined v3 的分割结果。Refined UNet 可更加精确地勾画云和阴影的边界，也消除了图像瓦片的切割边缘，实现了云和阴影的粗粒度有效标记，并在边界进行细粒度精准分割。Refined UNet v2 保留了来自主干网络的分割建议，但从全局角度观察结果发现，Refined v2 放大了部分云和阴影区域。从局部分块角度来看，Refined v2 可对分割建议"降噪"（消除孤立的小块或像素），在有雪的区域分割表现更好，我们将其归因于其固有的降噪特性。因此，我们认为 Refined UNet v2 在云和阴影的降噪分割方面表现出色。我们选用 $r=100$ 的 Refined UNet v3 作为默认方法进行视觉评价。Refined UNet v3 在边缘识别的角度上显著超越了 Refined UNet v2：对于整景影像来说，二者皆能对云和阴影进行粗粒度标记，如图 5.16 所示；但 Refined UNet v3 在细粒度的边缘识别中，比 Refined UNet v2 要更加精确，如图 5.17 所示。Refined UNet v3 在分割效果上的提升还改善了阴影的检索：与 Refined UNet v2 相比，阴影丢失更少，召回率分数也佐证了这一效果。同样，我们将这些提升归因于多通道特征的使用。综上，实验表明，Refined UNet v3 在云和阴影的分割上，相较于 Refined UNet v2，在边缘精准和召回上均有所提升。

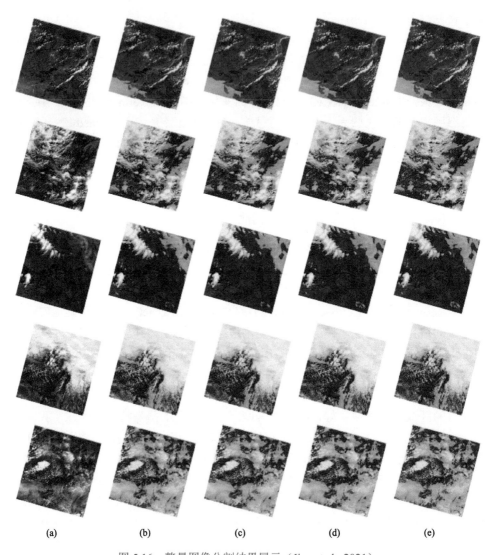

(a)   (b)   (c)   (d)   (e)

图 5.16 整景图像分割结果展示（Jiao et al., 2021）

（a）伪彩色；（b）QA；（c）Refined UNet；（d）Refined UNet v2；（e）Refined UNet v3

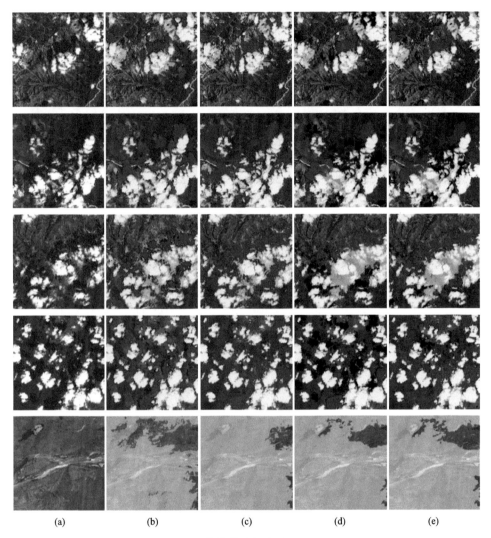

(a)　　　　　　(b)　　　　　　(c)　　　　　　(d)　　　　　　(e)

图 5.17　代表性局部图像块的分割结果展示（Jiao et al., 2021）

（a）伪彩色；（b）QA；（c）Refined UNet；（d）Refined UNet v2；（e）Refined UNet v3

4. 关于 r 和 ϵ 的超参数实验

CRF 中依旧存在两个关键超参数影响分割性能：半径 r 和正则化参数 ϵ。Jiao 等（2020）的研究中，我们已经充分讨论了超参数的影响：r 控制消息传递区域大小，ϵ 控制对边缘的敏感程度。我们在所提多通道 CRF 中测试了这两个参数：r 从 60 遍历至 140，而 ϵ 从 10^{-1} 遍历至 10^{-7}。如图 5.18 所示，一方面，视觉评价结果确认了较大的 r 和较小的 ϵ 有助于更准确的边缘识别；另一方面，较大的 r 和较小的 ϵ 对分割标记的识别更加严格，导致标记区域减少，特别是影响了阴影区域的召回。

图 5.18 关于 r 和 ϵ 的超参数实验（Jiao et al., 2021）

表 5.1 和表 5.2 也支持了上述结论。以上研究表明，较大的 r 和较小的 ϵ 有助于更准确地识别边缘，获得更优的分割结果。

表 5.1　数值指标平均值对比（均值±标准差）（Jiao et al., 2020）

模型	时间/(s/img)*	准确率%	背景 (0)			填充值 (1)			云阴影 (2)			云 (3)		
			精确率%	召回率%	F1 指数%	精确率%	召回率%	F1 指数%	精确率%	召回率%	F1 指数%	精确率%	召回率%	F1 指数%
Global Refined UNet (Jiao et al., 2020)	384.81±5.91	93.48±5.46	89.89±7.39	85.94±17.66	86.86±12.33	99.88±0.07	100±0	99.94±0.04	35.43±20.26	17.87±12.07	21.21±11.89	87.6±19.15	95.87±3.2	90.15±14.13
Refined UNet v2 (Jiao et al., 2020) of $r=10$	61.36±5.25	93.60±5.50	91.99±5.74	84.51±16.24	87.29±11.35	100±0	100±0	100±0	40.64±19.88	39.00±13.77	36.79±12.26	87.95±18.83	95.83±3.99	90.37±13.89
Refined UNet v2 (Jiao et al., 2020) of $r=80$	1213.23±4.97	93.38±5.49	89.57±7.59	86.42±18.25	86.75±12.45	100±0	100±0	100±0	32.22±22.74	11.27±08.16	13.85±6.73	87.69±19.01	95.06±4.63	89.80±13.99
Refined UNet v3** of $r=60$	65.95±6.71	93.61±5.53	91±6.54	85.67±17.39	87.25±12.01	100±0	100±0	100±0	38.79±20.51	25.96±10.91	28.29±9.29	87.87±18.94	95.88±3.95	90.34±13.99
Refined UNet v3 of $r=80$	73.32±7.82	93.6±5.53	90.7±6.76	85.94±17.68	87.2±12.18	100±0	100±0	100±0	38.25±21	22.58±10.65	25.57±8.97	87.84±18.96	95.79±4.04	90.28±13.99
Refined UNet v3 of $r=100$	82.63±8.32	93.6±5.52	90.48±6.92	86.14±17.9	87.16±12.33	100±0	100±0	100±0	37.79±21.17	20.12±10.38	23.46±8.92	87.83±18.98	95.69±4.13	90.22±13.99
Refined UNet v3 of $r=120$	68.96±6.93	93.6±5.52	90.33±7.03	86.29±18.04	87.14±12.41	100±0	100±0	100±0	37.5±21.77	18.32±10.06	21.89±9.12	87.83±18.99	95.62±4.19	90.18±14
Refined UNet v3 of $r=140$	62.91±7.4	93.6±5.51	90.19±7.11	86.43±18.08	87.14±12.41	100±0	100±0	100±0	37.4±22.46	16.88±9.88	20.61±9.49	87.84±19.01	95.55±4.27	90.15±14

* 测试阶段的全图预测时间，s/img 表示每景图像所耗秒数。

** $\epsilon=10^{-4}$。

表 5.2　数值指标平均值对比（均值±标准差）

模型	时间/(s/img)*	准确率%	背景 (0)			填充值 (1)			云阴影 (2)			云 (3)		
			精确率%	召回率%	F1 指数%	精确率%	召回率%	F1 指数%	精确率%	召回率%	F1 指数%	精确率%	召回率%	F1 指数%
Refined UNet v3** of $\epsilon=10^{-1}$	70.49±6.85	93.24±5.57	89.67±7.49	85.99±18.35	86.55±12.56	100±0	100±0	100±0	34.61±23.97	10.86±7.31	13.81±5.86	87.12±18.98	94.64±5.08	89.29±14.1
Refined UNet v3 of $\epsilon=10^{-2}$	71.87±6.85	93.39±5.51	89.55±7.56	86.49±18.25	86.78±12.43	100±0	100±0	100±0	34.58±23.3	12.08±8.12	15.06±6.17	87.7±19.03	94.83±4.83	89.71±14.02
Refined UNet v3 of $\epsilon=10^{-3}$	72.02±6.83	93.54±5.49	90±7.24	86.41±18.08	87.02±12.39	100±0	100±0	100±0	36.84±21.85	16.39±9.27	19.89±7.42	87.88±19	95.34±4.4	90.07±13.99
Refined UNet v3 of $\epsilon=10^{-4}$	82.63±8.32	93.6±5.52	90.48±6.92	86.14±17.9	87.16±12.33	100±0	100±0	100±0	37.79±21.17	20.12±10.38	23.46±8.92	87.83±18.98	95.69±4.13	90.22±13.99
Refined UNet v3 of $\epsilon=10^{-5}$	72.49±6.98	93.62±5.52	90.67±6.82	86.04±17.76	87.22±12.24	100±0	100±0	100±0	38.15±21.08	21.54±10.64	24.71±9.22	87.78±18.97	95.85±4.01	90.27±14
Refined UNet v3 of $\epsilon=10^{-6}$	71.73±6.79	93.62±5.53	90.75±6.8	86.01±17.64	87.26±12.15	100±0	100±0	100±0	38.4±20.84	22.42±10.82	25.43±9.25	87.76±18.97	95.9±3.97	90.29±14
Refined UNet v3 of $\epsilon=10^{-7}$	72.04±6.81	93.62±5.52	90.76±6.8	86±17.6	87.27±12.12	100±0	100±0	100±0	38.4±20.81	22.6±10.89	25.55±9.27	87.75±18.97	95.91±3.96	90.29±14

*　测试阶段的全图预测时间，s/img 表示每景图像所耗秒数。

**　$r=100$。

5. Refined UNet 的计算效率

本小节比较 Refined UNet、Refined UNet v2 和 Refined UNet v3 的时间消耗,具体见表 5.1 和表 5.2。注意到所列出的持续时间均指在预测时,处理一张完整图像所花费的时间。如表 5.1 所示,我们确认与对应方法相比,Refined UNet v3 可能是消息传递距离不敏感且计算高效的。Refined UNet 的时间消耗与超参数设置无关,但 Refined UNet v2 的时间消耗与 r 显著相关。我们将 Refined UNet v3 的计算高效性归因于基于 FFT 的滤波实现,以及 TensorFlow 对 GPU 的高效支持,这均显著加速了 CRF 推理过程。此外,如表 5.2 所示,Refined UNet v3 所耗时间对 r 不敏感,这有助于长程消息传递机制的实现,并有效提升了边界的精度。

5.3 云/云影修补算法

厚云阻止了太阳辐射穿透大气层达到地表,即使经过了大气纠正的处理,厚云区域仍然遮挡地面。由于厚云及云下阴影覆盖的区域地表信息几乎完全缺失,所有处理云及云下阴影的算法必须借助于其他时刻获取的清晰的辅助影像。一类常用的厚云处理方法是滤波法,如平滑滤波、S-G 滤波等,将同区域不同时间获取的多幅图像排序为时间序列数据,假定地表光谱随时间的变化是近似平滑的,偶尔出现在某些时刻上的云与云下阴影导致时间序列曲线上的动荡,对时间序列曲线进行滤波平滑便可以在很大程度上消除云污染。简单滤波的方法将云的检测与修补合并在一起处理,在很多数据应用中都能取得很好的精度,同时该类方法的缺点也很明显,如容易将高亮或变化的地表误修补,修补区域边界容易产生明显的接缝等。例如,最大值合成法(MVC)要求数据本身具有较高的时间分辨率,处理后的结果会丢失部分时间变化信息,如果连续被云覆盖则仍然无法去除云的影响。Hu 等(2020)使用泊松融合对中国区域 2013~2017 年连续 5 年 30 m 的 5 万幅 Landsat Collection 1 数据进行了自动的云修补。本章节介绍两种自动修补算法:基于泊松融合的云与云下阴影自动修补算法,基于核典型相关分析的序列图像云检测与修补算法。

5.3.1 基于泊松融合的云与云下阴影自动修补算法

遥感影像中的云区修补一般是利用 N 幅有云图像插补出一副无云图像,本节的云区修补算法是利用 N 副有云图像自动修补出 N 幅无云图像,这样可以在不减少图像数量的情况下消除云与云下阴影的影响,为遥感图像的时间序列分析提供更优质的数据源。

云修补算法对数据的要求有两条：一是对同一区域相同月份（可以不同年份）近似时相都有足够的数据，确保至少在一幅图像里不被云遮挡，这对于遥感卫星数据极大丰富的目前是极易满足的；二是每幅图像都有云与云下阴影掩膜数据，这对于国外卫星（Landsat、Sentinel 等）数据产品是满足的，国内多光谱卫星数据通常需要生产适用的质量标记产品数据。

云修补算法基本思路为：对于遥感卫星在同一地理区域获取的不同时间的多幅多光谱图像数据，利用云与云下阴影掩膜，采用缩略图的方式快速获取图像之间的相似性排序，确定修补每幅图像所采用的多幅参考图像的优先顺序，然后对每幅云掩膜所标记的云与云下阴影区域，按照排序将参考图像对应像素位置直接替换到待修补图像中，得到每幅图像的直接替换云修补结果，最后对直接替换云修补结果与替换参考掩膜使用泊松融合算法消除修补区域的光谱差异，得到每幅图像无缝的云与云下阴影修补结果。

序列多光谱影像数据的云与云影修补算法流程图如图 5.19 所示。

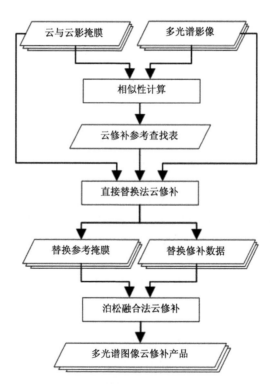

图 5.19　序列影像云与云影自动修补流程

输入数据为同一区域的 n 个影像及对应的云与云下阴影掩膜，云掩膜是利用不同像素值标记云与云下阴影的 Byte 型单波段图像。例如，背景值为 0，云下阴影值为 1，清晰地表值为 2，厚云值为 3。

为了改善云修补结果精度，需要对云与云下阴影掩膜图像进行预处理，首先是减少掩膜的碎片化水平，具体方法是将云掩膜中小于 4 个像素的云与云下阴影重标记为清晰地表值，将小于 4 个像素的清晰地表重标记为云值，这样可以提高云修补的运算速度与稳定性。然后是膨胀云与云下阴影区域，将云与云下阴影区域进行形态学膨胀 5～10 个像素，膨胀边界能有效解决云与清晰地表边界过渡区域影响后续匀光匀色的问题，膨胀边界的目的是将边界的过渡区域也纳入修补范围，膨胀后新的边界外面只包含清晰地表。

相似性计算是输入每一幅多光谱影像，确定修补该影像使用的其他影像优先级排序的过程，目的是选择光谱最相近的区域优先修补云区。为了提高后续相似性排序与确定云修补参考数据处理步骤的处理速度，对云掩膜进行重采样，按照最近邻插值方法生成缩略图，缩小比例为原始尺寸的 1/4。对于多光谱影像数据，选择对受大气影响明显的蓝光(0.450～0.515μm)波段进行重采样。

计算相似性是对同区域的每一幅多光谱图像，依据 SSIM、图像获取时间、云覆盖量计算其他图像与该图像的相似性。对于 n 个多光谱缩略图，以及对应的云掩膜缩略图，任意两幅缩略图 I_i 与 I_j，其中 $i,j \in n$，统计 I_i 与 I_j 中公共的清晰地表区域像素的均值 μ_i 与 μ_j、标准差 σ_i 与 σ_j、协方差 σ_{ij}，则 I_i 与 I_j 的 SSIM 计算公式如下：

$$\text{SSIM}\left(I_i, I_j\right) = \frac{\left(2\mu_i\mu_j + C\right)\left(2\sigma_{ij} + C\right)}{\left(\mu_i^2 + \mu_j^2 + C\right)\left(\sigma_i^2 + \sigma_j^2 + C\right)} \tag{5.31}$$

式中，C 为常数，如 $C=2$，目的是使得 SSIM 的取值范围介于 –1～1。SSIM 值越大代表两幅图像相似性越高。

两幅缩略图 I_i 与 I_j 的获取时间间隔天数为 T_{ij}，则 T_{ij} 值越小代表两幅图像相似性越高。

云盖量通过统计缩略图 I_i 与 I_j 对应的云掩膜缩略图 M_i 与 M_j 中的云与云下阴影区域像素数得到，记 I_i 与 I_j 的云盖量分别为 C_i 与 C_j，记公共云与云下阴影区域为 C_{ij}，则对于图像 I_i，图像 I_j 的 C_j 与 C_{ij} 的取值越小越有利于后续云区的修补。

最后，I_i 对 I_j 的相似性 S_{ij} 计算公式如下：

$$S_{ij} = a \cdot \text{SSIM}\left(I_i, I_j\right) + b \cdot \frac{1}{T_{ij}} + c \cdot \frac{C_j + C_{ij}}{2M_{ij}} \tag{5.32}$$

式中，M_{ij} 为云掩膜缩略图 M_i 与 M_j 中公共的非 0 像素数量，包含非背景区域的清晰地表与云区；a、b、c 为经验常数，如 $a=1$、$b=1$、$c=1$，这样 S_{ij} 的值越大代表 I_i 与 I_j 的相似性越高。

对于同区域的每一个多光谱图像，确定对其进行云修补所需的参考图像数量、文件名及修补顺序。确定云修补参考数据的计算使用缩略图减小运算量，提高效率。对于 n 个多光谱图像，记当前处理到第 i 幅图像，则对于云掩膜缩略图 M_i，需在其余图像中查找与 i 图相似性值最大的 j 图作为第一个参考图像，即相似性 $S_{ij}^{\max} = \max S_{ij}, i \neq j, j \in n$。虚拟云修补则是使用该参考图像的云掩膜缩略图 M_j，将 M_j 中的清晰地表填充到对应地理位置下 M_i 的云与云下阴影区域中，即对于 M_i 所谓像素点，如果值大于 1，而该位置在 M_j 中值等于 1，则将 M_i 的该位置值设为 1。依次类推，直到云掩膜 M_i 中的云区修补完毕，或者用尽所有参考图像。记录修补第 i 幅图所需的参考图像数量、文件名及修补顺序依次类推，直到所有 n 幅图像全部确定了云修补所用的参考图像。

实际处理数据过程中，由于云检测结果的复杂性，真实数据往往很少有能将云掩膜中的所有云区域都填充完毕的情况，更多的是处理到填充区域不再减少为止，此时剩余区域通常是一些高亮的地表，在所有参考图像的云掩膜中都被误检测为云。一般情况下，修补一幅图像所需参考图像的数量不超过 5 幅。

云修补参考查找表记录同区域的每一个多光谱图像云修补所需要的参考图像数量、文件名、修补顺序。

直接替换法云修补，对于同区域的每一个多光谱图像，其云掩膜所标记的云与云下阴影待修补区域，根据云修补参考查找表所确定的参考图像修补顺序，将参考图像非云区域像素值逐波段替换到待修补区域，得到替换修补图像。同时，为了标示图像需补区域每个像素的修补来源，记录替换参考掩膜。

记当前修补图像为 T，对应云掩膜 M^T，修补参考图像为 R_i，参考图像云掩膜为 M_i^R，$i \in [1, m]$，m 为参考图像的数量，记 $T_j(x, y)$ 表示修补图像第 j 个波段像素位置为 (x, y) 的像素，$j \in [1, b]$，b 为波段数量。记替换参考掩膜为 M_{ref}^T，则直接替换法云修补的处理过程如下：

for$(i = 0, i < m, i++)$ // 循环每个参考图像

for$(j = 0, j < b, j++)$ // 循环每个波段

if $[M^T(x, y > 1)$ && $M_i^R(x, y) == 1]$ // 如果当前像素在 T 中为待修补，在 R_i 中为清晰地表

$T_j(x, y) = R_i(x, y)$; // 用 R_i 中的像素值替换 T 中的像素值

$M_{\text{ref}}^{T}(x,y)=i$；// 标记替换参考掩膜像素值为参考图像编号

直接替换结果在修补区域边界及修补区域内部不同参考图像边界存在明显目视辐射差异，即所谓的"补丁"现象，所以需要后续基于泊松融合的云修补消除辐射差异。

泊松融合在无人机图像无缝镶嵌领域有着广泛的应用。无人机图像无缝拼接所解决的问题是所有图形之间匀色与消除拼接缝，运算完毕后结果图像的所有像素值都会发生变化，整幅图像达到均匀增强的色彩表现，而与之不同，这里的泊松融合要求仅对修补区域的像素值进行处理，修补区域外的像素值不变，需要消除修补区域内不同参考图像像素区域之间的边界。

云修补的泊松融合算法示意见图 5.20，记 S 为云修补的目标图像，Ω 为待修补的云与云下阴影区域，该区域的边界像素记为 $\partial\Omega$，记 f^{*} 为 S 减去 Ω 范围的标量函数，记 f 为 Ω 范围的未知标量函数，g 为直接替换法得到的修补区域像素值标量函数，其中 g_1 与 g_2 表示来自不同的参考图像，所以 g 表示为分段函数的形式，g_1 与 g_2 之间具有复杂的边界，由 g 计算得到的引导向量域记为 V。

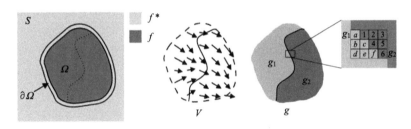

图 5.20　云修补的泊松融合算法示意图

泊松融合的目的是求解 f，使得修补区域与 S 具有最佳一致性的过渡，运算上使得 Ω 内部梯度变化最小，记 $\nabla\cdot=\left[\dfrac{\partial\cdot}{\partial x},\dfrac{\partial\cdot}{\partial y}\right]$ 为梯度运算，则有 $\min_f\int_{\Omega}|\nabla f|^2$，且在边界处有 $f\big|_{\partial\Omega}=f^{*}\big|_{\partial\Omega}$。

记 $\Delta\cdot=\left[\dfrac{\partial^2\cdot}{\partial x^2},\dfrac{\partial^2\cdot}{\partial y^2}\right]$ 为拉普拉斯算子，当梯度的二阶偏导为 0 时取得极小值，根据拉格朗日方程，有 $\Delta f\big|_{\Omega}=0$，表示引导向量域最小化问题，有 $\min_f\int_{\Omega}|\nabla f-V|^2$，其解是狄利克雷边界条件下泊松方程的唯一解，即 $\Delta f\big|_{\Omega}=\text{div}V$，同样在边界处有 $f\big|_{\partial\Omega}=f^{*}\big|_{\partial\Omega}$，其中 $\text{div}V=\dfrac{\partial u}{\partial x}+\dfrac{\partial v}{\partial y}$ 是 $V=(u,v)$ 的散度。

泊松融合的目的是求解 Ω 内的修正函数 $\hat{f}$，使得 $f^* = g + \hat{f}$，因此在 Ω 内需要修正的 $\hat{f}$ 便通过边界上的 Ω 与误差 $f-g$ 作为边界条件，向 Ω 内插值求解，即 $\Delta\hat{f}\big|_\Omega = 0$，且在边界处有 $\hat{f}\big|_{\partial\Omega} = (f^* - g)\big|_{\partial\Omega}$。

这里将泊松融合中计算引导向量域 V 的方式分成修补区域边界与修补区域内部边界两种。修补区域边界，即 $\partial\Omega$，修补区域外 V 的值为 0，修补区域边界的 V 值按照一般泊松融合边界条件运算，修补区域内 V 的值按照一般泊松融合的引导向量域运算，具体编程实现时采用 4 邻域或 8 邻域窗口滤波的方式。4 邻域修补区域内 V 的值计算公式为

$$V(x,y) = g(x+1,y) + g(x,y+1) + g(x-1,y) + g(x,y-1) - 4 \times g(x,y) \quad (5.33)$$

而使用 8 邻域修补区域内 V 的值计算公式为

$$\begin{aligned} V(x,y) = &\, g(x+1,y) + g(x,y+1) + g(x-1,y) + g(x,y-1) + g(x+1,y+1) \\ &+ g(x-1,y+1) + g(x+1,y-1) + g(x-1,y-1) - 8 \times g(x,y) \end{aligned} \quad (5.34)$$

修补区域内部边界，即表示来自不同的参考图像 g_1 与 g_2 之间的边界。对于修补区域内部边界位置的像素 V 值，计算仅采用来自相同参考图像的临近像素值。使用 4 邻域窗口滤波时，g_1 区域的像素点 c 的 V 值与区域像素点 4 的 V 值的计算公式分别为

$$\begin{aligned} V(c) &= g_1(b) + g_1(e) - 2 \times g_1(c) \\ V(4) &= g_2(2) + g_2(5) - 2 \times g_2(4) \end{aligned} \quad (5.35)$$

而使用 8 邻域窗口滤波时，g_1 区域的像素点 c 的 V 值与 g_2 区域的像素点 4 的 V 值的计算公式分别为

$$\begin{aligned} V(c) &= g_1(a) + g_1(b) + g_1(d) + g_1(e) + g_1(f) - 5 \times g_1(c) \\ V(4) &= g_2(1) + g_2(2) + g_2(3) + g_2(5) + g_2(6) - 5 \times g_2(4) \end{aligned} \quad (5.36)$$

通过以上公式计算引导向量域 V，可以有效消除修补区域的补丁现象，同时不改变周围清晰地表区域的像素值。

图 5.21 是云修补过程结果示例，图 5.21（a）原始图像裁切区域来源于 n 个待处理影像其中的一幅。由图 5.21（b）替换参考掩膜可见，修补区域包含云与云下阴影的边界膨胀结果，并且用不同的像素灰度值标明了修补源来源于不同图像。图 5.17（c）为直接替换结果，可见修补区域的"补丁"现象。图 5.17（d）是泊松融合结果，可见基于泊松融合的云修补有效消除了直接替换结果在修补区域边界及修补区域内部不同参考图像边界存在的明显目视辐射差异。

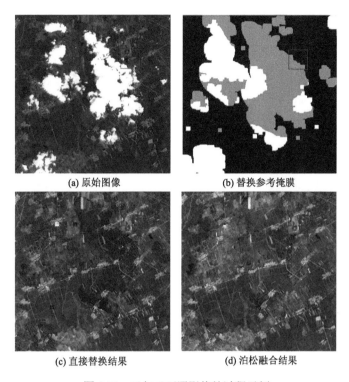

(a) 原始图像　　　　　　　　　　(b) 替换参考掩膜

(c) 直接替换结果　　　　　　　　(d) 泊松融合结果

图 5.21　云与云下阴影修补过程示例

云修补算法基于 C++编写，数据实验验证了算法的有效性与鲁棒性，并完成了第一个版本的中国区域 2013～2017 年连续 5 年 Landsat Collection 1 版本地表反射率数据的云修补，完整覆盖中国区域包含 528 个航带编号，数据总量超过 5 万幅，约 30TB。图 5.22 是中国东北部（列:119 / 行:029）区域部分图像的云修补前后及替换修补参考掩膜示例图。

图 5.23 是中国区域 7 月 527 景 Landsat 地表反射率数据的云修补结果拼接图像，波段组合 R:4, G: 3, B: 2（Hu et al., 2020）。

云修补算法在进行海量数据的自动处理过程中，影响最终修补结果的主要因素往往是云与云下阴影掩膜在边界上的精度问题，膨胀后的云掩膜边界位置如果仍然存在云或阴影像素，则进行泊松融合时云或阴影将会扩散到修补区域内部，例子见图 5.24，图 5.24（a）中有不清晰过渡的云与云下阴影区域，图 5.24（b）修补掩膜区域虽然经过边界膨胀，但仍有部分阴影区域位于修补区域外，最终导致图 5.24（c）中阴影的颜色扩展到修补区域内部。处理数据过程中发现，Landsat 卫星数据中云下阴影的检测精度相对云检测的精度低，在边界膨胀像素数的设定时阴影区域的膨胀像素数设定的比云区域大 1 倍，以尽量减少图中问题的发生。

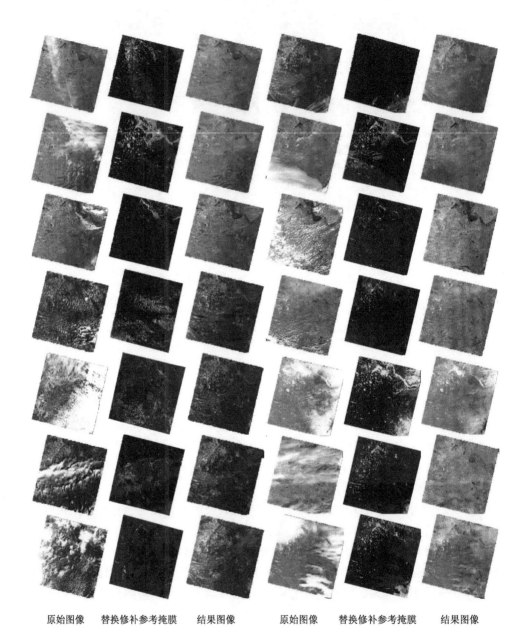

原始图像　　替换修补参考掩膜　　结果图像　　　　原始图像　　替换修补参考掩膜　　结果图像

图 5.22　同区域多图像云修补前后及替换修补参考掩膜示例图

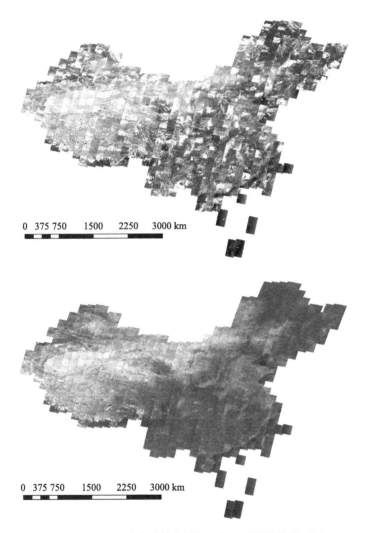

图 5.23　中国区域 7 月 Landsat 地表反射率数据云与云下阴影修补示例（Hu et al., 2020）

　　将云修补算法也可应用于国产高分卫星数据，图 5.25 是国产 GF-1 WFV 传感器数据的一个示例，图像按照 2%线性拉伸增强显示，由于云的存在影响图像直方图统计，处理前的原始图像颜色显示存在明显差异，修补结果图的色彩一致性更高。

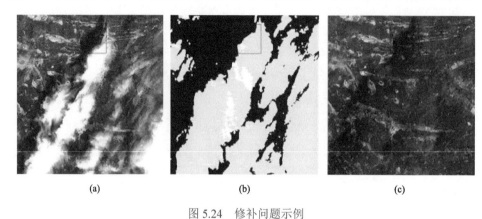

(a)   (b)   (c)

图 5.24 修补问题示例

（a）Landsat 原始图像（2015/09/11）；（b）修补区域掩膜；（c）修补结果

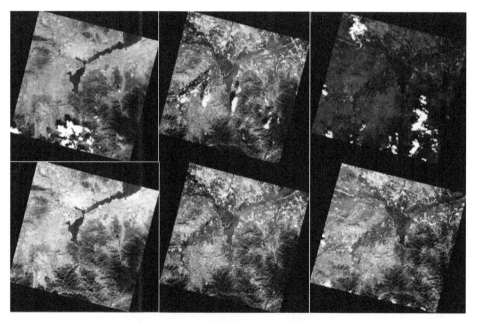

图 5.25 GF-1 WFV 数据云与云下阴影修补示例原始图（上）；修补结果图（下）

5.3.2 基于核典型相关分析的序列图像云检测与修补算法

早期云检测由于遥感数据来源有限，云检测方法多基于单幅图像，选取单一阈值进行云识别非常容易将高亮地表误检测为云。单幅云检测方法在早期研究中得到广泛应用的大多是基于多波段卫星图像融合技术的算法，根据不同波段下云像素的波谱特性,选取单一阈值进行云的识别,这些方法强烈依赖于传感器成像机制和光学成像参数,之后出现了基于图像特征的云检测方法,如 TC 变换、HOT 变换等。

随着遥感卫星数量激增,可以利用云在同一地理区域中的多幅影像中的变化进行云检测。例如,利用同时相、同区域的多幅高分辨率遥感图像检测云,并通过基于目标的区域生长来修正云掩膜,以及利用结合地物先验特征的自动云覆盖估计法对 Landsat 图像进行云检测等。

中国高分四号卫星(GF-4)是一颗地球同步轨道高分辨率光学遥感卫星,于 2015 年 12 月 29 日发射成功。地球同步轨道卫星由于与观测区域的相对位置固定、观测幅宽较大,且成像的时间分辨率高等,非常适合用于对地球某一区域的长期连续监视以及快速访问,也适合利用云的运动特性从序列图像中检测云。

GF-4 卫星采用地球同步轨道的面阵凝视成像方式,容易获取同一地理区域下大量的图像,利用多幅图像区分出云与云下阴影是可行的,而 GF-4 静止卫星获取的图像成像时间可以是白天任意时刻,不同的太阳天顶角下数据之间存在较大的整体辐射差异,中午 11 点获取的数据辐射亮度值甚至两倍于早上 8 点的数据,这对于多幅图像之间的云检测带来很大的困难。

本节介绍一种基于核典型相关分析的 GF-4 卫星数据云检测与修补算法,利用算法对非线性关系不敏感的特性解决 GF-4 卫星数据间整体辐射差异过大的问题,并设计一套适应工程化的数据产品生产的算法流程完成多幅图像的云区自动检测与修补。

1. 算法流程

基于云的动态特性,利用同一区域不同时间获取的多景 GF-4 遥感图像检测动态的云,并对检测到的云区利用多幅图像进行修补。由于 GF-4 静止卫星成像时间任意,不同的太阳高度角获得的图像之间整体辐射差异较大,为了自动适应不同图像之间复杂的辐射差异,完成云的检测与修补,使用核典型相关分析(kCCA)算法获取多幅 GF-4 图像之间的 MAD 差异数据,利用 MAD 数据有效地提取动态变化的云区,同时利用 MAD 数据进行相对辐射归一分析,将得到的图像相互之间辐射归一校正参数应用到自动云修补过程中,具体算法流程如图 5.26 所示。

算法流程中的关键步骤如下:①核典型相关分析(kCCA),获取 MAD 差异数据;②MAD 云检测,是利用 MAD 数据中的变化部分提取云区;③相对辐射归一分析,是利用 MAD 数据中的不变部分,提取图像之间的伪不变特征点(PIFs)

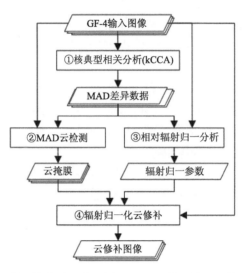

图 5.26　基于核典型相关分析（kCCA）的云检测与修补流程图

拟合线性辐射归一参数；④辐射归一化云修补，利用云掩膜与辐射归一化参数完成多幅 GF-4 图像数据的自动云区修补。其中，第一步和第三步的算法原理可参考之前的章节，此处仅介绍第二步和第四步算法。

基于核典型相关分析（kCCA）的云检测假设在不同时相图像中云作为变化地物。依据核典型相关分析（kCCA）原理，可以获得 MAD 变量 $\mathrm{Var}(\mathrm{MAD}_i) = \lambda_i = 2[1-\mathrm{Corr}(U,V)]$ 以及 MAD 变量的贡献率 $Z = \sum_{i=1}^{N} \dfrac{(\mathrm{MAD}_i)^2}{\lambda_i}$，下面介绍利用 MAD 变量提取变化点的原理。

最大期望算法（expectation maximization algorithm）是求参数极大似然估计的一种方法。该概率模型从数据本身学习获取所需参数的估计值，主要经过以下两个步骤交替进行计算：

（1）计算期望，利用概率模型参数的现有估计值，计算隐藏变量的期望；

（2）最大化期望，利用第一步骤中所求的隐藏变量的期望值，对参数模型进行最大似然估计。

然后将第二步骤中所求的参数估计值再次应用于第一步骤中期望的求解过程中，上述两个步骤不断重复迭代进行，直到算法中迭代过程收敛。

假设未发生变化的地物像元类和地物发生本质变化的地物像元类的概率密度函数满足混合高斯模型分析，且高斯个数为 2，即

$$P(x \mid \omega_i) = \frac{1}{\sqrt{2\pi\sigma_i^2}} \exp - \frac{(x-m_i)^2}{2\sigma_i^2}, i \in n, c \tag{5.37}$$

式中，$P(x \mid \omega_n)$ 表示不变点概率密度函数；$P(x \mid \omega_c)$ 表示变化点概率密度函数。假设 T_n 表示未发生地物变化像素点的阈值；T_c 表示发生地物变化像素点的阈值，得到：

$$T_n = \frac{1}{2}(1-\sigma)(\text{MAD}_{\max} - \text{MAD}_{\min}) \tag{5.38}$$

$$T_c = \frac{1}{2}(1+\sigma)(\text{MAD}_{\max} - \text{MAD}_{\min}) \tag{5.39}$$

式中，$\text{MAD}_{\max}$ 为多元变化分析变量的最大值；$\text{MAD}_{\min}$ 为多元变化分析变量的最小值；T_n 和 T_c 仅仅作为初始阈值。依据这两阈值可获取不变点子集 $P_n = \text{MAD}_{i,j} \mid \text{MAD}_{i,j} < T_n$，以及变化点子集 $P_c = \text{MAD}_{i,j} \mid \text{MAD}_{i,j} > T_c$，则可以依据上述信息得到第一次迭代时的初始权重：

$$
\begin{aligned}
P^0(\omega_c) &= \|P_c\|/n \\
\mu_c^0 &= \sum_{\text{MAD}_i \in P_c} \text{MAD}_i \Big/ \|P_c\| \\
(\sigma_c^0)^2 &= \sum_{\text{MAD}_i \in P_c} \left[\text{MAD}_i - \mu_c^0 \right]^2 \Big/ \|P_c\| \\
P^0(\omega_n) &= \|P_n\|/n \\
\mu_n^0 &= \sum_{\text{MAD}_i \in P_n} \text{MAD}_i \Big/ \|P_n\| \\
(\sigma_n^0)^2 &= \sum_{\text{MAD}_i \in P_n} \left[\text{MAD}_i - \mu_n^0 \right]^2 \Big/ \|P_n\|
\end{aligned}
\tag{5.40}
$$

式中，n 为图像中像素点个数；$P^0(\omega_c)$ 为变化像素的初始概率；μ_c^0 为变化点的初始像素平均值；σ_c^0 为变化点像素值标准差；$P^0(\omega_n)$ 为不变像素的初始概率；μ_n^0 为不变点的初始像素平均值；σ_n^0 为不变点像素值标准差。依据上述初始输入值进行迭代计算：

$$
\begin{aligned}
P^{t+1}(\omega_c) &= \frac{\sum_{\text{MAD}_i \in \text{MAD}} P^t(\omega_c) \cdot P^t(\text{MAD}_i \mid \omega_c) / P^t(\text{MAD}_i)}{n} \\
\mu_c^{t+1} &= \frac{\sum_{\text{MAD}_i \in \text{MAD}} P^t(\omega_c) \cdot P^t(\text{MAD}_i \mid \omega_c) / P^t(\text{MAD}_i) \cdot \text{MAD}_i}{\sum_{\text{MAD}_i \in \text{MAD}} P^t(\omega_c) \cdots P^t(\text{MAD}_i \mid \omega_c) / P^t(\text{MAD}_i)}
\end{aligned}
\tag{5.41}
$$

$$\left(\sigma_c^{t+1}\right)^2 = \frac{\sum_{\mathrm{MAD}_i \in \mathrm{MAD}} P^t\left(\omega_c\right) \cdot P^t\left(\mathrm{MAD}_i \mid \omega_c\right) / P^t\left(\mathrm{MAD}_i\right) \cdot \left(\mathrm{MAD}_i - \mu_c^t\right)^2}{\sum_{\mathrm{MAD}_i \in \mathrm{MAD}} P^t\left(\omega_c\right) \cdot P^t\left(\mathrm{MAD}_i \mid \omega_c\right) / P^t\left(\mathrm{MAD}_i\right)}$$

$$P^{t+1}\left(\omega_n\right) = \frac{\sum_{\mathrm{MAD}_i \in \mathrm{MAD}} P^t\left(\omega_n\right) \cdot P^t\left(\mathrm{MAD}_i \mid \omega_n\right) / P^t\left(\mathrm{MAD}_i\right)}{n}$$

$$\mu_n^{t+1} = \frac{\sum_{\mathrm{MAD}_i \in \mathrm{MAD}} P^t\left(\omega_n\right) \cdot P^t\left(\mathrm{MAD}_i \mid \omega_n\right) / P^t\left(\mathrm{MAD}_i\right) \cdots \mathrm{MAD}_i}{\sum_{\mathrm{MAD}_i \in \mathrm{MAD}} P^t\left(\omega_n\right) \cdot P^t\left(\mathrm{MAD}_i \mid \omega_c\right) / P^t\left(\mathrm{MAD}_i\right)}$$

$$\left(\sigma_n^{t+1}\right)^2 = \frac{\sum_{\mathrm{MAD}_i \in \mathrm{MAD}} P^t\left(\omega_n\right) \cdot P^t\left(\mathrm{MAD}_i \mid \omega_n\right) / P^t\left(\mathrm{MAD}_i\right) \cdot \left(\mathrm{MAD}_i - \mu_n^t\right)^2}{\sum_{\mathrm{MAD}_i \in \mathrm{MAD}} P^t\left(\omega_n\right) \cdot P^t\left(\mathrm{MAD}_i \mid \omega_n\right) / P^t\left(\mathrm{MAD}_i\right)}$$

利用每一次迭代得到的参数计算新的对数似然函数：

$$L(\beta) = \ln p(\mathrm{MAD} \mid \beta), \beta = P(\omega_c), P(\omega_n), \mu_c, \mu_n, \sigma_c^2, \sigma_n^2 \tag{5.42}$$

当迭代过程收敛时，对数似然函数可得到局部最大值，此时迭代终止，结合上文中的假设，可计算阈值：

$$\left(\sigma_n^2 - \sigma_c^2\right) \cdot T(Z)^2 + 2\left(\mu_n \cdot \sigma_c^2 - \mu_c \cdots \sigma_n^2\right) \cdot T(Z)^2$$

$$+ \mu_c^2 \cdot \sigma_n^2 - \mu_n^2 \cdot \sigma_c^2 - 2\mu_c^2 \cdot \sigma_n^2 \ln\left[\frac{\sigma_n P(\omega_n)}{\sigma_c P(\omega_n)}\right] = 0 \tag{5.43}$$

上式满足自由度为 S 的卡方分布，依据 $T(Z)$ 的值、卡方检验查找表的值可以获得权重阈值。初始阈值为 1，在迭代过程中为像元更新新的权重，为不变点分配更大的权重值，变化点分配较小的权重，最终权重的大小是我们判断像素点是否变化的重要依据。将各个像素的权重值与权重阈值进行比较，分别得到变化像元集和不变像元集。利用这些非线性不变点对图像进行相对辐射归一化，以减少图像间的辐射差异，为后续的云检测减小误差。

核典型相关分析中的前 k 个 MAD 变量中囊括了两幅图像中的变化信息，利用 MAD 变量对图像做变化检测。将迭代计算后获得的各个像素的权重与权重阈值 T 相比较，小于该阈值的像素则为变化像素，即满足以下条件：

$$\mathrm{Pr}(\text{change}) = 1 - P_{x^2,S}(Z) < T \tag{5.44}$$

获取图像的变化点集中必定包含图像上运动的云像素。从第一幅图像开始，在每一幅图像和余下所有图像之间计算 MAD 结果，每一幅图像都有 $N=1$ 个 MAD 结果图，通过不同 MAD 的信息获取变化点集，如图 5.27 所示。

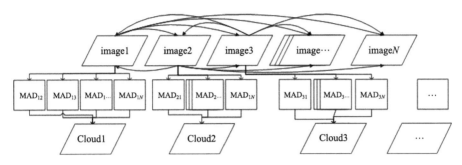

图 5.27　基于核典型相关分析的云检测流程示意图

对每一幅图像获取的结果图进行决策树判断云像素,以第 i 幅图像和第 j 幅图像为例。首先,对上述两幅图像进行归一化处理,得到两幅图像之间的归一化方程,判断将第 i 幅图像校正到第 j 幅图像,该图像上像素值的变化趋势是增大或减小;其次,获取这两幅图像间的变化点集,包含两幅图像所有云像素的集合;最后,判断云像素分布在哪一幅图像,判断云像素的分布可依据决策树,比较变化点集在辐射归一化结果图和参考图像上的像素值:①校正后像素值远远大于参考图像像素值,该点为校正图像上的云像素;②校正后像素值远远小于参考图像像素值,该点为参考图像上的云像素。

依据上述方法,每一个 MAD 都会得到对应两幅图像的初始云掩膜,则每一幅图像具有 $N-1$ 个初始云掩膜。由于上述云检测的方法依赖于变化检测的结果,所以每一个初始云掩膜中都不包含对应两幅图像中的重叠云区域。对每一幅图像 $N-1$ 个初始云掩膜取公共部分得到的云掩膜还不能作为该图像的最终云掩膜,由于对 MAD 数据提取云掩膜是一个逐像素自动阈值划分的过程,获得的云掩膜数据部分云与非云的边界区域经常存在大量离散的不连续点与碎片,通过去除云边界外小于一定像素数的孤立云区,并填充云边界内小于一定像素数的空洞整饰云边界。

基于核典型相关分析的云修补通过云掩膜、相对辐射归一化图像、原始图像三种输入进行。遍历所有图像,找到云像素点对应的地物点光谱信息,通过基于核典型相关分析的相对辐射归一化,将这些地物点信息校正到与该图像一致,并用校正后的点代替云像素,完成云修补,即对于 n 幅同区域多时相图像,结合 n 幅云掩膜图像,每幅图像的云修补区域用其他 $n-1$ 幅图像的非云区域进行逐像素修补,像素值通过与修补图像的线性辐射归一参数变换到当前图像的辐射水平,得到 $n-1$ 个云修补的结果图像,取 $n-1$ 个云修补结果中每个云区修补像素的中值得到最终的云修补结果图像。

2. 数据实验

GF-4 卫星具备短时间内获取同一地理区域多幅数据的能力。通过调控可以在特殊时期使 GF-4 卫星对同一区域定点观察，一天内可以连续成像 20 多景，当某地可能存在灾害时，GF-4 可以对该区域连续进行多次、多天的观测。实验数据采用 9 幅长江中下游区域数据和 4 幅内蒙古东部区域一周之内的夏季数据。由于特殊气象"厄尔尼诺"现象的影响，我国的长江中下游区域以及内蒙古东部区域在 2016 年夏季分别出现了洪涝、干旱的典型灾害性气候。民政部国家减灾中心迅速启动灾害监测机制，制定了这两个区域相应的 GF-4 数据的获取计划。长江中下游区域数据，获取时间为 2016 年 7 月 26 日～2016 年 8 月 1 日，经纬度范围为：111.3°E～115.9°E，28.3°N～31.0°N。内蒙古东部区域数据，获取时间为 2016 年 8 月 1～4 日，经纬度范围为：114.6°E～121.7°E，44.0°N～45.5°N。图 5.28 是长江中下游区域和内蒙古东部区域实验数据各自的镶嵌图，镶嵌图下方标注了每一幅图像的获取时间以及太阳天顶角。从图 5.28 中可以看出，不同太阳高度角的图像之间整体的辐射亮度差异较大，导致多幅图像直接镶嵌在一起，图像之间的辐射差异将导致明显的亮度分界。

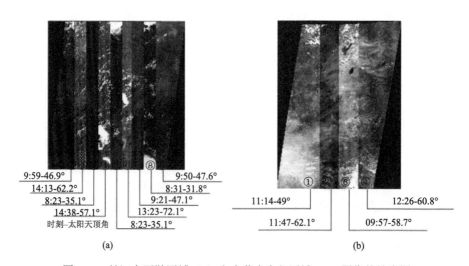

图 5.28   长江中下游区域（a）和内蒙古东部区域（b）图像的镶嵌图

图 5.29 和图 5.30 分别为内蒙古东部区域和长江中下游区域的原始图像、MAD 变量以及云掩膜图。其中，图 5.29 和图 5.30 中，图 (a) 是原始图像一，(a1) 是图像一和图像二间的 MAD 变量图，(a2) 是图像一和图像三间的 MAD 变量图，(a3) 是图像一和图像四间的 MAD 变量图，(a4) 是图像一的云掩膜，依次类推。通过对比原始图像的云像素的分布以及 MAD 变量中较亮地物点的分布可知，云像素在 MAD 变量中有明显的光谱特征，像素值较大，极易被识别；两两图像间的 MAD 变量能准确检测到图像上的云像素。

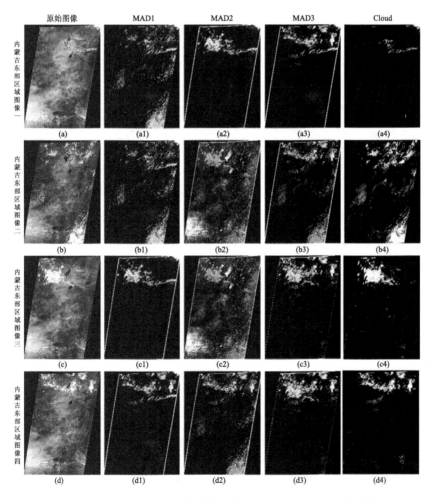

图 5.29　内蒙古东部区域的原始图像、MAD 变量以及云掩膜图

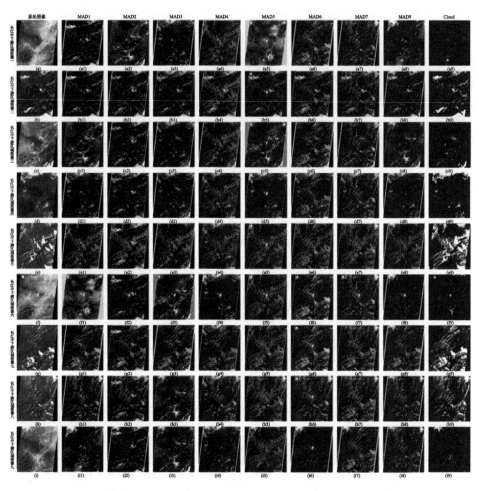

图 5.30 长江中下游区域的原始图像、MAD 变量以及云掩膜图

图 5.31 为云检测的细节图示例，图像的左下角区域包含高亮像素值，容易与云像素产生混淆，高亮地表可以正确剔除出云掩膜。

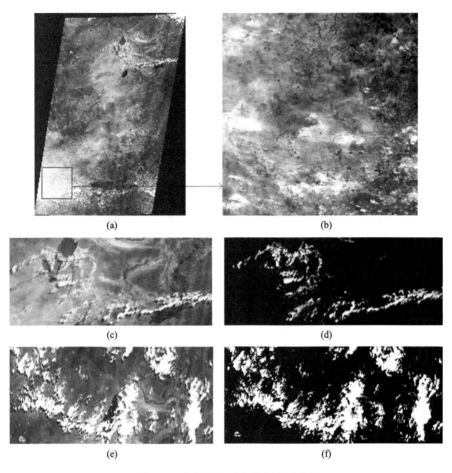

图 5.31　实验图像云检测细节图示例

图 5.32、图 5.33 分别是内蒙古东部区域以及长江中下游区域的原始图像、云掩膜以及云修补后的图像的对比图。可以看出，原始图像中的云像素能很好地被检测到云掩膜中，无明显漏检和误检；依据云掩膜和归一化结果对图像进行修补，原始图像间辐射差异明显，修补后图像间辐射一致性良好，同时算法自动处理，可以满足业务化的生产需求。

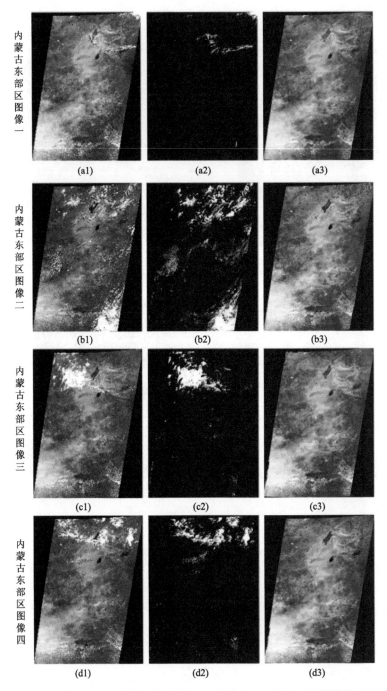

内蒙古东部区图像一

(a1)　　　　　(a2)　　　　　(a3)

内蒙古东部区图像二

(b1)　　　　　(b2)　　　　　(b3)

内蒙古东部区图像三

(c1)　　　　　(c2)　　　　　(c3)

内蒙古东部区图像四

(d1)　　　　　(d2)　　　　　(d3)

图 5.32　内蒙古东部区域的原始图像、云掩膜以及云修补后的图像的对比图

原始图像　　　　　　　云掩膜　　　　　　　修补后图像

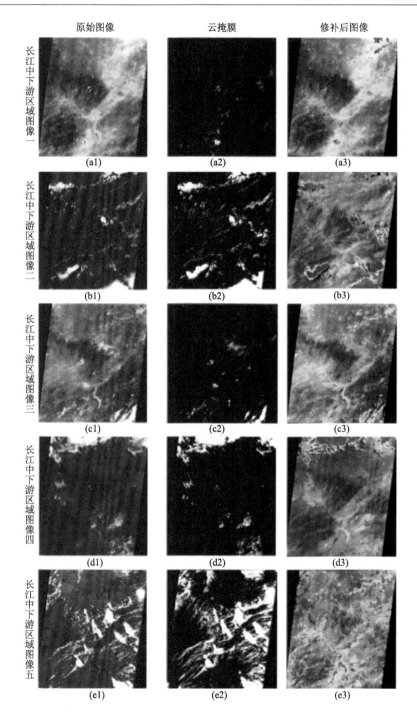

长江中下游区域图像一　(a1)　(a2)　(a3)

长江中下游区域图像二　(b1)　(b2)　(b3)

长江中下游区域图像三　(c1)　(c2)　(c3)

长江中下游区域图像四　(d1)　(d2)　(d3)

长江中下游区域图像五　(e1)　(e2)　(e3)

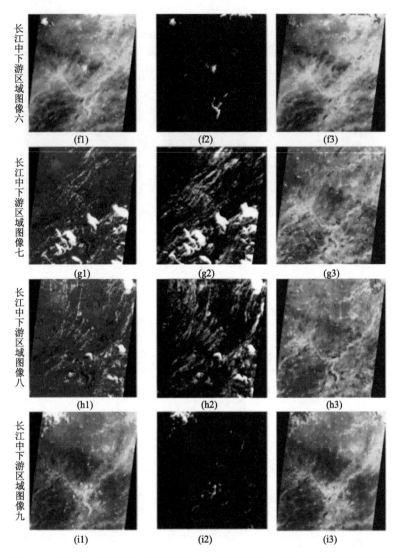

图 5.33　长江中下游区域的原始图像、云掩膜以及云修补后的图像的对比图

5.4　小　结

本章介绍了云与云下阴影的检测与修补算法。云与云下阴影检测包含两种算法：一种是针对国产四波段多光谱卫星数据的单幅云与云下阴影检测算法，该算法以光谱阈值云与阴影检测算法为基础，结合图像处理与形态学等算法提高检测

精度，以满足生产包含云与云影逐像素标记的质量波段的数据产品生产流程需求。另一种是基于深度学习的云与云下阴影检测算法，基于 UNet 和全连接条件随机场的云和阴影边缘精准分割方法 Refined UNet。云与云下阴影修补包含两种算法：一种是基于泊松融合的云与云下阴影自动修补算法，利用该算法完成了中国区域 2013~2017 年连续 5 年 Landsat Collection 1 版本地表反射率数据的云修补。另一种是基于核典型相关分析的序列图像云检测与修补算法，针对中国 GF-4 地球同步轨道卫星数据设计，该算法利用云的运动特性从序列图像中检测并插补云污染区域。

参 考 文 献

李腾腾, 唐新明, 高小明. 2016. 资源三号影像朵云识别中云雪分离研究. 测绘通报,(2): 46-49.

Adams A, Baek J, Davis M A. 2010. Fast high-dimensional filtering using the permutohedral lattice. Computer Graphics Forum, 29(2): 753-762.

Amato U, Antoniadis A, Cuomo V, et al. 2008. Statistical cloud detection from seviri multispectral images. Remote Sensing of Environment, 112(3): 750-766.

Badrinarayanan V, Kendall A, Cipolla R. 2017. Segnet: A deep convolutional encoder-decoder architecture for image segmentation. IEEE Transactions on Pattern Analysis and Machine Intelligence, 39(12): 2481-2495.

Bishop C M. 2007. Pattern Recognition and Machine Learning. New York: Springer.

Bruna J, Zaremba W, Szlam A, et al. 2014. Spectral networks and locally connected networks on graphs. Banff, AB, Canada: 2nd International Conference on Learning Representations, ICLR 2014, April 14-16, Conference Track Proceedings.

Chai D, Newsam S, Zhang H K, et al. 2019. Cloud and cloud shadow detection in landsat imagery based on deep convolutional neural networks. Remote Sensing of Environment, 225: 307-316.

Chandra S, Kokkinos I, 2016. Fast, exact and multi-scale inference for semantic image segmentation with deep gaussian crfs//Leibe B, Matas J, Sebe N, et al. Computer Vision-ECCV 2016. Cham: Springer International Publishing: 402-418.

Chen L C, Yang Y, Wang J, et al. 2016. Attention to scale: Scale-aware semantic image segmentation. Las Vegas: 2016 IEEE Conference on Computer Vision and Pattern Recognition (CVPR).

Chen L C, Zhu Y, Papandreou G, et al. 2018. Encoder-decoder with atrous separable convolution for semantic image segmentation. Munich: Proceedings of the European Conference on Computer Vision (ECCV).

Chen L, Papandreou G, Kokkinos I, et al. 2014. Semantic image segmentation with deep convolutional nets and fully connected crfs. arXiv: Computer Vision and Pattern Recognition. arXiv: 1412. 7062.

Chen L, Papandreou G, Kokkinos I, et al. 2018. Deeplab: Semantic image segmentation with deep convolutional nets, atrous convolution, and fully connected crfs. IEEE Transactions on Pattern Analysis and Machine Intelligence, 40(4): 834-848.

Chen L, Papandreou G, Schroff F, et al. 2017. Rethinking atrous convolution for semantic image segmentation. arXiv: 1706.05587: Computer Vision and Pattern Recognition.

Cheng H K, Chung J, Tai Y W, et al. 2020. Cascadepsp: Toward class-agnostic and very high-resolution segmentation via global and local refinement. Seattle: IEEE/CVF Conference on Computer Vision and Pattern Recognition(CVPR).

Chollet F. 2017. Xception: Deep learning with depthwise separable con volutions. Honolulu: Proceedings of the IEEE Conference on Computer Vision and Pattern Recognition(CVPR).

Defferrard M, Bresson X, Vandergheynst P. 2016. Convo-lutional neural networks on graphs with fast localized spectral filtering//Lee D D, Sugiyama M, Luxburg U V, et al. Advances in Neural Information Processing Systems 29. Curran Associates, Inc.: 3844-3852.

Farabet C, Couprie C, Najman L, et al. 2013. Learning hierarchical features for scene labeling. IEEE Transactions on Pattern Analysis and Machine Intelligence, 35: 1915-1929.

Foga S, Scaramuzza P L, Guo S, et al. 2017. Cloud detection al- gorithm comparison and validation for operational landsat data products. Remote Sensing of Environment, 194: 379-390.

Frantz D, Roder A, Udelhoven T, et al. 2015. Enhancing the detectability of clouds and their shadows in multitemporal dryland landsat imagery: Extending fmask. IEEE Geoscience and Remote Sensing Letters, 12(6): 1242-1246.

He K, Zhang X, Ren S, et al. 2016a. Deep residual learning for image recognition. Las Vegas: 2016 IEEE Conference on Computer Vision and Pattern Recognition (CVPR): 770-778.

He K, Zhang X, Ren S, et al. 2016b. Identity mappings in deep residual networks//Leibe B, Matas J, Sebe N, et al. Computer Vision-ECCV 2016. Cham: Springer International Publishing: 630-645.

Howard A, Sandler M, Chu G, et al. 2019. Searching for mobilenetv3. Seoul: Proceedings of the IEEE/CVF International Conference on Computer Vision (ICCV).

Howard A, Zhu M, Chen B, et al. 2017. Mobilenets: Efficient convolutional neural networks for mobile vision applications. Computer Vision and Pattern Recognition, arXiv: 1704.04861.

Hu C M, Huo, L Z, Zhang Z, et al. 2020. Multi-temporal Landsat data automatic cloud removal using poisson Blending. IEEE Access, 8: 46151-46161.

Hu C M, Tang P. 2014. Rapid dehazing algorithm based on large-scale median filtering for high-resolution visible near-infrared remote sensing images. International Journal of Wavelets Multiresolution and Information Processing, 12(5).

Huang G, Liu Z, van Der Maaten L, et al. 2017. Densely connected con-volutional networks. Honolulu: 2017 IEEE Conference on Computer Vision and Pattern Recognition (CVPR). 2261-2269.

Hughes M J, Hayes D J. 2014. Automated detection of cloud and cloud shadow in single-date landsat imagery using neural networks and spatial post-processing. Remote Sensing, 6(6): 4907-4926.

Jegou S, Drozdzal M, Vazquez D, et al. 2017. The one hundred layers tiramisu: Fully convolutional densenets for semantic segmentation. Honolulu: Proceedings of the IEEE Conference on Computer Vision and Pattern Recognition (CVPR) Workshops.

Jiao L, Huo L, Hu C, et al. 2020. Refined unet: Unet-based refinement network for cloud and shadow precise segmentation. Remote Sensing, 12(12): 2001.

Jiao L, Huo L, Hu C, et al.2021. Refined UNet v3: Efficient end-to-end patch-wise network for cloud and shadow segmentation with multi-channel spectral features. Neural Networks,143: 767-782.

Kendall A, Badrinarayanan V, Cipolla R. 2017. Bayesian Segnet: Model Uncertainty in Deep Convolutional Encoder-decoder Architectures for Scene Understanding. British Machine Vision Conference.

Krähenbühl P, Koltun V. 2011. Efficient inference in fully connected crfs with gaussian edge potentials. Advances in Neural Information Processing Systems, 24: 109-117.

Li H, Xiong P, An J, et al. 2018. Pyramid attention network for semantic segmentation.

Li X, Yang Y, Zhao Q, et al. 2020. Spatial Pyramid Based Graph Reasoning for Semantic Segmentation. IEEE/CVF Conference on Computer Vision and Pattern Recognition (CVPR).

Li Y, Song L, Chen Y, et al. 2020. Learning Dynamic Routing for Semantic Segmentation. IEEE/CVF Conference on Computer Vision and Pattern Recognition (CVPR).

Li Z, Shen H, Li H, et al. 2017. Multi-feature combined cloud and cloud shadow detection in gaofen1 wide field of view imagery. Remote Sensing of Environment, 191: 342-358.

Lin G, Milan A, Shen C, et al. 2017. Refinenet: Multi-path Refinement Networks for High-resolution semantic segmentation. Proceedings of the IEEE Conference on Computer Vision and Pattern Recognition (CVPR).

Lin G, Shen C, Hengel A V D, et al. 2016. Efficient Piecewise Training of Deep Structured Models for Semantic Segmentation. 2016 IEEE Conference on Computer Vision and Pattern Recognition (CVPR).

Liu W, Rabinovich A, Berg A C. 2015. Parsenet: Looking wider to see better.

Liu Z, Li X, Luo P, et al. 2015. Semantic Image Segmentation Via Deep Parsing Network. Proceedings of the IEEE International Conference on Computer Vision (ICCV).

Long J, Shelhamer E, Darrell T. 2015. Fully convolutional networks for semantic segmentation. IEEE Transactions on Pattern Analysis and Machine Intelligence, 39(4): 640-651.

Mostajabi M, Yadollahpour P, Shakhnarovich G. 2015. Feedforward Semantic Segmentation with Zoom-out Features. 2015 IEEE Conference on Computer Vision and Pattern Recognition (CVPR).

Papandreou G, Chen L C, Murphy K P, et al. 2015. Weakly-and Semi-supervised Learning of a Deep Convolutional Network for Semantic Image Segmentation. Proceedings of the IEEE International Conference on Computer Vision (ICCV).

Peng C, Zhang X, Yu G, et al. 2017. Large Kernel Matters-Improve Semantic Segmentation by

Global Convolutional Network. Proceedings of the IEEE Conference on Computer Vision and Pattern Recognition (CVPR).

Qiu S, He B, Zhu Z, et al. 2017. Improving fmask cloud and cloud shadow detection in mountainous area for landsats 4-8 images. Remote Sensing of Environment, 199: 107-119.

Ricciardelli E, Romano F, Cuomo V. 2008. Physical and statistical approaches for cloud identification using meteosat second generation-spinning enhanced visible and infrared imager data. Remote Sensing of Environment, 112(6): 2741-2760.

Ronneberger O, Fischer P, Brox T. 2015. U-net: Convolutional networks for biomedical image segmentation//Navab N, Hornegger J, Wells W M, et al. Medical Image Computing and Computer-Assisted Intervention-MICCAI 2015. Cham: Springer International Publishing: 234-241.

Russakovsky O, Deng J, Su H, et al. 2015. Imagenet large scale visual recognition challenge. International Journal of Computer Vision, 115(3): 211-252.

San Juan, Puerto Rico: 4th International Conference on Learning Representations, ICLR 2016, May 2-4, 2016, Conference Track Proceedings.

Sandler M, Howard A, Zhu M, et al. 2018. Mobilenetv2: Inverted Residuals and Linear Bottlenecks. Proceedings of the IEEE Conference on Computer Vision and Pattern Recognition (CVPR).

Simonyan K, Zisserman A. 2014. Very deep convolutional networks for large-scale image recognition. Computer Vision and Pattern Recognition.

Sun K, Zhao Y, Jiang B, et al. 2019. High-resolution representations for labeling pixels and regions. Computer Vision and Pattern Recognition.

Sun L, Liu X, Yang Y, et al. 2018. A cloud shadow detection method combined with cloud height iteration and spectral analysis for landsat 8 oli data. Isprs Journal of Photogrammetry and Remote Sensing, 138: 193-207.

Takikawa T, Acuna D, Jampani V, et al. 2019. Gated-scnn: Gated Shape CNNs for Semantic Segmentation. Proceedings of the IEEE/CVF International Conference on Computer Vision (ICCV).

Tan M, Le Q V. 2020. Efficientnet: Rethinking model scaling for convolutional neural networks.

Vermote E F, Justice C O, Claverie M, et al. 2016. Preliminary analysis of the performance of the landsat 8/oli land surface reflectance product. Remote Sensing of Environment, 185: 46-56.

Wang P, Chen P, Yuan Y, et al. 2018. Understanding Convolution for Semantic Segmentation. 2018 IEEE Winter Conference on Applications of Computer Vision (WACV).

Wu H, Zhang J, Huang K, et al. 2019. Fastfcn: Rethinking dilated convolution in the backbone for semantic segmentation. Computer Vision and Pattern Recognition.

Xiao T, Liu Y, Zhou B, et al. 2018. Unified Perceptual Parsing for Scene Understanding. Proceedings of the European Conference on Computer Vision (ECCV).

Yu F, Koltun V. 2016. Multi-scale context aggregation by dilated convolutions.

Zhang H, Dana K, Shi J, et al. 2018. Context Encoding for Semantic Segmentation. 2018 IEEE/CVF Conference on Computer Vision and Pattern Recognition.

Zhao H, Shi J, Qi X, et al. 2017. Pyramid Scene Parsing Network. Proceedings of the IEEE Conference on Computer Vision and Pattern Recognition (CVPR).

Zheng S, Jayasumana S, Romeraparedes B, et al. 2015. Conditional random fields as recurrent neural networks. International Conference on Computer Vision, 1529-1537.

Zhu X, Helmer E H. 2018. An automatic method for screening clouds and cloud shadows in optical satellite image time series in cloudy regions. Remote Sensing of Environment, 214: 135-153.

Zhu Z, Woodcock C E. 2012. Object-based cloud and cloud shadow detection in landsat imagery. Remote Sensing of Environment, 118: 83-94.

Zhu Z, Woodcock C E. 2014. Automated cloud, cloud shadow, and snow detection in multitemporal landsat data: An algorithm designed specifically for monitoring land cover change. Remote Sensing of Environment, 152: 217-234.

第 6 章

光谱信息和高空间分辨率信息融合

将光谱信息和高空间分辨率信息融合生成高空间分辨率的多光谱图像是一类遥感图像的融合应用。融合不好易出现光谱失真和空间扭曲等现象。随着深度学习这类具有非线性变换能力方法的发展，基于不同深度学习网络模型的图像融合研究也逐渐展开。本章以全色锐化的例子作为切入点，结合传统的分量替换思想和动态卷积神经网络剔除了基于像素的空间细节注入网络——像素相关空间细节网络 PDSDNet，构建了两幅图像间的非线性映射关系，减少了光谱失真的问题，准确注入了空间细节。

6.1 引　言

遥感传感器是通过捕捉地球表面反射的电磁波信息来生成图像的，受成像传感器硬件设备限制，难以同时获得高空间分辨率、高光谱分辨率和高时间分辨率的图像。因为传感器接收到的能量是电磁波在空间和波长两个维度的双重积分，生成具有更高空间和光谱分辨率的图像意味着能量在更短的波长和更小的区域内积分，获得的能量较弱，会导致生成图像质量较差。例如，多光谱图像（multispectral image, MS）波段数量多，波段范围窄，需要从更大的地面区域接收能量，空间分辨率较低，全色图像（panchromatic image, PAN）与之相反，只有一个波段，空间分辨率比较高,全色锐化技术将两种图像结合得到高空间分辨率的多光谱图像。时间分辨率与空间分辨率之间也存在制约关系，卫星轨道高度不同时，重访周期和空间分辨率也有所不同，卫星轨道高度相同时，如 MODIS 成像幅宽大，重访周期短，时间分辨率低，Landsat 卫星搭载的传感器成像幅宽小，空间分辨率高，重访周期长，时空融合技术将两种图像结合可以得到高空间分辨率和高时间分辨率的图像。与硬件升级相比，遥感图像融合技术是一种低成本、通过提高数据利用率来获取高空间分辨率、高光谱分辨率和高时间分辨率图像的方法。遥感图像融合技术是一种取长补短和整合信息的技术，因此该技术的关键在于充分地从多幅图像中提取信息并准确以融合目标的形式来表达信息。以全色锐化为例，融合结果的光谱信息应尽可能接近原始多光谱图像的光谱信息，避免色差和光谱失真，融合图像的空间细节应尽可能接近原始全色图像的细节，避免细节的模糊、缺乏和扭曲等问题。

现有的遥感图像融合方法主要包括成分替换（component substitution, CS）、多分辨率分析（multi-resolution analysis, MRA）和基于深度学习（deep learning, DL）方法三大类：

（1）成分替换法是将多光谱图像分解为光谱信息和结构信息，然后用全色图像代替结构信息的一类方法，如式（6.1）所示，如亮度色调饱和度（in tensity hue saturation，IHS）变换（Rahmani et al., 2010）、Brovey 变换（Gillespie et al., 1987）、Gram Schmidt 变换（Maurer, 2013; Aiazzi et al., 2007）、主成分分析（principal component analysis，PCA）（Chavez and Kwarteng, 1989; Chavez et al., 1991）、波段相关空间细节（band-dependent spatial-detail，BDSD）模型（Garzelli et al., 2008）、局部置换自适应成分替换法（partial replacement adaptive component substitution，PRACS）（Garzelli et al., 2008）等。此类方法的关键在于如何准确分离出光谱信息和结构信息，以及如何将全色图像或其部分信息替换分离出的结构信息填充到多光谱图像中，成分替换类的方法易出现光谱失真的问题，当分离出的结构信息的光谱和用于替换的全色图像的光谱越接近时，成分替换类的方法的光谱失真会越小。

$$Fusion = MS + Gain \times (PAN - MS_{Intensity}) \tag{6.1}$$

（2）多分辨率分析是用滤波器对全色图像进行多分辨率分解得到低频信息，然后将其低频和全色的细节差异注入多光谱图像中的一类方法，如式（6.2）所示，如多孔小波变换法（à trous wavelet transform，ATWT）（Shensa, 1992; Ranchin and Wald, 2000; Nunez et al., 1999; Nason and Silverman, 1995）、抽样小波变换法（decimated wavelet transform，DWT）（Mallat, 1989; Khan et al., 2008）、基于拉普拉斯金字塔方法（Laplacian pyramid，LP）（Burt and Adelson, 1987）等。此类方法的关键在于寻找到过滤低频分量的滤波器，最常见的是调制传递函数（modulation transfer function, MTF）（Aiazzi et al., 2006; Vivone et al., 2014; Lee J and Lee C, 2010），多分辨率分析类的方法易出现空间细节扭曲的问题。

$$Fusion = MS + Gain \times (PAN - PAN_{low-frequency}) \tag{6.2}$$

（3）基于深度学习的方法主要是基于卷积神经网络（convolutional neural network，CNN）的一类方法，如式（6.3）所示，近年来随着机器学习和计算机视觉领域的发展，该方法因非线性和端到端的性质而成为热门的研究工具。基于深度学习的图像融合的方法（Huang et al., 2015）大部分是基于超分辨率重建的方法（Dong et al., 2016）发展而来的，如 PNN[①]（Masi et al., 2016）、 DRPNN[②]（Wei et al., 2017）、MSDCNN[③]（Yuan et al., 2018）等。基于深度学习的方法存在可解释性稍弱和黑盒学习的问题，所以已有一些研究考虑结合传统方法的思想与深度学习工具来探索图像融合算法更多的可能。例如，PanNet[④]（Yang et al., 2017）、Target-PNN[⑤]（Scarpa et al., 2018）及其扩展的跨尺度学习模型（Vitale and Scarpa, 2020）、RSIFNN[⑥]（Shao and Cai, 2018）等，与普通超分重建类方法直接将网络输出结果作为融合结果不同， 此类方法将细节差异作为学习目标，再结合低分辨率多光谱图像中的光谱信息， 生成融合结果。此外，基于深度学习的方法还有一个基于生成对抗网络（generative adversarial network，GAN）的分支，它结合了强化学习（reinforcement learning，RL）的理论，如 PSGAN[⑦]（Liu et al., 2021）、RED-cGAN[⑧]（Shao et al., 2020）、 Pan-GAN[⑨]（Ma et al., 2020）、PanColorGAN[⑩]（Ozcelik et al., 2021）等。

此类方法往往在特征级进行融合，将全色锐化看作一个有引导的着色任务，而不是一个超分辨率任务。

$$
\text{Fusion} = \begin{cases} \text{Net(MS, PAN)} & \text{基于超分辨率} \\ \text{MS} + \text{Net(MS, PAN)} & \text{学习细节} \end{cases} \tag{6.3}
$$

成分替换法、多分辨率分析等传统方法主要是基于细节提取和细节注入两方面进行融合。在细节提取方面，成分替换法和多分辨率分析都假设细节来源于高空间分辨率的全色图像和低空间分辨率的全色图像之间的差异，但两种方法获得低空间分辨率的全色图像的思路不同。在大部分基于成分替换的方法中，低空间分辨率的全色图像被认为是低空间分辨率的多光谱波段的线性组合，如式（6.1）所示。而在多分辨率分析的方法中，低空间分辨率的全色图像被认为是高空间分辨率全色图像的低频部分，如式（6.2）所示。但是图像融合是一个较为复杂的过

① PNN：全色锐化卷积神经网络。

② DRPNN：深度残差全色锐化卷积神经网络。

③ MSDCNN：多尺度密集卷积神经网络。

④ PanNet：全色锐化深度网络。

⑤ Target-PNN：目标自适应全色锐化卷积神经网络。

⑥ RSIFNN：遥感图像融合深度卷积神经网络。

⑦ PSGAN：全色锐化生成对抗网络。

⑧ RED-cGAN：全色锐化残差编码器条件生成对抗网络。

⑨ Pan-GAN：非监督全色锐化生成对抗网络。

⑩ PanColorGAN：全色着色生成对抗网络。

程，传统方法的线性处理方法难以完全拟合这个过程。如图 6.1 所示，QuickBird
传感器全色和多光谱图像的光谱响应函数类似于一个单峰函数的正态分布。显然，
利用线性组合模型构建全色波段与多光谱波段之间的辐亮度的关系是非常艰难
的，传统的成分替换和多分辨率分析方法并不完全准确。受线性性质限制，融合
结果仍或多或少存在着光谱失真或空间扭曲的问题。

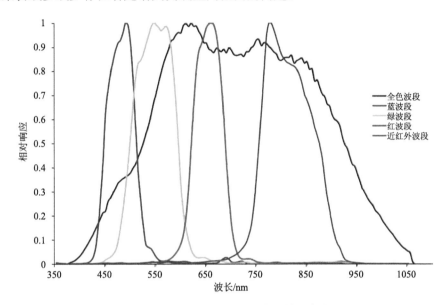

图 6.1　QuickBird 传感器全色和多光谱图像的光谱响应函数（来自 Digital Globe 官方网站）

　　深度学习的网络结构具有高度非线性性质，所取得的效果普遍比传统图像融
合方法更好。基于深度学习的方法通过在降尺度上对经过人为制作的模拟退化数
据进行训练，构建卷积神经网络模型来拟合低空间分辨率的多光谱波段和高空间
分辨率的全色波段之间的非线性映射关系，然后将模型应用到更高尺度上，如式
（6.3）所示，获得融合结果。深度学习也存在着可解释性差、需要人为制造降尺
度数据集、学习出的滤波器缺乏自适应性等问题。

　　本节提出了一种基于分量替换和动态卷积神经网络模型的图像融合技术，该
方法采用动态卷积神经网络模型生成动态自适应滤波器，构建低空间分辨率全色
图像和低空间分辨率多光谱波段之间的非线性组合映射。学习到映射关系后，与
传统成分替换方法的思想一致，利用高空间分辨率全色图像与低空间分辨率全色
图像之间的差异提取细节，然后将细节注入低空间分辨率的多光谱波段。动态卷
积神经网络模型是一种与像素相关的空间细节注入模型。该方法结合多光谱波段，
通过像素相关的局部波段自适应滤波卷积获得低分辨率全色图像。多光谱波段的

自适应滤波器是基于动态滤波器网络（dynamic filter network，DFN）产生的。动态滤波器网络采用编码器-解码器结构来学习与像素相关的核，并使用单独的子网络来预测每个像素位置的卷积滤波器权重。该网络以有监督的方式进行学习，其具有的自适应性使得网络有较高的灵活性。该方法的主要优点表现如下：

（1）本节方法基于动态滤波器网络，通过滤波器卷积回归构建全色波段与低分辨率多光谱波段之间的非线性映射，生成与输入图像像素位置一一对应的滤波器组，并非全图共享一个卷积核。与其他成分替换法、多分辨率分析等传统方法相比，本节提出的非线性变换、具有样本和像素相关性的方法更加合理，能更准确地拟合全色和多光谱间的关系。

（2）当全色图像和多光谱图像处于同一空间分辨率尺度时，可以认为多光谱图像各个波段所包含的高频信息量（即空间细节）与全色图像应该是相同的。本节方法并不是直接对多光谱图像和全色图像不加针对性处理地输入网络中，依赖深度学习方法的拟合能力去学习两个输入图像与融合结果之间的映射，而是结合传统成分替换思想，通过这种方式拟合出低分辨率全色图像，从而能更清晰直观地感受高分辨率全色图像的细节差异。本节方法比基于超分辨率重建的深度学习图像融合方法更具有可解释性。

（3）本节方法直接在原尺度上对低空间分辨率全色图像进行拟合。一般的基于深度学习的方法，需要额外制作降尺度数据集，以保证网络训练中有原尺度多光谱图像作为降尺度训练的真值参考，然后再将学到的映射关系应用到原尺度上得到融合结果。此类方法均假设基于不同尺度上学到的拟合关系是一致通用的，且增加了额外的制作数据集的工作量。本节方法以原尺度的全色图像作为网络训练中的真值，无须额外制作降尺度数据集。

6.2　经典融合模型

本节从现有的遥感图像融合方法的成分替换、多分辨率分析和基于深度学习的方法的角度介绍几种经典的融合模型，包括单一空间细节（single spatial-detail，SSD）模型、波段相关空间细节（band-dependent spatial-detail，BDSD）模型、调制传递函数-高斯低通滤波-高通滤波调制-后处理（MTF-GLP-HPM-PP）模型和PanNet 模型。Garzelli 等（2008）曾经提出过两个线性的空间细节注入模型，第一个是单一空间细节模型，对所有的多光谱图像波段填充相同的从全色波段中提取的细节，第二个是波段相关空间细节模型，从全色图像中提取不同的细节填充到不同的多光谱图像波段中，填充的细节具有多光谱波段相关性和特异性。本节根据这两种模型提出了第三个模型，像素相关空间细节网络（pixel-dependent spatial-detail network，PDSDNet）模型。

假设多光谱图像已经经过超采样，与全色图像有相同的分辨率、坐标参考、图像大小及像元尺寸，用 $\overline{\text{MS}}$ 表示原始多光谱图像，MS 表示超采样后的多光谱图像，PAN 表示全色图像，$\text{PAN}_{\text{simulated}}$ 表示拟合出的全色图像，Fusion 表示融合图像，下标 i 表示对应第 i 个波段，下标 k 表示对应第 k 个波段，波段总数为 N，MS_i 表示超采样后的多光谱图像的第 i 个波段，Gain_i 表示第 i 个波段在添加细节时对应的增益因子。在人为制造的降尺度的模拟退化数据集中，MS^r 表示降尺度后的多光谱图像，PAN^r 表示降尺度后的全色图像，此时对应的融合真值应为 $\overline{\text{MS}}$。

6.2.1 SSD 模型

在单一空间细节（single spatial-detail，SSD）模型中，第 i 个波段的融合模型如式（6.4）所示，其中 D 表示提取的空间细节，在 SSD 模型中，通常假设空间细节 D 是全色图像和低分辨率版本全色图像的差，如式（6.5）所示。

$$\text{Fusion}_i = \text{MS}_i + \text{Gain}_i \times D \tag{6.4}$$

$$D = \text{PAN} - \text{PAN}_{\text{low-resolution}} \tag{6.5}$$

以 IHS 变换为代表的成分替换法是将低分辨率全色图像看作是多光谱图像的多个波段的线性组合（Dou et al., 2007），加权拟合全色图像的方式如式（6.6）上半部分所示。而以广义拉普拉斯金字塔（generalized Laplacian pyramid，GLP）为代表的多分辨率分析类方法则是通过一个截止频率为 $1/R$ 的 MTF 型的高斯低通滤波器（low-pass filter，LPF）来获得模拟图像（Aiazzi et al., 2006, 2002），如式（6.6）下半部分所示。SSD 模型类的方法的共同点是对于所有的多光谱波段来说，从全色图像中提取出来的填入每个波段的细节 D 是相同的，只是在注入时的增益因子 Gain_i 不同。

$$\text{PAN}_{\text{lr}} = \begin{cases} \text{PAN}_{\text{simulated}} = \sum_{k=1}^{N} \varpi_k \times \text{MS}_k & \text{成分替换法} \\ \text{LPF}_{\text{MTF}}(\text{PAN}) & \text{多分辨率分析法} \end{cases} \tag{6.6}$$

式中，ϖ_k 为用多光谱波段拟合全色时的加权组合系数；$\text{LPF}_{\text{MTF}}(\text{PAN})$ 表示对全色图像通过一个 MTF 型的低通滤波器后得到的低频信息部分。传统成分替换法通常采用最小二乘法来获得 ϖ_k，而多分辨率分析类方法则较为依赖 MTF 的计算，都是在降尺度数据集上先对参数进行估计，再将参数应用到式（6.4）对应的原尺度数据上。

6.2.2 BDSD 模型

波段相关空间细节（band-dependent spatial-detail，BDSD）模型中关于细节的注入是与波段本身相关的，如式（6.7）所示，并不仅仅只依赖增益因子，是在成分替换类方法 SSD 模型上的进一步展开，在提取和注入时的细节对于每个波段并不相同，加权系数既包括拟合时的加权，也包括注入时的加权，比 SSD 模型的注入更为精细。加权系数由 ϖ_k 变为 $\varpi_{i,k}$。

$$\text{Fusion}_i = \text{MS}_i + \text{Gain}_i \times \left(\text{PAN} - \sum_{k=1}^{N} \varpi_{i,k} \times \text{MS}_k \right) \qquad (6.7)$$

6.2.3 MTF-GLP-HPM-PP 模型

MTF-GLP-HPM-PP 模型为 Lee J 和 Lee C（2010）提出的模型，如式（6.8）所示，这个模型采用了调制传递函数（modulation transfer function，MTF）、高斯低通滤波器（Gaussian low-pass filter，GLP）、高通滤波调制（high-pass modulation，HPM），加上后处理（post-processing）（后处理是针对边缘区域低相关性问题的处理）多个处理步骤相结合的方法。该模型是一种快速产生高分辨率多光谱图像的全色锐化方法，是典型的多分辨率分析类方法，计算效率高，主要从寻找、设计滤波器的角度对图像进行高通、低通滤波等获得高低频信息的分离，其仍采用人为制作降尺度的模拟数据集来对辅助设计滤波器的方式进行调制。

$$\text{Fusion}_i = \text{PP}\{\text{HPM}[\text{MS}_i, \text{LPF}_{\text{MTF}}(\text{PAN})]\} \qquad (6.8)$$

6.2.4 PanNet 模型

PanNet 是 Yang 等（2017）提出的基于深度学习 ResNet 模型架构的方法，如式（6.9）所示，和基于传统的 CNN 架构的全色锐化方法相比，增加了浅层光谱特征的跳层连接和额外的高通滤波器（high-pass filter，HPF），在高频部分进行特征级融合。网络主要学习的是细节部分，如式（6.4）的 D，再将细节和多光谱图像进行结合，这和 SSD 模型公式（6.4）中的融合思想是一致的，具有比其他基于 ResNet 架构的全色锐化方法更好的解释性和更好的学习准确性。

$$\text{Fusion}_i = \text{MS}_i + \text{ResNet}[\text{HPF}(\text{MS,PAN})]_i \qquad (6.9)$$

6.3 PDSD 模型

6.3.1 模型原理

本研究提出的像素相关空间细节网络（pixel-dependent spatial-detail network，

PDSDNet）模型是在 SSD 模型和 BDSD 模型的基础上，对加权组合波段方式进行改进而来的，主要工作来自 Liu 等（2022）将加权系数 $\varpi_{i,k}$ 变为动态生成的卷积核，滤波器是自适应生成的，由深度学习网络模型根据多光谱图像对全色图像的映射关系得到，避免了人为设计。用 DF 表示动态滤波器（dynamic filter，DF），多光谱图像拟合低分辨率全色图像的过程不再采用简单的系数加权和最小二乘法求解，而是用一个滤波器去代表这个变换过程。但与多分辨率分析方法不同的是，这个滤波器并不是依赖于反映设备本身的调制传递函数的计算，或是通过人为制作高低分辨率数据集来设计模拟高通、低通滤波器获得的，而是通过网络习得。而且由于滤波器并不由卷积网络层本身直接代表，而是作为网络的一个动态输出得到，与输入图像有关，因此具有更好的样本适应性。

　　传统的卷积神经网络通常是将卷积层等作为滤波器对图像进行处理，一经学习训练完成，网络层参数固定，滤波器也是固定的，动态滤波器网络（dynamic filter network，DFN）（Jia et al., 2016）是基于传统卷积神经网络的一种新的学习框架，滤波器由网络层动态生成得到，更具有样本针对性。在 DFN 中，参数由模型参数和动态生成参数组成。模型参数（即网络层参数）是预先初始化的，只在训练时更新。当训练完成后，模型参数就会固定，所有试验样本的模型参数是相同的。动态生成参数不需要进行初始化，是动态生成的。用动态生成参数作为动态滤波器，构建动态卷积神经网络，根据输入样本图像动态生成具有样本针对性的滤波器，对图像进行处理，可以更好地适应样本情况，增强网络的适应性和泛化能力。

　　总体融合图像计算如式（6.10）所示。

$$\text{Fusion}_i = \text{MS}_i + \text{Gain}_i \times \left(\text{PAN} - \sum_{k=1}^{N} \text{MS}_k \times \text{DF} \right) \tag{6.10}$$

　　受 Niklaus 等（2017a）的启发，本研究设计的滤波器并不是全图共享卷积核的，而是每个像素都对应有一组滤波器，完成小窗口邻域内的映射关系。如式（6.11）所示，下标 (x, y) 表示图上对应的像素坐标位置，$\text{PAN}_{\text{simulated}(x,y)}$ 表示位置 (x, y) 处模拟全色图像的像素值，$\text{DF}_{(x,y)}$ 表示位置 (x, y) 处像素对应的滤波器组，$\text{MS}_{k(x,y)}$ 表示位置 (x, y) 处多光谱图像的像素值。通常滤波器为二维卷积核形式，受 Niklaus 等（2017b）的启发，本研究采用两个一维的卷积核代替二维卷积核的功能，减少计算量，提高运算速度，两个一维卷积核包括一个垂直卷积核和一个水平卷积核。

$$\text{PAN}_{\text{simulated}(x,y)} = \sum_{k=1}^{N} \text{MS}_{k(x,y)} \times \text{DF}_{(x,y)} \tag{6.11}$$

本研究结合全色锐化过程中用多光谱图像拟合全色图像的思想，将全色图像的波段组合映射更进一步细化为小邻域内多光谱图像块的组合映射，计算小窗口邻域内的关系，生成像素相关的滤波器，这对于地物类型丰富的大图像的全区域融合具有更好的适应性。

6.3.2 网络结构

受 Niklaus 等（2017a, 2017b）和 Jin 等（2021）启发，根据 PDSD 模型原理设计的网络结构如图 6.2 所示。

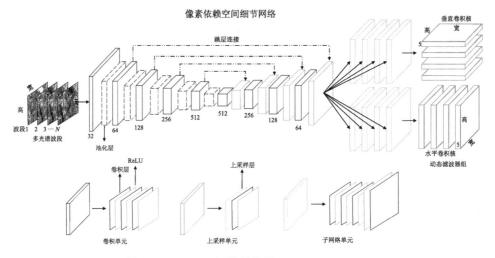

图 6.2 PDSDNet 网络结构图（Liu et al., 2022）
输入多光谱图像的各个波段，输出用于模拟全色图像的像素相关的滤波器组

PDSDNet 网络结构图如图 6.2 所示。网络包括四种基础单元：基础卷积单元、上采样单元、子网络单元、平均池化层。其中，基础卷积单元由三层卷积层和 ReLU 层交叉堆叠而成，上采样单元由上采样层、卷积层和 ReLU 层堆叠而成，子网络单元由基础卷积单元和上采样层、卷积层堆叠而成。网络的前半部分为编码、解码结构，主要由基础卷积单元、平均池化层和上采样单元构成，同时网络中添加了跳层连接补充浅层特征信息，网络的后半部分由多个子网络分支组成，调用的子网络单元数量取决于输入波段的个数。每个波段对应输入两个子网络中，分别生成两个方向的卷积核。图像自适应滤波器网络中采用的损失函数为 MSE 函数，初始学习率为 0.001，优化器为 Adam。

6.4　数据融合结果比较与评价

本节介绍 PDSDNet 的相关实验情况，以及实验的融合结果比较与评价情况，主要采用了三个数据集（IKONOS、QuickBird、WorldView-3）、四种方法[BDSD（Garzelli et al., 2008）、MTF-GLP-HPM-PP（Lee J and Lee C, 2010）、PanNet（Yang et al., 2017）、PDSDNet（Liu et al., 2022）]进行融合的对比实验，并对实验结果进行目视效果对比和定量指标分析，其中目视效果取红、绿、蓝三波段进行合成显示，定量指标采用 D_λ、D_S、无参考质量（quality with no reference，QNR）（Alparone et al., 2008）、光谱角（spectral angle mapper，SAM）（Yuhas et al., 1992）、空间相关系数（spatial correlation coefficient，SCC）（Zhou et al., 1998）五种常见的评价指标。

6.4.1　实验数据集介绍

本节实验数据选自宁波大学团队发布的一个用于全色锐化研究的大规模公开数据集（Meng et al., 2021），图像已经过几何配准。高分辨率全色图像大小为 1024×1024，多光谱图像大小为 256×256。数据集中的数据涵盖了各种地物特征和场景，如城市建筑、绿色植被、水域场景和混合特征等。考虑到卫星种类、空间分辨率大小和波段数目等方面，本节从 Meng 等（2021）中选择了三颗不同空间分辨率的卫星的数据集。数据集由 200 对 IKONOS、500 对 QuickBird 和 160 对 WorldView-3 图像数据集组成。表 6.1 显示了不同卫星传感器波段的波长，表 6.2 显示了数据集的大小、分辨率、数量和波段对应序号等情况。从表 6.1 和表 6.2 中可以看到，其中"全色"对应卫星全色图像的波段范围，IKONOS 和 QuickBird 多光谱图像有四个波段，"蓝"、"绿"、"红"和"近红外"分别对应 IKONOS 和 QuickBird 的多光谱图像的第一个到第四个波段，这四个波段均与其卫星对应的全色波段范围有重叠。WorldView-3 的多光谱图像有八个波段，从"海岸线"波段到"近红外 2"波段是 WorldView-3 的多光谱图像对应的第一个到第八个波段，但"海岸线"波段与"近红外 2"波段均与 WorldView-3 的全色波段范围无重叠，仅中间的"蓝"、"绿"、"黄"、"红"、"红边"和"近红外"这六个波段与全色波段范围有重叠。因此，在本节实验的网络拟合全色图像过程中，IKONOS 和 QuickBird 的多光谱图像的四个波段均参与模拟全色图像，但 WorldView-3 的多光谱图像仅第二到第七共六个波段参与模拟全色图像。

表6.1　不同卫星传感器波段设置（数据来自各卫星官方网站）　（单位：nm）

卫星名称	全色	海岸线	蓝	绿	黄	红	红边	近红外	近红外2
IKONOS	450～900		450～530	520～610		640～720		760～860	
QuickBird	450～900		450～520	520～600		630～690		760～900	
WorldView-3	450～800	400～450	450～510	510～580	585～625	630～690	705～745	770～895	860～1040

表6.2　数据集信息（Meng et al., 2021）

卫星名称	传感器	空间分辨率/m	光谱分辨率	波段数目及分布	图像大小/像元	图像对数
IKONOS	全色	1	1波段	1全色	1024×1024	200
	多光谱	4	4波段	1蓝,2绿,3红,4近红外	256×256×4	200
QuickBird	全色	0.61	1波段	1全色	1024×1024	500
	多光谱	2.44	4波段	1蓝,2绿,3红,4近红外	256×256×4	500
WorldView-3	全色	0.31	1波段	1全色	1024×1024	160
	多光谱	1.24	8波段	1海岸线,2蓝,3绿,4黄,5红,6红边,7近红外,8近红外2	256×256×4	160

6.4.2　实验评价指标

本次实验采用了目视评价和定量评价相结合的方式进行融合结果评价。其中，目视评价选取了图像的红、绿、蓝三个波段分别作为 R、G、B 通道进行合成显示，对于 IKONOS 和 QuickBird 的图像而言，分别选取 3、2、1 波段合成显示，WorldView-3 选取 5、3、2 波段进行合成显示。定量指标公式如表 6.3 所示，假设多光谱图像已经经过超采样到和全色图像同等分辨率尺寸大小，和全色图像的坐标参考、图像大小、像素大小保持一致，用 $\overline{\text{MS}}$ 表示原始多光谱图像，MS 表示超采样后的多光谱图像，P 表示全色图像，P_{LP} 表示低分辨率全色图像，F 表示融合图像，R 表示有参考指标计算时所用的参考图像，下标 i 表示对应第 i 个波段，下标 j 表示对应第 j 个波段，波段总数为 N，下标 (x, y) 表示位置 (x, y) 处的像素，如 $\text{MS}_{i(x, y)}$ 表示超采样后的多光谱图像的第 i 个波段位置 (x, y) 处的像素。L_1 和 L_2 分别代表图像的宽和高的大小。→表示图像经过高通滤波操作。

表 6.3　定量评价指标

指标	公式	取值	含义
D_λ	$D_\lambda = \dfrac{1}{N(N-1)} \sum\limits_{i=1}^{N} \sum\limits_{j=1, j\neq i}^{N} \left| \mathrm{UIQI}(F_i, F_j) - \mathrm{UIQI}(\mathrm{MS}_i, \mathrm{MS}_j) \right|$	$[0,1]$	越小越好
D_S	$D_S = \dfrac{1}{N} \sum\limits_{i=1}^{N} \left| \mathrm{UIQI}(F_i, P) - \mathrm{UIQI}(\mathrm{MS}_i, P_{\mathrm{LP}}) \right|$	$[0,1]$	越小越好
QNR	$\mathrm{QNR} = (1-D_\lambda)(1-D_S)$	$[0,1]$	越大越好
SAM	$\mathrm{SAM} = \dfrac{1}{L_1 L_2} \sum\limits_{(x,y)}^{(L_1, L_2)} \arccos \dfrac{\sum\limits_{i=1}^{N}(R_{i(x,y)} \cdot F_{i(x,y)})}{\sqrt{\sum\limits_{i=1}^{N} R_{i(x,y)}{}^2} \sqrt{\sum\limits_{i=1}^{N} F_{i(x,y)}{}^2}}$	$[0, 2\pi]$	越小越好
sCC	$\mathrm{sCC} = \dfrac{\sum\limits_{i=1}^{N} \sum\limits_{(x,y)}^{(L_1, L_2)} (\overline{P_{(x,y)}} \cdot \overline{F_{i(x,y)}})}{\sqrt{\sum\limits_{i=1}^{N} \sum\limits_{(x,y)}^{(L_1, L_2)} \overline{P_{(x,y)}}^2} \sqrt{\sum\limits_{i=1}^{N} \sum\limits_{(x,y)}^{(L_1, L_2)} \overline{F_{i(x,y)}}^2}}$	$[0,1]$	越大越好

定量评价主要采用了五个评价指标：D_λ、D_S、QNR（Alparone et al., 2008）、SAM（Yuhas et al., 1992）、sCC（Zhou et al., 1998）。这些指标分为两类：一类为无参考指标，另一类为有参考指标。

无参考指标的计算不需要原始多光谱图像 $\overline{\mathrm{MS}}$ 的参与，而是采用上采样到与全色相同尺寸的多光谱图像 MS 进行计算，在全色图像的分辨率尺度上衡量全色锐化的图像质量。该类型指标包括衡量光谱失真情况的指标 D_λ、衡量空间扭曲情况的指标 D_S 和 QNR。D_λ 通过计算多光谱图像融合前后的多光谱波段间的相似性来衡量融合结果与原始多光谱图像光谱一致性，D_S 通过计算多光谱波段融合前后与全色波段间的相似性来衡量融合结果与原始全色图像的空间一致性，当计算融合前后的相似性结果差异小时，D_λ 和 D_S 会表现出较小的值，代表此时的光谱和空间信息与融合前的图像一致性高，融合图像质量好。光谱失真指标 D_λ 和空间扭曲指标 D_S 的计算都基于通用图像质量指标（universal image quality index，UIQI）（Wang and Bovik, 2002），UIQI 是计算两幅图像之间相似度的综合指标，由相关性损失、亮度失真、对比度失真三个影响因子组成，如式（6.12）所示：

$$\mathrm{UIQI}(I, J) = \frac{\sigma_{IJ}}{\sigma_I \sigma_J} \cdot \frac{2\overline{I}\,\overline{J}}{\overline{I}^2 + \overline{J}^2} \cdot \frac{2\sigma_I \sigma_J}{\sigma_I{}^2 + \sigma_J{}^2} \qquad (6.12)$$

式中，σ_I 为图像向量 I 的标准差；σ_{IJ} 为 I 和 J 的协方差；$\overline{I}$ 为向量 I 的均值。当 UIQI 的值为 1 时，则表示该图像对于参考图像保真度最好。QNR 则是 D_λ 和 D_S 这两个指标的综合体现，如式（6.13）所示：

$$QNR = (1 - D_\lambda)^\alpha (1 - D_S)^\beta \qquad (6.13)$$

通常情况下取值 $\alpha = \beta = 1$，$QNR \in [0,1]$，1 是 QNR 的理想值。

有参考指标的计算需要原始多光谱图像 MS 的参与，来衡量融合结果图像与理想参考图像即原始多光谱图像之间的相似性，其经常用于降尺度训练效果的质量评价。该类型指标包括 SAM 和 sCC。SAM 将像元光谱视作向量，通过计算两个向量间的夹角来度量光谱相似性，夹角越小，SAM 的值越小，代表两幅图像的光谱相似度越高，在有参考的情况下，可计算融合结果和参考图像间的光谱相似性。sCC 同样是将像元视作向量，通过计算融合结果和全色图像的高频信息间的相关系数，来衡量两者的空间细节相似性，即融合结果对空间信息的保留情况。

6.4.3 实验流程

实验流程如图 6.3 所示，首先将多光谱图像进行上采样，以得到超像素的多光谱图像便于后续学习，大小与全色图像保持一致，但其中所包含的信息仍然是低分辨率的。对多光谱图像和全色图像进行 Z-Score 归一化处理，将图像均值归一化到 0，方差归一化到 1。然后进行数据集的划分，其中 10%用于测试阶段使用，90%用于训练阶段使用。用于训练阶段的数据集，为了便于训练和增加样本数量，采用步长为 64 的顺序裁剪和随机裁剪 100 张相结合的方式，每对样本裁剪出 325 对小图像块。将处理得到的小图像块数据集中 80%用于训练，20%用于验证。

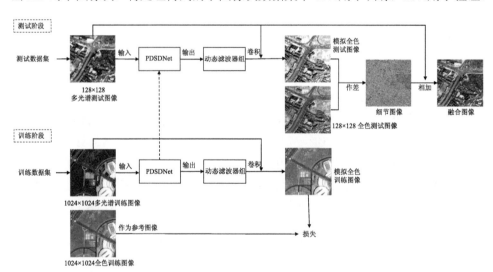

图 6.3　PDSDNet 融合实验流程图（Liu et al., 2022）

6.4.4　实验结果与分析

本节对提出的 PDSDNet 模型，针对不同卫星、不同分辨率、不同波段数目的数据集在不同方法上进行了广泛对比实验，以分析所提出的模型方法的性能。进行对比的经典模型为 BDSD（Garzelli et al., 2008）、MTF-GLP- HPM-PP（Lee J and Lee C, 2010）和 PanNet（Yang et al., 2017），它们已经在 6.2 节中进行了介绍。

BDSD 模型是一种基于最小均方误差的线性注入模型，属于成分替换类方法，MTF-GLP-HPM-PP 是多分辨率分析类的典型方法之一，基于广义拉普拉斯金字塔、MTF 型低通滤波器、高通调制和后处理等的结合，而 PanNet 为基于深度学习 ResNet 架构进行全色锐化的典型方法之一，精确学习细节差异后再与低分辨率多光谱图像进行结合得到融合图像。这些方法都有一个共同的预处理步骤，即应用 MTF 信息对图像进行处理，在 PDSDNet 中则没有此步骤，依靠网络本身对图像映射变换的学习来涵盖硬件系统设备带来的影响。

从目视效果的图 6.4、图 6.5 可以看出，本研究提出的方法对于 IKONOS 数据集在光谱和空间维度上都取得了不错的视觉效果，在目视上可以达到与 MTF-

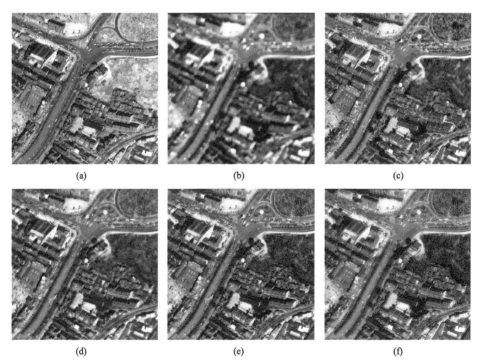

(a)　　　　　　　　　　(b)　　　　　　　　　　(c)

(d)　　　　　　　　　　(e)　　　　　　　　　　(f)

图 6.4　IKONOS 测试图像及不同方法融合结果可视化（Liu et al., 2022）

（a）PAN；（b）MS；（c）BDSD；（d）MTF-GLP-HPM-PP；（e）PanNet；（f）PDSDNet

GLPHPM-PP 和 PanNet 方法相同的效果。MTF-GLP-HPM-PP、PanNet 和 PDSDNet 的结果都没有明显的光谱失真，但是 BDSD 和 PanNet 的结果（图 6.5（c）和图 6.5（e）的第二行和第四行的图像块）存在一些模糊区域。本研究提出的方法 PDSDNet 和 MTF-GLP-HPM-PP 显示了更为清晰的空间细节，特别是小图像块中存在较为明亮的物体时边缘细节表现得比另外两种方法更清楚。对于 IKONOS 数据集，MTF-GLP-HPM-PP 和本节方法的视觉效果最好，但定量指标表现出不同的特性。在无参考指标上，BDSD 的结果（如表 6.4 所示的第一行）具有最好的性能。如表 6.4 和图 6.6 所示，PanNet 的结果与本节研究提出的方法的定量指标结果相似，优于 MTF-GLP-HPM-PP 方法。在有参考指标方面，PanNet 的性能优于其他方法，而 BDSD、MTF-GLP-HPM-PP 和本研究提出的方法性能相似。结果表明，目视评价与定量评价之间的结论存在差异性。

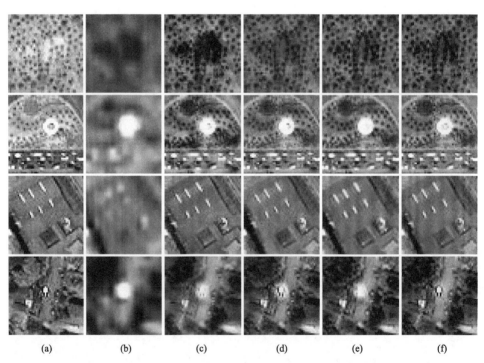

图 6.5　IKONOS 测试图像及不同方法融合结果可视化局部图（Liu et al., 2022）

（a）PAN；（b）MS；（c）BDSD；（d）MTF-GLP-HPM-PP；（e）PanNet；（f）PDSDNet

从目视效果的图 6.7、图 6.8 可以看出，本节研究的方法对于 QuickBird 测试数据集也取得了不错的视觉效果，依然没有明显的光谱失真和空间畸变，且比其他方法拥有更为清晰的轮廓（如图 6.8 第一行和第三行样本所示）。PanNet 方法

表 6.4 **IKONOS 测试图像定量指标计算**（Liu et al., 2022）

卫星	方法	D_λ	D_S	QNR	SAM	sCC
IKONOS	BDSD	**0.025444**	**0.060288**	**0.915776**	0.023733	0.586412
IKONOS	MTF-GLP-HPM-PP	0.142897	0.206561	0.682524	0.020904	0.626434
IKONOS	PanNet	0.109174	0.177450	0.735754	**0.018246**	**0.899323**
IKONOS	PDSDNet	0.118761	0.175408	0.728854	0.032151	0.608364

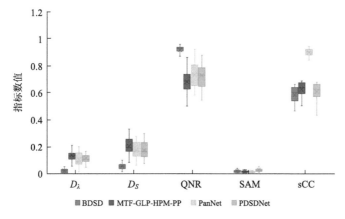

图 6.6 IKONOS 测试图像定量指标箱线图（Liu et al., 2022）

的结果则存在着模糊的情况，如图 6.8 中第四行样本所示，线条不清晰。如表 6.5 和图 6.9 所示，从定量指标上看，MTF-GLP- HPM-PP 方法的结果与本研究提出的方法在 QuickBird 测试数据集上比在 IKONOS 数据上更为接近。在无参指标方面，BDSD 和 QuickBird 方法的结果相似。总体来说，PanNet 方法的结果定量指标是最优的，但是其视觉效果的细节显示却是四种方法中较差的。结果表明，目视评价与定量评价之间的结论在 QuickBird 数据集上也存在差异性。

表 6.5 **QuickBird 测试图像定量指标计算**（Liu et al., 2022）

卫星	方法	D_λ	D_S	QNR	SAM	sCC
QuickBird	BDSD	0.061218	**0.071605**	0.872024	0.011920	0.604250
QuickBird	MTF-GLP-HPM-PP	0.110081	0.213027	0.707572	0.010014	0.625727
QuickBird	PanNet	**0.032097**	0.085783	**0.885333**	**0.008449**	**0.855061**
QuickBird	PDSDNet	0.124512	0.175785	0.730688	0.014147	0.602224

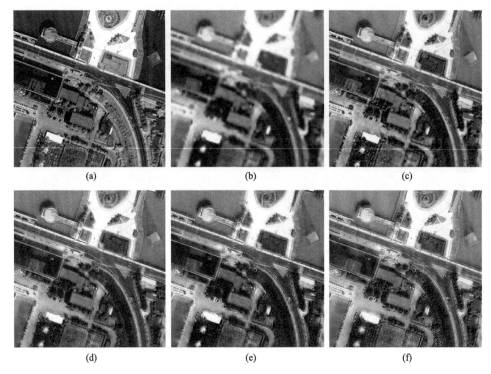

图 6.7　QuickBird 测试图像及不同方法融合结果可视化（Liu et al., 2022）

（a）PAN；（b）MS；（c）BDSD；（d）MTF-GLP-HPM-PP；（e）PanNet；（f）PDSDNet

　　如目视效果的两组图如图 6.10、图 6.11 所示，本节研究提出的方法在 WorldView-3 测试数据集上与 IKONOS 和 QuickBird 数据集上一样，也表现出了不错的视觉结果，融合结果没有出现明显的光谱失真和空间扭曲，但 MTF-GLP-HPM-PP 方法的光谱保持能力却有所下降。BDSD 方法的结果存在严重的光谱失真，如图 6.10（c）所示的 BDSD 方法结果图中的建筑，甚至出现了许多斑点和过饱和点。而且 BDSD 方法结果有一些轻微的混合颜色出现，如黄色或灰色，如图 6.11（c）所示的第一行和第三行。表 6.6 和图 6.12 定量指标的情况显示，与在 IKONOS 和 QuickBird 数据集上的性能相比，本研究提出的方法在 WorldView-3 测试数据集上和 MTF-GLP-HPMPP 方法取得了接近的结果，但在 WorldView-3 测试数据集上的性能要优于其他两种数据集。与多光谱图像均为 4 波段的 IKONOS 和 QuickBird 数据集相比，WorldView-3 数据集的多光谱图像有 8 个波段。当波段数增加时，PanNet 方法结果的定量指标总体上仍处于领先地位，PDSDNet 和 PanNet 方法结果的指标差距减小，和 MTF-GLP-HPM-PP 方法结果的指标差异增大。这意味着当某些多光谱波段与全色波段在波长上没有交集时，利用所有波段模拟低分辨率全色图像会对融合结果产生影响。

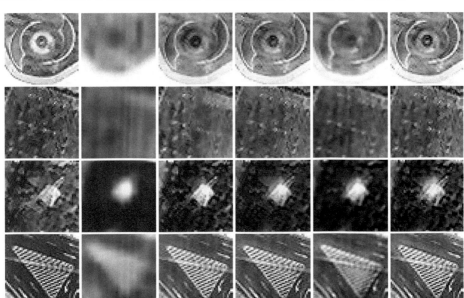

图 6.8　QuickBird 测试图像及不同方法融合结果可视化局部图（Liu et al., 2022）

（a）PAN；（b）MS；（c）BDSD；（d）MTF-GLP-HPM-PP；（e）PanNet；（f）PDSDNet

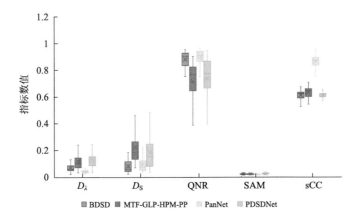

图 6.9　QuickBird 测试图像定量指标箱线图（Liu et al., 2022）

本节研究提出的方法在拟合 WorldView-3 的测试全色图像时，仅采用如表 6.1 所示的蓝波段至近红外 1 波段这 6 个波段的多光谱图像,海岸波段与近红外 2 波段因为与全色波段范围并无交集，所以并未参与拟合过程。但是在最终进行

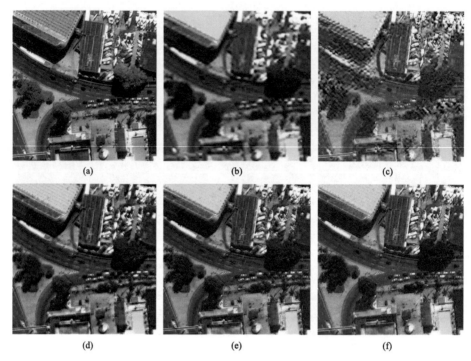

图 6.10　WorldView-3 测试图像及不同方法融合结果可视化（Liu et al., 2022）

（a）PAN；（b）MS；（c）BDSD；（d）MTF-GLP-HPM-PP；（e）PanNet；（f）PDSDNet

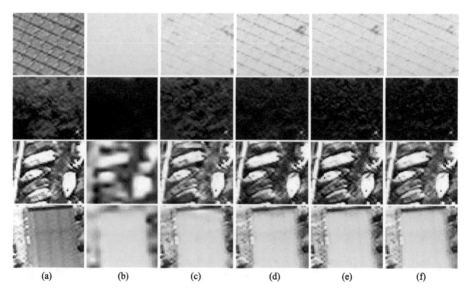

图 6.11　WorldView-3 测试图像及不同方法融合结果可视化局部图（Liu et al., 2022）

（a）PAN；（b）MS；（c）BDSD；（d）MTF-GLP-HPM-PP；（e）PanNet；（f）PDSDNet

表 6.6　**WorldView-3 测试图像定量指标计算（Liu et al., 2022）**

卫星	方法	D_λ	D_S	QNR	SAM	sCC
WorldView-3	BDSD	**0.044381**	0.206057	0.758531	0.115358	0.345156
WorldView-3	MTF-GLP-HPM-PP	0.101469	0.120643	0.795284	0.073263	0.597091
WorldView-3	PanNet	0.070647	**0.107669**	**0.833849**	**0.064444**	**0.860472**
WorldView-3	PDSDNet	0.075793	0.115544	0.821917	0.075176	0.593716

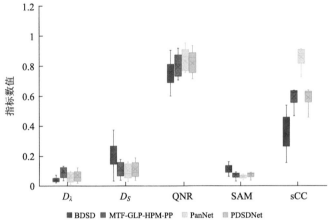

图 6.12　WorldView-3 测试图像定量指标箱线图（Liu et al., 2022）

融合时，细节被同时添加到了所有的波段，为了观察实验效果，选择第 8、第 3、第 1 个波段进行了假彩色合成（false color composite，FCC）观察效果。如图 6.13、图 6.14 所示，尽管第 1、第 8 波段并未参与拟合过程，但最终融合结果图中均没有出现明显的光谱失真或空间扭曲。

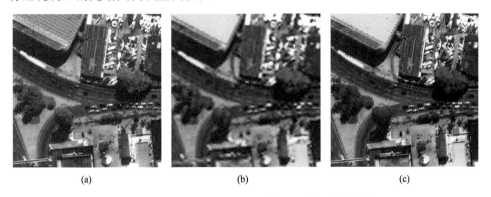

      （a）   （b）   （c）

图 6.13　测试图像及融合结果第 8、第 3、第 1 波段假彩色合成效果（Liu et al., 2022）

（a）PAN；（b,c）WorldView-3；（b）MS；（c）PDSDNet

图 6.14　测试图像及融合结果第 8、第 3、第 1 波段假彩色合成效果细节图（Liu et al., 2022）

（a）PAN;（b）WorldView-3 MS;（c）PDSDNet 融合结果

　　为了验证动态卷积神经网络为每个像素生成一组卷积核的意义，而不是对整幅图像共享卷积核，本研究选择了一幅测试图像，并在模拟网络后输出其滤波器。为了方便可视化，本研究将两个一维滤波器相乘，因此每个像素对应一个 5×5 大小核，然后根据像素的位置对核进行平铺，绘制出该矩阵的热力图，如图 6.15 所示，右边图上 250×250 区域的滤波器对应于左边 50×50 的小图像块。红色越深表示值越大，黄色越大表示值越小。当该值接近 250×250 全图数据分布的中间值时，热力图显示为白色。从图 6.15 可以看出，不同像素点对应的滤波器是存在明显差异的，且与地物的边界轮廓有关。对滤波器效果的可视化效果也证明了本研究方法的有效性。

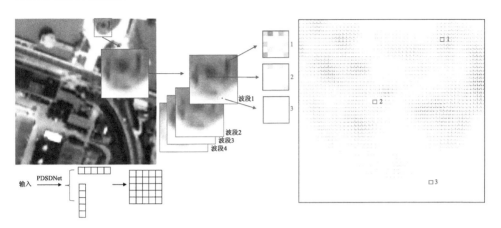

图 6.15　PDSDNet 滤波器可视化（对应图 6.8 第一行测试图像）（Liu et al., 2022）

本小节利用 BDSD、MTF-GLP-HPM-PP、PanNet 和 PDSDNet 在 IKONOS、QuickBird 和 WorldView-3 数据集上进行了实验。对 4 种方法的结果在 5 个指标的 3 个数据集上进行了可视化和定量评价。图 6.4、图 6.7 和图 6.10 显示了 400 × 400 区域的整体效果，在这些区域可以观察到整体的光谱保持情况。图 6.5、图 6.8 和图 6.11 显示了 50 × 50 区域的局部细节。图 6.6、图 6.9、图 6.12 显示了定量指标的整体分布情况，表 6.4～表 6.6 显示了结果的定量指标的平均值。图 6.13 和图 6.14 显示了 PDSDNet 方法在 WorldView-3 数据集的海岸线和近红外 2 波段上的性能，这两个波段都未参与模拟全色图像。图 6.15 展示了 PDSDNet 方法生成的一个波段的部分像素对应的滤波器的可视化效果。

从以上三个数据集的结果来看，我们的方法视觉效果良好，没有明显的光谱失真。实验结果表明，多光谱波段组合模拟的全色图像的光谱与实际全色图像光谱较为接近，但缺少更丰富的细节。PDSDNet 方法假设全色图像和多光谱图像在相同分辨率下具有的高频信息是相同的，因此，从真实全色图像和模拟全色图像得到的差异细节在注入超采样的多光谱图像中时，每个波段注入的空间细节是相同的。在 8 波段 WorldView-3 数据集中，其他两个波段的可视化效果表现出与其他波段同样丰富的空间细节，而且没有空间失真，这也验证了这一假设。与其他方法相比，PDSDNet 方法在视觉效果上更具优势。

在定量指标方面，在四种方法中，PDSDNet 方法在三个数据集上的结果不是最突出的，但大多数情况下，我们的方法与最佳或次最佳方法之间没有显著差异。不同方法的结果量化评价表现可能与指标计算的原理有关。虽然在 IKONOS 数据集和 QuickBird 数据集上 BDSD 方法的结果在无参考的定量指标上表现良好，但视觉却存在一些其他方法结果所没有的整体模糊情况。PanNet 方法定量指标的值都表现不差，但细节信息不够丰富，在地物的边界存在不清晰的现象。这些情况说明量化指标的表现可能与视觉效果不一致。该方法是局部最优还是全局最优，该指标是通过平均局部区域的值来计算还是以像素为单位来测量，都可能从指标计算的角度影响该方法的评价。

6.5 小　　结

本章针对图像融合这一遥感图像智能处理的经典问题开展了研究，以基础任务全色锐化的例子作为切入点，基于传统的分量替换思想和动态卷积神经网络提出了基于像素的空间细节注入网络 PDSDNet 模型，构建了多光谱图像多个波段和全色波段间的映射关系，拟合全色图像，结合传统的成分替换方法，将真实全色图像与拟合全色图像的差异细节注入多光谱图像中，有效改善了光谱失真的问题，保留了丰富的空间细节，取得了不错的效果。

参 考 文 献

Aiazzi B, Alparone L, Baronti S, et al. 2002. Context-driven fusion of high spatial and spectral resolution data based on oversampled multiresolution analysis. Geoscience and Remote Sensing, IEEE Transactions on, 40: 2300-2312.

Aiazzi B, Alparone L, Baronti S, et al. 2006. Mtf-tailored multiscale fusion of high-resolution ms and pan imagery. Photogrammetric Engineering and Remote Sensing, 72: 591-596.

Aiazzi B, Baronti S, Selva M. 2007. Improving component substitution pansharpening through multivariate regression of ms +pan data. IEEE Transactions on Geoscience and Remote Sensing, 45(10): 3230-3239.

Alparone L, Aiazzi B, Baronti S, et al. 2008. Multispectral and panchromatic data fusion assessment without reference. ASPRS Journal of Photogrammetric Engineering and Remote Sensing, 74: 193-200.

Burt P J, Adelson E H. 1987. The laplacian pyramid as a compact image code//Fischler M A, Firschein O. Readings in Computer Vision. San Francisco (CA): Morgan Kaufmann: 671-679.

Chavez P Jr, Kwarteng A. 1989. Extracting spectral contrast in landsat thematic mapper image data using selective principal component analysis. Photogrammetric Engineering and Remote Sensing, 55: 339-348.

Chavez P Jr, Sides S, Anderson J. 1991. Comparison of three different methods to merge multiresolution and multispectral data: Landsat tm and spot panchromatic. Photogrammetric

Engineering and Remote Sensing, 57: 265-303.

Dong C, Loy C C, He K, et al. 2016. Image super-resolution using deep convolutional networks. IEEE Transactions on Pattern Analysis and Machine Intelligence, 38(2): 295-307.

Dou W, Chen Y, Li X, et al. 2007. A general framework for component substitution image fusion: An implementation using the fast image fusion method. Computers & Geosciences, 33: 219-228.

Garzelli A, Nencini F, Capobianco L. 2008. Optimal mmse pan sharpening of very high resolution multispectral images. IEEE Transactions on Geoscience and Remote Sensing, 46(1): 228-236.

Gillespie A R, Kahle A B, Walker R E. 1987. Color enhancement of highly correlated images. ii. channel ratio and "chromaticity" transformation techniques. Remote Sensing of Environment, 22(3): 343-365.

Huang W, Xiao L, Wei Z, et al. 2015. A new pan-sharpening method with deep neural networks. IEEE Geoscience and Remote Sensing Letters, 12(5): 1037-1041.

Jia X, de Brabandere B, Tuytelaars T, et al. 2016. Dynamic Filter Networks. Barcelona, Spain: Proceedings of the Advances in Neural Information Processing Systems.

Jin X, Tang P, Zhang Z. 2021. Sequence image datasets construction via deep convolution networks. Remote Sensing, 13: 1853.

Khan M M, Chanussot J, Condat L, et al. 2008. Indusion: Fusion of multispectral and panchromatic images using the induction scaling technique. IEEE Geoscience and Remote Sensing Letters, 5(1): 98-102.

Lee J, Lee C, 2010. Fast and efficient panchromatic sharpening. IEEE Transactions on Geoscience and Remote Sensing, 48(1): 155-163.

Liu Q, Zhou H, Xu Q, et al. 2021. Psgan: A generative adversarial network for remote sensing image pan-sharpening. IEEE Transactions on Geoscience and Remote Sensing, 59(12): 10227-10242.

Liu X, Tang P, Jin X, et al. 2022. From regression based on dynamic filter network to pansharpening by pixel-dependent spatial-detail injection. Remote Sensing, 14(5): 1242.

Ma J, Yu W, Chen C, et al. 2020. Pan-gan: An unsupervised pan- sharpening method for remote sensing image fusion. Information Fusion, 62: 110-120.

Mallat S. 1989. A theory for multiresolution signal decomposition: The wavelet representation. IEEE Transactions on Pattern Analysis and Machine Intelligence, 11(7): 674-693.

Masi G, Cozzolino D, Verdoliva L, et al., 2016. Pansharpening by convolutional neural networks. Remote Sensing, 8: 594.

Maurer T. 2013. How to pan-sharpen images using the gram-schmidt pan-sharpen method-a recipe. ISPRS-International Archives of the Photogrammetry. Remote Sensing and Spatial Information Sciences, XL-1/W1: 239-244.

Meng X, Xiong Y, Shao F, et al. 2021. A large-scale benchmark data set for evaluating pansharpening performance: Overview and imple mentation. IEEE Geoscience and Remote Sensing Magazine, 9(1): 18-52.

Nason G, Silverman B. 1995. The stationary wavelet transform and some statistical applications// Lecture Notes in Statistics: Wavelets and Statistics. New York, United States: Springer: 281-300.

Niklaus S, Mai L, Liu F. 2017a. Video Frame Interpolation via Adaptive Convolution. Honolulu, HI, USA: Proceedings of the IEEE Conference on Computer Vision and Pattern Recognition (CVPR).

Niklaus S, Mai L, Liu F. 2017b. Video Frame Interpolation via Adaptive Separable Convolution. Venice, Italy: Proceedings of the IEEE International Conference on Computer Vision (ICCV).

Nunez J, Otazu X, Fors O, et al. 1999. Multiresolution-based image fusion with additive wavelet decomposition. IEEE Transactions on Geoscience and Remote Sensing, 37(3): 1204-1211.

Ozcelik F, Alganci U, Sertel E, et al. 2021. Rethinking cnn- based pansharpening: Guided colorization of panchromatic images via gans. IEEE Transactions on Geoscience and Remote Sensing, 59(4): 3486-3501.

Rahmani S, Strait M, Merkurjev D, et al. 2010. An adaptive ihs pan-sharpening method. IEEE Geoscience and Remote Sensing Letters, 7(4): 746-750.

Ranchin T, Wald L. 2000. Fusion of high spatial and spectral resolution images: The arsis concept and its implementation. Photogrammetric Engineering and Remote Sensing, 66: 49-61.

Scarpa G, Vitale S, Cozzolino D. 2018. Target-adaptive cnn-based pansharpening. IEEE Transactions on Geoscience and Remote Sensing, 56(9): 5443-5457.

Shao Z, Cai J. 2018. Remote sensing image fusion with deep convolutional neural network. IEEE Journal of Selected Topics in Applied Earth Observations and Remote Sensing, 11(5): 1656-1669.

Shao Z, Lu Z, Ran M, et al. 2020. Residual encoder–decoder conditional generative adversarial network for pansharpening. IEEE Geoscience and Remote Sensing Letters, 17(9): 1573-1577.

Shensa M. 1992. The discrete wavelet transform: Wedding the a trous and mallat algorithms. IEEE Transactions on Signal Processing, 40(10): 2464-2482.

Vitale S, Scarpa G. 2020. A detail-preserving cross-scale learning strategy for cnn-based pansharpening. Remote Sensing, 12: 348.

Vivone G, Restaino R, Dalla M M, et al. 2014. Contrast and error-based fusion schemes for multispectral image pansharpening. IEEE Geoscience and Remote Sensing Letters, 11(5): 930-934.

Wang Z, Bovik A. 2002. A universal image quality index. IEEE Signal Processing Letters, 9(3): 81-84.

Wei Y, Yuan Q, Shen H, et al. 2017. Boosting the accuracy of multi- spectral image pansharpening by learning a deep residual network. IEEE Geoscience and Remote Sensing Letters, 14(10): 1795-1799.

Yang J, Fu X, Hu Y, et al. 2017. PanNet: A Deep Network Architecture for Pan-Sharpening. Venice,

Italy: Proceedings of the 2017 IEEE International Conference on Computer Vision (ICCV).

Yuan Q, Wei Y, Meng X, et al. 2018. A multiscale and multidepth convolutional neural network for remote sensing imagery pan-sharpening. IEEE Journal of Selected Topics in Applied Earth Observations and Remote Sensing, 11(3): 978-989.

Yuhas R H, Goetz A, Boardman J. 1992. Discrimination among Semi-Arid Landscape Endmembers Using the Spectral Angle Mapper (SAM) Algorithm. Pasadena, CA, USA: Proceedings of the Summaries of the Third Annual JPL Airborne Geoscience Workshop.

Zhou J, Civco D L, Silander J A. 1998. A wavelet transform method to merge landsat tm and spot panchromatic data. International Journal of Remote Sensing, 19(4): 743-757.

第 *7* 章

时相缺失图像的插值生成

太阳同步轨道卫星的成像观测特性使得同一区域的大部分卫星观测只能获得一定时间周期的地球快照，而且由于云的影响，多光谱数据甚至很难获得确定时间周期的影像，这使得本应具有确定时间周期的多光谱观测数据经常存在时相图像的缺失，这给遥感多光谱数据在大区域的统一处理和应用带来了困难。为了解决遥感多光谱观测数据时相缺失问题，本章研究缺失时相图像的非线性插值生成方法。通过非线性插值生成方法补全缺失的遥感时序影像，促进遥感领域的研究与应用。

7.1 引　　言

遥感观测数据具有非常广泛的应用前景，已在土地利用、环境监测、城市建设等应用领域得到有效的应用。

图 7.1 展示两个数据集在某一年时序中图像获取情况。其中，x 轴和 y 轴分别表示观测数据的年份和月份，空白处表示对应年份/月份有观测数据的缺失。图 7.1（a）、图 7.1（b）分别表示无人机（unmanned aerial vehicle，UAV）影像数据集和 Landsat-8 卫星影像数据集，图 7.2、图 7.3 分别展示了 UAV 影像数据集和 Landsat-8 卫星影像数据集的概况。

UAV 影像数据集位于圣米歇尔山上游的库斯农河平原（法国西部，1.53°W，48.52°N）。库斯农河平原是一片面积约 174 hm^2 的水淹大草原（Alvarez-Vanhard et al., 2020），这个数据集中的影像不包含云噪声。影像投影类型为兰伯特投影，空间分辨率为 0.02 m，波段包含绿光（green）、红光（red）、红边（rededge）和近红外（nir）。

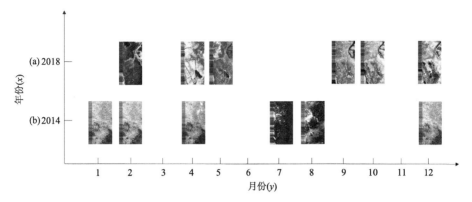

图 7.1　观测数据缺失情况示例

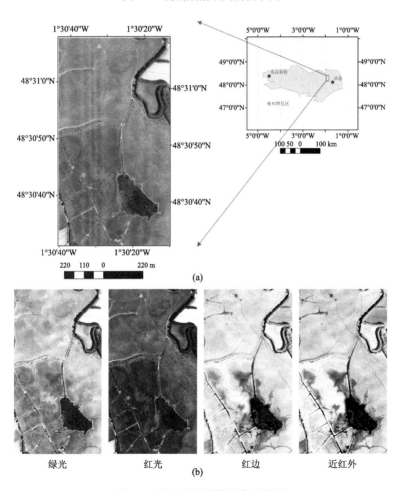

图 7.2　无人机影像数据集的概况

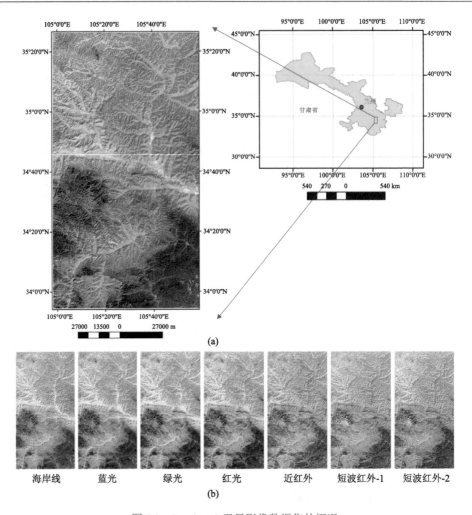

图 7.3　Landsat-8 卫星影像数据集的概况

　　Landsat-8 卫星影像数据集位于甘肃省东南部，全球参考系（world-wide reference system，WRS）中的 36 行 129 条带（36/129，105.50°E，34.73°N），这个数据集中的部分影像包含大量云噪声（云量 >10%）。影像投影类型为通用横轴墨卡托投影（universal transverse Mercator，UTM），空间分辨率为 30 m，波段包含海岸线（coastal）、蓝光（blue）、绿光（green）、红光（red）、近红外（nir）、短波红外-1（SWIR-1）和短波红外-2（SWIR-2）。

　　其中，图 7.2（a）表示 UAV 影像数据集的地理位置，图 7.2（b）表示 UAV 影像数据集中不同波段的视觉效果。

　　其中，图 7.3（a）表示 Landsat-8 卫星影像数据集的地理位置，图 7.3（b）

表示 Landsat-8 卫星影像数据集中不同波段的视觉效果。

就按月获取数据的情况看，上述数据序列显然存在很多缺失的情况，而且数据缺失可能是非等间隔的，没有明确的规律。当这些数据作为时间序列数据处理时，不得不面对各种数据缺失的情况，使得难以将时间序列作为等间隔采样的序列进行统一处理，只能作为多时相非等间隔的数据进行处理。本章就补齐时相的方法进行研究，研究缺失时相图像的非线性插值生成方法。从图 7.1 看，图像缺失有如下两种情况：

（1）两景之间缺 1 个时相。如图 7.1（a），2018 年 2 月和 4 月之间缺 3 月的图像，10 月和 12 月之间缺 11 月的情况；如图 7.1（b），2014 年 2 月和 4 月之间缺 3 月的图像。

（2）两景之间缺多个时相。如图 7.1（a），2018 年 5 月和 9 月之间缺 3 个时相图像；如图 7.1（b），2014 年 8 月和 12 月之间缺 3 个时相图像。

显然，当两景图像之间缺 1 个时相图像时，双向的时相间图像插值成为自然的选择；当两景图像之间缺多个时相图像时，单向的时相间图像变换就成为一个选择。

不管是双向的时相间图像插值还是单向的时相间图像变换方法，都是图像的生成方法。由于高空间分辨率遥感影像序列包含大量复杂多样的非线性信息（石强, 2018；Bai et al., 2018），时间维度线性的图像变换方法很难表征图像中大量的非线性信息，不得不寻求非线性的变换方法。而深度学习方法能够较好地模拟遥感数据复杂的非线性信息，因此它成为时序影像生成的一种较好的选择。

作为机器学习的一个重要分支，深度学习是近年来在人工智能领域中巨大的突破和重要的研究方向。Hinton 和 Salakhutdinov（2006）首次在顶尖刊物 *Science* 上提出了"深度学习"的概念。研究结果表明，含有多个隐含层的人工神经网络（artificial neural network，ANN）具有很强的特征学习能力，利用该模型提取的特征可以更好地表达原始输入的信息，使其能够更好地表达出特征的可视化；采用非监督学习算法进行分层初始化，可以达到分层表示的目的，有效地减少训练的困难。基于此，深度学习在学术界和工业界，在自然语言处理、语音识别、图像识别等领域都有很大突破。

卷积神经网络（CNN）是一种新发展的深度学习模型，是在图像处理领域引起广泛重视的一种高效的处理方法（Ma et al., 2017; Guo et al.,2021）。网络中利用局部感受野、权重共享和池化运算，可以有效地减少网络的学习参数和减小网络的复杂性，使模型在平移、扭曲和缩放等方面保持不变。与常规的机器学习算法比较，该算法在特征识别和表达方面表现出较好的抗干扰能力。CNN 在遥感影像常规处理方面已经被证明有强大的特征提取能力，但 CNN 强大的特征提取能力能否用于中高分辨率图像的生成，相关研究目前还非常少。

因此，本章在充分考虑缺失时相图像实际需求的基础上，基于图像插值的角度并结合深度学习方法进行图像生成研究，以弥补缺失的遥感观测数据，构建完整时相的遥感影像数据集。

本章使用均方根误差（root mean square error，RMSE）和结构相似度（structural similarity index，SSIM）定量地评价生成结果与参考影像之间的像素误差和相似度。

均方根误差（RMSE）是一种基于像素点的统计方法（Huang et al., 2007），表示生成结果与参考影像之间的像素误差。在影像质量评价中，均方根误差反映了生成结果与参考影像之间的像素误差的变化，具体计算公式如式（7.1）所示。

$$\text{RMSE} = \sqrt{\frac{1}{W \cdot H} \sum (\| I_{\text{estimated}} - I_{\text{gt}} \|_2)} \tag{7.1}$$

式中，$I_{\text{estimated}}$ 表示生成结果；I_{gt} 表示参考影像；W、H 分别表示影像的宽度和高度。RMSE 值越小，说明生成结果与参考影像之间的像素越接近。

Wang 等（2004）提出称为结构相似度（SSIM）的评价方法，认为客观评价方法不能依赖于像素点间的简单统计，而应基于人眼视觉特点来进行研究。在影像质量评价中，该方法可用于衡量生成结果与参考影像之间的相似度。SSIM 值越大，说明生成结果与参考影像之间的相似度越高（付燕和史小雨，2017）。

结构相似度（SSIM）由亮度信息 $L(I_{\text{estimated}}, I_{\text{gt}})$、对比度信息 $C(I_{\text{estimated}}, I_{\text{gt}})$ 和结构退化信息 $S(I_{\text{estimated}}, I_{\text{gt}})$ 组成。其中，$I_{\text{estimated}}$、I_{gt} 分别表示生成结果和参考影像。为了增加结构相似度计算结果的稳定性，同时避免分式中分子或分母为零的情况，对亮度信息 $L(I_{\text{estimated}}, I_{\text{gt}})$、对比度信息 $C(I_{\text{estimated}}, I_{\text{gt}})$ 和结构退化信息 $S(I_{\text{estimated}}, I_{\text{gt}})$ 的公式增添参数 C_1、C_2 和 C_3。$L(I_{\text{estimated}}, I_{\text{gt}})$、$C(I_{\text{estimated}}, I_{\text{gt}})$、$S(I_{\text{estimated}}, I_{\text{gt}})$、$\text{SSIM}(I_{\text{estimated}}, I_{\text{gt}})$ 的计算公式如式（7.2）～式（7.5）所示。

$$L(I_{\text{estimated}}, I_{\text{gt}}) = (2\mu_{I_{\text{estimated}}} \mu_{I_{\text{gt}}} + C_1) / (\mu^2_{I_{\text{estimated}}} + \mu^2_{I_{\text{gt}}} + C_1) \tag{7.2}$$

$$C(I_{\text{estimated}}, I_{\text{gt}}) = (2\sigma_{I_{\text{estimated}}} \sigma_{I_{\text{gt}}} + C_2) / (\sigma^2_{I_{\text{estimated}}} + \sigma^2_{I_{\text{gt}}} + C_2) \tag{7.3}$$

$$S(I_{\text{estimated}}, I_{\text{gt}}) = (2\sigma_{I_{\text{estimated}} I_{\text{gt}}} + C_3) / (\sigma_{I_{\text{estimated}}} + \sigma_{I_{\text{gt}}} + C_3) \tag{7.4}$$

$$\text{SSIM}(I_{\text{estimated}}, I_{\text{gt}}) = [L(I_{\text{estimated}}, I_{\text{gt}})]^\alpha [C(I_{\text{estimated}}, I_{\text{gt}})]^\beta [S(I_{\text{estimated}}, I_{\text{gt}})]^\gamma \tag{7.5}$$

式中，$\mu_{I_{\text{estimated}}}$、$\sigma_{I_{\text{estimated}}}$ 分别表示生成结果的均值和标准差；$\mu_{I_{\text{gt}}}$、$\sigma_{I_{\text{gt}}}$ 分别表示参考影像 I_{gt} 的均值和标准差；$\sigma_{I_{\text{estimated}}, I_{\text{gt}}}$ 表示生成结果 $I_{\text{estimated}}$ 与参考影像 I_{gt} 之间的相关系数；α、β 和 γ 控制三种信息的重要程度，取值为 $\alpha = \beta = \gamma = 1$；$C_1$、$C_2$ 和 C_3 取值为：$C_1 = (0.01L)^2$、$C_2 = (0.03L)^2$、$C_3 = (0.03L)^2 / 2$，L 表示影像像素

的最大值，通常 $L = 255$。

7.2　线性插值模型及问题

通常图像的线性插值模型如下：

$$I_t = \alpha I_{t_1} + \beta I_{t_2} \tag{7.6}$$

式中，I_{t_1}、I_{t_2} 表示两个时相的图像；I_t 表示 t_1 和 t_2 中间时相的图像；$\alpha + \beta = 1$，α 和 β 的数值大小反映 t 到 t_1 和 t_2 的距离大小，一般距离越近数值越大。

在两个数据集中，分别选择相同时序不同时相的 3 组影像，用于解算公式（7.6）中的权重系数 α 和 β。将相邻时序中两个时相的图像输入已知系数的线性插值模型中，得到中间时相的线性插值结果。图像线性插值生成结果与参考影像之间的视觉比较和定量指标分别如图 7.4、表 7.1 所示。

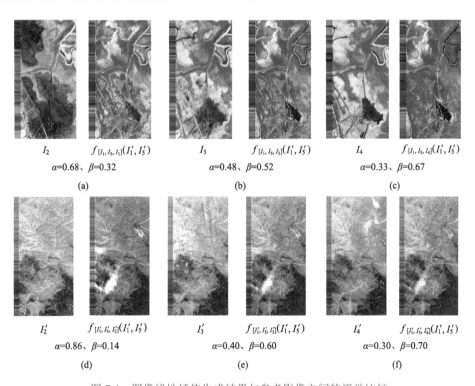

I_2　　$f_{[I_1, I_5, I_1]}(I_1', I_5')$　　I_3　　$f_{[I_1, I_5, I_3]}(I_1', I_5')$　　I_4　　$f_{[I_1, I_5, I_4]}(I_1', I_5')$

$\alpha = 0.68$、$\beta = 0.32$　　　$\alpha = 0.48$、$\beta = 0.52$　　　$\alpha = 0.33$、$\beta = 0.67$

(a)　　　　　　　　　　(b)　　　　　　　　　　(c)

I_2'　　$f_{[I_1', I_5', I_2']}(I_1', I_5')$　　I_3'　　$f_{[I_1', I_5', I_3']}(I_1', I_5')$　　I_4'　　$f_{[I_1', I_5', I_4']}(I_1', I_5')$

$\alpha = 0.86$、$\beta = 0.14$　　　$\alpha = 0.40$、$\beta = 0.60$　　　$\alpha = 0.30$、$\beta = 0.70$

(d)　　　　　　　　　　(e)　　　　　　　　　　(f)

图 7.4　图像线性插值生成结果与参考影像之间的视觉比较

表 7.1　两个数据集中图像线性插值生成结果的定量指标

实验数据集	线性插值结果	参考影像	RMSE	SSIM
UAV	$f[I_1,I_5,I_2]$ (I_1',I_5')	I_2	31.657	0.7271
UAV	$f[I_1,I_5,I_2]$ (I_1',I_5')	I_3	18.715	0.9065
UAV	$f[I_1,I_5,I_4]$ (I_1',I_5')	I_4	14.392	0.9423
Landsat-8	$f[I_1',I_5',I_2']$ (I_1,I_5)	I_2'	11.625	0.8468
Landsat-8	$f[I_1',I_5',I_3']$ (I_1,I_5)	I_3'	8.343	0.8543
Landsat-8	$f[I_1',I_5',I_4']$ (I_1,I_5)	I_4'	10.921	0.7611

图 7.4（a）～图 7.4（c）分别表示 UAV 影像数据集中使用图像线性插值方法生成的 2～4 月的结果与相应参考影像之间的视觉比较。图 7.4（d）～图 7.4（f）分别表示 Landsat-8 卫星影像数据集中使用图像线性插值方法生成的 2～4 月的结果与相应参考影像之间的视觉比较。

图 7.4、表 7.1 说明，使用图像线性插值方法生成的结果与参考影像之间的 RMSE 整体范围为 8～32，SSIM 整体范围小于 94.2%，间接表征了使用图像线性插值方法生成的结果与参考影像之间的光谱保持能力较差，尤其在 Landsat-8 卫星影像数据集中体现得更为明显。

7.3　基于自适应滤波器的非线性图像插值方法

高空间分辨率图像很难形成时间维度密集的序列，缺失的图像难以通过基于像元的时序插值填补，如 MODIS 序列重构常做的那样，使用图像线性插值方法（何立和黄永璘，2005；王汉东等，2021）和时空融合方法（Gao et al., 2006; Zhu et al., 2010; 王家和龙冬梅，2020）进行时序影像生成。因此，一个自然的想法是通过先后时相进行整景插值。整景插值时，面对的困难是图像的空间范围较大，地物类型复杂，不同地物在不同时间的变化程度区别很大，如不透水地表的不同时相的地表特征几乎是线性不变的，但植被的反射率在不同月份的变化却是很大的，如中国北方 3～6 月的植被变化。因此，如何实现不同时相间的图像插值是一个挑战，因为这是一个严重的非线性问题。

本章首先在 7.3 节中讨论了线性插值方法进行图像插值带来的问题，继而扩展线性插值模型为非线性插值，在 7.3.2 节中提出了一种自适应滤波器生成网络（adaptive filter generation network，AdaFG）（Jin et al., 2021），该模型中采用自适应滤波器表征不同时相间图像的非线性变换，通过双向的时相间图像的自适应滤波变换插值生成缺失时相的图像。

7.3.1　单向的时相间图像插值生成方法

Meyer 等（2018）提出一种基于局部特征的单向时相间图像插值方法（UD-PN），该网络主要用于不同视频帧之间的色彩变换。在 UD-PN 网络中，给定 $t-1$ 时刻的灰度帧（G_{t-1}）、t 时刻的灰度帧（G_t）和 $t-1$ 时刻的彩色帧（I_{t-1}），t 时刻的彩色帧（I_t）估计值 $I^w(x,y)$ 的计算公式如式（7.7）所示。

$$I^w(x,y) = P_{t-1}(x,y) * K_t(x,y) \qquad (7.7)$$

式中，$P_{t-1}(x,y)$ 表示彩色帧（I_{t-1}）以 (x,y) 为中心的影像块；*表示局部卷积操作；$K_t(x,y)$ 表示基于 $t-1$ 时刻的灰度帧（G_{t-1}）和 t 时刻的灰度帧（G_t）所估计的二维滤波器。依赖于像素的二维滤波器 $K_t(x,y)$ 可以近似使用两个不同方向（垂直、水平）的一维滤波器所替代，具体计算公式如式（7.8）所示。

$$K_t(x,y) = K_{t,v}(x,y) * K_{t,h}(x,y) \qquad (7.8)$$

7.3.2　双向的时相间图像插值生成方法

1. 插值模型

自适应滤波器生成网络（AdaFG）给出相同空间分辨率不同时刻的 2 景影像（I_{t_1}, I_{t_2}），假定某一中间时刻的影像（$I_{\text{estimated}}$）能够被这 2 景影像插值估计，具体计算公式如式（7.9）所示。

$$I_{\text{estimated}} = I_{t_1} * K_1 + I_{t_2} * K_2 \qquad (7.9)$$

式中，K_1 和 K_2 为两组滤波器族，每组滤波器族的个数和图像像元大小一样多，当考虑一个具体的图像在 (x,y) 的像元值时，其公式如式（7.10）所示。

$$I_{\text{estimated}}(x,y) = b_1(x,y) * K_1(x,y) + b_2(x,y) * K_2(x,y) \qquad (7.10)$$

式中，$b_1(x,y)$、$b_2(x,y)$ 分别表示 2 景影像（I_{t_1}, I_{t_2}）以 (x,y) 为中心的影像块；*表示局部卷积操作；$K_1(x,y)$ 和 $K_2(x,y)$ 分别表示 K_1 和 K_2 在 (x,y) 的滤波器。对于图像，通常 $K_1(x,y)$ 和 $K_2(x,y)$ 滤波器是 2D 的滤波器，但为了减少参数，我们这里使用两个不同方向（垂直、水平）的一维滤波器来近似。这时 $K_1(x,y)$、$K_2(x,y)$ 可分别表示为 $k_{1,v} * k_{1,h}$、$k_{2,v} * k_{2,h}$。在这种假设条件下，图像插值就是估计每个像元的 4 个一维滤波器（$k_{1,v}, k_{1,h}, k_{2,v}, k_{2,h}$）。不失一般性，我们可假设 4 个一维滤波器具有紧支集（Lee and Fidler, 2015；Chai and Kang, 2021），并将滤波器应用于每景影像的多光谱通道，以合成输出像素。

我们把式（7.9）所表示的图像插值模型称为自适应滤波器生成网络的图像插值模型。在这个模型中，图像插值的核心任务就是估计一组图像自适应滤波器族 K_1 和 K_2。

CNN 作为特征提取和非线性能力表达的有效工具，同样可用于学习构造图像自适应滤波器。滤波器生成网络（filter generation network，FGN）就是其中的一类方法，基于它生成了"动态滤波器网络"（dynamic filter networks，DFN）（Xue et al.，2016；Wu et al.，2018）、图像几何变换网络（Dai et al.，2017）等。滤波器生成网络可生成内容自适应的滤波器，该网络采用编码器-解码器结构，学习与位置有关的卷积核，使用单独的子网预测每个像素处的卷积滤波器权重。该网络以无监督方式学习，其由于自适应性而具有很高的灵活性。这种方式被用于学习各种滤波操作，包括局部空间变换、去模糊或自适应去噪等。

2. 网络结构

自适应滤波器生成网络（AdaFG）的结构如图 7.5 所示。该网络主要由四部分组成，包括特征提取部分、特征恢复部分、分离卷积部分和网络推理部分。

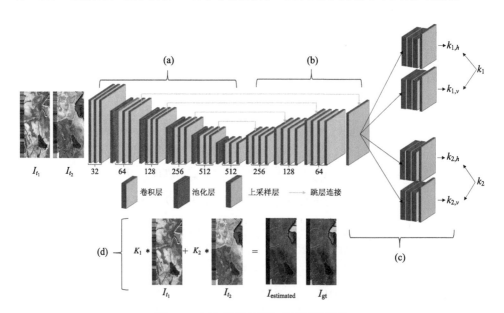

图 7.5 自适应滤波器生成网络的结构

图 7.5（a）表示特征提取部分，主要作用是提取训练样本的特征。该部分主要包含 5 个卷积层（Conv$_i$，$i = 1, \cdots, 5$）和池化层（Pool$_i$，$i = 1, \cdots, 5$）。每个卷

积层中的滤波器（filters）数量分别为 32、64、128、256 和 512。

图 7.5（b）表示特征恢复部分，主要作用是恢复所提取样本的特征。该部分主要包含 4 个反卷积层（$Deconv_i$, $i = 1, \cdots, 4$）和上采样层（$Upsample_i$, $i = 1, \cdots, 4$）。每个反卷积层中的滤波器数量分别为 512、256、128 和 64。

图 7.5（c）表示分离卷积部分，主要作用是估计分离的二维滤波器。该部分主要将最后特征恢复层中的特征信息输入 4 个子网络（$Subnet_i$, $i = 1, \cdots, 4$）中，每个子网络估计 1 个一维滤波器。

图 7.5（d）表示网络推理部分，主要作用是误差反向传播和梯度更新。该部分主要通过网络训练得到 2 景影像的估计值（$I_{estimated}$），计算估计值（$I_{estimated}$）与相应参考影像（I_{gt}）之间的误差，并根据误差反向更新网络中每层的梯度。

AdaFG 网络中每层特征图的细节信息如表 7.2 所示（输入影像块 $W \times H = 256 \times 256$，$b$ 表示影像包含的波段数，k 表示分离滤波器的尺寸）。

表 7.2　AdaFG 网络中每层特征图的细节信息

类型	滤波器尺寸	步长	填充尺寸	特征图尺寸（filters×W×H）
Input				2b×256×256
Conv$_1$	3×3	1×1	1×1	32×256×256
Pool$_1$	2×2	2×2	1×1	32×128×128
Conv$_2$	3×3	1×1	1×1	64×128×128
Pool$_2$	2×2	2×2	1×1	64×64×64
Conv$_3$	3×3	1×1	1×1	128×64×64
Pool$_3$	2×2	2×2	1×1	128×32×32
Conv$_4$	3×3	1×1	1×1	256×32×32
Pool$_4$	2×2	2×2	1×1	256×16×16
Conv$_5$	3×3	1×1	1×1	512×16×16
Pool$_5$	2×2	2×2	1×1	512×8×8
Deconv$_1$	3×3	1×1	1×1	512×8×8
Upsample$_1$	3×3	1×1	1×1	512×16×16
Deconv$_2$	3×3	1×1	1×1	256×16×16
Upsample$_2$	3×3	1×1	1×1	256×32×32
Deconv$_3$	3×3	1×1	1×1	128×32×32
Upsample$_3$	3×3	1×1	1×1	128×64×64
Deconv$_4$	3×3	1×1	1×1	64×64×64

类型	滤波器尺寸	步长	填充尺寸	特征图尺寸（filters×W×H）
Upsample₄	3×3	1×1	1×1	64×128×128
Subnet₁	3×3	1×1	1×1	256×256×256
Subnet₂	3×3	1×1	1×1	11×256×256
Subnet₃	3×3	1×1	1×1	11×256×256
Subnet₄	3×3	1×1	1×1	11×256×256

注：filters 表示滤波器数量。

特征图的尺寸在网络不同层中有不同的计算公式，特征图尺寸在卷积层、池化层、反卷积层和上采样层中的计算公式如式（7.11）～式（7.14）所示。

$$W_{conv} = (W_{input} - K + 2 \cdot P)/S + 1 \tag{7.11}$$

$$W_{pool} = (W_{input} - K)/S + 1 \tag{7.12}$$

$$W_{deconv} = (W_{input} - 1) \cdot S + K - 2 \cdot P \tag{7.13}$$

$$W_{upsample} = 2 \cdot W_{input} \tag{7.14}$$

式中，W_{input} 表示样本输入尺寸；K 表示滤波器尺寸；S 表示卷积步长大小；P 表示卷积填充大小；W_{conv}、W_{pool}、W_{deconv}、$W_{upsample}$ 分别表示特征图在卷积层、池化层、反卷积层和上采样层中输出的尺寸。

此外，可以使用多种方式执行上采样层，如最近邻像元内插、双线性内插和三次卷积内插（Zeiler et al., 2011; Dong et al., 2015; 石强, 2018）。同时，利用跳层连接（Bishop et al., 2006; Long et al., 2015）让上采样层结合 AdaFG 提取特征。

7.4　实验结果与分析

7.4.1　实现细节

AdaFG 网络和 UD-PN 网络的实现细节主要包括以下两个方面：①符号表示；②实验策略。

1. 符号表示

在实验开始之前，需要对本实验中使用的符号进行定义。本实验中定义的符号包括时序中的训练样本影像、测试样本影像、网络映射模型和测试结果。

在 AdaFG 网络中，$f_{\left[I_{t_1}, I_{t_2}, I_{t_3}\right]}$ 表示网络映射模型，在 $[I_{t_1}, I_{t_2}, I_{t_3}]$ 中，I_{t_1}、I_{t_2} 表

示训练样本，I_{t_3} 表示参考样本，t_1、t_2 表示训练样本的月份，t_3 表示参考样本的月份。$f_{[I_{t_1},I_{t_2},I_{t_3}]}(I'_{t_1},I'_{t_2})$ 表示网络测试结果，I'_{t_1}、I'_{t_2} 表示来源于相邻时序影像中的测试样本。在 UD-PN 网络中，$f_{[I_{t_1},I_{t_2}]}$ 表示网络映射模型，在 $[I_{t_1},I_{t_2}]$ 中，I_{t_1} 表示训练样本，I_{t_2} 表示参考样本，t_1 表示训练样本的月份，t_2 表示参考样本的月份。$f_{[I_{t_1},I_{t_2}]}(I'_{t_1})$ 表示网络测试结果，I'_{t_1} 表示来源于相邻时序影像中的测试样本。

2. 实验策略

在 AdaFG 网络中，实验从单个时序中选择 3 景样本影像进行网络训练。训练样本中前 2 景样本影像作为网络的输入影像，后 1 景样本影像作为网络的参考影像。在 UD-PN 网络中，实验从单个时序中选择 2 景样本影像进行网络训练。训练样本中前 1 景样本影像作为网络的输入影像，后 1 景样本影像作为网络的参考影像。

由于计算机内存的限制，需要对样本影像进行分块处理。两个数据集中单景样本影像的尺寸为 3072×5632，单景样本影像分块尺寸为 256×256，两个数据集中单景样本总量为 264 块。其中，网络模型的训练样本占比 94%，网络模型的验证样本占比 6%。

本章在每个数据集中进行 3 组训练实验和 1 组测试实验。在 AdaFG 网络中，两个数据集中训练和测试样本的名称和日期如表 7.3 所示，视觉效果如图 7.6 所示。在 UD-PN 网络中，两个数据集中训练和测试样本的名称和日期如表 7.4 所示，视觉效果如图 7.7 所示。

表 7.3　AdaFG 网络中训练和测试样本的名称和日期

实验数据集	实验类型	实验组数	样本影像名称	样本影像日期
UAV	训练	1	I_4	2019 年 4 月
UAV	训练	1	I_5	2019 年 5 月
UAV	训练	1	I_6	2019 年 6 月
UAV	训练	2	I_4	2019 年 4 月
UAV	训练	2	I_5	2019 年 5 月
UAV	训练	2	I_7	2019 年 7 月
UAV	训练	3	I_4	2019 年 4 月
UAV	训练	3	I_5	2019 年 5 月
UAV	训练	3	I_8	2019 年 8 月
UAV	测试	1	I_4'	2018 年 4 月

续表

实验数据集	实验类型	实验组数	样本影像名称	样本影像日期
UAV	测试	1	I_5'	2018 年 5 月
Landsat-8	训练	1	I_4'	2014 年 4 月
Landsat-8	训练	1	I_7'	2014 年 7 月
Landsat-8	训练	1	I_2'	2014 年 2 月
Landsat-8	训练	2	I_4'	2014 年 4 月
Landsat-8	训练	2	I_7'	2014 年 7 月
Landsat-8	训练	2	I_8'	2014 年 8 月
Landsat-8	训练	3	I_4'	2014 年 4 月
Landsat-8	训练	3	I_7'	2014 年 7 月
Landsat-8	训练	3	I_{12}'	2014 年 12 月
Landsat-8	测试	1	I_4	2015 年 4 月
Landsat-8	测试	1	I_7	2019 年 7 月

表 7.4　UD-PN 网络中训练和测试样本的名称和日期

实验数据集	实验类型	实验组数	样本影像名称	样本影像日期
UAV	训练	1	I_4	2019 年 4 月
UAV	训练	1	I_6	2019 年 6 月
UAV	训练	1	I_4	2019 年 4 月
UAV	训练	2	I_4	2019 年 4 月
UAV	训练	2	I_7	2019 年 7 月
UAV	训练	3	I_4	2019 年 4 月
UAV	训练	3	I_8	2019 年 8 月
UAV	测试	1	I_4'	2018 年 4 月
Landsat-8	训练	1	I_1'	2014 年 1 月
Landsat-8	训练	1	I_2'	2014 年 2 月
Landsat-8	训练	2	I_1'	2014 年 1 月
Landsat-8	训练	2	I_8'	2014 年 8 月
Landsat-8	训练	3	I_1'	2014 年 1 月
Landsat-8	训练	3	I_{12}'	2014 年 12 月
Landsat-8	测试	1	I_1	2015 年 1 月

图 7.6（a）、图 7.6（b）分别表示 UAV 影像数据集和 Landsat-8 卫星影像数据集中不同月份训练样本的视觉效果。每个数据集中红框表示验证样本，每个数据集包含 3 个训练样本三元组和 1 个测试样本二元组。

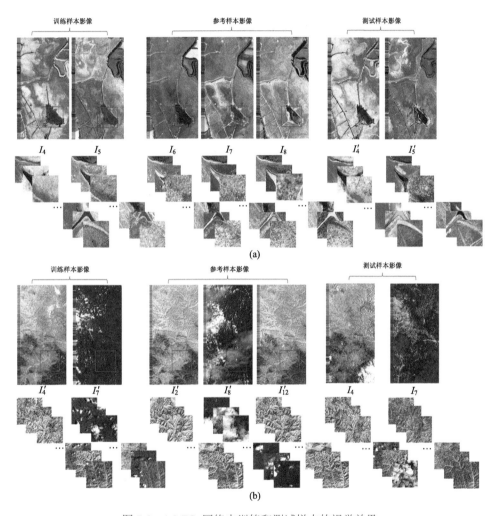

图 7.6　AdaFG 网络中训练和测试样本的视觉效果

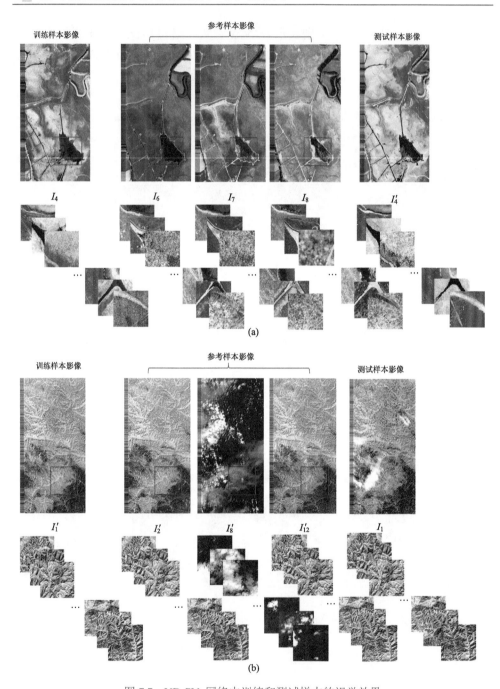

图 7.7　UD-PN 网络中训练和测试样本的视觉效果

7.4.2　结果评价

实验结果的评价主要包括以下两个方面：①像素误差图评价；②定量指标评价。

1. 像素误差图评价

像素误差图是指用来表征不同水平像素误差（网络生成结果与相应参考影像之间的像素差值）分布的颜色分级图。通过像素误差图对不同网络的生成结果进行视觉展示和评价。图 7.8 展示两个数据集中使用不同网络的生成结果与相应参考影像之间的像素误差图。

图 7.8（a）、图 7.8（b）分别表示 UAV 影像数据集和 Landsat-8 卫星影像数据集中使用不同网络模型不同月份生成结果的像素误差图。（a1）和（b1）表示不同数据集中的参考影像，（a2）、（a4）、（b2）、（b4）表示不同数据集中使用 AdaFG 网络生成结果与对应的像素误差图，（a3）、（a5）、（b3）、（b5）表示不同数据集中使用 UD-PN 网络生成结果与对应的像素误差图。红色、绿色和蓝色分别表示绝对像素误差范围为 0～1、1～2 和 2～3。

表 7.5　两个数据集中使用不同网络生成结果的定量指标

实验数据集	网络模型	生成结果	参考影像	RMSE	SSIM
UAV	AdaFG	$f[I_4,I_5,I_6]$ (I_4', I_5')	I_6	1.128	0.9997
UAV	AdaFG	$f[I_4,I_5,I_7]$ (I_4', I_5')	I_7	0.952	0.9997
UAV	AdaFG	$f[I_4,I_5,I_8]$ (I_4', I_5')	I_8	0.954	0.9998
UAV	UD-PN	$f[I_4,I_6]$ (I_4')	I_6	1.380	0.9996
UAV	UD-PN	$f[I_4,I_6]$ (I_4')	I_7	1.490	0.9994
UAV	UD-PN	$f[I_4,I_6]$ (I_4')	I_8	1.932	0.9992
Landsat-8	AdaFG	$f[I_4',I_7',I_2']$ (I_4, I_7)	I_2'	1.144	0.9987
Landsat-8	AdaFG	$f[I_4', I_7', I_8']$ (I_4, I_7)	I_8'	1.170	0.9957
Landsat-8	AdaFG	$f[I_4', I_7', I_{12}']$ (I_4, I_7)	I_{12}'	0.929	0.9984
Landsat-8	UD-PN	$f[I_4',I_2']$ (I_4)	I_2'	1.393	0.9981
Landsat-8	UD-PN	$f[I_4',I_8']$ (I_4)	I_8'	2.329	0.993
Landsat-8	UD-PN	$f[I_4',I_{12}']$ (I_4)	I_{12}'	1.140	0.9978

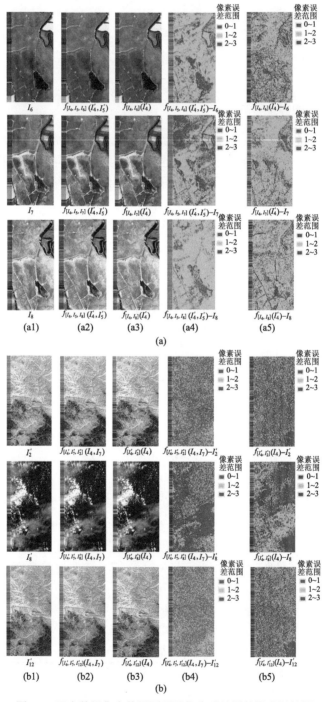

图 7.8　两个数据集中使用不同网络生成结果的像素误差图

2. 定量指标评价

定量指标表是指用来表征网络生成结果与相应参考影像之间的定量指标（RMSE、SSIM）。当主观视觉无法评价网络生成结果的优劣时，需要使用定量指标表对网络生成结果的优劣进行客观评价。表 7.5 展示两个数据集中使用不同网络的生成结果与相应参考影像之间的定量指标表。

图 7.8、表 7.5 说明在不同的数据集中，使用 AdaFG 网络在不同月份的生成结果与参考影像之间的像素误差低于使用 UD-PN 网络在不同月份的生成结果与参考影像之间的像素误差。其原因是 AdaFG 网络能够充分利用输入数据的空间和光谱信息，UD-PN 网络仅仅利用了输入数据的光谱信息。

7.5 数据集的构建实践

根据缺失时相图像发生的情况和两种网络的适用性，在本节中提出两种网络模型共同用于遥感影像数据集构建的策略。同时，将该构建策略应用于区域遥感影像数据集构建，以便进一步揭示两种网络模型在图像生成中的应用价值。

7.5.1 区域数据的缺失状况

区域多景遥感影像数据主要为 30 m 空间分辨率不同区域的 Landsat-8 卫星影像数据集。该数据集中包含 4 个不同区域的时序影像，分别为 36 行 130 条带（36/130）、37 行 130 条带（37/130）、36 行 129 条带（36/129）和 37 行 129 条带（37/129），不同区域主要位于甘肃省境内。图 7.9（a）～图 7.9（d）分别表示 36/130 区域、37/130 区域、36/129 区域和 37/129 区域的 2014 年时序影像。y 轴和 x 轴分别表示观测数据的年份和月份，空白处表示缺失的观测数据。

7.5.2 数据集的构建策略

根据不同区域中影像缺失的特点和两种网络模型的优势，实验用 AdaFG 和 UD-PN 构建感兴趣区域的 Landsat-8 卫星影像数据集。在该区域存在多景数据缺失情况。图 7.10 展示区域遥感影像数据集构建策略。表 7.6 展示在不同区域 Landsat-8 数据集中使用两种网络的测试和结果影像。

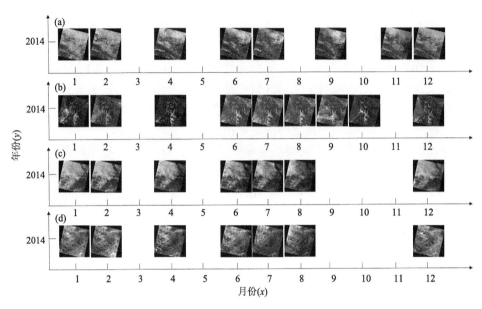

图 7.9　不同区域中缺失数据的情况

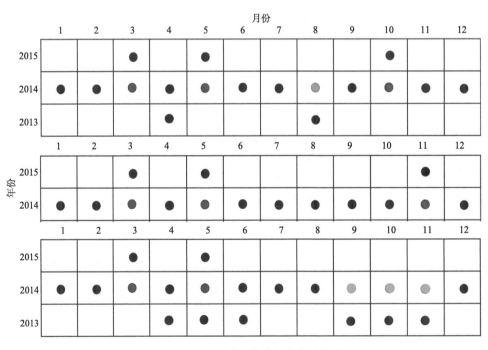

图 7.10　区域遥感影像数据集构建策略

表 7.6 不同区域 Landsat-8 数据集中使用两种网络的测试和结果影像

区域名称（行/条带）	网络名称	测试影像	测试结果影像
36/130	AdaFG	I_4', I_7'	$f_{[I_4, I_7, I_5]}(I_4', I_7')$
36/130	AdaFG	I_4', I_7'	$f_{[I_4, I_7, I_5]}(I_4', I_7')$
36/130	AdaFG	I_4', I_7'	$f_{[I_4, I_7, I_{10}]}(I_4', I_7')$
36/130	UD-PN	I_4'	$f_{[I_4, I_8-1]}(I_4')$
37/130	AdaFG	I_4', I_7'	$f_{[I_4, I_7, I_5]}(I_4', I_7')$
37/130	AdaFG	I_4', I_7'	$f_{[I_4, I_7, I_5]}(I_4', I_7')$
37/130	AdaFG	I_4', I_7'	$f_{[I_4, I_7, I_{11}]}(I_4', I_7')$
36/129	AdaFG	I_4', I_7'	$f_{[I_4, I_7, I_5]}(I_4', I_7')$
36/129	AdaFG	I_4', I_7'	$f_{[I_4, I_7, I_5]}(I_4', I_7')$
36/129	UD-PN	I_4'	$f_{[I_4, I_9-]}(I_4')$
36/129	UD-PN	I_4'	$f_{[I_4, I_{10}-]}(I_4')$
36/129	UD-PN	I_4'	$f_{[I_4, I_{11}-]}(I_4')$

图 7.10（a）～图 7.10（c）分别表示 36/130 区域、37/130 区域和 36/129 区域的 Landsat-8 卫星影像数据集构建策略，红色和绿色分别表示使用 AdaFG 和 UD-PN 生成的结果。

7.5.3 生成结果的性能分析

两种网络（AdaFG、UD-PN）构建不同区域 Landsat-8 数据集的性能主要包括视觉比较评价和定量指标评价。视觉比较评价是指两种网络生成结果与不同区域中相邻时序影像进行视觉特征比较，包括色调差异和空间特征差异。定量指标评价是指比较两种网络生成结果与参考影像之间的定量指标（SSIM）。图 7.11 展示不同区域 Landsat-8 数据集中使用两种网络的生成结果。表 7.7 展示不同区域 Landsat-8 数据集中使用两种网络生成结果的定量指标。

图 7.11（a）表示 36/130 区域的 2014 年时序中 AdaFG 和 UD-PN 生成的结果，图 7.11（b）表示 37/130 区域的 2014 年时序中 AdaFG 生成的结果，图 7.11（c）表示 36/129 区域的 2014 年时序中 AdaFG 和 UD-PN 生成的结果。

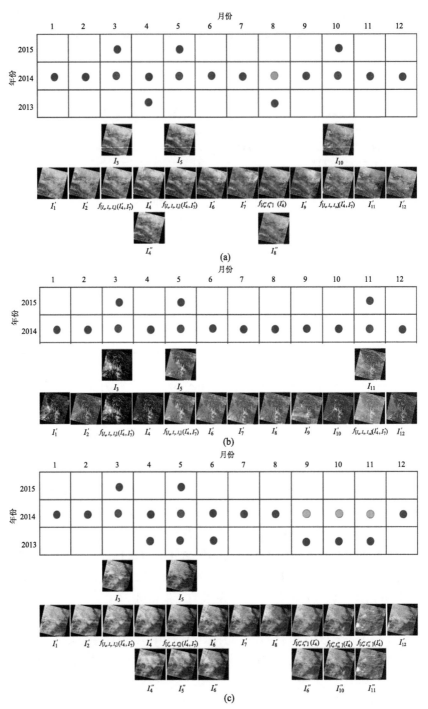

图 7.11　不同区域 Landsat-8 数据集中使用两种网络的生成结果

图 7.11 说明在不同区域中，两种网络生成结果与相邻时序参考影像之间整体的色调差异和空间特征差异较小。表 7.7 说明两种网络在该数据集下的生成结果与参考影像之间的 SSIM 整体范围大于 98.3%，间接地表征了两种网络模型在缺失时相影像生成方面是有效的。

表 7.7 不同区域 Landsat-8 数据集中使用两种网络生成结果的定量指标

区域名称（行/条带）	网络名称	测试影像	测试结果影像	SSIM
36/130	AdaFG	I_3	$f_{[I_4, I_7, I_3]}(I_4', I_7')$	0.9970
36/130	AdaFG	I_5	$f_{[I_4, I_7, I_5]}(I_4', I_7')$	0.9979
36/130	AdaFG	I_{10}	$f_{[I_4, I_7, I_{10}]}(I_4', I_7')$	0.9842
36/130	UD-PN	I_8''	$f_{[I_4, I_8'']}(I_4')$	0.9832
37/130	AdaFG	I_3	$f_{[I_4, I_7, I_3]}(I_4', I_7')$	0.9673
37/130	AdaFG	I_5	$f_{[I_4, I_7, I_5]}(I_4', I_7')$	0.9827
37/130	AdaFG	I_{11}	$f_{[I_4, I_7, I_{11}]}(I_4', I_7')$	0.9986
36/129	AdaFG	I_3	$f_{[I_4, I_7, I_3]}(I_4', I_7')$	0.9955
36/129	AdaFG	I_5	$f_{[I_4, I_7, I_5]}(I_4', I_7')$	0.9979
36/129	UD-PN	I_9''	$f_{[I_4, I_9'']}(I_4')$	0.9944
36/129	UD-PN	I_{10}''	$f_{[I_4, I_{10}'']}(I_4')$	0.9927
36/129	UD-PN	I_{11}''	$f_{[I_4, I_{11}'']}(I_4')$	0.9924

7.5.4 生成结果的视觉展示

利用影像镶嵌形成两种网络区域生成结果，通过展示两种网络区域生成结果的视觉效果，有利于主观地评价两种网络模型应用在区域时相影像生成方面的有效性。图 7.12 展示 Landsat-8 数据集中使用两种网络区域生成结果的视觉效果。

图 7.12 说明两种网络区域生成结果中的时相图像之间整体的色调差异和空间特征差异较小，间接地表征了两种网络模型应用在区域时相图像生成方面是有效的。

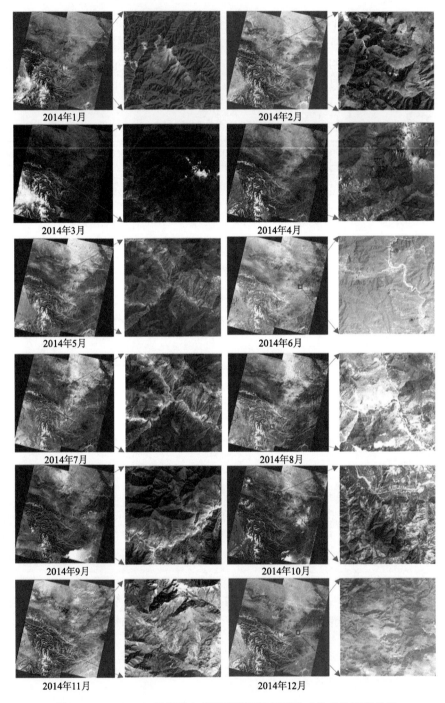

2014年1月   2014年2月

2014年3月   2014年4月

2014年5月   2014年6月

2014年7月   2014年8月

2014年9月   2014年10月

2014年11月   2014年12月

图 7.12　Landsat-8 数据集中使用两种网络区域生成结果的视觉效果

7.6 小　结

本章提出了两种基于自适应滤波器的图像插值生成方法（AdaFG、UD-PN），并探索了这两种方法的有效性。同时，将这两种方法在不同空间分辨率的数据集中进行了性能的对比分析。实验结果表明，这两种方法能够有效处理时相图像插值任务，并且具有很强的泛化能力。本章的工作总结如下：针对图像线性插值和基于全局滤波器的 CNN 无法有效保持生成结果与参考影像光谱特征的问题，本章提出了一种双向的时相间图像插值生成方法（AdaFG）。该方法以三元组样本为输入，网络中采用自适应滤波器替代 CNN 卷积层中的全局滤波器，能够高度模拟不同三元组样本之间非线性光谱映射关系。由于单独使用 AdaFG 网络无法补全完整的遥感时相图像，本章提出了一种单向的时相间图像插值生成方法（UD-PN）。该方法以二元组样本为输入，网络中采用自适应滤波器替代 CNN 卷积层中的全局滤波器，能够较好地模拟不同二元组样本之间非线性光谱映射关系。在不同空间分辨率数据集上的实验结果表明，这两种方法能够有效处理时相图像插值任务。总的来说，本章所提出的自适应滤波器生成网络在两组不同空间分辨率的数据集上表现出很强的时序变换性能。同时，该网络能够摆脱对其他传感器数据的依赖，基于序列数据集本身进行时相插补。产生的数据驱动模型能够模拟特定获取时间或等间隔时间缺失的遥感影像，这允许在统一的框架下执行遥感序列的处理，不是由于时间间隔不同而对每个序列都要求不同的处理逻辑。

参 考 文 献

付燕, 史小雨. 2017. 基于结构相似度的无参考遥感图像质量评价. 科学技术与工程, 17(25): 108-114.

何立, 黄永璘. 2005. MODIS 1B 数据基于反距离权重的插值方法研究. 广西气象, 27(增刊Ⅰ): 80-81.

梁顺林, 白瑞, 陈晓娜. 2020. 2019 年中国陆表定量遥感发展综述. 遥感学报, 24(6): 618-671.

石强. 2018. 遥感大数据研究现状与发展趋势. 电光系统, (1): 1-12.

王汉东, 黄璨瑶, 朱思蓉. 2021. 三峡区间面雨量空间插值方法对比分析. 水利信息化, (1): 26-29.

王家, 龙冬梅. 2020. 深度学习在语音识别中的应用综述. 电脑知识与技术, 16(34): 191-192, 197.

Alvarez-Vanhard E G, Houet T, Mony C. 2020. Can uavs fill the gap between in situ surveys and satellites for habitat mapping? Remote Sensing of Environment, 243: 11780.

Bai Y, Ping T, Hu C. 2018. Kcca transformation-based radiometric normalization of multi-temporal satellite images. Remote Sensing, 10(3): 432.

Bishop C M. 2006. Pattern Recognition and Machine Learning. New York, NY, USA: Springer.

Chai F, Kang K-D. 2021. Adaptive deep learning for soft real-time image classification. Technologies,

9(1): 20.

Dai J, Qi H, Xiong Y. 2017. Deformable convolutional networks. Proceedings of the IEEE International Conference on Computer Vision, 1(3):764-773.

Dong C, Loy C C, He K. 2015. Image super-resolution using deep convolutional networks. IEEE Transactions on Pattern Analysis and Machine Intelligence, 38: 295-307.

Gao F, Masek J,Schwaller M. 2006. On the blending of the landsat and modis surface reflectance: predicting daily landsat surface reflectance. IEEE Transactions on Geoscience and Remote Sensing, 44: 2207-2218.

Guo M, Yu Z, Xu Y. 2021. Me-net: A deep convolutional neural network for extracting mangrove using sentinel-2a data. Remote Sensing, 13(7): 1292.

Hinton G E, Salakhutdinov R R. 2006. Reducing the dimensionality of data with neural networks. Remote Sensing, 313(5786): 504-507.

Huang X, Shi J, Yang J. 2007. Evaluation of color image quality based on mean square error and peak signal-to-noise ratio of color difference. Acta Photonica Sin, S1: 295-298.

Jin X, Tang P, Houet T. 2021. Sequence image interpolation via separable convolution network. Remote Sensing, 13(2): 296.

Lee T, Fidler S. 2015. A framework for symmetric part detection in cluttered scenes. Symmetry, 7(3): 1333-1351.

Li R, Zhang X, Liu B. 2009. Review on methods of remote sensing time-series data reconstruction. Journal of Remote Sensing, 13(2): 246-252.

Long J, Shelhamer E, Darrell T. 2015. Fully Convolutional Networks for Semantic Segmentation. Boston, MA, USA: Proceedings of the IEEE Conference on Computer Vision and Pattern Recognition.

Ma X, Dai Z, He Z. 2017. Learning traffic as images: A deep convolutional neural network for large-scale transportation network speed prediction. Sensors, 17(4): 818.

Meyer S, Cornillère V, Djelouah A, et al. 2018. Deep video color propagation. British Machine Vision Conference, 1(32).

Wang Z, Bovik A C, Sheikh H R. 2004. Image quality assessment: From error visibility to structural similarity. IEEE Transactions on Image Processing, 13(4): 600-612.

Wu J, Li D, Yang Y. 2018. Dynamic sampling convolutional neural networks. Available: http://arxiv.org/abs/1803.07624.

Xue T, Wu J, Bouman K. 2016. Visual dynamics: Probabilistic future frame synthesis via cross-convolutional networks//In Proc. NIPS: 91-99.

Zeiler M D,Taylor G W, Fergus R. 2011. Adaptive Deconvolutional Networks for Mid and High Level Feature Learning. Barcelona, Spain: Proceedings of the 2011 International Conference on Computer Vision.

Zhu X L, Chen J, Gao F. 2010. An enhanced spatial and temporal adaptive re- flectance fusion model for complex heterogeneous regions. Remote Sensing of Environment, 114(11): 2610-2623.

第二篇

分类与识别

第 8 章

遥感图像场景分类

随着遥感卫星传感器成像技术的不断提升，遥感图像的空间分辨率得到了大幅提高。亚米级高空间分辨率遥感图像的出现，使得原本在中低空间分辨率遥感图像中表现为同质的区域，在这种超高空间分辨率遥感图像上表现出极大的异质性，而遥感图像场景分类成为遥感图像解译新的研究方向。近年来，随着深度学习技术的兴起，出现了基于特征自学习的颠覆性的学习方式，这为解决遥感图像场景分类问题提供了新途径，但同时也催生出新的问题，如样本量不足、模型对空间关系学习能力弱等。本章针对这两个关键问题，从样本扩增和模型结构两个方面开展研究，提出了自筛选生成式对抗网络，用于构建仿真样本集，以及卷积-胶囊神经网络（convolutional neural network-capsule network，CNN-CapsNet）模型框架，以加强模型对空间布局信息的学习能力。

8.1 引　　言

近年来，随着成像技术的进一步提高，可供使用的高分辨率遥感卫星日益增加。高空间分辨率成为遥感观测技术发展的总体趋势，尤其是随着全球各国越来越多的高空间分辨率遥感卫星的成功发射，高空间分辨率遥感的作用和优势受到越来越多的关注。

在这样具有亚米级超高空间分辨率的遥感图像中，许多精细的地物目标变得清晰可见，如路面上的交通标志线、建筑物旁的车辆等，一些人为因素影响下的复杂的多目标、多地类覆盖的场景类型（如大型工厂、飞机场、码头、停车场等）在遥感图像中能够清晰地呈现出来。图 8.1 给出了三种常见的遥感图像场景类型。在这种新形势下，空间分辨率的提升给遥感图像分类带来了新的挑战。原本在中低分辨率遥感图像中表现为同质的区域，在高分辨率遥感图像中表现出异质性，对高分辨率遥感图像的分类不再是单一内容、单一类别的低层特征分类，而是基于语义的分类，这使得传统的遥感图像分类方法已经很难满足目前的高分辨率遥感图像解译的需求，而利用遥感图像中所包含的场景信息进行遥感图像解译为高分辨率遥感图像分类提供了一种新的分类思路（赵理君, 2015）。

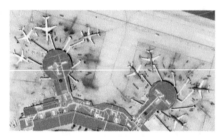

(a) 飞机场场景

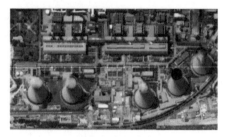

(b) 大型工厂场景

(c) 停车场场景

图 8.1　高分辨率遥感图像场景示例

这里的场景主要是指图像整体呈现出的语义类型，图像区域中可以包含不同的地物目标类型或土地覆盖类型，但是我们并不关心具体包含什么样的目标和地类，而是把关注点放在该区域中的这些目标和地类共同构成了什么样的场景类型。图 8.2 举例说明了图像场景的构成。由图 8.2 可以看到，图像中至少包含四种主要的地物目标或地物类型，分别是草地、裸地、林地这三种地物类型和网球场这一种地物目标。尽管这几种类型在图像中同时出现，但是它们共同构成了"运动场所"这一种场景类型。由此可以看出，高分辨率遥感图像场景分类所关心的问题是图像整体内容所呈现出的场景语义信息。

本章首先将对遥感图像场景分类的发展历程进行介绍，然后分别从遥感图像场景分类的传统方法和深度学习方法两个方面介绍若干典型的解决思路和方法途径。

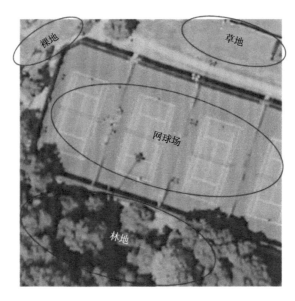

图 8.2　遥感图像场景构成示例

8.2　遥感图像场景分类发展现状

早期的遥感图像场景分类主要依赖人工设计的局部或全局特征描述算子对颜色、形状、纹理和空间信息进行编码，然后输入 K 最近邻域、支持向量机（support vector machine, SVM）、最大熵方法、提升（boosting）方法等分类器中进行分类。代表性的特征描述算子包括尺度不变特征变换算子、颜色直方图（color histogram，CH）、局部二值模式（local binary pattern, LBP）、Gabor 滤波器、灰度共生矩阵（grey level cooccurrence matrix）、方向梯度直方图算子（刘娜，2018）以及它们的组合（Yi and Newsam, 2008; Santos et al., 2010; Chen et al., 2016; Li et al., 2010; Luo et al., 2013）。当遥感图像数据集具有比较一致的空间排列时，这类基于低层（low-level）特征的分类方法可以取得较好的分类结果，但是面对空间分布不均匀、场景较为复杂的图像，或者图像数据集多样性比较丰富时，其解译效果并不理想。

针对低层特征表示方法存在的不足，研究者们开始转向对图像场景的中层语义建模。其中，最具代表性的方法是视觉词包（bag-of-visual-word, BOVW）模型（Yang and Newsam, 2010; Zhao et al., 2014a, 2014b, 2016, 2019; 赵理君等，2014; Zhao and Tang, 2019）。该方法作为一种中层特征表达方法，无须分析场景图像中的具体目标组成，而是应用图像场景的整体统计信息，将量化后的图像低层特征视为视觉单词，通过图像的视觉单词分布来表达图像场景内容。虽然中层语义特征表达可以在一定程度上解决低层特征表达泛化能力差的问题，但是其特征表达能力仍然十分有限，基于中层（mid-level）特征的方法仍然很难使场景分类的精度有很大突破。

之后，深度学习（Hinton and Salakhutdinov, 2006）的兴起为遥感图像场景分类的研究提供了一种自适应学习图像高层次抽象语义特征的新方法。不同于低层和中层的特征表达，深度学习方法可以在没有专家知识与领域经验的先验知识下，通过深层次的模型学习到抽象的有区分能力的高层（high- level）语义特征，进而大大提升场景分类的准确性。Penatti 等（2015）最早将自然图像领域训练好的深度卷积神经网络（deep convolutional neural network, DCNN）模型用于遥感场景图像的特征提取，由此开启了深度学习在遥感图像场景分类中应用的序幕。然而，早期研究主要还是借助基于自然图像大样本集（如包含 100 多万幅训练样本、1000 类图像的 ImageNet 数据集）训练出的 DCNN 模型，如 AlexNet、GoogLeNet 等。通过将这些已训练好的 CNN 模型作为特征提取器，以卷积层或全连接层中的某一层中间输出作为遥感场景图像的深层特征，最后结合现有成熟的 SVM 方法完成场景分类（Marmanis et al., 2016; Hu et al., 2015; Nogueira et al., 2017; 许夙晖等, 2016; Zhao et al., 2019）。当然，也有一些研究者尝试构建新的 CNN 并使用遥感图像数据集进行训练（Zhang et al., 2016）。

然而，Nogueira 等（2017）指出，使用现有的数量相对极少的遥感场景数据集训练的如 VGGNet、CaffeNet 或 GoogLeNet 等 DCNN 模型，相比使用自然图像数据集训练的 DCNN 模型，分类精度有所下降。这是由于深度的大规模网络包含有百万量级的参数，需要大量的训练数据来训练，而现存的遥感场景数据集只有几百张到几万张数量的图像，在训练时很容易使网络陷入局部极值点或者产生严重的过拟合现象。因此，以数据作为驱动力的深度学习方法需要尽可能多的训练样本，如何高效地构建带有语义标注的大样本集成为推进深度学习在遥感图像分类中深入应用首先需要解决的问题。

针对训练样本不足的问题，遥感领域内的许多研究者们试图通过数据增强（data augmentation）或者无监督学习（unsupervised learning）的手段，以减少对有标注训练样本数量的依赖。一方面，采用诸如旋转、镜像等这类基于图像变换的操作来得到更多不同的图像，是经常使用的一种扩充训练样本集的方法（Yu et al., 2017），但这些操作本质上只增加了样本的数量，并没有增加图像内容的信息量，所获得的分类精度的提升很小（马崇隽, 2019）。另一方面，考虑到无标注样本相对更加容易获得，许多研究者采用无监督学习的方法应对有标注训练样本不足的问题（Cheriyadat, 2014; Othman et al., 2016）。生成对抗网络（generative adversarial network，GAN）（Goodfellow et al., 2014）的提出成为解决小样本问题的一个新的有效方法，作为一种同时具有样本生成和无监督学习两种能力的生成式模型，在遥感领域的图像分类应用中取得了初步进展。然而，这些工作（Lin et al., 2017; Duan et al., 2018; Xu et al., 2018）的关注点都在于如何使用判别器进行特征学习和分类，对于生成器所生成样本的使用不充分，仅是用来与真实样本数据共同训练 GAN 中的判别器。此外，这些研究中构造或使用的 GAN 模型无法控制生成器输出特定类别的样本，即无法生成有标注的仿真样本。因此，这些方法不能被用来构建有标注的遥感图像仿真数据集，无法从样本的角度解决有标注样本不足的问题（马崇晓，2019）。

随着 AID（Xia et al., 2017）、NWPU- RESISC45（Gong et al., 2017）等大数据集的出现，对网络结构的设计与优化又成为研究的热点（Yu et al., 2018; Zeng et al., 2018; Sun et al., 2020; Wang et al., 2019）。这些研究主要是利用 CNN 进行场景分类，通过各种方式提取融合不同尺度、不同分辨率的特征，以达到提高特征表达能力的目的，最终实现分类精度的不断提高。尽管如此，目前遥感图像场景分类中仍然有一些类别很难区分，以 AID 数据集为例，该数据集中的"学校" 类别分类精度很低，经常与"密集的住宅区"类别相混淆。从图 8.3 可以看出，四幅图像有着非常相似的图像内容，都包含很多建筑物，并且建筑物之间掺杂着许多树木。然而，不同于"学校"中建筑物分布的不规则性，"密集的住宅区"中建筑物的排布更加整齐且紧密。这种空间分布的差异性正是区分这两个易混淆地类最明显的特征。然而，在传统的 DCNN 模型中，最后往往会添加几个全连接层进行分类，它会将二维特征图压缩为一维特征图，从而无法充分考虑场景内容的空间分布关系（张伟，2021）。因此，现有模型对空间关系学习能力弱的问题也是需要进一步研究解决的难题。

学校　　　　　　　　　　　　　　密集的住宅区

图 8.3　AID 数据集中易混淆类别样本展示

8.3 遥感图像场景分类的传统方法

8.3.1 基于经典视觉词包模型的遥感图像场景分类方法

经典的视觉词包模型是由文本分类领域中的词包（bag-of-words，BOW）模型发展演化而来的。词包模型通过利用文档中关键词出现的频率来表达文档的整体内容。视觉词包模型就是将词包模型的这一思想应用于图像领域，通过提取图像中各种不同的局部特征，并统计其在图像中的分布信息，将图像中的特征块类比为文本分类中的关键词，从而构建图像领域的视觉词包模型。

基于经典视觉词包模型的遥感图像场景分类方法是在监督分类框架的基础上进行的，给定指定类别的场景图像训练样本，对其采用视觉词包特征提取方法得到各样本的特征，然后利用某种监督学习算法对训练样本的特征进行学习并建立分类模型，进而利用该分类模型完成新图像的场景类别预测。其中的核心环节是视觉词包特征提取与表达，其主要步骤包括两个：视觉词典的学习和视觉词包特征的表达（图 8.4）。在视觉词典学习的过程中，所有的训练样本都将参与计算。首先对所有样本的局部图像块提取低层特征，得到一系列的局部特征；然后，基于这些局部特征构建视觉词典。在场景图像的视觉词包特征表达阶段，对一幅给定的场景图像，提取其局部低层特征；然后将这些特征与前期所构建的视觉词典

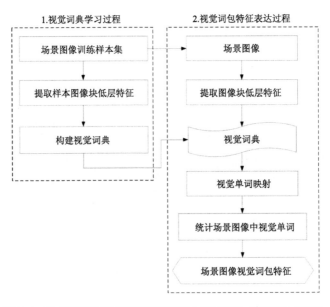

图 8.4　经典视觉词包模型特征提取与表达流程（赵理君，2015）

中的视觉单词进行映射匹配，得到场景图像中的视觉单词分布情况；之后通过一定的统计方法，计算视觉词典中的所有单词在图像中出现的频数，得到单词的频度直方图，即场景图像的视觉词包特征。

8.3.2　基于二维小波分解的多尺度视觉词包特征表达与场景分类方法

本节将从多尺度空间结构信息利用的角度，对基于经典视觉词包模型的遥感图像场景分类方法进行优化，将二维小波分解的多尺度分解思想及纹理结构信息提取特点与经典的视觉词包模型有机结合，实现基于二维小波分解的多尺度视觉词包特征表达方法（Zhao et al., 2014；赵理君，2015）。

二维小波变换是对一维小波变换方法的扩展和延伸。本节所采用的二维小波变换思想指的是二维离散小波变换，通常二维信号指的是图像信号 $f(x, y)$。针对图像的二维小波变换同样可以通过尺度函数和小波函数实现。其中，二维尺度函数和二维小波函数可由一维尺度函数 $\varphi(x)$ 和小波函数 $\psi(x)$ 的张量积得到，即

$$\varphi_{LL}(x) = \varphi(x)\varphi(y) \tag{8.1}$$

$$\psi_{LH}(x) = \psi(x)\varphi(y) \tag{8.2}$$

$$\psi_{HL}(x) = \psi(x)\varphi(y) \tag{8.3}$$

$$\psi_{HH}(x) = \psi(x)\varphi(y) \tag{8.4}$$

同样地，二维小波分解是通过二维小波变换实现的。在图像分析领域，二维金字塔结构小波分解成为纹理特征提取的重要方法。二维小波分解将图像的表示看作叠加的小波变换。通常情况下，在第一层二维小波分解的过程中，基于多分辨率表示的二维小波分解会将原始灰度图像 $f(x, y)$ 分解为 4 幅四分之一大小的子图像 $f_{LL}(x, y)$、$f_{LH}(x, y)$、$f_{HL}(x, y)$ 和 $f_{HH}(x, y)$。其中，$f_{LL}(x, y)$ 是平滑子图像，是对原始图像的逼近表示；$f_{LH}(x, y)$、$f_{HL}(x, y)$ 和 $f_{HH}(x, y)$ 均是细节子图像，分别表示原始图像在水平、垂直和对角方向的细节信息。上述的每一个子图像通过如下方式获得：首先对原始图像 $f(x, y)$ 沿行向（水平方向）进行滤波和以 2 为因子的分辨率降采样，得到系数矩阵 $f_L(x, y)$ 和 $f_H(x, y)$，然后再对 $f_L(x, y)$ 和 $f_H(x, y)$ 分别沿列向（垂直方向）滤波及以 2 为因子的分辨率降采样，最后得到一层小波分解的 4 个子图像。图 8.5 和图 8.6 分别给出了图像的一层二维小波分解的示意图及流程。在实际应用中，通常可以对每一层小波分解得到的平滑子图像 $f_{LL}(x, y)$ 再次进行上述过程的二维小波分解，实现多层的小波分解。

(a) 原始灰度图像   (b) 一层小波分解结果

图 8.5 图像一层二维小波分解示意图

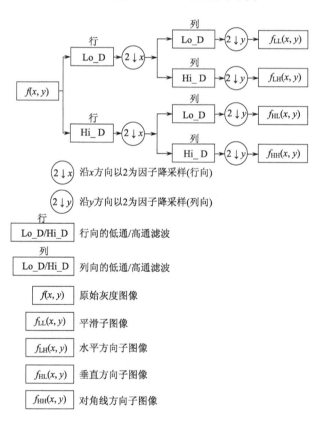

$(2\downarrow x)$ 沿 x 方向以 2 为因子降采样(行向)

$(2\downarrow y)$ 沿 y 方向以 2 为因子降采样(列向)

行	
Lo_D/Hi_D	行向的低通/高通滤波

列	
Lo_D/Hi_D	列向的低通/高通滤波

$f(x, y)$	原始灰度图像
$f_{LL}(x, y)$	平滑子图像
$f_{LH}(x, y)$	水平方向子图像
$f_{HL}(x, y)$	垂直方向子图像
$f_{HH}(x, y)$	对角线方向子图像

图 8.6 图像二维小波分解流程图

目前，在二维小波分解的研究中，已经出现了多种成熟的小波基，其中比较常用和典型的小波如 Haar 小波和 Daubechies 小波等。在本节的研究中，选用 Daubechies 小波来进行图像的二维小波分解。同时，笔者综合考虑了正交性、紧支撑性和低复杂度等问题，最终选用了基于 2-点 Daubechies 小波基的一层二维小波分解方法。

二维小波分解方法不仅具有多分辨率表达的特性，同时还是一种很好的纹理特征提取方法，这对于传统的视觉词包模型中空间布局信息的融入，以及高分辨率遥感图像场景数据的纹理信息利用都是十分有益的。本节将对所提出的基于二维小波分解的多尺度视觉词包特征表达与场景分类方法进行详细介绍。图 8.7 给出了基本流程和框架，包括训练和预测两个阶段。

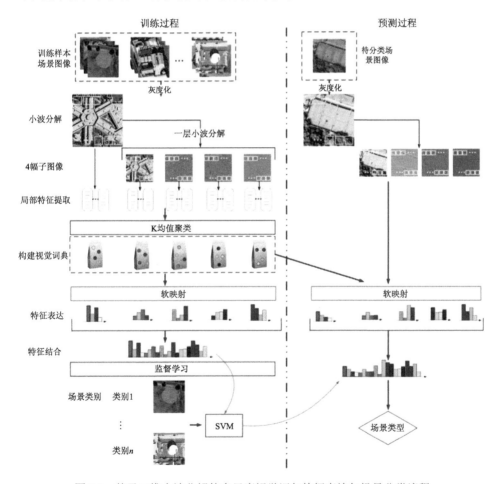

图 8.7 基于二维小波分解的多尺度视觉词包特征表达与场景分类流程

需要注意的是，二维小波分解方法主要是针对灰度图像所设计的，因此，首先需要将场景图像数据集中的原始真彩色图像转化为灰度图像，即

$$\text{Gray} = 0.299 \times R + 0.587 \times G + 0.114 \times B \tag{8.5}$$

式中，R、G、B 分别为原始真彩色图像中红、绿、蓝三个通道的像元值。在训练阶段主要包括两方面内容：一个是基于二维小波分解的多尺度视觉词典的构建；另一个是场景分类模型的学习和构建。首先，将灰度化后的原始场景图像训练样本依次进行基于 2-点 Daubechies 小波基的一层二维小波分解。根据二维小波分解的原理，经过一层分解后，每一幅灰度场景图像 G 都会生成四幅子图像，即粗逼近图像 A、水平方向细节图像 H、垂直方向细节图像 V 和对角方向细节图像 D。然后，针对原始灰度场景图像 G 和分解后的四类子图像 A、H、V、D，分别独立地进行基于均匀格网采样的局部低层特征提取。提取后，得到来自原始灰度场景图像 G 和小波分解后的四类子图 A、H、V、D 共计五类局部特征。针对每一类局部特征，分别利用 K 均值聚类算法构建相应的视觉词典，最终将得到五种类型的视觉词典 DA、DH、DV、DD。之后，将前文所述的五类局部特征，分别与学习到的相应的视觉词典进行视觉单词映射，从而得到五类图像各自的视觉单词频度直方图表示 HA、HH、HV、HD。在进行单词映射的过程中，采用软映射的方法，即在统计视觉单词频度直方图时，将每一个图像采样区域中的局部特征都映射到 k（$k>1$）个最近邻的视觉单词中。与传统的硬映射方法（即 $k=1$ 时）相比，软映射方法可以缓解"一义多词"现象，即随着视觉单词大小的增加，两个相似的图像块局部特征可能会被映射到不同的视觉单词中。最后，把上述五类图像的视觉单词频度直方图各自作为一个特征通道，将所有不同特征通道相结合，构成场景图像最终的视觉词包特征表达，并以该特征表达作为监督学习分类的输入特征向量。这里，来自五类图像的视觉单词频度直方图被视为均等重要，因此，对这五类直方图特征进行结合时采用直接拼接的方法。

在预测阶段，对于任意一幅待分类的场景图像，首先将该图像进行灰度化并在此基础上进行一层二维小波分解，然后对灰度图像和小波分解后的子图像按照训练阶段的处理过程，依次提取出它们的视觉单词频度直方图，从而构建出待分类场景图像的视觉词包特征，然后输入监督学习分类模型判别，最后得到其场景类型的识别结果。

8.3.3 基于同心圆结构的旋转不变性视觉词包特征表达与场景分类方法

为了获取具有旋转不变性的空间信息，本节提出了基于同心圆结构的视觉单

词空间分布信息提取方法（Zhao et al., 2014a；赵理君, 2015）。该方法的具体描述如下：

对于一幅 $C \times R$ 的场景图像 I，满足 $I = \{(x, y) | 1 \leqslant x \leqslant R, 1 \leqslant y \leqslant C\}$。通过某种采样方式（如均匀格网采样），可以得到场景图像中的若干个采样点区域。对于每一个采样点区域，都可以通过与视觉词典中的视觉单词映射，得到与该区域相对应的视觉单词表示。假设 $VW_1, VW_2, \cdots, VW_M$ 为视觉词典中所包含的 M 个视觉单词，p_{xy} 为场景图像中以采样点 (x, y) 为中心的邻域区域所映射的视觉单词，U 为场景图像所有采样点坐标的集合，于是有

$$S_q = \{(x, y) | (x, y) \in VW_q\}, 1 \leqslant q \leqslant M \tag{8.6}$$

式中，S_q 为 U 的子集，表示被映射为第 q 个视觉单词的所有采样点坐标的集合。

假设 $C = (x^c, y^c)$ 为场景图像的中心坐标，其中 x^c 和 y^c 的定义如下：

$$x^c = \frac{1}{|I|} \sum_{(x,y) \in I} x \tag{8.7}$$

$$S_q = \{(x, y) | (x, y) \in VW_q\}, 1 \leqslant q \leqslant M \tag{8.8}$$

式中，$|I|$ 为 I 中的元素个数，即图像中的像元总数。令 r 为 I 的半径，则有

$$r = \max_{(x,y) \in I} \sqrt{(x - x^c)^2 + (y - y^c)^2} \tag{8.9}$$

实际上，r 为场景图像 I 的最小外接圆的半径。

通过将该外接圆的半径 r 进行 N 等分，可以得到 N 个以 C 为圆心、以 kr/N（$1 \leqslant k \leqslant N$）为半径的同心圆，这 N 个同心圆就构成了 N 个环状区域。按照从内到外的顺序，依次统计每一个环状区域与集合 S_q 的交集部分，可以依次得到 S_q 的子集 $R_{q1}, R_{q2}, \cdots, R_{qN}$（$1 \leqslant q \leqslant M$）。那么，对于第 k（$1 \leqslant k \leqslant N$）个环状区域，它的视觉单词频度直方图 H_k 可以表示为

$$H_k = (|R_{1k}|, |R_{2k}|, \cdots, |R_{Mk}|) \tag{8.10}$$

式中，$|R_{qk}|$ 为集合 R_{qk} 的元素个数。因此，通过将这 N 个环状区域中的视觉单词频度直方图进行拼接，就可以得到最终基于同心圆结构的视觉单词空间分布直方图表示，即

$$\begin{aligned} H &= (H_1, H_2, \cdots, H_N) \\ &= (|R_{11}|, |R_{21}|, \cdots, |R_{M1}|, |R_{12}|, |R_{22}|, \cdots, |R_{M2}|, \cdots, |R_{1N}|, |R_{2N}|, \cdots, |R_{MN}|) \end{aligned} \tag{8.11}$$

图8.8给出了基于同心圆结构划分的视觉单词空间分布直方图表示的示意图。图 8.8 中给出了每一个采样点区域所映射的视觉单词类型，通过对图像进行 4 个

同心圆的等分，得到 4 个环状区域，通过统计每一个环状区域中视觉单词的频度直方图，可以得到最终的视觉单词空间分布情况。由于圆心和所有的环状区域都是旋转不变的，因而所得到的基于同心圆结构划分的空间直方图也是对图像具有旋转不变性的，从而对图像场景的旋转不敏感。需要注意的是，当 $N=1$ 时，这种空间直方图表示结果将退化为最原始的视觉词包模型所得到的直方图表示，此时的直方图表示不会包含空间信息。

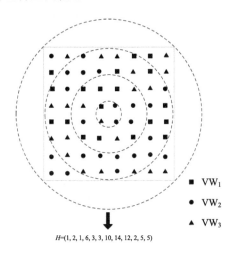

$H=(1, 2, 1, 6, 3, 3, 10, 14, 12, 2, 5, 5)$

图 8.8　基于同心圆结构划分的视觉单词空间分布直方图表示示意图

　　根据基于同心圆结构的视觉单词空间信息表达的思想，下面对本章所提出的旋转不变性视觉词包特征表达与场景分类方法进行介绍。考虑到场景图像尺度信息的重要性，在利用同心圆结构划分进行视觉单词空间分布表示的基础上还加入了场景图像的多分辨率信息，从而使所提取出的视觉词包特征对场景具有多尺度的旋转不变性，具体流程如图 8.9 所示。

　　在训练阶段，对所有场景类别的训练样本图像首先进行以 2 为因子的降采样，得到包括原始图像在内的高、中、低三层分辨率的场景图像，基于这三种分辨率图像，分别进行相应的基于规则格网采样的局部低层特征提取。其中，对于最高分辨率图像，采用以 8 为滑动步长的 16 × 16 格网采样；对于中等分辨率图像，采用以 6 为滑动步长的 12×12 格网采样；对于最低分辨率图像，采用以 4 为滑动步长的 8 × 8 格网采样。然后，利用所提取出的三种分辨率下的局部低层特征，构建视觉词典。其中，视觉词典的构建模式为分别对每一种分辨率下的局部特征进行聚类，构建出三个视觉词典，并与每一种分辨率一一对应。之后，对不同分辨率图像分别进行相应的同心圆结果的空间划分，生成一系列的环状区

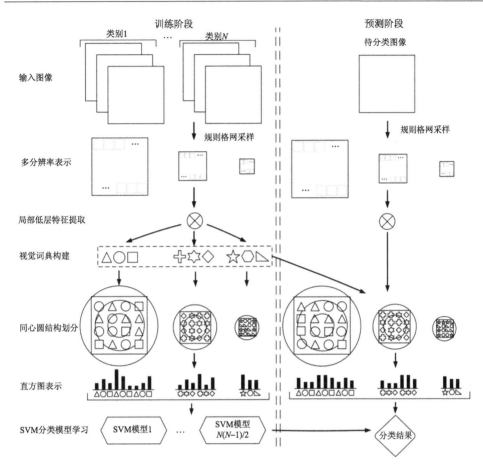

图 8.9　基于同心圆结构的多尺度旋转不变性视觉词包特征表达与场景分类基本流程

域，其中对于最高分辨率图像进行 3 个同心圆结构的空间划分，对于中等分辨率图像进行 2 个同心圆结构的空间划分，对于最低分辨率图像进行 1 个同心圆结构的空间划分，即不再进行空间划分处理。对于每一种分辨率图像，分别计算其在各环状区域中的视觉单词频度直方图，并对同一分辨率下不同区域的视觉单词频度直方图进行有序拼接，得到该分辨率下的视觉单词空间分布直方图表示。最后，将不同分辨率下得到的视觉单词空间分布直方图以线性加权的方式进行拼接，形成最终的旋转不变性视觉词包特征。以该特征作为输入特征向量进行 SVM 分类模型的学习和构建。

在预测阶段，对于给定的待分类场景图像，将其按照训练阶段的降采样方式生成三种分辨率图像，并各自进行相应的局部特征提取。利用训练阶段所构建出的视觉词典，按照同心圆结构的空间划分方式统计各区域中的单词频度直方图，

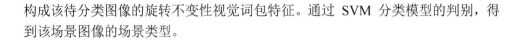

构成该待分类图像的旋转不变性视觉词包特征。通过 SVM 分类模型的判别，得到该场景图像的场景类型。

8.4 遥感图像场景分类的深度学习方法

8.4.1 SiftingGAN：自筛选生成对抗网络的场景分类方法

针对生成样本的多样性问题和质量问题，本节提出一种全新的自筛选生成对抗网络 SiftingGAN（Ma et al., 2019; 马崇晕, 2019），该方法对经典的 GAN 网络框架进行了拓展，图 8.10 给出了 SiftingGAN 的基本框架，其中虚线框内是传统的条件生成对抗网络框架，在此基础上进一步拓展形成了"一种在线输出，两步样本筛选"的新方法，构建出一套完整的仿真数据集构建技术流程，最终完成大尺寸有标注遥感场景仿真数据集的构建。一方面，SiftingGAN 提出一种名为"在线输出"（online-output）的样本输出新模式，在模型收敛后继续更新网络模型并同步生成样本，这种输出模式等价于使用多个不同的模型生产样本，因此可以保证所生成样本的多样性。另一方面，SiftingGAN 增加了分别基于生成器和判别器的两种筛选程序，提出两个基于 GAN 模型自主筛选策略的方法。一种为"生成模型筛选（generative-model-sifting）"方法，使用生成器训练时的损失值作为筛选的评价指标，挑选出更好的生成模型；另一种为"标注样本判定"（labeled-sample-discriminating）方法，使用已经在对抗过程中训练充分的判别器，判断某一个带标注样本是否为真，以判别器估计的概率值作为筛选的评价指标，从而筛选出高概率为真的有标注生成样本。

1. 在线输出

通常情况下，对网络的训练在模型收敛后就会停止。由于生成器输入的服从高斯分布的随机噪声 z 可以无限产生，因此一个训练好的生成器 G_0 可以无限量地生产出各不相同的生成样本。然而，由于训练停止后 G_0 对应的网络参数 θ_0 也将固定下来，此时生成器输出的样本将限制在一个由 θ_0 所决定的数据空间 $G_0(z, \theta_0)$ 中，这将会导致生成的样本集的多样性和图像样本增加的信息内容受限在单一的数据空间中。因此，为了弥补以上不足，在生成器和判别器网络训练都收敛后继续进行训练并更新网络参数，并且同步输出样本。如图 8.11 所示，使用在线输出的模式，每一次参数更新后都会得到一个新的由 θ_n 所决定的数据空间 $G_n(z, \theta_n)$，这样实质上相当于使用多个不同的生成器来输出样本，保证了生成样本的多样性。

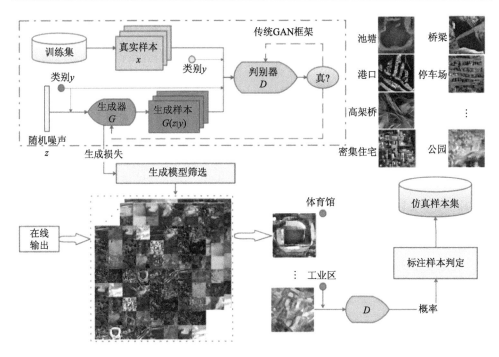

图 8.10　用于构建仿真数据集的自筛选生成对抗网络框架

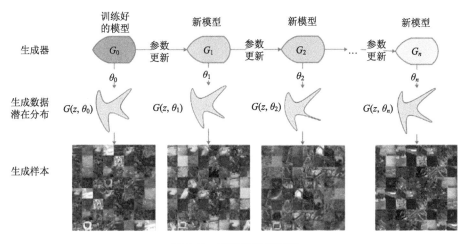

图 8.11　在线输出的原理

2. 生成模型筛选

使用上述在线输出模式可以得到多个生成模型，但是由于场景类间差异大、场景内容复杂，并不是每一个模型都能输出高质量的样本。因此，需要想办法选出更好的模型以生成质量更高的样本。为了解决上述问题，本书提出了两种基于筛选思想的方法，"生成模型筛选"就是其中的一种方法。生成器的目的是生成仿真样本欺骗判别器，判别器对样本的错判率越高，说明生成样本欺骗度越高，侧面反映了此次训练的生成模型整体效果越好，因此生成器的损失函数依赖于判别器的判定结果。从另一个角度来看，生成器学习的是真实样本的分布，其损失反映了生成分布与真实分布间的差异，损失越大，差异越大，生成的样本效果越差。因此，使用生成器训练时的损失值作为筛选的评价指标可以挑选出更好的生成模型。

生成器的损失函数为

$$l(G) = E_{z \sim p_z(z)} \big[\lg(1 - D(G(z \mid y))) \big] \tag{8.12}$$

具体算法流程如下：

算法 1　生成模型筛选

输入：一个批次的随机噪声向量 $\{Z_i\}_{i=1}^n = (Z_1, Z_2, \cdots, Z_n)$ 以及对应的类别标签，$\{y_i\}_{i=1}^n \in \{Y^1, Y^2, \cdots, Y^k\}$，$n$ 表示一个批次中样本的数量，k 表示数据集的类别数量。

输出：一个批次的生成样本或者不输出。

（1）给定在线输出方法产生的一个充分训练的生成模型 G_j，生成一个批次的样本 $\{I_i, y_i\}_{i=1}^n = G_j(\{Z_i, y_i\}_{i=1}^n)$；

（2）将这个批次的样本送入对应的判别器中，估算这批样本为真的概率值，得到一个概率值集合：$D_j(\{I_i, y_i\}_{i=1}^n)$；

（3）计算生成模型的损失值：$\ell(G_j) = \frac{1}{n} \sum_{i=1}^n \lg[1 - D_j(\{I_i, y_i\}_{i=1}^n)]$；

（4）设定一个生成模型损失阈值 τ，如果 $\ell(G_i) < \tau$，则输出这批由 $\{I_i, y_i\}_{i=1}^n$ 生成的样本 G_j，否则不输出。

---

3. 标注样本判定

经过生成模型筛选后生成的样本批次在整体上的目视效果相对更好，但由于训练过程中生成器的损失值只是一个批次所有类别样本损失的平均值，因此还是无法很好地兼顾到每一个类别。考虑到判别器对判断样本来自真实分布还是生成分布的能力也是随着训练过程的迭代逐步提升的，因此可以利用一个充分训练的判别器来计算一个批次中每一幅图像来自于真实分布的概率值，以判别器估计的概率值作为筛选的评价指标，从而筛选出高概率为真的有标注生成样本。具体算法流程如下：

算法 2　标注样本判定

输入：由 Algorithm 1 生成模型筛选输出的一批样本中的一个生成样本与其对应的类别标注 $(I_s, y_s) \in \{I_i, y_i\}_{i=1}^n$。

输出：一个有标注样本或不输出。

（1）将样本与对应的类别标签 (I_s, y_s) 送入一个充分训练的判别器 D_j 中；

（2）通过判别器 D_j 计算一个该样本为真的概率值 $D_j(I_s, y_s)$；

（3）设置一个概率阈值 ρ，如果 $D(s) > \rho$，则输出样本和对应的标签 (I_s, y_s)，并且将其加入生成样本集中，否则不输出。

---

4. 基于 SiftingGAN 的遥感图像场景分类技术方案

对于传统的使用深度学习的遥感场景分类技术方案，训练样本数量和多样性的不足通常会导致训练模型过拟合，使得模型泛化能力差、测试时分类精度低。所提出的基于 SiftingGAN 的技术方案（图 8.12）则采用以生成仿真样本扩充训练集的思想，解决训练样本不足的问题，进而改善模型过拟合的现象，提高模型的分类性能。

首先，仅需要原始数据集训练 SiftingGAN 模型，生成和筛选出符合要求的样本，构建出一个有类别标注的大型仿真样本集。然后，基于原始数据集与仿真样本集，使用基于 SiftingGAN 的数据增强方法，对方案中采用的深度神经网络进行训练；在使用基于 SiftingGAN 的数据增强方法时，并不是将仿真样本集与原始训练集直接混在一起使用，而是分别从两个样本集中按照一定比例抽取样本，输入网络中训练，保证每一次的迭代训练都有真实数据作指导，防止模型被生成的样本"带偏"（图 8.13）。最终，应用训练好的模型完成遥感图像场景分类任务，得到提升后的分类结果。

5. 实验结果与分析

图 8.14 以 VGGNet16 模型为基础模型，比较了基于几何变换与辐射变换的传统数据增强方法，包括镜像变换、旋转变换、图像增强和随机噪声四类变换方式。结果表明，传统的基于几何变换的数据增强方法增加了训练集的空间信息量，可以为 VGGNet16 模型训练带来精度上的提升，而基于辐射变换的方法则不能提高模型的分类能力，不适用于数据增强。

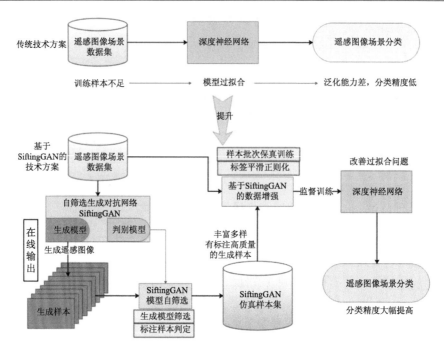

图 8.12　基于 SiftingGAN 的遥感图像场景分类技术方案

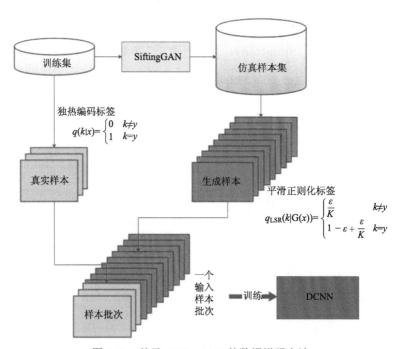

图 8.13　基于 SiftingGAN 的数据增强方法

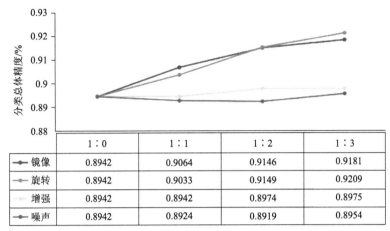

	1 : 0	1 : 1	1 : 2	1 : 3
—●— 镜像	0.8942	0.9064	0.9146	0.9181
—●— 旋转	0.8942	0.9033	0.9149	0.9209
┈┈ 增强	0.8942	0.8942	0.8974	0.8975
—●— 噪声	0.8942	0.8924	0.8919	0.8954

比例(真实样本数量:扩增样本数量)

图 8.14　基于几何变换和基于辐射变换数据增强方法的分类结果比较

　　图 8.15 选取了旋转、镜像这两种效果最好的传统数据增强方法,对比了其与基于 SiftingGAN 的数据增强方法对于 DCNN 模型分类精度的影响。结果表明,使用基于 SiftingGAN 的数据增强方法不仅可以有效提高 DCNN 模型的分类精度,而且比传统图像变换的数据增强方法更加有效,可以带来更大的精度提升。

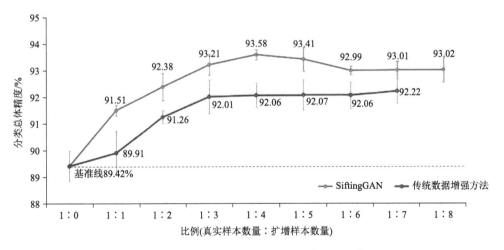

图 8.15　SiftingGAN 与传统数据增强方法的分类结果比较

为了进一步验证 SiftingGAN 方法的有效性，在场景种类更丰富、内容更复杂、训练样本数占比更低这样更加严苛的实验设置下进一步进行分类实验。本节选择包含 45 个场景类别的 NWPU-RESISC45 数据集（Gong et al., 2017）进行实验分析（图 8.16）。结果表明，即使在更加复杂的数据集上，基于 SiftingGAN 的遥感图像场景分类技术方案仍然可以带来很大程度的精度提升，说明该方法在稳定性的表现上也是非常好的。

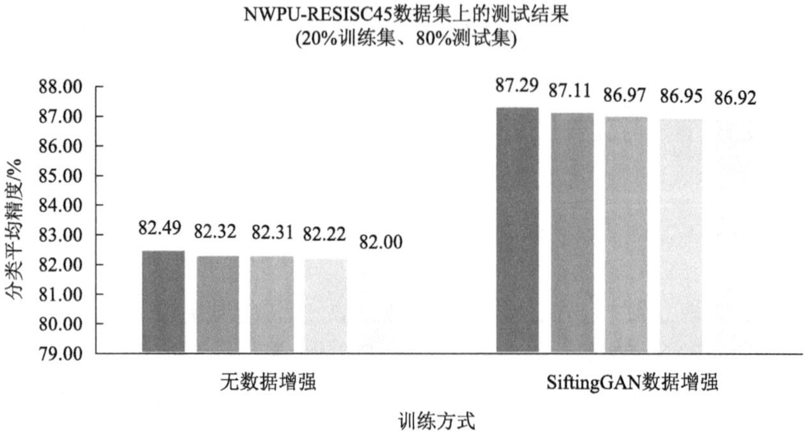

NWPU-RESISC45数据集上的测试结果
(20%训练集、80%测试集)

图 8.16 使用 SiftingGAN 技术改进前后的平均测试精度比较

8.4.2 CNN-CapsNet：融合胶囊网络和卷积神经网络的场景分类方法

为了进一步提高场景分类的精度尤其是易混淆类别，本节基于 DCNN 强大的特征提取能力和胶囊网络的同变性，提出了一种新的场景分类方法 CNN-CapsNet（Zhang et al., 2019；张伟，2021），共包括 CNN 和胶囊网络（CapsNet）两部分。首先将 CNN 作为特征提取器，从 DCNN 提取卷积层的特征图，然后输入 CapsNet 中进行分类。

CapsNet 是一个新颖的深度学习模型，它对仿射变换有一定的鲁棒性。在 CapsNet 中，一个胶囊是由许多神经元组成的向量，里面的数值可以表示图片中实体的不同属性，如位置、尺寸和方向等。向量的长度表示某个特定物体存在的概率，方向表示物体的属性。图 8.17 说明 CapsNet 中胶囊之间通过动态路由机制，将信息从一层路由到另一层，高层次胶囊是由低层次的胶囊通过动态路由过程得到的。

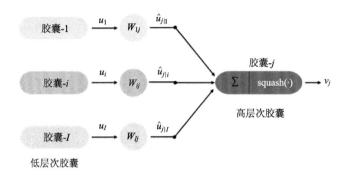

图 8.17　胶囊之间的动态路由

u 为低层次胶囊的输出向量；W 为转换矩阵；$\hat{u}$ 为预测向量；squash（·）为激活函数；v 为输出向量

在 CapsNet 最后一层中的每个胶囊都对应着可以计算一个损失 l_k，它的计算公式如下：

$$l_k = T_k \max(0, m^+ - \|v_k\|)^2 + \lambda(1 - T_k)\max(0, \|v_k\| - m^-)^2 \qquad (8.13)$$

式中，当类别 k 存在时，$T_k = 1$；m^+、m^- 和 λ 为超参数，在模型训练时需要指定。模型的损失是最后一层所有胶囊的损失之和。

典型的 CapsNet 如图 8.18 所示，共包含三层：卷积层（Conv1）、初始胶囊层（PrimaryCaps Layer）和最终胶囊层（FinalCaps Layer）。其中，卷积层将原始的输入影像转换为初始的特征图，它的尺寸可以表示为 $H \times W \times L$，H、W、L 分别表示特征图的高、宽和通道数。之后通过两个 Reshape 和压缩函数（squash function）得到最初的胶囊（PrimaryCaps），共包含 $H \times W \times L/S1$ 个维度为 $S1$ 的胶囊向量。

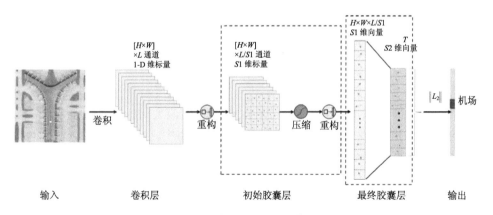

图 8.18　典型 CapsNet 模型图

H、W、L 分别表示高、宽、通道数；/表示除法运算；$S1$ 和 $S2$ 表示维度数；1-D scalars 表示一维标量；S1-D vectors 表示 $S1$ 维向量；S2-D vectors 表示 $S2$ 维向量；T 表示胶囊数量；$\|L_2\|$ 表示胶囊长度计算。下同

最后的胶囊层包含 T 个维度为 $S2$ 的胶囊，T 代表分类的类别数。它们中的每个胶囊都与最初胶囊层中所有胶囊连接，最终胶囊层的细节信息展示在图 8.19 中。在 CapsNet 的最后，添加一个 L2 范数来计算胶囊的长度，长度最大值的胶囊所表示的类别就是最终的模型识别结果。

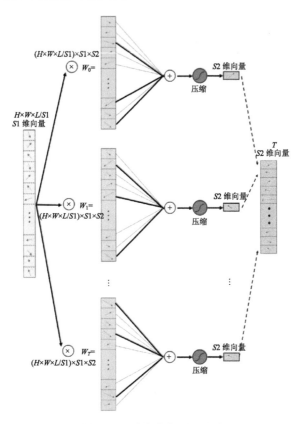

图 8.19　最终胶囊层细节图

本节提出的 CNN-CapsNet 模型（图 8.20）共包括两大部分：CNN 和 CapsNet。分类的过程如下：首先将遥感图像输入卷积神经网络中，从卷积层中提取得到可以表达输入影像最初的特征图，然后将最初的特征图输入胶囊网络中分类得到分类结果。

对于 CNN，可选择在 ImageNet 数据集上预训练好的模型 VGG-16 和 Inception-V3 等作为最初特征图的提取器。对于 CapsNet，采用与图 8.18 相似的模型结构，其也包括三层：卷积层、初始胶囊层和最终胶囊层。在卷积层中使用了卷积核尺寸为 5×5、步长为 2 的卷积操作和 ReLU 激活函数。卷积层的输出特征图通道数

（参数 L）设定为 512。初始胶囊层和最终胶囊层中胶囊的长度 $S1$ 和 $S2$ 是胶囊网络两个重要的参数，参数 T 根据场景分类数据集的不同而变化。另外，为了防止过拟合，可在初始胶囊层和最终胶囊层之间添加 50%的暂退法操作。

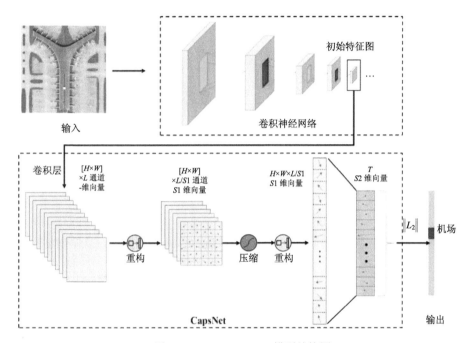

图 8.20 CNN-CapsNet 模型结构图

CNN-CapsNet 模型共包括两个训练阶段，如图 8.21 所示。在第一个阶段的训练中，固定预训练 CNN 模型的参数，CapsNet 模型的参数采用均值为 0、方差为 1 的高斯分布函数进行初始化，之后采用学习率 lr1 去最小化公式（8.13）中的损失函数。当 CapsNet 模型充分训练后，再利用比 lr1 小的学习率 lr2 去微调整个模型的参数直到模型收敛。CNN-CapsNet 模型中的耦合系数用迭代的动态路由算法去更新，其余参数采用反向传播梯度下降法进行更新。当训练阶段结束后，将测试的影像输入已训练的 CNN-CapsNet 中进行分类，并对分类结果进行评价。

为了评价 CNN-CapsNet 模型的分类结果，选择最前沿的分类方法进行对比，在 UC Merced Land-use 数据集上的分类精度对比如表 8.1 所示。表 8.1 中的 VGG-16-CapsNet 和 Inception-v3-CapsNet 分别表示用 VGG-16 和 Inception-v3 作为最初特征图提取器的 CNN-CapsNet 模型。从表 8.1 中可以看出，Inception-v3-CapsNet 取得了最高的分类精度，在训练比例为 80% 和 50%的总体分类精度分别为 99.05% 和 97.59%，其中 VGG-16-CapsNet 模型也超过了其他大部分分类方法的精度。

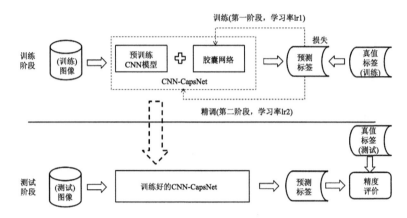

图 8.21　CNN-CapsNet 进行场景分类总体流程

表 8.1　CNN-CapsNet 与对比方法在 UC Merced Land-use 数据集上的分类精度

（单位：%）

方法	80% 训练比例	50%训练比例
CaffeNet（Xia et al., 2017）	95.02±0.81	93.98±0.67
GoogLeNet（Xia et al., 2017）	94.31±0.89	92.70±0.60
VGG-16（Xia et al., 2017）	95.21±1.20	94.14±0.69
SRSCNN（Liu et al., 2018）	95.57	—
CNN-ELM（Weng et al.,2017）	95.62	—
salM3LBP-CLM（Bian et al., 2017）	95.75±0.80	94.21±0.75
TEX-Net-LF（Anwer et al., 2018）	96.62±0.49	95.89±0.37
LGFBOVW（Zhu et al., 2016）	96.88±1.32	—
Fine-tuned GoogLeNet（Castelluccio et al., 2015）	97.10	—
Fusion by addition（Chaib et al., 2017）	97.42±1.79	—
CCP-net（Qi et al., 2018）	97.52±0.97	—
Two-Stream Fusion（Yu et al., 2018）	98.02±1.03	96.97±0.75
DSFATN（Gong et al., 2018）	98.25	—
Deep CNN Transfer（Hu et al., 2015）	98.49	—
GCFs+LOFs（Zeng et al., 2018）	99±0.35	97.37±0.44
GBNet+global feature（Sun et al., 2020）	98.57±0.48	97.05±0.19
AutoRSISC（Jing et al., 2020）	97.85	—
D-CapsNet（Raza et al., 2020）	99.05±0.12	96.88±0.17

方法	80% 训练比例	50%训练比例
Compact Color Fusion（Anwer et al., 2021）	—	97.4±0.62
DenseNet-FV-AdaBoost（Cheng et al., 2021）	98.76±0.16	—
VGG-16-CapsNet（提出方法）	98.81±0.22	95.33±0.18
Inception-v3-CapsNet（提出方法）	99.05±0.24	97.59±0.16

CNN-CapsNet 与对比方法在 AID 数据集上的分类精度见表 8.2。从结果中可以看出，除了在 50%训练比例的精度比 GCFs+LOFs 方法略低外，Inception-v3-CapsNet 仍然获得了最高的分类精度，总体分类精度在训练比例为 50%和 20%的值分别达到了 96.32% 和 93.79%。

表 8.2　CNN-CapsNet 与对比方法在 AID 数据集上的分类精度　（单位：%）

方法	50% 训练比例	20% 训练比例
CaffeNet（Xia et al., 2017）	89.53±0.31	86.86±0.47
GoogLeNet（Xia et al., 2017）	86.39±0.55	83.44±0.40
VGG-16（Xia et al., 2017）	89.64±0.36	86.59±0.29
salM3LBP-CLM（Bian et al., 2017）	89.76±0.45	86.92±0.35
TEX-Net-LF（Anwer et al., 2018）	92.96±0.18	90.87±0.11
Fusion by addition（Chaib et al., 2017）	91.87±0.36	—
Two-Stream Fusion（Yu et al., 2018）	94.58±0.25	92.32±0.41
GCFs+LOFs（Zeng et al., 2018）	96.85±0.23	92.48±0.38
GBNet+global feature（Sun et al., 2020）	95.48±0.12	92.2±0.23
D-CapsNet（Raza et al., 2020）	96.15±0.14	92.73±0.15
Compact Color Fusion（Anwer et al., 2021）	94.0±0.22	—
DenseNet-FV-AdaBoost（Cheng et al., 2021）	95.83±0.41	—
VGG-16-CapsNet（提出方法）	94.74±0.17	91.63±0.19
Inception-v3-CapsNet（提出方法）	96.32±0.12	93.79±0.13

NWPU-RESISC45 数据集是三个数据集中最具挑战性的数据集，表 8.3 展示了 CNN-CapsNet 与对比方法在 NWPU-RESISC45 数据集上的分类精度。从表 8.3 中可以看出，Inception-v3-CapsNet 仍然获得了最高的分类精度，在训练比例为 20%和 10%上相比于对比方法中第二好的分类精度分别高出 0.27%和 1.88%，进一步证明了 CNN-CapsNet 模型在场景分类上的有效性。

表 8.3　CNN-CapsNet 与对比方法在 NWPU-RESISC45 数据集上的分类精度（单位：%）

方法	20% 训练比例	10% 训练比例
GoogLeNet（Gong et al., 2017）	78.48±0.26	76.19±0.38
VGG-16（Gong et al., 2017）	79.79±0.15	76.47±0.18
AlexNet（Gong et al., 2017）	79.85±0.13	76.69±0.21
Two-Stream Fusion（Yu et al., 2018）	83.16±0.18	80.22±0.22
BoCF（Cheng et al., 2017）	84.32±0.17	82.65±0.31
Fine-tuned AlexNet（Gong et al., 2017）	85.16±0.18	81.22±0.19
Fine-tuned GoogLeNet（Gong et al., 2017）	86.02±0.18	82.57±0.12
Fine-tuned VGG-16（Gong et al., 2017）	90.36±0.18	87.15±0.45
Triple networks（Liu and Huang, 2018）	92.33±0.20	—
D-CapsNet（Raza et al., 2020）	92.46±0.14	88.18±0.19
VGG-16-CapsNet（提出方法）	89.18±0.14	85.08±0.13
Inception-v3-CapsNet（提出方法）	92.6±0.11	89.03±0.21

8.5　小　结

　　随着遥感图像空间分辨率的不断提升，遥感图像场景分类成为当下高分辨率遥感图像解译的主要途径。本章首先回顾了遥感图像场景分类的发展历程，介绍了以视觉词包模型为代表的遥感图像场景分类的早期传统方法。之后，围绕深度学习在遥感图像场景分类应用中存在的诸如样本量不足、模型对空间关系学习能力弱等新问题，从样本扩增和模型结构优化两个方面开展研究，提出了自筛选生成式对抗网络，用于构建仿真样本集、CNN-CapsNet 模型框架，以及加强模型对空间布局信息的学习能力。这些方法均为高分辨率遥感图像场景分类研究提供了有效的研究思路和解决办法。

参 考 文 献

刘娜. 2018. 面向遥感图像分类与检索的深度学习特征表达研究. 上海: 上海交通大学.

马崟嵓. 2019. 自筛选生成对抗网络：一种新型遥感图像生成与场景分类技术. 北京: 中国科学院大学.

许凤晖, 慕晓冬, 赵鹏, 等. 2016. 利用多尺度特征与深度网络对遥感影像进行场景分类. 测绘学报, 45(7): 834-840.

张伟. 2021. 深度卷积神经网络在遥感影像分类中的关键问题研究. 北京: 中国科学院大学.

赵理君. 2015. 基于视觉词包模型的高空间分辨率遥感图像场景分类研究. 北京: 中国科学院

大学.

赵理君, 唐娉, 霍连志, 等. 2014. 图像场景分类中视觉词包模型方法综述. 中国图象图形学报, (3): 5-15.

Anwer R M, Khan F S, Laaksonen J. 2021. Compact deep color features for remote sensing scene classification. Neural Processing Letters, 53(2): 1523-1544.

Anwer R M, Khan F S, van de Weijer J, et al. 2018. Binary patterns encoded convolutional neural networks for texture recognition and remote sensing scene classification. ISPRS Journal of Photogrammetry and Remote Sensing, 138: 74-85.

Bian X, Chen C, Tian L, et al. 2017. Fusing local and global features for high-resolution scene classification. IEEE Journal of Selected Topics in Applied Earth Observations and Remote Sensing, 10(6): 2889-2901.

Castelluccio M, Poggi G, Sansone C, et al. 2015. Land use classification in remote sensing images by convolutional neural networks. arXiv:1508.00092.

Chaib S, Liu H, Gu Y, et al. 2017. Deep feature fusion for VHR remote sensing scene classification. IEEE Transactions on Geoscience and Remote Sensing, 55(8): 4775-4784.

Chen C, Zhang B, Su H, et al. 2016. Land-use scene classification using multi-scale completed local binary patterns. Signal, Image and Video Processing, 10(4): 745-752.

Cheng G, Li Z, Yao X, et al. 2017. Remote sensing image scene classification using bag of convolutional features. IEEE Geoscience and Remote Sensing Letters, 14(10): 1735-1739.

Cheng Q, Xu Y, Fu P, et al. 2021. Scene classification of remotely sensed images via densely connected convolutional neural networks and an ensemble classifier. Photogrammetric Engineering and Remote Sensing, 87(4): 295-308.

Cheriyadat A M. 2014. Unsupervised feature learning for aerial scene classification. IEEE Transactions on Geoscience and Remote Sensing, 52(1): 439-451.

Duan Y, Tao X, Xu M, et al. 2018. GAN-NL: Unsupervised Representation Learning for Remote Sensing Image Classification. Anaheim, CA: 2018 IEEE Global Conference on Signal and Information Processing(GlobalSIP).

Gong C, Han J, Lu X. 2017. Remote sensing image scene classification: Benchmark and state of the art. Proceedings of the IEEE, 105(10): 1865-1883.

Gong X, Xie Z, Liu Y, et al. 2018. Deep salient feature based anti-noise transfer network for scene classification of remote sensing imagery. Remote Sensing, 10(3): 410.

Goodfellow I J, Pouget-Abadie J, Mirza M, et al. 2014. Generative adversarial nets. Proceedings of the 27th International Conference on Neural Information Processing Systems, 2: 2672-2680.

Hinton G E, Salakhutdinov R R. 2006. Reducing the dimensionality of data with neural networks. Science, 313(5786): 504-507.

Hu F, Xia G S, Hu J, et al. 2015. Transferring deep convolutional neural networks for the scene classification of high-resolution remote sensing imagery. Remote Sensing, 7(11): 14680-14707.

Jing W, Ren Q, Zhou J, et al. 2020. Autorsisc: Automatic design of neural architecture for remote sensing image scene classification. Pattern Recognition Letters, 140: 186-192.

Li H, Gu H, Han Y, et al. 2010. Object-oriented classification of high- resolution remote sensing imagery based on an improved colour structure code and a support vector machine. International Journal of Remote Sensing, 31(6): 1453-1470.

Lin D, Fu K, Wang Y, et al. 2017. Marta GANs: Unsupervised representation learning for remote sensing image classification. IEEE Geoscience and Remote Sensing Letters, 14(11): 2092-2096.

Liu Y, Huang C. 2018. Scene classification via triplet networks. IEEE Journal of Selected Topics in Applied Earth Observations and Remote Sensing, 11(1): 220-237.

Liu Y, Zhong Y, Fei F, et al. 2018. Scene classification based on a deep random-scale stretched convolutional neural network. Remote Sensing, 10(3): 444.

Luo B, Jiang S, Zhang L. 2013. Indexing of remote sensing images with different resolutions by multiple features. IEEE Journal of Selected Topics in Applied Earth Observations and Remote Sensing, 6(4): 1899-1912.

Ma D, Tang P, Zhao L. 2019. SiftingGAN: Generating and sifting labeled samples to improve the remote sensing image scene classification baseline in vitro. IEEE Geoscience and Remote Sensing Letters, 16(7): 1046-1050.

Marmanis D, Datcu M, Esch T, et al. 2016. Deep learning earth observation classification using ImageNet pretrained networks. IEEE Geoscience and Remote Sensing Letters, 13(1): 105-109.

Nogueira K, Penatti O A, dos Santos J A. 2017. Towards better exploiting convolutional neural networks for remote sensing scene classification. Pattern Recognition, 61: 539-556.

Othman E, Bazi Y, Alajlan N, et al. 2016. Using convolutional features and a sparse autoencoder for land-use scene classification. International Journal of Remote Sensing, 37(10): 2149-2167.

Penatti O A B, Nogueira K, dos Santos J A. 2015. Do Deep Features Generalize From Everyday Objects to Remote Sensing and Aerial Scenes Domains? Boston, MA, USA: 2015 IEEE Conference on Computer Vision and Pattern Recognition Workshops(CVPRW).

Qi K, Guan Q, Yang C, et al. 2018. Concentric circle pooling in deep convolutional networks for remote sensing scene classification. Remote Sensing, 10(6): 934.

Raza A, Huo H, Sirajuddin S, et al. 2020. Diverse capsules network combining multiconvolutional layers for remote sensing image scene classification. IEEE Journal of Selected Topics in Applied Earth Observations and Remote Sensing, 13: 5297-5313.

Santos J A D, Penatti O A B, Torres R. 2010. Evaluating the Potential of Texture and Color Descriptors for Remote Sensing Image Retrieval and Classification. Angers, France: Proceedings of the Fifth International Conference on Computer Vision Theory and Applications.

Sun H, Li S, Zheng X, et al. 2020. Remote sensing scene classification by gated bidirectional network. IEEE Transactions on Geoscience and Remote Sensing, 58(1): 82-96.

Wang Q, Liu S, Chanussot J, et al. 2019. Scene classification with recurrent attention of VHR remote sensing images. IEEE Transactions on Geoscience and Remote Sensing, 57(2): 1155-1167.

Weng Q, Mao Z, Lin J, et al. 2017. Land-use classification via extreme learning classifier based on deep convolutional features. IEEE Geoscience and Remote Sensing Letters, 14(5): 704-708.

Xia G S, Hu J, Hu F, et al. 2017. Aid: A benchmark data set for performance evaluation of aerial scene classification. IEEE Transactions on Geoscience and Remote Sensing, 55(7): 3965-3981.

Xu S, Mu X, Chai D, et al. 2018. Remote sensing image scene classification based on generative adversarial networks. Remote Sensing Letters, 9(7): 617-626.

Yang Y, Newsam S. 2010. Bag-of-visual-words and Spatial Extensions for Land-use Classification. San Jose California: Proceedings of the 18th SIGSPATIAL International Conference on Advances in Geographic Information Systems.

Yi Y, Newsam S. 2008. Comparing SIFT Descriptors and Gabor Texture Features for Classification of Remote Sensed Imagery. San Diego, CA, USA: 2008 15th IEEE International Conference on Image Processing.

Yu C, Wang J, Peng C, et al. 2018. Bisenet: Bilateral Segmentation Network for Real-time Semantic Segmentation. Munich, Germany: European Conference on Computer Vision (ECCV 2018): 334-349.

Yu X, Wu X, Luo C, et al. 2017. Deep learning in remote sensing scene classification: a data augmentation enhanced convolutional neural network framework. GIScience & Remote Sensing, 54(5): 741-758.

Yu Y L, Liu F X. 2018. A two-stream deep fusion framework for high-resolution aerial scene classification. Computational Intelligence and Neuroscience, 8639367: 13.

Zeng D, Chen S, Chen B, et al. 2018. Improving remote sensing scene classification by integrating global-context and local-object features. Remote Sensing, 10(5): 734.

Zhang F, Du B, Zhang L. 2016. Scene classification via a gradient boosting random convolutional network framework. IEEE Transactions on Geoscience and Remote Sensing, 54(3): 1793-1802.

Zhang W, Tang P, Zhao L. 2019. Remote sensing image scene classification using CNN-CapsNet. Remote Sensing, 11(5): 494.

Zhao L, Tang P, Huo L Z. 2014a. Land-use scene classification using a concentric circle-structured multiscale bag-of-visual-words model. IEEE Journal of Selected Topics in Applied Earth Observations and Remote Sensing, 7(12): 4620-4631.

Zhao L, Tang P, Huo L. 2014b. A 2-d wavelet decomposition-based bag-of-visual-words model for land-use scene classification. International Journal of Remote Sensing, 35(6): 2296-2310.

Zhao L, Tang P, Huo L. 2016. Feature significance-based multibag-of- visual-words model for remote sensing image scene classification. Journal of Applied Remote Sensing, 10(3): 1-21.

Zhao L, Tang P. 2019. Improved Visual Vocabularies for Scene Classification of High Resolution Remote Sensing Imagery in Urban Areas. Vannes, France: 2019 Joint Urban Remote Sensing Event (JURSE).

Zhao L, Zhang W, Tang P. 2019. Analysis of the inter-dataset representation ability of deep features for high spatial resolution remote sensing image scene classification. Multimedia Tools and Applications, 78: 9667-9689.

Zhu Q, Zhong Y, Zhao B, et al. 2016. Bag-of-visual-words scene classifier with local and global features for high spatial resolution remote sensing imagery. IEEE Geoscience and Remote Sensing Letters, 13(6): 747-751.

第 9 章

遥感图像目标检测

伴随遥感图像空间分辨率的大幅提升，如何从海量的、内容繁杂的遥感图像中获取感兴趣的信息成为遥感领域的一个核心问题，而目标检测已成为解决该问题的重要手段。传统的目标检测识别方法难以适应海量遥感数据，深度学习方法的出现极大地推动了遥感图像目标检测的应用步伐，但依然面临着诸如遥感目标多尺度、多角度、类内差异大、类间相似度高、目标出现频率低等现实问题。本章将形状知识作为进一步提升目标检测模型精度的催化剂，从模型的输入、模型的训练和模型输出结果的后处理三个方面，对形状信息在遥感图像目标检测中的应用进行介绍和讨论，进一步地，对遥感图像目标检测识别中的小样本问题的解决思路进行了探讨。

9.1 引　言

随着全球高分辨率成像技术的发展以及遥感对地观测能力的不断提升，遥感图像获取难度大幅降低，同时空间分辨率得到大幅提高，地物目标可被清晰地呈现，如何从海量的、内容繁杂的遥感图像中获取感兴趣的信息成为遥感领域的一个核心问题。目标检测已成为高空间分辨率遥感图像信息解译的重要任务之一。遥感图像目标检测是指在遥感图像中检测感兴趣类别目标的过程，检测结果包含目标的位置和类别信息。也就是说，遥感图像目标检测实际上包含两个核心任务，即目标定位和目标识别。

目前，遥感图像目标检测已在军事和民用领域取得广泛应用（Marcum et al., 2017; 蒋丽婷, 2020; 秦伟伟等, 2017; 杨蜀秦等, 2021; 汪晨等, 2021）。传统的目标检测识别方法难以适应海量遥感数据，其所依赖的特征表达是通过人工设计的，非常耗时，并且强烈依赖于专业知识和数据本身的特征，同时很难从海量的数据中训练出一个有效的分类器，以充分挖掘数据之间的关联。而深度学习强大的高级（更具抽象和语义意义）特征表示和学习能力可以为图像中的目标提取提供有效的框架，其凭借在目标检测中的优异表现，成为当前的主流模型。虽然深度学习方法在目标检测中有着不俗的表现，但是该方法依然面临着诸如遥感图像成像场景大、目标出现频率低、尺度效应明显、观测角度差异大、类内差异大、类间相似度高等现实问题需要解决，无法完全满足当前实际应用的需求，检测精度上还有很大的提升空间。此外，在构建训练样本集的过程中，普遍存在收集满足要求的标注数据成本高的问题，尤其是针对某些特定遥感目标和特定场景，可获得的样本极其稀缺，极大地限制了现有目标检测方法的落地应用与推广。因此，如何利用极少的标注数据学习具有一定泛化能力的模型，即遥感图像目标检测的小样本学习，也是一个亟须研究解决的问题。

　　本章将重点围绕遥感图像目标检测任务进行介绍，根据遥感图像目标检测方法的发展现状，分别对传统方法和深度学习方法下的一般解决思路进行介绍，然后进一步讨论和介绍形状信息对遥感图像目标检测模型性能的影响以及小样本学习的解决方案。

9.2　遥感图像目标检测的传统思路

　　遥感图像目标检测的传统思路是：先选取目标可能出现的区域，也就是候选区域（region proposal），然后进行特征提取，得到特征表示之后用分类器进行分类，判断各个区域是否包含特定类型的目标，将检测转化为分类问题，最后再进行一些后处理，去除重复的边框，以及对边框位置进行调整，得到最终的检测结果（图9.1）。

图9.1　遥感图像目标检测的传统思路

9.2.1　候选区域提取

　　候选区域提取的目的是提取出目标可能出现的区域。候选区域一般用矩形框表示。候选区域提取的关键是在保证召回率的前提下，尽量减少候选区域的数量，以保证检测的速度和准确度。候选区域提取方法主要有三种：滑动窗口法、基于分割的候选区域提取法以及基于评分的候选区域提取法。

1. 滑动窗口法

目标可能出现在图像的任何位置，而且目标的大小、长宽比也不确定。传统的方法是使用滑动窗口（Dalal and Triggs, 2005）对图像进行遍历，即滑动窗口法。为了保证准确性，需要设置不同尺度和长宽比的窗口。滑动窗口法虽然能提取出目标可能出现的位置，保证目标不被遗漏，但是冗余窗口太多，没有针对性，会影响后续特征提取和分类的速度和性能。

2. 基于分割的候选区域提取法

基于分割的候选区域提取法以图像分割为基础，得到可能包含目标的候选区域。最简单直接的方法就是直接基于图像分割结果得到候选区域（Gu et al., 2009）。选择性搜索（selective search）（Uijlings et al., 2013）结合分割和穷举搜索的优点，将图像分割成若干小区域，根据区域之间的相似度将小区域聚合，然后打分排序，得到候选区域。基于分割的候选区域提取法的缺点是速度慢，选择性搜索在 CPU 模式下处理一张图片一般需要 2 s（Ren et al., 2017），其成为实时化检测的计算瓶颈。

3. 基于评分的候选区域提取法

基于评分的候选区域提取法根据候选窗口是否包含物体的可能性进行评分来得到候选区域。相较于基于分割的候选区域提取方法，基于评分的方法速度更快，但是生成的候选区域定位精度较差。Alexe 等（2010）从图像的显著位置中生成初始候选区域，然后根据轮廓、边缘、位置以及尺寸等信息对这些区域进行评分，选择评分高的候选区域作为结果。Cheng 等（2014）先生成大量的候选区域，然后使用以边缘特征训练好的线性分类器对候选区域进行评分，过滤掉评分低的候选区域。与之类似，Zitnick 和 Dollár（2014）则使用物体轮廓特征对候选区域进行评分。

9.2.2 特征提取

生成了候选区域之后需要对候选区域进行特征提取。特征提取是目标检测中的关键步骤，特征提取的好坏直接影响到后续分类的准确性。如何提取出具有良好区分性和鲁棒性的特征一直是目标检测中的研究重点。

传统的特征提取方法主要基于手工设计特征实现，典型的有局部二值模式（LBP）特征（Ojala et al., 1994）、Haar-like 特征（Papageorgiou et al., 1998）、尺度不变特征变换（SIFT）特征（Lowe, 1999, 2004）以及梯度方向直方图（HOG）

特征（Viola and Jones, 2001）。设计和使用手工特征需要深厚的专业知识和经验，会耗费大量的时间进行实验。手工设计特征往往属于浅层特征，表达能力不强，可区分性和泛化性差，检测错误率高，而且特征往往只适用于特定类别的目标。例如，Haar-like 特征适用于人脸检测（Viola and Jones, 2001），HOG 特征适用于行人检测（Dalal and Triggs, 2005），对于多类别目标检测的适应性差。这些缺点也使得传统的手工特征难以满足实际需求。

9.2.3　分类器分类

对候选区域提取完特征之后，需要将特征输入分类器进行分类，判断目标类别。分类器一般使用监督训练的方式得到，先用训练数据对分类器进行训练，然后用训练好的分类器来完成分类。常用的分类器有 SVM（Vapnik, 1999）、AdaBoost（Freund and Schapire, 1997）和 RF（Breiman, 2001）等。

9.2.4　后处理

后处理主要是为了消除图像中同一个目标被重复检测的情况，去除重复冗余的边框，保留最优结果边框。最具代表性的方法是非极大值抑制法（non-maximum suppression，NMS）（Neubeck and van Gool, 2006）。该方法实际就是抑制不是极大值的元素，可以理解为局部最大搜索，即搜索在目标检测中提取分数最高的窗口。如图 9.2 所示，如在飞机检测时，滑动窗口经特征提取、分类器分类识别后，每个窗口都会得到一个分数，但滑动窗口会导致很多窗口与其他窗口之间存在包含或者大部分交叉的情况，因此需要用到 NMS 来选取分数最高（即飞机的概率最大）的窗口，并同时抑制那些分数低的窗口。

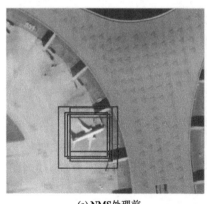 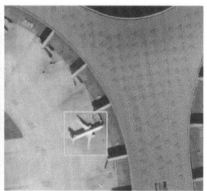

(a) NMS处理前　　　　　　　　　　　(b) NMS处理后

图 9.2　目标检测 NMS 后处理示例

9.3　遥感图像目标检测的深度学习方法

传统的目标检测方法在实现流程上自动化程度低，通常需要各个环节串联起来才能完成最终的目标检测任务，且所使用的人工设计类特征提取方法在表达能力上十分有限，在很大程度上制约了目标检测的准确度。这也是为什么在深度学习出现之前，遥感图像目标检测始终没有取得实质性进展的根本原因。深度学习方法的出现提供了一种颠覆性的特征自学习模式，不需要传统手工特征设计所需的专业知识和经验，就能够从数据中自动学习到如何提取特征，将低级特征逐渐组合成中高级特征，得到泛化性好、鲁棒性强以及区分性高的特征表示。可以说，深度学习一方面解决了特征提取与表达能力弱的难题，另一方面也解决了传统方法无法实现端到端一体化目标检测的问题。

基于深度学习的目标检测方法可以大致分为两类：双阶段方法和单阶段方法（唐吉文，2021）。双阶段方法的精度更高，但是速度比单阶段方法慢。这类方法首先会先提取少数高质量的包含所有目标的候选框，然后再对这些候选框进行进一步的分类和坐标回归。单阶段方法则会预先在图像上设置好大量不同尺度和长宽比的候选框，直接对预设好的候选框进行分类和坐标回归，没有候选框提取步骤，因而检测速度更快，但是精度上落后于双阶段方法。

双阶段方法的代表性方法是区域卷积神经网络（R-CNN）系列方法（Girshick et al., 2014; Girshick, 2015; Ren et al., 2017）。除了掩膜区域卷积神经网络（Mask R-CNN），对更快的区域卷积神经网络（Faster R-CNN）进行改进的方法还有区域全卷积网络（R-FCN）（Dai et al., 2016）、轻检测头区域卷积神经网络（Light Head R-CNN）（Li et al., 2017）、级联区域卷积神经网络（Cascade R-CNN）（Cai and Vasconcelos, 2018）和均衡化区域卷积神经网络（Libra R-CNN）（Pang et al., 2019）等方法。Faster R-CNN 及其改进的衍生方法都具有很高的检测精度，目前依然领跑于几个常见数据集的精度榜。

单阶段方法的代表性方法有 OverFeat（Sermanet et al., 2014）、YOLO（you look only once）系列方法（Redmon et al., 2016; Redmon and Farhadi, 2017, 2018; Bochkovskiy et al., 2020），以及单次多框检测器（SSD）（Liu et al., 2016）和视网膜网络（RetinaNet）（Lin et al., 2017）。此外，其他常见方法还有精炼检测网络（RefineDet）（Zhang et al., 2018）、多层特征金字塔检测网络（M2Det）（Zhao et al., 2019）和感受野模块网络（RFBNet）（receptive field block net）（Liu et al., 2018b）等方法，以及以中央凹检测框（FoveaBox）和全卷积单阶段目标检测器（FCOS）为代表的无须预设框的方法（Kong et al., 2020; Tian et al., 2019; Zhang et al., 2019）

与以 CornerNet 和 ExtremeNet 为代表的通过预测关键点来检测目标的方法（Law and Deng, 2020; Zhou et al., 2019; Duan et al., 2019; Yang et al., 2019）。

对于遥感图像的目标检测，除了自然图像所具有的特征外，通常还具有其特殊性，如方向性、尺度性等。例如，在自然图像的目标检测中，一般使用水平矩形框来检测目标，但是在遥感图像中，受卫星观测角度的影响，目标会呈现出各种不同的旋转分布角度。当存在稠密目标分布的情况时，使用传统的水平矩形框将无法逐个精准框选出每个目标的位置，相邻的框之间会存在较大的重叠区，在后续的 NMS 去除重复检测框的步骤中，很容易将包含目标的检测框去除，造成漏检。针对该问题，有研究通过预测带有旋转角度的矩形框来表示目标的分布位置。具体来讲，就是在水平矩形框的基础上，增加一个旋转角度，变成带有旋转角度的矩形框 (x, y, w, h, θ)。其中，x 和 y 是矩形框的中心坐标，w 和 h 是矩形框的宽度和高度，θ 表示矩形框与水平方向的夹角。这类方法主要是在 R-CNN、Fast R-CNN、Faster R-CNN、SSD、YOLO 等原有经典目标检测网络模型的基础上进行改造，增加对矩形框旋转角度的学习和预测。然而，这类预测带有旋转角度的矩形框的方法会大大增加检测模型中预设框的数量，带来额外的计算，从而影响模型的检测效率。为了解决这一问题，又有研究人员陆续提出了 RoI Transformer（Ding et al., 2019）、R^{3}Det（Yang et al., 2021）、S^{2}A-Net（Han et al., 2021）等解决方法，推进了遥感图像目标检测的深度学习应用步伐。

9.4 形状信息在遥感图像目标检测中的应用

目前，虽然目标检测卷积神经网络模型在遥感领域取得了不错的效果，但是面对具有复杂背景的遥感图像以及多类别和更精细的目标亚类识别等情况时，依然存在检测识别率不高的问题。研究表明（唐吉文, 2021），纹理特征在卷积神经网络识别物体的过程中发挥着更为重要的作用，而纹理特征的稳定性并不强，因为同一类别的物体可能具有各种各样的纹理。相比之下，依赖形状特征的人类视觉能够快速准确地识别物体，并且在面对畸变时能保持一定的稳定性。因此，在目标检测卷积神经网络模型中，利用好形状先验知识成为帮助模型获得更好的检测效果的一个重要解决思路。本节就将从模型的输入、模型的训练和模型输出结果的后处理三个方面，对形状信息在遥感图像目标检测中的应用进行介绍和讨论。

9.4.1 偏向形状特征的目标检测样本扩增方法

为了提升卷积神经网络对形状特征的依赖，从而提高网络模型的稳定性和识别精度，一种可行的思路就是在训练样本集中人为扩增偏向形状特征的样本数据

（Tang et al., 2021b；唐吉文，2021）。通过构建偏向形状特征的样本集，将训练样本的边缘图像作为样本扩充到原有目标图像样本集中，迫使网络模型学习如何根据形状特征来检测目标，让网络模型更依赖形状特征，从而获得偏向形状特征的网络模型，提高网络模型的稳定性和检测精度。这里使用边缘图像进行样本扩增的原因在于，边缘图像只包含形状信息，不包含纹理信息。将训练图像的边缘图像扩充到样本集中之后，目标检测网络被迫去学习如何根据形状检测目标，来减轻网络模型对纹理特征的依赖，提高网络模型对形状特征的依赖，获得偏向形状特征的模型，提升网络模型的检测效果。图 9.3 以中枢灌溉系统检测为例，展示了所述的基于边缘滤波的偏向形状特征的样本扩增示例。

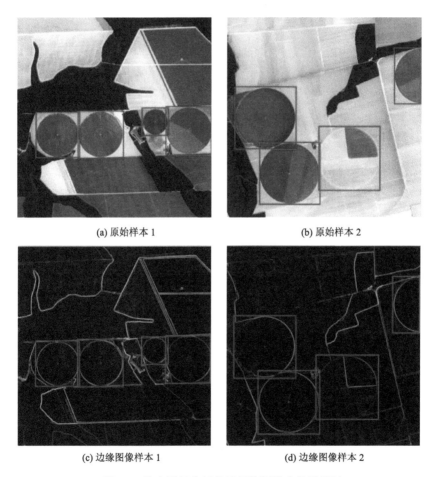

(a) 原始样本 1　　　　　　　　　　　　　　(b) 原始样本 2

(c) 边缘图像样本 1　　　　　　　　　　　　(d) 边缘图像样本 2

图 9.3　偏向形状特征的目标检测样本扩增示例

（a）和（b）为原始样本；（c）和（d）为基于边缘提取算子提取的边缘图像样本

该方法由于只需要对训练样本集本身进行扩增处理,不涉及模型结构的调整,因此也具有很好的模型普适性。图 9.4 给出了该样本扩增技术流程。对于原始目标图像样本集中的每一幅图像,采用某一种边缘滤波方法提取该图像的边缘图像,将相应的标记作为所提取出来的边缘图像的标记,得到的带标记的边缘图像作为目标边缘图像样本集,然后扩充到原始目标图像样本集中,构成样本扩增后的训练样本集。所采用的边缘滤波方法可以是: Canny(1986)边缘检测算子、Sobel边缘检测算子、Laplacian 边缘检测算子、整体嵌套边缘检测(HED)(Xie and Tu, 2015)和基于密集极端初始网络的边缘检测(DexiNed)(Poma et al., 2020)。

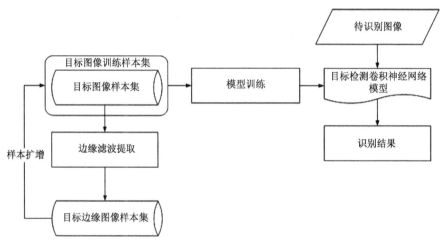

图 9.4　偏向形状特征的目标检测样本扩增技术流程

采用 S^{2}A-Net(Han et al., 2021)作为目标检测基础模型,采用 Canny、Sobel、Laplacian、HED、DexiNed 等多种不同的边缘提取方法进行偏向形状特征的样本扩增,将原始图像样本按 1∶1 比例生成边缘图像样本并扩增到训练样本集中,选用三种公开的遥感图像目标检测数据集 DOTA v1.0、HRSC2016 和 VEDAI 进行验证实验。实验结果见表 9.1～表 9.3。

实验结果表明,上述偏向形状特征的目标检测样本扩增方法能在不对网络模型进行改动、不添加前处理和后处理步骤的情况下,通过构建扩充边缘图像样本的偏向形状特征网络模型的样本集对网络模型进行训练,提升网络模型对形状特征的依赖,使整体检测精度得到显著提升,尤其是对于原本不易学习的单类别难例,精度也获得了较大提升,同时,也证明了这种偏向形状特征的目标检测样本扩增方法在不同遥感数据集上的可推广性。

表 9.1 DOTA v1.0 数据集偏向形状特征的样本扩增实验结果

类别	原始样本集	原始样本集 + Sobel 边缘	原始样本集 + Laplacian 边缘	原始样本集 + Canny 边缘	原始样本集 + HED 边缘	原始样本集 + DexiNed 边缘
plane	0.8988	0.8988	0.8969	0.8995	0.8984	0.8988
baseball-diamond	0.7044	0.7098	0.7046	0.6987	0.7423	0.7180
bridge	0.3964	0.3850	0.4027	0.3735	0.3684	0.3811
ground-track-field	0.5969	0.6341	0.6588	0.6607	0.6429	0.6499
small-vehicle	0.6671	0.6569	0.6302	0.6663	0.6676	0.6769
large-vehicle	0.8336	0.8210	0.7858	0.8303	0.8273	0.8361
ship	0.8827	0.8829	0.8785	0.8886	0.8804	0.8811
tennis-court	0.9077	0.9083	0.9075	0.9068	0.9073	0.9082
basketball-court	0.6047	0.6673	0.7163	0.6448	0.6587	0.6146
storage-tank	0.8682	0.8534	0.8478	0.8662	0.8463	0.8667
soccer-ball-field	0.6478	0.6826	0.7177	0.6899	0.6931	0.6578
roundabout	0.6694	0.6337	0.6391	0.5857	0.6476	0.6555
harbor	0.7371	0.7398	0.7479	0.7528	0.7363	0.7352
swimming-pool	0.6197	0.5804	0.5636	0.5996	0.5748	0.6201
helicopter	0.4522	0.5290	0.6252	0.5270	0.6161	0.5096
mAP	0.6991	0.7055	0.7148	0.7060	0.7138	0.7073

表 9.2 HRSC2016 数据集偏向形状特征的样本扩增实验结果

类别	原始样本集	原始样本集 + Sobel 边缘	原始样本集 + Laplacian 边缘	原始样本集 + Canny 边缘	原始样本集 + HED 边缘	原始样本集 + DexiNed 边缘
aircraft	0.8611	0.8916	0.8879	0.8989	0.8930	0.8903
warcraft	0.8278	0.8763	0.8799	0.8758	0.8691	0.8756
merchant	0.6616	0.7740	0.7858	0.7620	0.7515	0.7543
submarine	0.0217	0.4451	0.3617	0.0746	0.4812	0.0516
mAP	0.5930	0.7467	0.7288	0.6528	0.7487	0.6430

表 9.3 VEDAI 数据集偏向形状特征的样本扩增实验结果

类别	原始样本集	原始样本集 + Sobel 边缘	原始样本集 + Laplacian 边缘	原始样本集 + Canny 边缘	原始样本集 + HED 边缘	原始样本集 + DexiNed 边缘
car	0.9057	0.9086	0.9090	0.9090	0.9078	0.9050
truck	0.7059	0.8876	0.8730	0.9090	0.8948	0.8612
tractor	0.8215	0.9030	0.9517	0.9172	0.8810	0.8989

类别	原始样本集	原始样本集 + Sobel 边缘	原始样本集 + Laplacian 边缘	原始样本集 + Canny 边缘	原始样本集 + HED 边缘	原始样本集 + DexiNed 边缘
camping_car	0.8032	0.8538	0.8450	0.8731	0.9201	0.8972
van	0.3416	0.6457	0.6331	0.6304	0.7073	0.6524
other	0.7491	0.7731	0.7090	0.7879	0.8165	0.7720
boat	0.1883	0.7108	0.7249	0.6969	0.7142	0.6202
mAP	0.6450	0.8118	0.8065	0.8177	0.8345	0.8010

9.4.2 引入形状先验约束的目标检测网络模型

为了在目标检测网络模型训练过程中强化模型对目标形状特征的学习，除了可以采用偏向形状特征的目标检测样本扩增方法外，另外一种思路就是在模型的训练阶段，在损失函数中人为加入形状约束条件。我们知道，在深度学习图像分割方法中，可以利用形状先验知识对输出图像做出一定约束，指导模型训练，引导模型学习目标的形状知识，从而提升模型的分割效果。然而，在目标检测方法中，目标检测输出的检测框并没有提供所包含物体的形状信息，因此，目标检测任务难以像分割任务那样，利用形状先验信息对输出结果进行约束，目标检测任务的损失函数中也难以添加可以进行反向传播且对网络模型学习产生影响的形状先验损失项。为了解决这一问题，本书提出一种引入形状先验约束的目标检测卷积神经网络模型（唐吉文，2021），在检测模型的训练过程中添加分割任务，通过在分割任务上添加形状先验约束，进而在损失函数中引入形状先验正则项，最终指导网络模型训练，让网络学习形状先验知识。图 9.5 以性能和精度均衡网络（PVANET）（Kim et al., 2016）为例，展示了引入形状先验约束的目标检测网络模型的结构图。

模型训练的损失函数 L 一共由三部分构成：

$$L = L_{\text{detection}} + L_{\text{segmentation}} + L_{\text{shape}}$$

$$L_{\text{segmentation}} = \| f(x;\theta) - y \|_2^2 \tag{9.1}$$

$$L_{\text{shape}} = -\lambda \sum_{i=1}^{N} \| (\hat{y} \otimes \hat{x}) * S_i \|_2^2$$

式中，$L_{\text{detection}}$ 为检测任务损失，与 PVANET 模型原始损失函数一致，包括候选区提取网络损失和后续分类子网络损失两个部分；$L_{\text{segmentation}}$ 为分割任务损失；$f(x;\theta)$ 表示特征提取网络和分割模块对输入图像 x 的非线性映射，即所生成的分割结果图 $\hat{y}$；y 为真实标签图；L_{shape} 为形状约束损失；$\hat{y}$ 为分割结果图；$\hat{x}$ 为

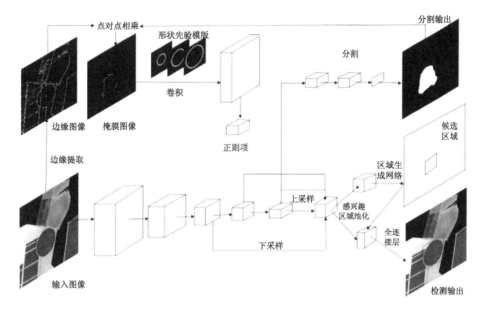

图 9.5　融入分类后处理的遥感图像目标检测方法的基本流程

输入图像的边缘图像；S_i 为先验形状模板（图 9.6～图 9.8）；$\otimes$ 表示对应元素相乘；*表示二维卷积；N 为先验形状模板的个数；λ 为正则项系数，控制形状先验正则项对模型训练的影响力度。

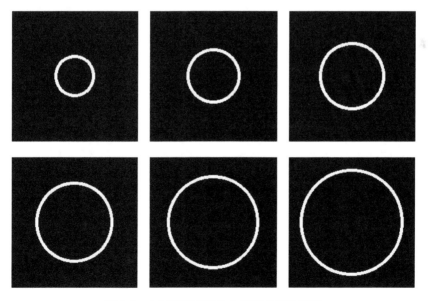

图 9.6　中枢灌溉系统的先验形状模板示例

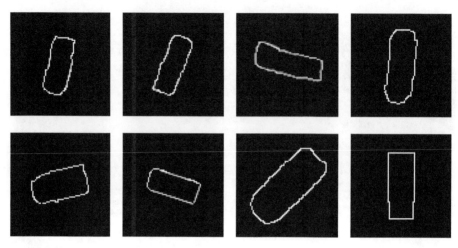

图 9.7 中国科学院大学-航空图像目标检测数据集的车辆形状先验形状模板示例

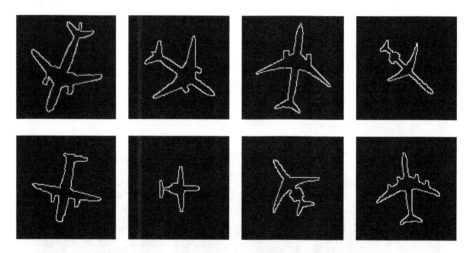

图 9.8 中国科学院大学-航空图像目标检测数据集的飞机形状先验形状模板示例

表 9.4 为以 PVANET 为基础模型，所提出的引入形状先验约束的目标检测网络模型在中枢灌溉系统检测、中国科学院大学-航空图像目标检测（UCAS-AOD）数据集的车辆和飞机检测中的实验结果。对中枢灌溉系统以及车辆和飞机的检测实验表明，模型引入形状先验约束之后，检测精度和召回率得到了提升。

9.4.3 融入分类后处理的遥感图像目标检测方法

无论是偏向形状特征的目标检测样本扩增，还是引入了形状先验约束的目标检测网络，它们都是在网络训练阶段采取的应对措施。此外，我们还可以在模型预测阶段对目标检测结果进一步开展分类后处理，以此进一步提升目标识别的准确率（Tang et al., 2021a; 唐吉文, 2021）。

表 9.4   引入形状先验约束的目标检测网络模型的检测结果

	中枢灌溉系统数据集		UCAS-AOD数据集（车辆）		UCAS-AOD数据集（飞机）	
	精度	召回率	精度	召回率	精度	召回率
原始 PVANET	0.732	0.966	0.792	0.841	0.958	0.964
所提出方法	0.817	0.975	0.825	0.902	0.973	0.975

如图 9.9 所示，该方法将目标检测模型和图像分类模型相结合，先使用目标检测模型检测图像中的目标，根据检测结果中预测的目标矩形框的范围裁剪原图区域，将裁剪后的图像输入到图像重分类网络对检测结果中目标类型进行二次分类，从而提升目标识别的准确率，降低误检和虚警。

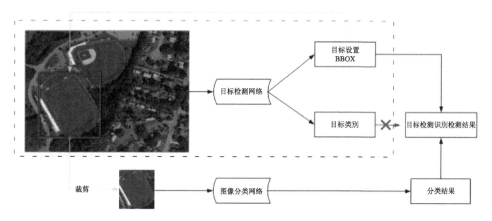

图 9.9   融入分类后处理的遥感图像目标检测方法的基本流程

为了验证该方法的有效性，选择 PVANET 和 YOLOv4 之一作为目标检测网络、GoogLeNet 作为图像重分类网络，分别在中枢灌溉系统数据集和 UCAS-AOD 数据集上进行对比实验，实验结果如表 9.5 所示。实验结果表明，这种结合目标检测模型和图像分类模型，融入分类后处理的遥感图像目标检测方法能够有效减少误检，在召回率略有损失的情况下，能够显著提高精度。

表 9.5　融入分类后处理的遥感图像目标检测实验结果

	中枢灌溉系统 数据集		UCAS-AOD 数据集（车辆）		UCAS-AOD 数据集（飞机）	
	精度	召回率	精度	召回率	精度	召回率
PVANET	0.732	0.966	0.792	0.841	0.958	0.964
YOLOv4	0.881	0.972	0.909	0.931	0.966	0.974
PVANET-GoogLeNet	0.95	0.955	0.837	0.836	0.978	0.960
YOLOv4-GoogLeNet	0.989	0.961	0.941	0.925	0.985	0.972

9.5　多尺度小样本目标检测方法

　　尽管形状知识可以有效提升遥感图像目标检测模型的精度，但是在实际应用过程中，如何构建充分的训练样本集以完成模型的训练成为其中一个重要且无法回避的问题。现有的诸如 Faster R-CNN、YOLO 和 SSD 等典型的目标检测识别模型，都需要借助海量标注样本完成训练，但在某些特定的遥感应用场景中，可获得的标注样本数量十分有限，很难为上述方法提供丰富的训练样本，导致模型在训练过程中发生过拟合现象，目标识别性能大幅下降。另外，收集满足要求的标注数据本身也是一件十分耗费人力、财力、物力的工作，这极大地限制了现有目标检测方法的落地应用与推广。因此，如何利用极少的标注数据学习具有一定泛化能力和较好检测性能的模型，即小样本目标检测，成为一项亟须研究解决的问题。本节将介绍一种用于遥感图像的多尺度小样本目标检测模型 PAMS-Det（Zhao et al., 2021），该模型基于 Faster R-CNN 结构，融入了 9.4 节所介绍的偏向形状特征的目标检测样本扩增方法，加入 Involution 算子（Li D et al., 2021）作为网络主干以增强特征提取器的分类能力，加入路径聚合模块（path-aggregation module，PAM）（Liu et al., 2018a）学习多尺度特征，通过两阶段训练有效实现对少量标注样本数据的学习。

　　如图 9.10 所示，该方法采用典型的两阶段训练方案：基础训练和小样本微调训练。在基础训练阶段，模型在丰富的基类训练数据集 D_{base}（进行了边缘样本扩增）上完成整个网络的训练，这里的基类指样本数量较为丰富的类别；在小样本微调阶段，加入数量稀少的新类样本数据集 D_{few_shot}（其中每个类别样本数量 K 一般不超过 20 个，最多不会超过 50 个），同时在基类训练样本集 D_{base} 中每类随机抽取出 K 个样本，并与 D_{few_shot} 中的新样本及其对应的边缘样本共同构建一个新的小的平衡训练数据集 $D_{balance}$，将分类框和定位框的权重部分重新初始化，在保持特征提取器参数固定的情况下，将数据集 D_{balance} 输入网络中进行微调训练。通过这样的双阶段微调训练，可以有效实现对少量标注样本数据的学习和小样本目标检测模型的训练。

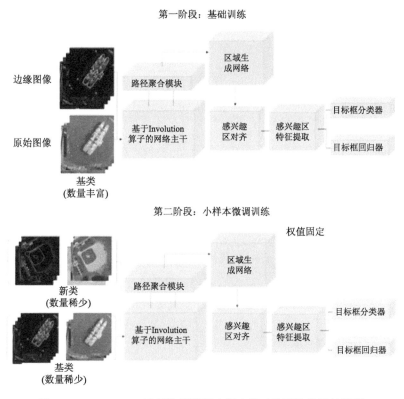

图 9.10　PAMS-Det 目标检测模型小样本学习的两阶段训练流程

图 9.11 给出了针对遥感图像小样本目标检测的总体解决思路。与自然图像相比，遥感图像中的目标更为复杂，具有多角度、多尺度、类内相似性低和类间差异性高等特性。针对以上难点，使用 Involution 算子作为网络主干，可以增强特征提取器的分类能力；引入 PAM 路径聚合模块可以学习多尺度特征，该多尺度模块通过自底向上的流程缩短信息传输路径，并使用低级特征的语义信息进行定位，以缓解多尺度目标和小样本训练导致的尺度稀疏问题；通过在训练阶段加入偏向形状特征的目标检测样本扩增，可以增加模型的形状偏置，提高模型的鲁棒性和检测性能。

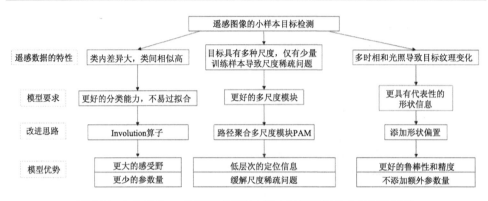

图 9.11　PAMS-Det 关于遥感图像小样本目标检测的总体解决思路

　　为了验证所提出解决方法 PAMS-Det 的有效性，在 DIOR 数据集开展对比实验（表 9.6），比较方法包括基准方法小样本目标检测器（FsDet）（PAMS-Det 的原型方法）（Wang et al., 2020）、遥感领域小样本目标检测的代表性方法小样本目标检测模型（FSODM）（Li X et al., 2021），以及本节提出的解决方法路径聚合多尺度小样本目标检测器（PAMS-Det）。为了公平和直接比较，采用精度（AP）和平均精度（mAP）在基类和新类的测试集上对结果进行评估。实验结果表明，所提出的 PAMS-Det 方法实现了 3-shot、5-shot 和 10-shot 的 28%、33%和 38% 的平均精度，并且大多数新类的 AP 都得到了改进，总体结果优于目前遥感领域的小样本检测模型。

表 9.6　DIOR 数据集上小样本目标检测结果比较

类别	FsDet			FSODM			提出方法		
	3-shot	5-shot	10-shot	3-shot	5-shot	10-shot	3-shot	5-shot	10-shot
飞机	0.13	0.17	0.24	0.09	0.16	0.22	0.14	0.17	0.25
棒球场	0.51	0.53	0.56	0.27	0.46	0.50	0.54	0.55	0.58
网球场	0.24	0.41	0.50	0.57	0.6	0.66	0.24	0.41	0.50
火车站	0.13	0.15	0.21	0.11	0.14	0.16	0.17	0.17	0.23
风车	0.25	0.30	0.33	0.19	0.24	0.29	0.31	0.34	0.36
平均精度	0.25	0.31	0.37	0.25	0.32	0.36	0.28	0.33	0.38

　　表 9.7 给出了所提出方法在 DIOR 数据集上进行的消融实验结果。在基类测试样本集和新类测试样本集上，Involution 主干可以比卷积主干提高 1%；在添加 PAM 和形状偏置后，所提出的方法（Involution 主干+PAM+形状偏置）对于基类提高了 2%，对于新类提高了 4%。结果表明，所提出方法的三个重要组成部分都

提高了模型的检测能力，使其能够从复杂的遥感图像中检测目标区域，并在小样本检测场景中准确检测目标。

表 9.7　DIOR 数据集上消融实验精度对比

模型	基类样本	新类样本（10-shot）
Convolution 主干	0.62	0.33
Involution 主干	0.63	0.34
Involution 主干 +PAM	0.65	0.37
Involution 主干 +PAM+ 形状偏置	0.65	0.38

9.6　小　　结

遥感技术的发展使得获取高质量遥感图像越来越便捷，通过智能解译手段获取其所包含的地物信息并进行遥感图像目标检测具有广阔的应用空间。本章首先介绍了遥感图像目标检测的传统思路和代表性的深度学习方法。之后，围绕遥感图像目标检测过程中所面临的遥感图像成像场景大、目标出现频率低、尺度效应明显、观测角度差异大、类内差异大、类间相似度高等现实问题，从形状信息的应用以及小样本学习两大方面对上述问题的解决进行了介绍和讨论。这些方法均为遥感图像目标检测研究提供了切实有效的解决方案。

参 考 文 献

蒋丽婷. 2020. 面向港口情报分析的遥感影像目标识别技术研究与实现. 北京: 中国电子科技集团公司电子科学研究院.

秦伟伟, 宋泰年, 刘洁瑜, 等. 2017. 基于轻量化 YOLOv3 的遥感军事目标检测算法. 计算机工程与应用, 11(4): 1.

唐吉文. 2021. 形状特征在遥感图像目标检测深度网络模型中的应用研究. 北京: 中国科学院大学.

汪晨, 张辉辉, 乐继旺, 等. 2021. 基于深度学习和遥感影像的松材线虫病疫松树目标检测. 南京师大学报(自然科学版), 44(3): 84-89.

杨蜀秦, 刘江川, 徐可可, 等. 2021. 基于改进 CenterNet 的玉米雄蕊无人机遥感图像识别. 农业机械学报, 52(9): 206-212.

Alexe B, Deselaers T, Ferrari V. 2010. What is an Object? San Francisco, CA, USA: 2010 IEEE Conference on Computer Vision and Pattern Recognition(CVPR).

Bochkovskiy A, Wang C Y, Liao H Y M. 2020. YOLOv4: Optimal speed and accuracy of object detection. arXiv,2004.10934.

Breiman L. 2001. Random forests. Machine Learning, 45: 5-32.

Cai Z, Vasconcelos N. 2018. Cascade R-CNN: Delving into High Quality Object Detection. Salt Lake
City, UT, USA: 2018 IEEE/CVF Conference on Computer Vision and Pattern Recognition.

Canny J. 1986. A computational approach to edge detection. IEEE Transactions on Pattern Analysis
and Machine Intelligence, 8(6): 679-698.

Cheng M M, Zhang Z, Lin W Y, et al. 2014. Bing: Binarized Normed Gradients for Objectness
Estimation at 300fps. Columbus, OH, USA: 2014 IEEE Conference on Computer Vision and
Pattern Recognition.

Dai J, Li Y, He K, et al. 2016. R-FCN: Object Detection Via Region-based Fully Convolutional
Networks. Barcelona: Proceedings of the 30th International Conference on Neural Information
Processing Systems. 379-387.

Dalal N, Triggs B. 2005. Histograms of Oriented Gradients for Human Detection. San Diego, CA,
USA: 2005 IEEE Computer Society Conference on Computer Vision and Pattern Recognition.

Ding J, Xue N, Long Y, et al. 2019. Learning ROI Transformer for Oriented Object Detection in
Aerial Images. Long Beach, CA, USA: 2019 IEEE/CVF Conference on Computer Vision and
Pattern Recognition (CVPR).

Duan K, Bai S, Xie L, et al. 2019. CenterNet: Keypoint Triplets for Object Detection. Seoul, Korea
(South): 2019 IEEE/CVF International Conference on Computer Vision (ICCV).

Freund Y, Schapire R E. 1997. A decision-theoretic generalization of on-line learning and an
application to boosting. Journal of Computer and System Sciences, 55(1): 119-139.

Girshick R. 2015. Fast R-CNN. Santiago, Chile: 2015 IEEE International Conference on Computer
Vision (ICCV).

Girshick R, Donahue J, Darrell T, et al. 2014. Rich Feature Hierarchies for Accurate Object Detection
and Semantic Segmentation. Columbus, OH, USA: 2014 IEEE Conference on Computer Vision
and Pattern Recognition.

Gu C, Lim J J, Arbelaez P, et al. 2009. Recognition Using Regions. Miami, FL: 2009 IEEE
Conference on Computer Vision and Pattern Recognition.

Han J, Ding J, Li J, et al. 2021. Align deep features for oriented object detection. IEEE Transactions
on Geoscience and Remote Sensing, 60: 1-11.

Kim K H, Hong S, Roh B, et al. 2016. PVANet: Deep but lightweight neural networks for real-time
object detection. arXiv:1608.08021.

Kong T, Sun F, Liu H, et al. 2020. FoveaBox: Beyound anchor-based object detection. IEEE
Transactions on Image Processing, 29: 7389-7398.

Law H, Deng J. 2020. CornerNet: Detecting objects as paired keypoints. International Journal of

Computer Vision,128: 642-656.

Li D, Hu J, Wang C, et al. 2021. Involution: Inverting the Inherence of Convolution for Visual Recognition. Nashville, TN, USA: 2021 IEEE/CVF Conference on Computer Vision and Pattern Recognition(CVPR).

Li X, Deng J, Fang Y. 2021. Few-shot object detection on remote sensing images. IEEE Transactions on Geoscience and Remote Sensing, 60: 1-14.

Li Z, Peng C, Yu G, et al. 2017. Light-Head R-CNN: In defense of two- stage object detector. arXiv:1711.07264.

Lin T, Goyal P, Girshick R, et al. 2017. Focal Loss for Dense Object Detection. Venice, Italy: 2017 IEEE International Conference on Computer Vision (ICCV).

Liu S, Huang D, Wang Y. 2018b. Receptive field block net for accurate and fast object detection. Lecture Notes in Computer Science: Computer Vision-ECCV 2018, 11215: 404-419.

Liu S, Qi L, Qin H, et al. 2018a. Path Aggregation Network for Instance Segmentation. Salt Lake City, UT, USA: 2018 IEEE/CVF Conference on Computer Vision and Pattern Recognition (CVPR).

Liu W, Anguelov D, Erhan D, et al. 2016. SSD: Single shot multibox detector. Lecture Notes in Computer Science: Computer Vision-ECCV 2016, 9905: 21-37.

Lowe D. 1999. Object recognition from local scale-invariant features. Proceedings of the Seventh IEEE International Conference on Computer Vision, 2: 1150-1157.

Lowe D. 2004. Distinctive image features from scale-invariant keypoints. International Journal of Computer Vision, 60: 91-110.

Marcum R A, Davis C H, Scott G J, et al. 2017. Rapid broad area search and detection of Chinese surface-to-air missile sites using deep convolutional neural networks. Journal of Applied Remote Sensing, 11(4): 1.

Neubeck A, van Gool L. 2006. Efficient Non-maximum Sup-pression. Hong Kong, China: 18th International Conference on Pattern Recognition.

Ojala T, Pietikainen M, Harwood D. 1994. Performance evaluation of texture measures with classification based on Kullback discrimination of distributions. Proceedings of 12th International Conference on Pattern Recognition, 1: 582-585.

Pang J, Chen K, Shi J, et al. 2019. Libra R-CNN: Towards Balanced Learning for Object Detection. Long Beach, CA, USA: 2019 IEEE/CVF Conference on Computer Vision and Pattern Recognition (CVPR).

Papageorgiou C, Oren M, Poggio T. 1998. A General Framework for Object Detection. Bombay, India: Sixth International Conference on Computer Vision(IEEE Cat. No.98CH36271).

Poma X S, Riba E, Sappa A. 2020. Dense Extreme Inception Network: Towards a Robust CNN

Model for Edge Detection. Snowmass Village, Co, USA: Proceedings of the IEEE/CVF Winter Conference on Applications of Computer Vision.

Redmon J, Divvala S, Girshick R, et al. 2016. You Only Look Once: Unified, Real-time Object Detection. Las Vegas, NV, USA: 2016 IEEE Conference on Computer Vision and Pattern Recognition(CVPR).

Redmon J, Farhadi A. 2017. YOLO9000: Better, Faster, Stronger. Honolulu, HI, USA: 2017 IEEE Conference on Computer Vision and Pattern Recognition(CVPR).

Redmon J, Farhadi A. 2018. YOLOv3: An incremental improvement. arXiv:1804.02767.

Ren S, He K, Girshick R, et al. 2017. Faster R-CNN: Towards real-time object detection with region proposal networks. IEEE Transactions on Pattern Analysis and Machine Intelligence, 39(6): 1137-1149.

Sermanet P, Eigen D, Zhang X, et al. 2014. OverFeat: integrated recognition, localization and detection using convolutional networks. arXiv: 1312.6229.

Tang J, Arvor D, Corpetti T, et al. 2021a. Mapping center pivot irrigation systems in the southern amazon from sentinel-2 images. Water, 13(3): 298.

Tang J, Zhang Z, Zhao L, et al. 2021b. Increasing shape bias to improve the precision of center pivot irrigation system detection. Remote Sensing, 13(4): 612.

Tian Z, Shen C, Chen H, et al. 2019. FCOS: Fully Convolutional One- stage Object Detection. Seoul, Korea(South): 2019 IEEE/CVF International Conference on Computer Vision(ICCV).

Uijlings J R R, van De Sande K E A, Gevers T, et al. 2013.Selective search for object recognition. International Journal of Computer Vision, 104(2): 154-171.

Vapnik V N. 1999. The Nature of Statistical Learning Theory. New York: Springer.

Viola P, Jones M. 2001. Rapid object detection using a boosted cascade of simple features. Proceedings of the 2001 IEEE Computer Society Conference on Computer Vision and Pattern Recognition, 1: 511-518.

Wang X, Huang T, Gonzalez J, et al. 2020. Frustratingly simple few-shot object detection. Proceedings of the 37th International Conference on Machine Learning, 920: 9919-9928.

Xie S, Tu Z. 2015. Holistically-nested Edge Detection. Santiago, Chile: 2015 IEEE International Conference on Computer Vision(ICCV).

Yang X, Yan J, Feng Z, et al. 2021. R^3Det: Refined single-stage detector with feature refinement for rotating object. Proceedings of the AAAI Conference on Artificial Intelligence, 35(4): 3163-3171.

Yang Z, Liu S, Hu H, et al. 2019. RepPoints: Point Set Representation for Object Detection. Seoul, Korea(South): 2019 IEEE/CVF International Conference on Computer Vision(ICCV).

Zhang S, Wen L, Bian X, et al. 2018. Single-shot Refinement Neural Network for Object Detection.

Salt Lake City, UT, USA: 2018 IEEE/CVF Conference on Computer Vision and Pattern Recognition.

Zhang X, Wan F, Liu C, et al. 2019. FreeAnchor: Learning to match anchors for visual object detection. Advances in Neural Information Processing Systems, 32: 147-155.

Zhao Q, Sheng T, Wang Y, et al. 2019. M2Det: A single-shot object detector based on multi-level feature pyramid network. Proceedings of the AAAI Conference on Artificial Intelligence, 33: 9259-9266.

Zhao Z, Tang P, Zhao L, et al. 2021. Few-shot object detection of remote sensing images via two-stage fine-tuning. IEEE Geoscience and Remote Sensing Letters, 19: 1-5.

Zhou X, Zhuo J, Krähenbühl P. 2019. Bottom-up Object Detection by Grouping Extreme and Center Points. Long Beach, CA, USA: 2019 IEEE/CVF Conference on Computer Vision and Pattern Recognition(CVPR).

Zitnick C L, Dollár P. 2014. Edge boxes: Locating object proposals from edges. Lecture Notes in Computer Science: Computer Vision-ECCV 2014, 8693: 391-405.

第 10 章

样本处理视角下的遥感图像地表覆盖分类

遥感图像分类是把图像从数据转换为信息的重要技术手段。因而，如何高效而准确地进行遥感图像自动分类成为遥感图像分类技术研究的重点之一。本章首先简要介绍了遥感图像地表覆盖分类现状，并重点介绍了分类过程中的样本处理技术，最后进行了小结。其中，样本处理方面包含主动学习：训练样本的有效选择方法；半监督学习：未标记样本的使用方法；训练样本集中错误样本的渐进式剔除方法；由弱到强监督的训练样本提升方法等内容。

10.1 引　言

作为理解人类活动与全球变化的核心数据源之一（Running, 2008），地表覆盖类型及其变化信息具有重要价值，可以支持区域资源环境研究，为实现可持续发展战略提供科学数据支撑。地表覆盖信息直接反映了人类生存的地表现状以及变化状况，人与自然的相互作用都会通过地表覆盖体现出来（张增祥，2010）。因而，地表覆盖类型的物理特征变化的监测、制图已经成为研究全球变化问题的关键因素。

目前全球尺度的地表覆盖产品已经具有多个版本（空间分辨率及时间周期各异），如 IGBP-DISCover（Loveland et al., 2000）、UMD（Hansen et al., 2000）、MODIS（Friedl et al., 2002）、GlobCover（Arino et al., 2008）等；以及覆盖全球的 30 m 分辨率地表覆盖产品 GlobeLand30（Chen et al., 2015），已有的地表覆盖产品大都采用机器学习中监督学习方法来获得。监督学习方法主要采用当时机器学习领域主流的算法模型，如最大似然分类器、决策树分类器、随机森林分类器、支持向量机分类器，以及深度学习分类模型。而监督学习方法主要依赖训练样本对模型参数进行准确或近似估计，因而训练样本的选择变得十分重要。本章主要围绕样本的有效选择和利用、如何剔除错误的样本，以及样本从少到多情况下如何高效地进行训练等问题进行展开。

10.2　主动学习：训练样本的有效选择方法

遥感影像分类任务中存在着监督分类以及非监督分类方法。在监督分类方法中，需要使用标记样本训练选定的分类器模型。模型结果很大程度上取决于标记样本的质量和数量。然而，在实际应用中，标记样本的获取是一个耗时耗力的过程。因而，高效地获取具有高质量的训练样本，避免标记对分类模型而言信息冗余的样本成为机器学习领域一个重要的研究方向。主动学习（active learning, AL）方法就主要关注这类问题（MacKay, 1992），其通过迭代式增加新的训练样本来改进分类器，以求只标记需要标记的样本。

主动学习方法是一个迭代的过程，如图 10.1 所示。在每次迭代中，基于某种查询函数选择最有信息量的未标记样本，然后通过某种"先知"给出这些样本的真实标记，随后分类器使用更新后的训练样本集重新进行训练。通过这种方式，训练样本数据集不断更新，分类器模型性能表现不断改进，直到得到满意的结果为止。

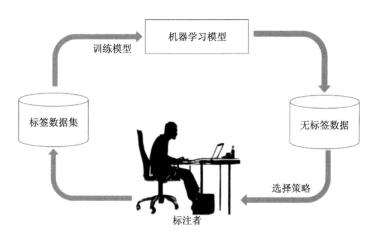

图 10.1　主动学习示意图

从数学形式上，主动学习方法可以定义为一个五元组（C, Q, S, T, U）（Li and Sethi, 2006）。其中，C 是监督分类器，T 是训练样本集。查询函数 Q 从无标记样本集 U 中选择最有信息量的无标记样本。S 是监督者，可以给出 U 中任意无标记样本的真实类别标签。在算法的初始阶段，首先使用训练样本集 T 监督分类器 C。初始化之后，在主动学习的每次迭代过程中，查询函数 Q 从无标记样本集

U 中选择一定数量的样本 X，监督者 S 标记出这些未标记样本 X 的真实类别信息；新标记的样本加入已有的训练数据集 T 中，并使用更新后的训练数据集重新进行分类器 C 的训练；直到满足某种停止条件（如分类精度达到某个阈值、迭代次数达到多少）时，主动学习迭代过程停止。

从算法流程上，主动学习可以表示如下：

使用初始的训练数据集 T 训练分类器 C；

迭代执行：

（1）基于查询函数 Q，从无标记样本集 U 中选出一些待标记样本；

（2）监督者 S 对上述待标记样本给出真实的类别标记；

（3）把新标记的样本添加到训练集 T 中；

（4）使用更新后的训练集 T 重新训练分类器 C，直到达到设定的最大迭代次数或者满足某种停止条件为止。

在主动学习方法中，查询函数 Q 非常关键。主动学习方法成功与否取决于其是否选择了有效的查询函数。在机器学习领域，主要有三大类主动学习方法。第一类方法是基于分类概率的，首先需要估计每个类别的后验概率分布，而未标记样本的重要性是通过后验概率分布进行评估的。对于二分类情况，自然地可以认为属于各类概率都接近 0.5 的未标记样本是最有信息量的，因而知悉了这类样本的真实类别信息并添加进训练样本，会最大程度地提高分类精度。第二类常用的主动学习方法是"基于投票选择方法"（voting-based selection）或者称为"基于委员会查询方法"（committee-based query），这类方法常用于多分类器组合的情况。未标记的样本点输入 k 个不同的分类器中，而使各个分类器的判决结果最不一致的样本点被认为是最富有信息量的样本，因而被递交给标记"先知"来确定其类别。Abe 和 Mamitsuka（1998）、Melville 和 Mooney（2004）分别给出了基于 boosting 以及 bagging 技术的这类主动学习方法。第三类有趣的主动学习方法则依赖于不同分类器模型的特点，如针对 SVM 特点而设计的主动学习方法，这类方法在实际应用中取得了极大的成功。SVM 分类器可以由很小数量的支持向量来描述，很容易通过连续的学习迭代过程进行更新，因而特别适用于主动学习过程。充分借助 SVM 分类器的几何特性，一种流行且有效的查询策略是间隔采样（margin sampling，MS）策略。在 MS 策略中，最靠近当前分类超平面的样本点被认为是最有价值的，进而被选中并进行标记。样本具有标记价值的水平，从某种程度上也反映了当前分类器对其分类置信度高低的水平，因而机器学习中常称其为样本的"不确定性"（uncertainty）准则。

上述提及的大部分主动学习方法都给出了在每次迭代过程如何选择最有价值的一个待标记样本。然而，从实际应用的角度，每次迭代过程选择一批（N，N

为大于 1 的整数）最有信息量的未标记样本进行处理是更加方便操作的。仅使用不确定性准则去选择一批样本并不能保证分类精度最大程度的提高，因为选中的这一批样本有可能是相似的，并不能够提供给分类器足够多的有用信息，即批处理选择模式并不是基于不确定性准则，选择 N 个最富信息量的样本集。因为这个过程并没有考虑这 N 个样本之间可能存在的信息交叉。因而，还需要度量样本之间"不同"的准则，即所谓的 Diversity 准则。批处理的主动学习策略的思想变为：选择一批最有信息量的样本，同时需要保证这些样本之间尽可能的"不同"。"不同"的样本会提供给分类器更多的信息。目前有几种常用的方法可以解决 Diversity 度量问题（Brinker,2003; Xu et al., 2003）。在 Brinker（2003）的研究中，Diversity 是以样本与分类界线之间的角度进行度量的。而在 Xu 等（2003）的研究中，Diversity 度量是通过聚类算法来实现的。位于不同聚类中心的样本点有着极大的可能是"不同"的，因而其能提供更多的信息来改进分类器模型。

随着主动学习方法在机器学习领域取得较好的成果，该方法也逐渐被引入遥感影像分类中（Tuia et al., 2009; Demir et al., 2011）。Tuia 等（2009）提出了两种主动学习方法用于遥感影像分类。第一种方法是改进的 MS 策略。经典的 MS 策略并没有考虑 Diversity 度量，在批处理模式下，笔者提出一个新的约束：新选中样本的最近支持向量不能与已经选择样本的最近支持向量相同，并称为基于最近支持向量的间隔采样方法。第二种方法是熵值装袋查询（EQB）方法，最有信息量的样本是通过一组分类器对某个样本有着最多的类别判别不一致来选择的。Demir 等（2011）探讨了几种不同的批处理模式主动学习方法在遥感数据分类中的应用，验证了几种不同的不确定性以及 Diversity 度量方法在遥感影像分类中的应用。最有价值的一批样本是通过不确定性和 Diversity 这两个准则的不同组合来实现的。此外，Demir 等提出了一种在再生核希尔伯特空间（RKHS）的核聚类（kernel-clustering）的 Diversity 度量方法，即 ECBD 方法。

为了进一步解决批处理模式的遥感影像多类分类问题，Huo 和 Tang（2014，2018）提出了两种新型的主动学习算法。作为后续工作的基础，基于 SVM 输出结果的几何特性构建了一个新的 Diversity 度量。首先提出了标记向量（labeling vector）的概念，如图 10.2 所示，对于样本 x，其标记向量定义为

$$L = \{ \text{sgn}[f_1(x)], \text{sgn}[f_2(x)], \cdots, \text{sgn}[f_n(x)] \} \tag{10.1}$$

式中，$\text{sgn}[f(x)]$ 为符号函数，当 $f(x)>0$ 时，$\text{sgn}[f(x)]=1$，反之则 $\text{sgn}[f(x)]=-1$。标记向量是样本在特征空间中位置的一个简单表示方式。

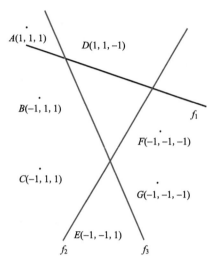

图 10.2　在三个类别"一对所有"SVM 分类设置下标记向量的概念示意图

对于分类器 f_1、f_2、f_3，样本 A 的标记向量为（1, 1, 1）（Huo and Tang, 2014）

　　为了进一步度量不同样本之间的相对位置，本书定义了基于样本标记向量之间的异或（XOR）操作。对于样本 x_i，x_j 属于 U，其相应的标记向量为 L_i，L_j。标记向量之间的异或操作定义为相应元素的异或操作，即

$$
\begin{aligned}
D_{ij}(1,2,\cdots,n) &= \mathrm{XOR}(L_i, L_j) \\
&= \{\mathrm{XOR}(\mathrm{sgn}(f_1(x_i)), \mathrm{sgn}(f_1(x_j))), \\
&\quad \mathrm{XOR}(\mathrm{sgn}(f_2(x_i)), \mathrm{sgn}(f_2(x_j))), \cdots, \\
&\quad \mathrm{XOR}(\mathrm{sgn}(f_n(x_i)), \mathrm{sgn}(f_n(x_j)))\}
\end{aligned}
\tag{10.2}
$$

　　在标记向量异或操作的基础上，求取集合中各个元素之和，定义了一个全新的 Diversity 指标。

$$
W_{x_i, x_j} = \sum_{m=1}^{n} D_{i,j}(m) \tag{10.3}
$$

　　所提出的第一个主动学习算法是以图论为背景的（Huo and Tang, 2014）。具体算法包含不确定性步骤和 Diversity 步骤。首先通过不确定性度量选择一定数量的未标记样本。然后，使用上述选择的样本构造一个 Diversity 图：所有选择的未标记样本构成图的顶点；任意两个顶点被连接起来，构建一个完全连通的图；边的权重使用所提出的 Diversity 度量公式（10.3）进行构造。为了消除初始选择的未标记样本集中可能存在的冗余信息，把"不同"的样本选择过程转化为图论中经典的最密集子图（DkS）优化问题。DkS 优化问题的主要想法是从 N 个顶点

的图中选择 $k(k{\leqslant}N)$ 个顶点，使得这 k 个顶点所构成的子图的边权重之和最大。尽管 DkS 最大化问题是 NP-hard 的问题，但是存在多项式时间复杂度的算法获得接近最优解的近似解决方案。因而，本项研究的主要贡献如下：①提出一种基于 SVM 输出结果的 Diversity 度量标准；②引入 DkS 最大化问题到主动学习过程，并且 DkS 最大化问题提供了一种通过使用其他的 Diversity 度量进行图权重替换来开发新的主动学习方法的框架。

在提出的第二个主动学习算法中，基于所提出的标记向量的概念，提出了另一种基于区域划分算法的主动学习方法（Huo and Tang, 2014），样本之间"不同"是通过确保所选择的样本位于特征空间的不同区域来实现的。

如前所述，主动学习算法的设计往往依赖于分类器模型。在深度学习时代，深度学习算法模型对标记数据量的要求更高，因而主动学习的重要性仍受到广泛关注，并发展出多种不同类型的算法模型。Gal 等（2017）基于贝叶斯卷积神经网络模型，通过蒙特卡罗 dropout（MCDropout）对任务模型的参数空间采样。不同于基于启发式的主动学习方法，Sener 和 Savarese（2018）在国际表征学习大会上提出了核心数据集（core set）的概念，分析了什么样的样本子集是最有效的，并给出了这类算法的近似损失上界，进一步证明了新添加的样本只有在缩小已标记样本对剩余样本的覆盖半径时才是最有效的。另一个新的趋势是基于对抗思想的主动学习方法（Zhu and Bento, 2017; Ducoffe and Precioso, 2018），该方法不同于从未标记数据集中查找靠近分类边界的样本，而是使用生成对抗网络（GAN）模型生成靠近分类边界的数据，进而进行数据标记（Zhu and Bento, 2017）。然而，GAN 模型生成的数据很多情况下可能很有信息量，但是人工无法进行准确标记。Ducoffe 和 Precioso（2018）仍回归到主动学习的传统思想，考虑到在深度学习模型中样本到分类界线的距离是难以求解的，因此采用对抗样本去近似样本到分类界线距离。

10.3　半监督学习：未标记样本的使用方法

相比主动学习方法试图优选并标记最有价值的未标记样本来提升分类精度，半监督学习方法则是直接考虑如何使用未标记样本。具体而言，半监督学习方法（Bruzzone et al., 2006; Gamps-Valls et al., 2007;Gomez-Chova et al., 2008）利用数据集中的未标记样本，辅助已标记的样本建立更加精确的分类模型。

半监督学习是机器学习领域非常活跃的一个研究方向。其研究主要是探索无标记的数据如何用来改进分类器模型，如图 10.3 所示。半监督学习大都基于聚类假设或流形假设。其中，聚类假设是指如果两个点在相同的聚类中，那么它们趋向于被分成同一个类别；而流形假设是指高维数据大致会分布在一个低维的流形上，流形上临近的样本往往会有相同的类别属性。对于很多学习任务而言，无标记样本获取非常容易，因而这项研究具有非常重要的应用价值。对于遥感影像分类而言，遥感影像的获取已经越来越方便，存在着大量的未标记数据。在主流的半监督学习方法中，TSVM 算法基于当前分类界线选择一些未标记的样本，并作为半监督样本，试图一起最大化标记的以及半监督样本的分类间隔（Bruzzone et al.，2006）。图结构也被较多地用于半监督学习算法来编码流形一致性，在文献 Gamps-Valls 等（2007）中，标记样本中的信息通过图结构被传播到其邻域样本中，并不断向各自邻域进一步传播，直到获得稳定的全局状态；在文献 Gomez-Chova 等（2008）中，通过图拉普拉斯矩阵编码流形一致性，修正支持向量机分类器的分类界线，使得在特征空间中相邻的样本趋向有着类似的类别标签。另一大类半监督学习是协同训练算法（co-training）。协同训练算法的核心是利用少量已标记样本，通过多个模型去学习预测，挑选出预测最有信心的未标记样本并加入已标记样本阵营中。协同训练算法可以分为基于单视角（single-view）和多视角（multi-view）的方法。其中，多视角的方法对特征进行拆分，使用相同的模型来保证模型间的差异性；而单视角的方法，采用不同种类的模型，加入更多的分类器来寻求样本预测的差异性。

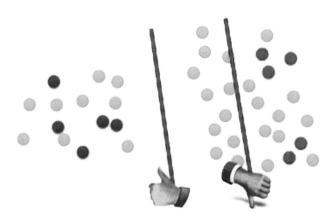

图 10.3　半监督学习示意图

蓝色和橙色的为标记样本点，绿色为未标记样本点；考虑到未标记样本的数据分布情况，
左边的红色分类界线显然要优于右边的分类界线

　　后续的研究逐渐在模型优化前就改进（deform）支持向量机的核函数。这看起来是一种有效编码未标记样本信息的方式，虽然没有改变分类器模型，但未标记样本的信息已经被包含在核矩阵中。在文献 Weston 等（2005）中，笔者提出使用聚类算法构建一种无监督的核函数 bagged kernel，不同未标记样本之间的相似性是通过度量不同样本数据对隶属于同一个聚类出现的频次实现的。Tuia 和 Gamps-Valls（2009）把该想法应用于遥感图像分类。

　　尽管已有的半监督学习算法在试验中取得了良好的表现，但这些算法大都没有考虑遥感影像特有的一些性质，如遥感影像是从空中对地球表面的成像，而地面上地物大都是空间上连续的，如果图像中一个像元属于某种地物类型如农田，则其空间上相邻的像素有很大的可能性也属于农田。Li 等（2010）使用马尔可夫随机场建模遥感影像中的空间信息实现影像分割。

　　类似于半监督学习中常用的聚类假设（即在特征空间中属于同一聚类的样本往往会属于同一个类别），Huo 等（2015）把遥感影像存在的这种特点称为空间聚类假设。为了充分利用空间聚类假设，进一步提出了一种使用层次分割算法的半监督学习方法，从而能够很好地改进遥感图像分类精度，如图 10.4 所示。

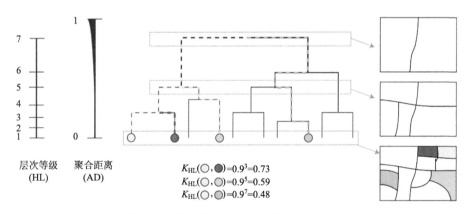

图 10.4　层次化分割算法构建空间相似性度量（Huo et al., 2015）

　　在具体算法上，Huo 等（2015）所提出的方法使用了标准的 SVM 算法，并对核函数进行改进。核函数的改进主要是为了更好地表示样本之间的相似性，希望从光谱、空间两个维度增强属于同一聚类中心样本之间的相似性。关于光谱一致性，使用 bagged kernel（或者 cluster kernel）去实现聚类假设，因而传统的 RBF 核函数 $K_{RBF}(x_i, x_j)$ 增加了包含未标记样本聚类关系的第二个核函数，即得到如下的核函数：

$$K(x_i, x_j) = \alpha K_{\text{RBF}}(x_i, x_j) + (1 - \alpha)K_{\text{BAG}}(x_i, x_j) 0 < \alpha < 1 \qquad （10.4）$$

式中，K_{BAG} 为通过从未标记样本获得的 bagged kernel。

$$K_{\text{BAG}}(x_i, x_j) = \frac{1}{T}\sum_{t=1}^{T}\left[c_i^t = c_j^t \right] \qquad （10.5）$$

式中，T 为聚类算法运行的次数；c^t 为像素 x_i 在第 t 次运行时聚类中心的属性，而操作符 $[c_i^t = c_j^t]$ 只有在样本 x_i 和 x_j 第 t 次运行时属于同一个聚类中心返回值为 1，其他情况为 0。

在上述工作的基础上，进一步增加了第三个核函数项去增强空间上连续区域的相似性。对整幅遥感影像运行层次分割算法之后，构建了一个编码空间一致性的核函数 K_{SEG}。最终的核函数表示如下：

$$K = \alpha K_{\text{RBF}} + \beta K_{\text{BAG}} + (1-\alpha-\beta)K_{\text{SEG}}, \ 0 < \alpha < 1, \ 0 < \beta < 1, \ 0 \leqslant \alpha + \beta \leqslant 1 \qquad （10.6）$$

在 K_{SEG} 构建方面，令 s_i^h 为像素 x_i 在分割层次 h 上所属图像块的编号。图像的层次化分割结果是在整幅影像上运行分割算法获取的，且 $h = 1$ 代表着分割层次体系中最精细的分割层。对于一个固定的分割层次 H 而言，每个像素 x_i 可以使用一系列的区域标记 $s_i = \{s^h\}H$ 来表示。因而，对于两个像素 x_i 和 x_j 而言，其空间相似性度量可以通过查询第一个它们共同属于的图像块来表示。

使用遥感领域公开的 Pavia 高光谱数据集验证了该方法，并与其他半监督学习算法进行了对比实验，实验结果证明了所提出方法的有效性（图 10.5、图 10.6）。

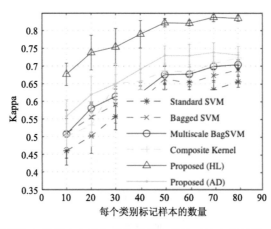

图 10.5 Pavia 数据集中所提出方法与其他基准方法的对比实验结果（Huo et al., 2015）

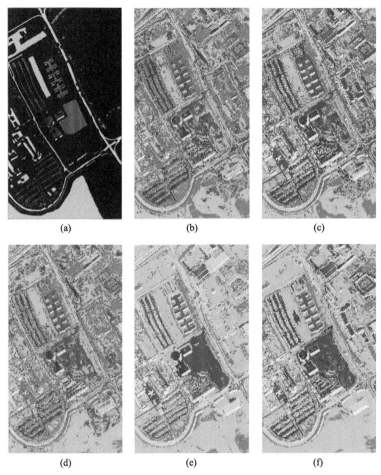

图 10.6　Pavia 数据集中所提出方法与其他基准方法的分类结果图（Huo et al., 2015）

（a）真实类别；　（b）标准 SVM；　（c）Bagged SVM；　（d）复合核函数方法；　（e）和（f）所提出的方法

10.4　训练样本集中错误样本的渐进式剔除方法

随着计算机视觉领域深度卷积神经网络模型的发展，网络模型不断更新迭代，如 AlexNet（Krizhevsky et al., 2012）、VGGNet（Simonyan and Zisserman, 2014）、GoogleNet（Szegedy et al., 2015）、ResNet（He et al., 2016），深度学习技术在传统的图像分类任务中获得巨大成功。自然地，不同学者希望拓展已有的深度学习模型在遥感图像分类中的应用（Hu et al., 2015; Scott et al., 2017）。深度学习模型涉及巨大的网络参数，而网络参数的训练需要大量的训练样本集完成（如计算机视觉领域的超大型图像标记数据库 ImageNet)。在遥感领域进行应用时,三种主流的思路包括:①把已经训练好的深度学习模型当作特征提取器,如 Hu 等(2015)利用已有训练好的卷积神经网络模型提取图像特征,并结合传统分类器实现了CNN 在高空间分辨率遥感图像分类中的应用;②对已有深度学习模型后几层的网络参数进行微调,如 Scott 等(2017)基于迁移学习理论微调现有深度卷积神经网络参数,同时通过增强学习方法提高遥感图像训练样本数量和质量,成功将现有深度学习方法应用于高分辨率遥感图像分类,微调网络参数不但能够提高网络在当前数据集下的表现,同样能够在一定程度上提高深度卷积神经网络在初始训练数据上的分类精度,将微调后的网络应用于 UCM 数据集,CaffeNet、GoogleNet 和 ResNet-50 获取的分类精度分别为 97.6%、97.1% 和 98.5% ;③对网络模型的参数从头开始训练,如 Hu 等(2015)使用卷积神经网络模型对高光谱图像进行了分类,其中网络模型的参数完全通过高光谱数据获得。其中,第三种方式能够取得更好的分类效果,但是需要大量标注的训练样本,尤其是对于卷积神经网络,其输入往往需要图像块状的训练样本,要求对图像块逐像素赋予相应的类别标签,这给样本标记带来了很大的挑战。

针对卷积网络模型对标记样本的需求问题,目前已有针对遥感图像理解的标记数据集,如 DeepGlobe、SEN12MS 和 GID 等,这些数据为利用卷积网络模型进行土地覆盖分类研究提供了重要的数据验证基础,但是部分数据集的真值标注质量不一致,类别定义相对比较随意。此外,这些公开数据集所采用的影像传感器类型是固定的。因此,当面对新的传感器影像进行分类或面对实际遥感影像分类业务需求时,类别定义的差异、传感器类型的限制,以及标记样本规格尺寸不一致等导致这些数据集往往不可用。

另外一种可以考虑的思路是充分利用已有的区域级或全球的地表覆盖分类产品进行样本的训练,如 IGBP-DISCover(Loveland et al., 2000)、UMD(Hansen et al, 2000)、MODIS(Friedl et al., 2002)、GlobCover(Arino et al., 2008)、GlobeLand30(Chen et al., 2015)等。已有的分类产品可以为卷积网络模型提供训练样本。Isikdogan 等(2017)基于全球土地覆盖数据库分类产品作为训练样本,对深度全卷积神经网络进行训练并用来提取大范围的水体区域,取得了比较好的提取精度。这种将已有分类产品作为"真值"来训练神经网络模型的思想,也进一步用于Landsat-8 以及 Sentinel-1 SAR 影像的土地覆盖分类。

尽管已有分类产品为深度神经网络模型的训练提供一种可行的解决方案,但是同样不能忽视的一个问题是:任何分类产品都是有分类精度限制的,都会存在着错误的类别标签,并且错误标签的分布是未知的。为了减小错误类别标签对模型训练的影响,机器学习领域提出了一些处理噪声样本的技术方法,如鲁棒性的损失函数、在神经网络最后添加噪声层来学习数据的噪声分布、协同教学等方法。

　　针对遥感影像处理流程，张伟（2021）提出了一种渐进式剔除错误样本的技术方法协同清除（Co-Clearing）。其基本思想是把训练集分成不同样本子集，然后把其中一部分数据子集用来训练模型，另一部分数据子集用来测试，将测试时预测类别与已知类别对比进行错误样本的定义与剔除；并交叉上述过程，直至验证精度趋于稳定。其流程图如图 10.7 所示。

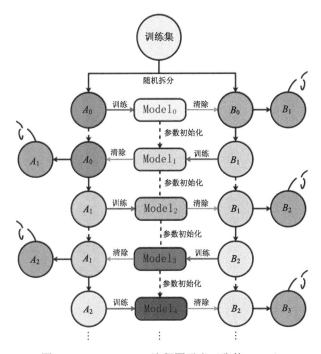

图 10.7　Co-Clearing 流程图示意（张伟，2021）

Co-Clearing 算法的具体步骤如下：

（1）将训练样本集随机均匀分割成两个等份的数据集 A_0 和 B_0。

（2）用数据集 A_i 微调训练好的全卷积网络模型 $Model_j$ 得到 $Model_{j+1}$（当 $i=0$ 时，用 A_0 充分训练全卷积网络得到 $Model_0$，初始模型采用均值为 0、方差为 1 的高斯分布函数进行参数初始化）。

（3）用充分训练好的 $Model_{j+1}$ 模型去剔除样本集 B_i 中的错误样本，得到错误样本集 B_{i+1}，剩余的样本集记为 B_{i+1}，$B_{i+1} \cup B_{i+1} = B_i$。剔除样本集中错误样本的流程如下（图 10.8）：计算训练样本集中样本的预测结果与真值标签的精度指标，当小于设定的阈值时则认为该样本存在错误的标注信息，从而从训练样本集中剔除，否则保留。

（4）接着用数据集 B_{i+1} 微调训练好的全卷积网络模型 Model_{j+1} 得到 Model_{j+2}。

（5）再用训练好的 Model_{j+2} 模型去剔除样本集 A_i 中的错误样本，得到错误样本集 A_{i+1}，剩余的样本集为 A_{i+1}，$A_{i+1} \cup A_{i+1} = A_i$。

（6）最后用新得到的数据集 A_{i+1}、B_{i+1} 和训练好的模型 Model_{j+2} 重复步骤（2）～（5），直到模型的验证精度不再提升，停止循环，保存模型用于分类。

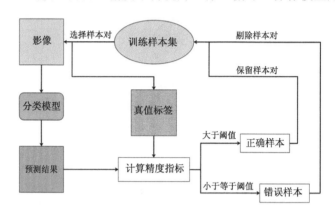

图 10.8　Co-Clearing 算法中剔除错误样本的流程（张伟，2021）

10.5　由弱到强监督的训练样本提升方法

使用已有分类产品作为训练样本真值，一个主要问题是分类体系的差异问题。已有分类产品都有设定好的分类体系，每个类别有着相对明确的定义，但是针对一个具体的遥感影像分类任务，应用行业需求差异较大，关注的类别也会有所不同，这在一定程度上限定了已有分类产品作为训练真值的应用范围。

为了降低深度学习模型对大量训练样本的强依赖性，一种可行的思路是考虑如何在较少样本情况下完成影像分类，如弱监督学习技术。弱监督学习是指利用弱标注甚至没有标注信息的数据进行模型训练的技术。目前，在自然场景图像分类领域，研究者提出了多种弱标注方法，如图片级标注、点标注、边框标注和任意涂鸦式标注等。受自然场景图像弱监督学习技术的启发，弱监督分类方法在遥感影像分类中也得到了初步探索。考虑到自然场景图像和遥感影像的不同，Fu 等（2018）提出了一种弱监督的特征融合网络来进行二分类任务，结果显示，采用图片级标注数据取得了与全监督方法相近的分类效果。基于图片级标注数据，Zhang 等（2019）提出了一种分层的城镇区域弱监督学习方法，同样取得了较好的分类结果。然而，由于图片级的样本标注缺乏精准的定位信息，因此很难达到全监督方法的分类精度，尤其是地物边界区域提取精度不够理想。

然而，传统分类方法（如 SVM）对样本点数量要求较低，由于模型参数较少，几十个样本点就可以训练出一个比较稳定的分类器模型。因而，受传统分类方法特点以及弱监督学习思路的启发，张等（2021）提出了一种从弱到强监督的全卷积网络土地覆盖分类框架（a weakly towards strongly supervised learning framework，WTS），可以实现由弱到强监督的训练样本提升，进而完成土地覆盖分类。该分类学习框架中，仅需要点状的训练样本集，该方法首先通过 SVM 分类器，将点状的训练样本集转换为弱标注的图像块状的训练样本集，然后通过全卷积网络的不断更新迭代逐步提升块状训练样本集的标注质量，实现从弱到强监督的模型学习，获得有效的全卷积网络模型参数，实现分类精度的提升。图 10.9 展示了 WTS 学习框架中训练样本不断更新与提升的过程，其中白色区域表示未标注的像素。

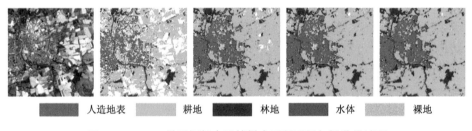

人造地表　　　耕地　　　林地　　　水体　　　裸地

图 10.9　WTS 学习框架中训练样本不断更新与提升的过程

WTS 学习框架整体处理流程如图 10.10 所示，包括初始种子的生成过程、训练全卷积网络模型、种子更新的循环迭代过程。其中，在种子更新的循环迭代过程中，标记样本的质量得以不断提升。

WTS 算法的具体步骤如下：

（1）初始种子的生成过程。首先以点状样本集作为训练样本，利用 SVM 生成最初的弱标注图像块状的训练样本集（记为 $seed_0$），在 $seed_0$ 中只有在 SVM 预测结果中置信度高的点才被作为种子点。

首先，利用点状样本集去训练 SVM 分类器，得到一个相对稳定的 SVM 分类器模型；其次，将原始的遥感影像通过规则和随机方式裁剪成一系列 256×256 大小的图像块；再次，利用训练好的 SVM 分类器对裁剪得到的图像块逐像素进行分类，并得到每个像素属于不同类别的概率值；最后，采用预先设定好的概率阈值对分类结果进行阈值处理，得到弱标注的样本数据。

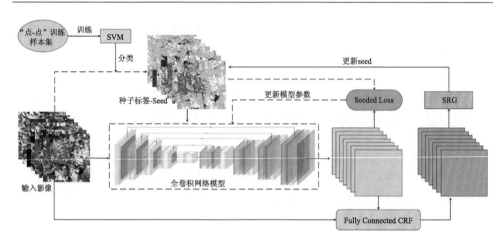

图 10.10　从弱到强监督的 WTS 学习框架整体处理流程（Zhang et al., 2021）

（2）训练全卷积网络模型。网络模型可以采用 UNet 以及各种变体的全卷积网络模型。考虑到标注样本集中有很多像素是没有类别标签的，因此采用种子损失函数（seeded loss）（Kolesnikov and Lampert, 2016）来优化模型的训练。而训练数据集则使用种子数据集 $seed_i$（第一次训练为 $seed_0$）。

其中，seeded loss 是种子点的标注与全卷积网络模型生成的类别概率图之间的交叉熵，该损失函数值只计算种子点像素的损失而忽略其他像素点，具体公式为

$$l_{\text{seeded?}} = -\frac{1}{\sum_{c \in C} |S_c|} \sum_{c \in C} \sum_{u \in S_c} \ln(p_{u,c})$$
（10.7）

式中，C 表示类别集；S_c 表示类别 c 的位置集；$p_{u,c}$ 表示在位置 u 处类别为 c 的概率值。

（3）更新种子。将训练集中的影像输入步骤（2）中得到分类概率图，并基于输入影像和分类概率图，使用全连接条件随机场模型和区域生长算法去更新 $seed_i$，进而得到 $seed_{i+1}$。

在训练集的更新过程中，首先利用全连接条件随机场来对模型的输出分类概率图进行优化（Krähenbühl and Koltun, 2011）。全连接条件随机场是图模型，其在边界优化方面有着优异表现。在全连接条件随机场中，采用如下所示的能量函数。

$$E(x) = \sum_i \varphi_u(x_i) \sum_{ij} \varphi_p(x_i, x_j)$$
（10.8）

式中，x 表示像素的类别标签；$\varphi_u(x_i)$ 为单点势能（unary potential），采用以下

公式计算：$\varphi_u(x_i)=-\ln p_{x_i}$，$p_{x_i}$ 表示在像素 i 处的类别概率值；$\varphi_p(x_i,x_j)$ 表示对势（pairwise potential），它的计算公式为 $\varphi_p(x_i,x_j)=u(x_i,x_j)\sum\limits_{m=1}^{K}\omega_m k_m(x_i,x_j)$，其中当 $i\neq j$ 时 $u(x_i,x_j)=1$，否则 $u(x_i,x_j)=0$。每个像素都与图像中的其他像素进行连接来构造对势。参数 ω_m 表示权重，k_m 代表高斯核函数，它们是基于在位置 i 和 j 处的图像的特征对 (f_i,f_j) 进行构造，k 表示高斯核函数的个数。具体计算公式采用了双高斯函数，公式如下：

$$k(f_i,f_j)=-\omega_1\exp\left(\frac{|p_i-p_j|^2}{2\sigma_\alpha^2}+\frac{|I_i-I_j|^2}{2\sigma_\alpha^2}\right)-\omega_2\exp\left(\frac{|p_i-p_j|^2}{2\sigma_\gamma^2}\right) \qquad （10.9）$$

从式（10.9）中可以看出，第一个核函数依赖于像素的位置（p）和光谱信息（I），第二个核函数只依赖于位置信息。其中，σ_α、σ_β 和 σ_γ 是三个超参数，控制着高斯核函数的尺度。

在全连接条件随机场处理之后，进一步使用种子区域生长算法（seeded region growing，SRG）来实现未标注像素点的逐步标注。SRG 算法假定在图像中小的同质区域内的像素应该属于同一个地物类别。采用 SVM 分类器来生成初始种子点。初始种子点选择完成后，以这些种子点为基础，基于相似性准则来对邻近区域的未标注像素进行赋值，实现标注区域的不断增长。而相似准则是基于全连接条件随机场模型输出的概率图来实现的。

（4）循环迭代直到收敛。将 seed_{i+1} 作为新的类别标签，并重复步骤（2）和（3），直到类别标签数据中的种子点不再变化为止。

通过上述过程，训练样本不断得到更新与提升，并可以使用最后得到的全卷积网络模型对测试数据进行分类。

10.6　小　　结

针对遥感地表覆盖分类问题，尤其是分类中的样本选择问题，本章探索了如何在已有给定样本集合的情况下快速有效地增加样本、如何有效地利用未标记样本、如何有效地渐进式剔除错误样本，以及在样本数量由少到多扩充过程中如何实现从弱到强监督的训练调整等问题。在具体的遥感地表覆盖分类任务中，需要根据所采用的分类器模型算法，综合考虑并使用不同的样本处理策略，以期取得满意的分类效果。

参 考 文 献

张伟. 2021. 深度卷积神经网络在遥感影像分类中的关键问题研究. 北京: 中国科学院大学.

张增祥. 2010. 中国土地覆盖遥感监测. 北京: 星球地图出版社.

Abe N, Mamitsuka H. 1998. Query Learning Strategies Using Boosting and Bagging. Madison, WI: In Proc. 15th ICML.

Arino O P, Bicheron F, Achard J, et al. 2008. GlobCover the Most Detailed Portrait of Earth. ESA Bulletin-European Space Agency, 136: 24-31.

Brinker K. 2003. Incorporating Diversity in Active Learning with Support Vector Machines. Washington, DC: In Proc. 20th ICML.

Bruzzone L, Chi M, Marconcini M. 2006. A Novel transductive SVM for the semisupervised classification of remote-sensing image. IEEE Trans. Geosci. Remote Sens., 44(11): 3363-3373.

Chen J, Chen J, Liao A P, et al. 2015. Global land cover mapping at 30 m resolution:A POK-based operational approach. ISPRS Journal of Photogrammetry and Remote Sensing,103:7-27.

Demir B, Persello C, Bruzzone L. 2011. Batch-mode active learning methods for the interactive classification of remote sensing images. IEEE Transactions on Geoscience and Remote Sensing, 49:1014-1031.

Ducoffe M, Precioso F. 2018. Adversarial Active Learning for Deep Networks: A Margin Based Approach. Stockholm, Sweden: 35th International Conference on Machine Learning.

Friedl M A, Mciver D K, Hodges J C F, et al. 2002. Global land cover mapping from MODIS: algorithms and early results. Remote Sensing of Environment, 83: 287-302.

Fu K, Lu W, Diao W, et al. 2018. Wsf-net: Weakly supervised feature-fusion network for binary segmentation in remote sensing image. Remote Sensing, 10(12): 1970.

Gal Y, Islam R, Ghahranmani Z. 2017. Deep Bayesian Active Learning with Image Data. Sydney, Australia: International Conference on Machine Learning, PMLR.

Gamps-Valls G, Marsheva T V B, Zhou D. 2007. Semi-supervised graph-based hyperspectral image classification. IEEE Trans. Geosci. Remote Sens., 45(10): 3044-3054.

Gomez-Chova L, Gamps-Valls G, Munoz-Mari J, et al. 2008. Semisupervised image classification with Laplacian support vector machines. IEEE Geosci. Remote Sens. Lett., 5(3): 336-340.

Grekousis G, Mountrakis G, Kavouras M. 2015. An overview of 21 global and 43 regional land-cover mapping products. International Journal of Remote Sensing, 36(21): 5309-5335.

Hansen M C, DeFries R S, Townshend J R G, et al. 2000. Global land cover classification at 1 km spatial resolution using a classification tree approach. International Journal of Remote Sensing, 21: 1331-1364.

He K, Zhang X, Ren S, et al. 2016. Deep Residual Learning for Image Recognition. Las Vegas, NV, USA: 2016 IEEE Conference on Computer Vision and Pattern Recognition.

Hu W, Huang Y, Wei L, et al. 2015. Deep convolutional neural networks for hyperspectral image classification. Journal of Sensors, 258619: 1-12.

Huo L Z, Tang P. 2014. A batch-mode active learning algorithm using region-partitioning diversity for SVM classifier. IEEE Journal of Selected Topics in Applied Earth Observations and Remote Sensing, 7(4): 1036-1046.

Huo L Z, Tang P, Zhang Z, et al. 2015. Semisupervised classification of remote sensing images with hierarchical spatial similarity. IEEE Geoscience and Remote Sensing Letters, 12(1): 150-154.

Huo L Z, Tang P. 2018. A graph-based active learning method for classification of remote sensing images. International Journal of Wavelets, Multiresolution and Information Processing, 16(2): 1850023.

Isikdogan F, Bovik A C, Passalacqua P. 2017. Surface water mapping by deep learning. IEEE Journal of Selected Topics in Applied Earth Observations and Remote Sensing, 10(11): 4909-4918.

Kolesnikov A, Lampert C H. 2016. Seed, Expand and Constrain: Three Principles for Weakly-Supervised Image Segmentation. Amsterdam, Netherlands: European Conference on Computer Vision.

Krizhevsky A, Sutskever I, Hinton G E. 2012. ImageNet classiciation with deep convolutional neural networks. Proceedings of Advances in Neural Information Processing Systems, 25: 1097-1105.

Krähenbühl P, Koltun V. 2011. Efficient Inference in Fully Connected CRFs with Gaussian Edge Potentials. Granada, Spain: Proceedings of the Advances in Neural Information Processing Systems.

Li J, Bioucas-Dias J M , Plaza A. 2010. Semupervised hyperspectral image segmentation using multinomial logistic regression with active learning. IEEE Transactions on Geoscience and Remote Sensing, 48(11): 4085-4098.

Li M, Sethi I K. 2006. Confidence-based active learning. IEEE Transactions on Pattern Analysis and Machine Intelligence, 28: 1251-1261.

Loveland T R, Reed B C, Brown J F, et al. 2000. Development of a global land cover characteristics database and IGBP DISCover from 1 km AVHRR data. International Journal of Remote Sensing 21: 1303-1330.

MacKay D J C. 1992. Information-based objective functions for active data selection. Neural Comput., 4: 590-604.

Melville P, Mooney R J. 2004. Diverse Ensembles for Active Learning. Banff, Canada: Proc. 21st ICML.

Running S W. 2008. Ecosystem disturbance, carbon, and climate. Science, 321: 652-653.

Scott G J, England M R, Starms W A, et al. 2017. Training deep convolutional neural networks for land-cover classification of high-resolution imagery. IEEE Geoscience and Remote Sensing Letters, 14(4): 549-553.

Sener O, Savarese S. 2018. Active Learning for Convolutional Neural Networks: A Core-Set

Approach. Vancouver, Canada: In International Conference on Learning Representations.

Simonyan K, Zisserman A. 2014. Very Deep Convolutional Networks for Large-scale Image Recognition. Banff Proceedings of International Conference on Learning Representations.

Szegedy C, Liu W, Jia Y, et al. 2015. Going Deeper with Convolutions. Boston, USA: 2015 IEEE Conference on Computer Vision and Pettern Recognition.

Tuia D, Ratle F, Pacifici F, et al. 2009. Active learning methods for remote sensing image classification. IEEE Transactions on Geoscience and Remote Sensing, 47: 2218-2232.

Tuia D, Gamps-Valls G. 2009. Semisupervised remote sensing image classification with cluster kernels. IEEE Geosci. Remote Sens. Lett., 6(2): 224-228.

Weston J, Leslie C, Ie E, et al. 2005. Semisupervised protein classification using cluster kernels. Bioinformatics, 21(5): 3241-3247.

Xu Z, Yu K, Tresp V, et al. 2003 . Representative Sampling for Text Classification Using Support Vector Machines. Banff, Canada: Proc. 25th Eur.Conf.Inf.Retrieval Res.

Zhang L, Ma J, Lv X, et al. 2019. Hierarchical weakly supervised learning for residential area semantic segmentation in remote sensing images. IEEE Geoscience and Remote Sensing Letters, 17(1): 117-121.

Zhang W, Tang P, Corpetti T, et al. 2021. WTS: A weakly towards strongly supervised learning framework for remote sensing land cover classification using segmentation models. Remote Sensing, 13(3): 394.

Zhu J J, Bento J. 2017. Generative adversarial active learning. ArXiv:1702.07956.

第11章

小样本下空谱关系网络的地表覆盖分类

依赖于海量数据资源，近年来深度学习方法在地表覆盖分类方面取得了卓越的成绩。但样本收集和标注依然是非常耗时、耗力的工程，受限于数据工程构建成本，小样本（样本数量小）的情况下如何构建高精度的分类模型一直是地表覆盖分类重要的研究内容之一。本章以高光谱图像的地表覆盖分类为例，构建了样本关系网络的高光谱图像分类技术，并研究了跨波段数量、跨类别数量的不同高光谱图像之间的模型迁移方法。

11.1 高光谱图像分类概述

高光谱图像（hyperspectral image, HSI）包含丰富的光谱信息，这使得它成为地类复杂度高和光谱混合现象严重区域信息提取的重要数据源之一。高光谱数据已在材质分类（Heinz et al.,2001）、土地覆盖（Adams et al.,1995）、精准农业（Hamada et al., 2007）、环境监测（Gevaert et al.,2014,2015）等应用领域获得有效的应用，其分类技术逐渐成为学者们关注的研究热点之一。高光谱图像分类的任务是对图像中的每个像元赋予唯一的类别标识，它是高光谱图像应用中的关键技术之一。然而，高光谱传感器的种类繁多、图像的光谱维度高、类别之间相似度高、类内差异大和标记像元匮乏等因素，使得现有的高光谱图像分类技术难以满足目前大区域应用的需求（Camps-Valls et al., 2013）。早期的分类技术以浅层分类模型为主，使用低阶函数将样本空间变换到特征空间，典型的浅层分类技术包括随机森林（random forest, RF）（Xia et al.,2017）、支持向量机（support vector machine, SVM）（Li et al., 2011）和最近邻距离（K-nearest neighbor, KNN）（Ma et al.,2010）等。通常这些浅层分类方法，只能提取如边缘、条状、梯度等一些基本的纹理特征，因此根据这类特征判别像元的类别容易造成错分类。为了解决这类问题，近年来深度学习技术被应用于高光谱图像分类任务，它能够提取样本的深层特征，被证

— 315 —

明比浅层分类模型具有更强的分类能力。常见的三类深度学习技术包括，深度置信网络（deep belief network，DBN）（Chen et al.,2015）、堆叠自动编码器（stacked auto-encoder, SAE）（Mughees and Tao, 2016）和卷积神经网络（convolutional neural network, CNN）（Hu et al., 2015）。

事实上，高光谱图像分类问题可以抽象为一个由样本空间映射到标签空间的数学问题。图 11.1 给出了这类问题的一个简单示例，对于给定的高光谱样本空间 Ω 包含 M 个标记的像元 $x_i \in \Omega, i \in 1,2,\cdots,M$，$y_i$ 是 x_i 的样本标签。这类高光谱图像分类问题的关键是建立数学模型，求解一个函数 $f(x)$，使得样本空间中任意的点 x_i 满足 $y_i = f(x_i)$。根据分类函数 $f(x)$ 的复杂程度（所包含的参数个数），高光谱图像分类模型可以被分成两类：2014 年之前以 SVM 为代表的浅层分类模型（Hearst et al.,1998）和 2014 年之后以深度神经网络（deep neural network, DNN）为代表的深层分类模型（Li et al.,2014;Hu et al.,2015）。

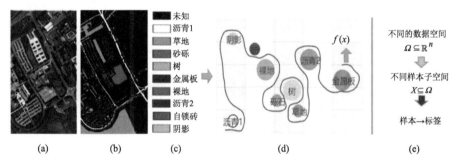

图 11.1　Pavia 数据集分类问题示意图

（a）Pavia 数据集真彩色图像；　（b）Pavia 数据集地面真值图像；　（c）Pavia 数据集地类标签图；　（d）分类函数 $f(x)$ 的示意图

近年来，大量基于深度神经网络的高光谱图像分类文献主要是在通过对比所提出的深层模型与所参考浅层模型分类性能的基础上，总结了深层分类模型的优越性。例如，Li 等（2016）所提出的基于像元对特征的深度卷积神经网络在一组公开数据集上的总体分类精度（overall accuracy, OA）能够达到 94.8%，比支持向量机和随机波段选择模型（SVM-RFS）（Waske et al.,2010）达到的总体分类精度 93.15%高 1.65%。实际上，在计算机领域内，针对深度神经网络和浅层神经网络模型展开过如下三个基本问题的讨论：

（1）浅层神经网络能否拟合任何函数（Montufar et al., 2014）？

（2）如何使用深度神经网络适应任何函数（Arora et al., 2016）？

（3）深度神经网络的性能是否比浅层神经网络更好（Pascanu et al., 2013;

Raghu et al., 2017）？

李宏毅先生曾在网站①上设置专题详细解答了上述三个问题。具体来说,如图 11.1（d）所示，高光谱图像分类的任务是找到一个模型，使得模型所表达的函数 $f(x)$ 能够接近于数据空间中理想的分类函数 $f^*(x)$。人们期望模型学习到的函数 $f(x)$ 与理想的分类函数 $f^*(x)$ 之间的最大误差小于给定的值 ε，图 11.2（a）中给出了浅层模型（如 SVM）所学习到的分类函数逼近理想分类函数的示意图，从图 11.2（a）中可以看到，浅层模型所表达的函数通常可以被表达成为一条低阶曲线，无法无限逼近复杂的理想分类函数。换句话说，浅层分类模型表达复杂函数的能力往往是有限的。图 11.2（b）中展示了深度神经网络模型所学习到的分类函数能够逼近理想分类函数：把所学习到的分类函数可以看作是一条包含多个节点的折线，当点数足够多时就可以无限逼近理想的分类函数。Serra 等（2017）研究了深度神经网络能够表示的分段线性（piecewise linear, PWL）函数复杂度的能力，指出从理论和经验上任意的分段线性函数都能够被一个深度神经网络所表达。Pascanu 等（2013）指出，深层神经网络所学习到的折线包含的线性区域（折点数量）比浅层网络更多。上述研究分别从理论和实验的基础上，证实了深度神经网络能够逼近任意复杂的函数，并且发现随着神经网络层数的增加，它所表达的函数复杂度呈指数倍增长（Raghu et al.,2017）。因此，基于深层神经网络的高光谱图像分类技术有潜力获得性能更好的分类模型，并且进一步推动高光谱图像在各个领域的应用。

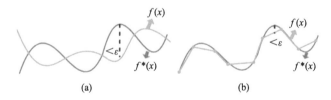

图 11.2　浅层模型和深度神经网络模型逼近理想分类函数的示意图
（a）浅层模型逼近分类函数 $f^*(x)$；（b）深度神经网络模型逼近分类函数

近年来，深度神经网络尤其是 CNN 因其结构有利于提取空间邻域信息，在公开的高光谱分类任务中表现优异而受到众多学者的关注。然而，这类基于 CNN 的高光谱图像分类技术通常需要面对两个共性问题：①在少量标记样本情况下，如何构建高精度的深度分类模型。②如何构建泛化能力强的深度神经网络模型，用于不同波段数量的高光谱图像分类任务。探索解决这两个问题的方法有利于推

---

① http://speech.ee.ntu.edu.tw/~tlkagk/courses/MLDS_2018/Lecture/DeepStructure%20(v9).pdf。

动高光谱图像分类技术的发展，为高光谱数据的应用奠定坚实的技术基础。

11.1.1　深度卷积神经网络在高光谱图像分类中的应用

由于 CNN 的结构有利于提取空间特征，许多基于 CNN 的分类模型被提出用于高光谱图像分类任务，但是这类模型在训练过程中通常需要大量的样本。为了保证在小样本情况下能够充分训练 CNN，人们采用不同的策略扩增训练样本集或者减少网络的参数。例如，为了减少训练 CNN 所需要的标记样本数量，Pan 等（2018a）提出一种多粒度网络（multi-grained network，MugNet），它的网络结构简单，只包含少量的未知参数，并且只有少量的超参数需要微调。这种轻量级的网络结构，所需要的训练样本相对复杂的网络结构更少。为了扩增训练样本，Acquarelli 等（2017）提出一种新的 CNN 网络，并结合数据扩增用于对给定高光谱图像未标记像元进行识别。另外，通过将训练集中像素传递给邻域的像元扩展数据集，训练了一个带有裁剪损失函数的单层 CNN。简单回顾近年来高光谱领域内的 CNN 分类方法发现，按照深度神经网络单次输入（批次大小为 1 时）时包含的样本个数划分，这些方法可以归纳为如下两大类：以单个样本为输入的深度神经网络和以多个样本为输入的神经网络，它们的网络结构对比见图 11.3。

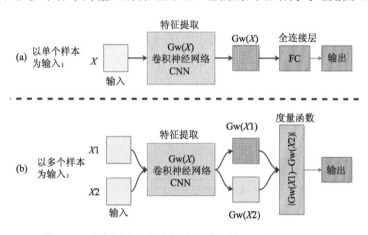

图 11.3　单个样本与多个样本为输入的 CNN 结构对比图

（1）以单个样本为输入的 CNN 方法：大部分 CNN 都是以单个样本为输入，其基本结构如图 11.3（a），它的基本思想是从样本空间分布中学习单类样本的特征，并将其用于判别不同类别的样本。该类 CNN 被广泛应用于高光谱分类，如 Lee 和 Kwon（2017）提出了一种 CNN 框架，用于联合提取高光谱的三维特征（光谱特征和空间特征），以便在少量样本的情况下能够训练得到更深的网络。引入残差结构可以克服 CNN 网络训练样本有限导致的次优化问题。Zhu 等（2018）探索了一种新的基于 CNN 的生成对抗网络（generative adversarial network，GAN）（Goodfellow et al.，2014）用于高光谱分类，它能够根据高斯噪声生成虚拟样本，并且将它们与真实样本微调的 GAN 联合起来，用于高光谱图像分类任务。Zhan 等（2018）提出了一种一维的基于半监督框架的 GAN，用于生成虚拟的高光谱样本，实验结果表明，生成的样本与真实的训练样本非常相似，并且有助于提高 HSI 分类的精度。显然上述通过扩增标记样本集，或者减少样本需求的方法，有利于缓解高光谱图像分类任务中训练样本不足带来的问题。但是扩增后的样本本质上与真实样本是相似的，因此扩增后带来的信息量比较局限，而减少样本需求可能会带来信息量的损失。同时，这种以单样本为输入的模型，没有充分挖掘样本特征之间的关系，这在一定程度上会限制 CNN 监督分类器的判别能力。

（2）以多个样本为输入的 CNN 方法：不同于以单个样本为输入的 CNN，以多个样本为输入的 CNN，输入实例不是单个样本，而是样本对或者多个样本，并且该输入实例是由原始的标记样本组合而成的。这类神经网络有两个优点：一方面这种以样本随机组合作为网络输入的方式，能够在不增加额外标记样本的情况下，迅速为 CNN 获得大量的输入实例，以满足 CNN 网络的训练需求。例如，给定 m 个标记样本，在考虑有序对的情况下能够得到 m^2 个样本对。另一方面，多个样本为输入的模型，在使用 CNN 提取特征之后，通常包含一个函数或者网络用于学习所提取特征之间的相似性，这样能够为 HSI 分类提供具有更强判别力的模型。例如，孪生卷积神经网络（siamese convolutional neural network，S-CNN）（Chopra et al.，2005）[图 11.3（b）]以样本对为输入，使用一个 CNN 提取特征，并将提取后的特征使用度量函数判断输入的相似性。鉴于上述两个优点，近年来学者们开始将以多个样本为输入的 CNN 用于 HSI 分类，这是一个新的研究方向。例如，Li 等（2016）提出了一种提取像元对特征的 CNN 网络，它以像元对作为输入，能获得大量的输入用于训练 CNN。并且在测试过程中，将待分类像元与其周围邻域的像元组成样本对，采用邻域投票的方式确定待分类像元的类别信息。Li 等（2016）开展的对比实验结果表明，所提出基于像元对特征的 CNN 网络能够达到比对比方法更好的分类精度。Liu 等（2017）使用 S-CNN 分别提取样本对中样本的特征，这些特征能够使用欧氏距离度量函数度量其相似性。并且为了根据所提取的特征判断样本对的类别信息，还将所提取的特征输入一个线性 SVM 中用于分类。上述两篇文献所提出的方法都存在分阶段的共同问题，即需要使用邻域投票策略或者附加的 SVM 分类器，来判断未知像元的标签。

鉴于上述分析可以看出，以多个样本作为神经网络的输入，不仅能显著增加训练样本的数量以缓解训练样本不足的问题，同时训练得到的 CNN 学习了样本对的相似度关系，使得 CNN 具有更强的判别能力。由于这类 CNN 能够学习样本之间的关系，本章将以多个样本为输入的神经网络称为样本关系网络。鉴于上述样本关系网络的优点，可以认为，它在小样本高光谱图像分类任务中具有巨大的应用潜力。目前已有的样本关系网络主要有两类：一类是以样本对为输入的神经网络，如 S-CNN（Chopra et al., 2005）。另一类是以多个样本对为输入的神经网络，如关系网络（relation network, RN）（Yang et al., 2018）。本章的研究内容将围绕关系网络展开，探索适用于小样本高光谱图像分类的空谱关系网络。

11.1.2 高光谱图像分类模型迁移学习现状

由于高光谱传感器种类繁多，故而当前学者们所提出的分类模型在不同数据集上的泛化能力一直是其关注的热点。分析深度神经网络的泛化性能，最常用的一种方式是将所提出的深度神经网络的迁移框架用于不同的 HSI 分类任务。根据源数据集和目标数据集的关系，模型的迁移学习包括两类，第一类是非同源数据集之间的迁移，如从自然图像领域迁移到多光谱卫星图像领域，Pan 等（2018b）提出一种"复制"的策略，用于解决从自然图像领域预训练的模型迁移到多光谱卫星图像领域应用的问题。第二类是同源数据集之间的迁移，如源数据和目标数据都来自于高光谱领域。具体来说，当目标数据是高光谱图像时，如果考虑其他来源的数据集（如自然图像领域或者多光谱卫星图像领域），那么由于目标数据及包含的波段数量远远大于源数据集，故而为了使得预训练的网络可以被使用，需要使用降维方法使得目标样本的波段输入与源数据一致。现有的文献（杨诸胜等，2006；赵春晖等，2012）表明，降维的方法可能导致有效信息的损失。因此，在本章中仅考虑 HSI 数据集之间的迁移问题，具体来说，这类迁移学习问题可以分为表 11.1 的四种情况。

表 11.1　高光谱数据集之间的迁移学习

源数据集与目标数据集	输出波段数量相同	输入波段数量不同
输出类别数量相同	直接迁移分类模型的所有参数	降维统一输入波段数量后迁移整个模型或者只迁移模型后半部分参数
输出类别数量不相同	迁移模型前部分参数，更改输出层	降维统一输入波段数量，更改输出层

从表 11.1 中可以看出，HSI 数据集之间迁移分类模型最关注的两个因素是：源数据集与目标数据集的波段数量和包含的类别数量的差异，即不同的 HSI 数据集包含的波段数量和地物类别数量可能不同。事实上，基于 HSI 数据集分类模型的迁移是近年来的热点问题，Lee 等（2019）提出了一种分类方法，它可以同时

在多个数据集上预训练并且在目标集上微调，实验结果表明，预训练的网络有助于提升分类精度，并且不同传感器的数据集对预训练有效。Li 等（2019）考虑深度神经网络模型在高光谱领域内的迁移，讨论了源数据与目标数据来自同一传感器的情况，该迁移实验结果表明，当数据与目标数据来自同一传感器时，迁移学习有助于提升分类精度，并缩短在目标数据集上的训练时间。从上述两篇文献可以看出，迁移学习不仅能够有效提高网络的判别能力，同时也能够缩短模型在目标数据集上应用需要的训练时间。然而，由于高光谱传感器的类型繁多，不同传感器波段数量设置可能不同，这就要求预训练的网络能够被应用于不同波段数量的 HSI 分类。针对这个问题，最直接的解决方案是使用降维方式统一资源数据和目标数据集波段数目（Yang et al., 2017），这种方式可能会丢失一些有效的数据信息。值得注意的是，Zhang 等（2019）与 Jiang 等（2019）使用自适应平均池化（adaptive average pooling, AP），将任意的输入变成固定大小的特征，从而使得模型能够满足不同波段的输入。根据这个自适应平均池化，它们将一个固定结构的 CNN 模型在不同传感器的 HSI 数据集之间迁移。针对输入图像大小不一的问题，He 等（2015）提出了空间金字塔池化（spatial pyramid pooling, SPP）用于视觉识别，将 SSP 与神经网络结合起来，无论输入的网络大小如何，网络都能够得到固定长度的特征表达。

虽然 He 等（2015）解决了卷积神经网络需要固定输入的限制，但这个方法只适用于自然图像，不能适应输入波段数量的变化。另外，自适应池化方法解决了 HSI 数据集之间的迁移问题，克服了源数据和目标数据波段数量不同的差异，但是由于它本质上是在特征维度上的直接降维，可能导致大面积的信息损失。为了得到一种泛化能力强的神经网络用于小样本 HSI 分类，本章试图探索一种新的池化技术和样本关系网络，以保证在克服小样本问题的同时，网络在不同数据集上还具有迁移性。

11.1.3　高光谱图像分类方法存在的问题

基于上述文献研究，可以看出，当前高光谱图像分类方法中存在的问题主要包括如下三个方面。

1. 浅层分类模型具有局限性

通常高光谱数据的维度高，导致浅层的分类模型用于高光谱的分类任务时，无法充分拟合其复杂的理想分类函数，存在一定的局限性。浅层分类模型的这个特点，如自训练与协同训练方法（Blum and Mitchell, 1998）运行的时间长，容易造成累积误差。降维分类方法（Ouchi et al., 1999）需要降低模型输入的维度，故而可能造成有效信息的损失，这限制了所训练模型对不同类别的判别能力。同时，深度神经网络被证明能够逼近任意复杂的分类函数（Raghu et al., 2017），并且基于深度 CNN 分类方法在高光谱图像任务中表现出比浅层模型更好的分类性能（Li et al., 2014），故而探索分类精度高并且泛化能力强的深度神经网络模型用于高光谱图像分类任务，对于推动高光谱图像分类技术的发展及其应用具有重要意义。

2. 以单个样本为输入的深度 CNN 分类模型通常难以得到充分的训练

高光谱图像领域没有类似于自然图像领域中被标注的大型样本集，如 Image Net（Krizhevsky et al., 2012）无法满足常用的以单个样本为输入的卷积神经网络的大数训练需求。而以多个样本为输入的 CNN，如 Liu 等（2017）提出的基于 S-CNN 与支持向量机相结合的方法，仅依赖于少量的标记样本就能够充分训练，并且能够学习到样本之间的关系，使得模型在高光谱数据集上达到良好的分类结果。样本关系网络（以多个样本为输入的神经网络）能够在少量标记样本的情况下被充分训练，故而探索基于样本关系网络的分类新技术有利于推动高光谱图像在各个领域的应用。

3. 现有深度神经网络的迁移能力有限

高光谱图像的传感器类型繁多，导致不同高光谱图像可能包含不同的波段数量，这与常用的深度神经网络固定输入大小的限制相矛盾。因而，目前的深度神经网络很难同时适应不同的高光谱图像分类任务，即表现出较差的泛化能力。表 11.1 已经列出了深度神经网络在不同高光谱图像之间的迁移可能出现的四种情况，Zhang 等（2019）将自适应平均池化技术用于高光谱图像分类，揭示了带有该池化技术的深度神经网络能够适应包含不同波段的高光谱图像分类任务。因此，所提出模型的泛化能力成为评价模型应用价值的重要指标而受到人们的关注。

本章将首先介绍相关研究基础，包括空间金字塔池化（He et al., 2015）、自适应池化以及关系网络（Yang et al., 2018）。其次，介绍提出网络结构和模型，包含多个支撑样本的输入构造策略、自适应空谱金字塔池化（Rao et al., 2020）、空谱关系网络（SS-RN）（Rao et al., 2019）、带有自适应空谱金字塔池化的空谱关系网络（ASSP-SSRN）及其迁移学习的基本原理。再次，为了验证所提出方法的性能，本章的实验包括两部分：基于 SS-RN 的分类实验和基于 ASSP-SSRN 及其迁移框架的分类实验。在 SS-RN 的实验中，将验证多支撑样本策略的有效性，并且对比 SS-RN 与已有 CNN 方法的性能。在 ASSP-SSRN 及其迁移框架的应用中，将验证 ASSP-SSRN 框架跨不同类别数量分类任务的有效性，揭示 ASSP-SSRN 方法的泛化性能。最后分析所提出的 SS-RN 和 ASSP-SSRN 的优点以及存在的问题。

11.2　相关工作简介

针对引言部分指出的高光谱图像分类问题，本章介绍一种空谱关系网络（spatial-spectral relation network, SS-RN），用于小样本高光谱图像分类。其不同于最早提出的关系网络（Yang et al., 2018），而是被设计用于自然图像分类并且不考虑输入数据的光谱信息提取。SS-RN 以中心像元及其邻域像元构成的三维样本作为输入，并且充分探索像元的光谱-空间信息，同时从每个类别的多个支撑样本中提取稳定的共性特征（类似于类别原型），从而学习到待查询样本与各类别共性特征之间的相似性。与常见的三维卷积神经网络相比，虽然它的基本结构是三维卷积网络，但是 SS-RN 具有独特的优点，即训练过程只需要少量的标记样本，并且能够迭代学习到样本与每个类别中若干样本之间的相似关系。在介绍所提出的空谱关系网络之前，本节先介绍相关的一些研究内容，包括空间金字塔池化、自适应池化和关系网络的基本概念及网络结构，从而为后续内容的介绍做好铺垫。

11.2.1　空间金字塔池化和自适应池化

He 等（2015）在卷积神经网络中添加了金字塔池化，消除了 CNN 的输入需要固定大小的限制，同时还指出，CNN 输入需要固定大小的根本原因是 CNN 中包含全连接层，因为全连接层的节点数量必须与其输入的大小一致，而卷积层的参数本质上与输入大小没有直接关系。换句话说，对于深度卷积神经网络的分类方法，若网络的第一个全连接层输入的特征大小是固定的，那么就能够消除网络输入需要固定大小的限制。据笔者所知，空间金字塔池化（He et al.,2015）和自适应池化[1]能够将任意输入的特征池化成固定长度的特征。

空间金字塔池化技术不仅能够生成固定大小的特征，而且通过金字塔结构获得多尺度的空间信息。图 11.4 中展示了将空间金字塔池化层添加到卷积神经网络的结构图，图像将空间金字塔池化层添加到卷积层和全连接层之间，这个池化层提取的特征由三个不同的空间尺度（4×4、2×2 和 1×1）的特征构成。

值得注意的是，在 GitHub 上公开了空间金字塔池化的代码[2]，这个代码是针对二维图像输入的，需要给定对应超参数，包括核大小、滑动的距离以及边缘补足的大小。然而，自适应池化层中，开发人员则只需要关注输出特征的大小。

---

① https://pytorch.org/docs/master/nn.functional.html\#adaptive-avg-pool3d。

② https://github.com/revidee/pytorch-pyramid-pooling。

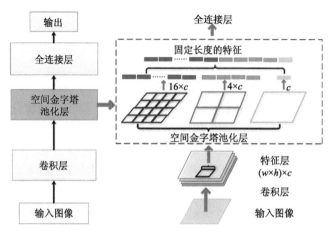

图 11.4　一个添加空间金字塔池化层的 CNN 结构

具体来说，自适应池化是 PyTorch 框架中包含的一类池化层，它包含六种不同的形式。其特殊性在于将任意大小的特征输入该池化层，它输出的张量大小都是指定的参数。在 PyTorch 框架中，自适应池化层的参数是输出张量的大小，因此在网络的构建过程中不需要关注卷积核大小和滑动间隔大小，只需指定对应自适应池化层输出的大小。具体来说，假设自适应池化层的输入大小为 $w \times w$，输出张量的大小为 $n \times n$，那么使用 PyTorch 框架中自适应池化层时，相关的参数如式（11.1）：

$$n = \frac{w + 2 \cdot padding - kernel\_size}{stride} + 1, padding = 0$$

$$kernel\_size = w - (n-1) \times stride, stride = floor\left(\frac{w}{n}\right)$$

（11.1）

式中，floor 表示向下取整的函数；kernel_size 表示自适应池化层核的大小；stride 表示自适应池化层滑动的距离。在实践过程中，使用自适应池化层生成固定大小的特征是十分方便的，因为它的参数只包括输出的大小。并且式（11.1）中假设该池化层的输入是长宽相同的图像，输出特征也是长宽相同的张量，故而给定的核大小 kernel_size、滑动距离 stride，以及边界补充 padding 都指的是单边。对于输入长宽不同的情况，也可根据式（11.1）推算，这里本节简单地给出内部计算的算法，实际代码是内嵌在 PyTorch 框架中的。

11.2.2　关系网络

Yang 等（2018）提出一种用于少量学习任务（Li et al., 2017）的分类框架，称为关系网络（relation network，RN），它的基本思想是从源数据上迁移知识，帮助小样本的目标数据集上模型的训练。关系网络以"事件"为单元探索源数据集中的信息，具体来说，每个训练迭代中，一个"事件"是指在训练集中随机选择一个查询样本（query sample）和若干个支撑样本（support sample），用来模拟目标数据集上的少量学习设置。这里查询样本是指待分类的样本，而一个支撑样本是指某个类别中的一个标记样本，代表了该类别的信息。简单来说，假设目标数据集包含 C 个类别，对于某个待分类的查询样本，关系网络通过计算该查询样本与每个类别中一个查询样本之间的相似性，来判断查询样本的类别。如果每个"事件"表示从 C 个类别中，每个类分别选择 K 个标记样本作为支撑样本，那么这个目标问题称为 C-way$K$-shot 任务（Li et al.,2017）。一旦训练完成，关系网络通过计算查询样本与每个类别中少量支撑样本之间的关系评分，来判断查询样本的标签信息。

图 11.5 展示了一个用于 3-way1-shot 任务的关系网络的基本结构，它主要包括输入构造、嵌入模块和关系模块三个部分。对于每个"事件"，它的一个输入实例包含 3 个支撑样本 $X_S = \{x_i\}_{i=1}^3$ 和一个查询样本 x_q。随后将输入实例输入嵌入模块 f_φ 用于提取特征，其中这个嵌入模块是由四个二维卷积层构成的。此时，嵌入模块得到的输出包括支撑样本的特征 $F_S = \{f_\varphi(x_i)\}_{i=1}^3$ 和查询样本的特征 $F_q = f_\varphi(x_q)$，随后对于每个类别 $i \in \{1,2,3\}$ 所提取的特征 $f_\varphi(x_i)$ 与查询样本特征 $f_\varphi(x_q)$，根据给定的操作符 C 链接起来得到特征 $C[f_\varphi(x_i),f_\varphi(x_q)]$。为了确定查询样本的类别标签，分别将每个类别与查询样本链接后的特征输入关系模块 g_ϕ 中，得到一个关系评分 $r_{i,q}$。这里关系评分 $r_{i,q}$ 是一个取值为 0~1 的标量，取值越大表示输入的查询样本与第 i 类的支撑样本越相似，并且式（11.2）给出了关系网络计算关系评分的数学表达。如图 11.5 所示的 3-way1-shot 任务中，输入一个"事件"，这个关系网络能够计算得到三个关系评分（为每个类别计算一个关系评分），并且判定三个关系评分中值最高类别标签为查询样本类别。

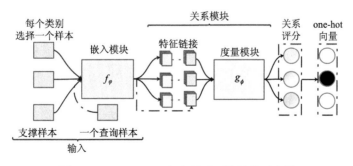

图 11.5　3-way1-shot 任务关系网络结构示意图

$$r_{i,q} = g_\phi \left\{ \mathcal{C} \left[f_\varphi(x_i), f_\varphi(x_q) \right] \right\}, i = 1, \cdots, C \tag{11.2}$$

由于关系网络产生的是连续的关系评分而不是离散的 0 或 1，即各类别评分之间相互关联，因此关系网络使用均方误差（mean square error，MSE）（Köksoy, 2006）作为损失函数训练模型。式（11.3）定义了关系网络的目标函数，其中 B 表示某个批次中查询样本的数量，C 表示目标数据集包含的类别数量，$\{y_i\}_{i=1}^C$ 是支撑样本的标签并且 y_q 是查询样本的标签。

$$\varphi, \phi \leftarrow \arg\min_{\varphi, \phi} \sum_{q=1}^{B} \sum_{i=1}^{C} [r_{i,q} - 1(y_i == y_q)]^2 \tag{11.3}$$

在少量标记样本的前提下，关系网络能够被充分训练有两个基本原因：一方面，它可以看作是一种元学习策略学习类别之间的关系评分，并且将学习到的知识迁移到少量学习目标任务的模型上。另一方面，与直接使用标记样本相比较，关系网络通过随机选择的方式对样本进行重组后作为其输入，这种策略使得用于训练网络的输入实例呈现指数倍增长，保证了模型能够被充分训练。具体来说，如果每个类别包含 m 个标记样本、n 个查询样本并且类别数量为 C，那么针对 C-way1-shot 任务的关系网络，能够得到 $m^C n$ 个用于训练网络的输入实例，这保证了所提出的网络能够被充分训练。

11.3 空谱关系网络

如前所述，关系网络可以通过标记样本重组的方式快速扩增所需要的输入实例，同时它还能学习比较查询样本与各类别样本之间的相似性，从而保证网络的分类性能。关系网络的上述特性使得它能够有潜力成为一种高精度的小样本高光谱图像分类模型，然而将原始的关系网络（Yang et al., 2018）用于高光谱图像分类还存在两个问题：一是原始的关系网络学习的是样本之间的二维空间特征，而高光谱图像分类任务通常需要学习样本的三维空间-光谱特征。二是原始的关系网络比较的是样本之间的相似性，它不能够有效解决高光谱图像中类内差异大、类间相似度高所带来的问题。针对这两个问题，本章提出了一种空谱关系网络（SS-RN）（Rao et al.,2019），它不仅能够学习到样本的三维特征（空间特征和光谱特征），而且能够学习到查询样本与每个类别样本的相似性。

与原始的关系网络相比，本章所提出的空谱关系网络有如下两方面的改进：第一，SS-RN 使用像元及其空间邻域像元构成的三维立体作为输入样本，而不是以二维图像作为输入，这保证了所提出的网络能够充分提取光谱-空间信息。第二，SS-RN 的输入是由一个查询样本与每个类别的多个支撑样本构成的，并且在嵌入模块中添加了一个新的子模块用于提取单个类别中多个支撑样本的共性特征（类似于类别原型），这保证了网络能够提取到具有代表性并且鲁棒性好的特征用于计算关系评分。图 11.6 展示了新构建的 SS-RN 结构示意图，可见它与 RN 相似，由输入实例构造、嵌入模块和关系模块三部分构成。下面将详细介绍 SS-RN 的构成。

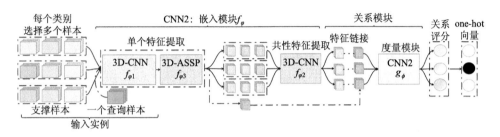

图 11.6　3-way 任务的 SS-RN 结构示意图

所提出的 SS-RN 继承了关系网络以多个样本为输入的基本思想，关注于学习各个类别样本的相似与不相似关系。其唯一与关系网络不同的是，本章训练集、验证集和测试集来自相同的样本空间，考虑的是无预训练的情况，即只在目标数据集上训练并且测试，而不考虑从其他数据集上迁移知识。本章工作的重点是，探索适用于高光谱图像分类任务的以多样本为输入的神经网络及其迁移框架。本章的主要任务是阐述构造 SS-RN 输入的过程，需要说明的是，为了适应高光谱图像样本光谱的多样性，在构造 SS-RN 的输入实例时每个类别选择多个支撑样本。

考虑一个包含 M 个标记样本的高光谱图像数据集 $X = \{x_i\}_{i=1}^{M}$，它属于样本空间 $R^{d \times w \times w}$，这里 d 表示波段数量并且 $w \times w$ 是空间邻域窗口的大小。令 $y_i \in \{1, 2, \cdots, C\}$ 是样本 x_i 的标签，其中 C 是高光谱图像包含的类别数量。图 11.7 展示了在 SS-RN 框架下标记样本重组的策略示意图，为了构造 SS-RN 的训练集和测试集，首先将样本集 X 拆分成没有交的三个部分：用于训练的样本集 X_{train}、用于验证的样本集 X_{valid} 和用于测试的样本集 X_{test}。其次，将 X_{train} 按照两种不同的形式组织得到用于训练的查询样本集 Q_{train} 和支撑样本集 S_{train}，X_{valid} 被看作是用于验证的查询样本集 Q_{valid}，X_{test} 也可以看作是用于测试的查询样本集 Q_{test}。最后对于 SS-RN 的一个输入实例，随机从查询样本集（Q_{train}、Q_{valid} 或者 Q_{test}）选择一个查询样本和从支撑样本集 S_{train} 的每个类别中随机选择 n 个支撑样本（一共包含 $n*C$ 个支撑样本）构成。具体来说，Q_{train}、S_{train}、Q_{test} 和 Q_{valid} 的数学表达式如式（11.4）。

$$Q_{\text{train}} = X_{\text{train}}$$

$$S_{\text{train}} = \left\{S_j\right\}_{j=1}^{C}, \bigcup_{j=1}^{C} S_j = X_{\text{train}}$$

$$Q_{\text{test}} = X_{\text{test}}$$

$$Q_{\text{valid}} = X_{\text{valid}}$$

(11.4)

式中，S_j 为 X_{train} 中所有第 j 类的标记样本构成的集合。为了构造一个输入实例，从每个 S_j，$j \in \{1, 2, \cdots, C\}$ 中随机选择 n 个支撑样本 $S_j = \{x_{j1}, \cdots, x_{jn}\}$，并且从查询样本集 Q_{train}、Q_{valid} 或者 Q_{test} 中随机选择一个查询样本 x_q。生成的输入实例记为 M_n^q，其数学表达式见式（11.5），并且它所对应的标签与所选择的查询样本的标签相同 $\text{Label}(M_n^q) = y_q$，SS-RN 使用构造的输入实例训练网络或者测试网络的性能。

$$M_n^q = \left[x_{11}, \cdots, x_{1n}, \cdots, x_{C1}, \cdots, x_{Cn}, x_q\right]$$
$$= \left[s_1, \cdots, s_C, x_q\right]$$

(11.5)

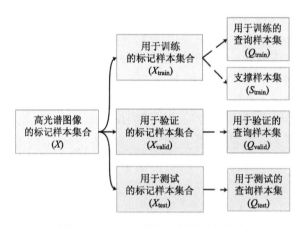

图 11.7　SS-RN 的标记样本重组策略

为了判断验证集 X_{valid} 或者测试集 X_{test} 中一个查询样本 x_q' 的标签，按照上述方式构造一个用于测试的输入实例，即从支撑样本集 S_{train} 的每个类别集 S_j，$j \in \{1, 2, \cdots, C\}$ 中随机选择 n 个支撑样本与 x_q' 一起构成一个输入实例。需要说明的是，这个输入实例的真实标签与 x_q' 的标签相同。

11.3.1　用于特征提取的三维嵌入模块

在获得一个输入实例 M_n^q 之后，使用两个三维卷积神经网络（3D-CNN）构成的嵌入模块提取空间光谱特征。图 11.8 给出了在 PaviaU 数据集上 SS-RN 的嵌入模块的示意图，它包含两个子模块：第一个子模块 $f_{\varphi 1}$ 是用于提取单个样本 x_q 或者 x_{jk}（第 j 类的第 k 个支撑样本）的特征图像，这里 $x_{jk} \in s_j, k \in \{1, 2, \cdots, n\}$。第二个子模块 $f_{\varphi 2}$ 是用于提取某个类别中 n 个支撑样本特征 $f_{\varphi 1}(x_{j1}), \cdots, f_{\varphi 1}(x_{jn})$ 的一个共性特征（类似于类别原型）。这个子模块 $f_{\varphi 2}$ 的作用类似于原型网络中的每个类别特征求和运算，在 SS-RN 中使用一个神经网络代替求和运算。整个嵌入模块 f_{φ} 可以看作是两个子模块 $f_{\varphi 1}$ 和 $f_{\varphi 2}$ 的复合运算。将输入实例 M_n^q 输入嵌入模块后，可以得到 $C+1$ 个维数大小相同的特征图，包括 C 个共性特征（每个类别一个共性特征）和一个查询样本的特征，具体的数学表达式见式（11.6）。

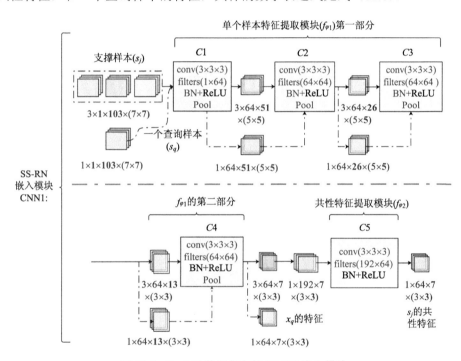

图 11.8　PaviaU 数据集上的 SS-RN 嵌入模块

$$f_{\varphi}(M_n^q) = f_{\varphi}(s_1), \cdots, f_{\varphi}(s_C), f_{\varphi}(x_q)$$
$$f_{\varphi}(s_j) = f_{\varphi 2}[f_{\varphi 1}(x_{j1}), \cdots, f_{\varphi 1}(x_{jn})], j = 1, \cdots, C \quad (11.6)$$
$$f_{\varphi}(x_q) = f_{\varphi 1}(x_q)$$

如图 11.8 所示，嵌入模块由五个 3D-CNN 块构成，并且每个卷积块包括一个批次归一化层、一个卷积层、一个 ReLU 激活层和一个池化层。具体来说，第一个 CNN 块（C1）包含的一个卷积层带有 64 个滤波器，其卷积核的大小为 3×3

×3，卷积层后面接着一个核大小为 $3×3×3$ 并且滑动距离为 $2×1×1$ 的最大池化层。假设网络输入的大小为 $1×d×w×w = 1×103×7×7$ ，那么第一个卷积块 $C1$ 的输出特征大小为 $1×64×51×5×5$ [其中 51 是 $(103-3+1)/2+1$ 的整数部分，并且 $5 = 7-3+1$ 带有边缘补齐的宽度为 1]。第二、第三、第四个 CNN 块（$C2, C3, C4$）的卷积滤波器参数大小为 $64×64$ ，并且其他结构设置与 $C1$ 相同。第二个 CNN 块 $C2$ 以 $C1$ 的输出作为输入，并且其输出特征的大小为 $1×64×26×5×5$ ，后面的 CNN 块也依此逐层向后提取特征。以一个查询样本 x_q 为嵌入模块的输入，经过 $C4$ 后得到的输出是大小为 $1×64×7×3×3$ 的矢量。对于第 j 类的 n 个支撑样本 s_j ，输入嵌入模块，经过 $C4$ 后得到一个大小为 $n×64×7×3×3$ 的矢量 $f_{\varphi 1}(s_j)$ 。随后将 $f_{\varphi 1}(s_j)$ 输入第五个 CNN 块 $C5$ 中提取这个类别的共性特征，这里 $C5$ 包含的滤波器参数大小为 $(n*64 = 192)×64$ 并且没有池化层。经过 $C5$ 后可以计算得到一个共性特征 $f_{\varphi}(s_j) = f_{\varphi 2}[f_{\varphi 1}(s_j)]$ ，它的大小为 $1×64×7×3×3$ ，这与查询样本特征的大小相同。最后每个类别的共性特征与查询样本的特征一起输入关系模块，用于对比它们的相似性。

11.3.2 用于相似性度量的三维关系模块

如上所述嵌入模块的输出包括两部分：每个类别的共性特征 $f_{\varphi}(s_j)$ ，$j \in \{1, 2, \cdots\}$ 和查询样本的特征 $f_{\varphi}(x_q) = f_{\varphi 1}(x_q)$ 。为了确定查询样本的类别，将每个类别的共性特征与查询样本的特征一起输入关系模块，用于计算查询样本与每个类别的关系评分，这里的关系模块类似于在特征空间的相似性度量函数。式（11.7）给出了关系模块的数学表达式，其中符号 $\mathcal{C}$ 表示特征链接运算，并且 g_{ϕ} 表示通过神经网络计算得到的深度相似性度量。

$$
\begin{aligned}
r_{j,q} &= g_{\phi}\left(\mathcal{C}\left(f_{\varphi}\left(s_j\right), f_{\varphi}\left(x_q\right)\right)\right) \\
&= g_{\phi}\left(\mathcal{C}\left(f_{\varphi 2}\left(f_{\varphi 1}\left(s_j\right)\right), f_{\varphi 1}\left(x_q\right)\right)\right), j = 1, 2, \cdots, C
\end{aligned}
\tag{11.7}
$$

图 11.9 展示了在 PaviaU 数据集上 SS-RN 中关系模块的示意图，它包含两个三维 CNN 块和两个全连接层。对于嵌入模块 f_{φ} 输出的两个特征 $f_{\varphi}(s_j)$ 和 $f_{\varphi}(x_q)$ ，首先将它们连接起来得到的矢量大小为 $1×128×7×3×3$ （以 11.3.1 节的输入为例），然后将链接后的矢量输入度量模块 g_{ϕ} 。最后 g_{ϕ} 输出一个取值范围在 0～1 的标量，它表示查询样本 x_q 属于第 j 类的概率值，称为关系评分，并且关系模块的输出只有一个节点，因此使用 sigmoid 函数作为输出层的激活函数。故而，对于一个给定的包含多个支撑样本的输入 M^q ，经过 SS-RN 能够计算得到 C 个关系评分 $r_{j,q}$ ， $j = 1, 2, \cdots, C$ ，并且查询样本 x_q 的类别是关系评分最高的类别。

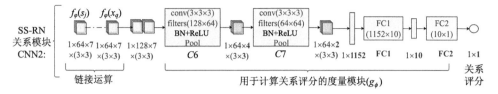

图 11.9　PaviaU 数据集上 SS-RN 的关系模块

类似于用于少量学习任务的关系网络，SS-RN 的也使用均方误差（MSE）作为损失函数，其对应的数学表达见式（11.8），其中 M 表示用于训练的查询样本数量，并且 C 表示目标数据集的类别数量。同时使用 Adam 优化器反向传导修正网络的参数，并且由于 SS-RN 包含两个模块（嵌入模块和关系模块），故而分别使用两个 Adam 优化器作用于这两个模块。

$$\varphi,\phi \leftarrow \arg\min_{\varphi,\phi}\sum_{q=1}^{M}\sum_{j=1}^{C}\left\{r_{j,q}-1\left[\mathrm{Label}\left(s_j\right)==y_q\right]\right\}^2 \tag{11.8}$$

11.4　自适应空谱关系网络的迁移学习

为了使得所提出的模型能够被用于不同的高光谱图像分类任务，本章提出一种带有自适应空谱金字塔池化层的空谱关系网络（ASSP-SSRN）用于小样本高光谱图像分类，该网络的结构示意图见图 11.10。如图 11.10 所示，与 SS-RN 方法相同的方面是，ASSP-SSRN 本质上也是一种 SS-RN 方法，同样包含三个基本模块：输入实例构造、嵌入模块和关系模块（见 11.3 节）。与 SS-RN（图 11.6）不同的是，ASSP-SSRN 是在嵌入模块内部添加了一个自适应空谱金字塔池化层，以保证所提出的模型能够适应不同波段数量的输入。

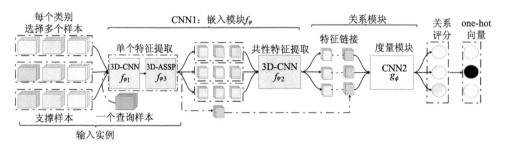

图 11.10　带有自适应空谱金字塔池化层的空谱关系网络框架

为了进一步分析空谱关系网络的泛化性能，本节提出了基于 ASSP-SSRN 的迁移学习框架，见图 11.11，它包括两个部分：预训练部分和微调部分，下面详细介绍每个部分的结构。

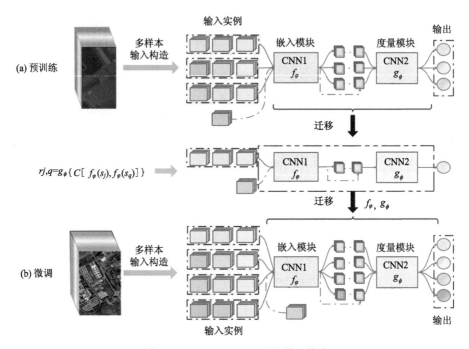

图 11.11　ASSP-SSRN 迁移学习策略

11.4.1　自适应空谱金字塔池化

为了消除三维卷积神经网络需要输入固定大小的限制，本节提出了一种三维自适应空谱金字塔池化（adaptive spatial-spectral pyramid pooling，ASSP）技术（Rao et al.,2020），并且将所提出的池化层与三维 CNN 网络结合，对应的框架结构如图 11.12。具体来说，在所提出的三维 CNN 的最后一个卷积层后面连接一个三维自适应空谱金字塔池化层，并且在该池化层的后面连接一个全连接网络，用于适应多分类任务。

从图 11.12 中可以看出，自适应空谱金字塔池化层包含多层的特征提取结构，每个特征提取层能生成多个空间-光谱箱（Lazebnik et al., 2006）。在每个空间-光谱箱，使用滤波器将其池化成一个特征（在本章中使用的是平均池化），该池化层的输入是最后一个卷积层的输出，其大小为$(w×h×d)×c$，其中 c 表示最后一个卷积层输出的滤波器数量，$w×h×d$ 表示最后一个卷积层输出特征图的大小。该池化层的输出是一个 $c \times T$ 维度的向量，这里 T 是空间-光谱箱的个数，这个固定维数的向量被输入后续的全连接网络。

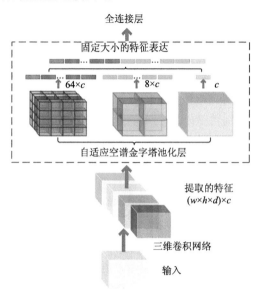

图 11.12　一个添加三维自适应空谱金字塔池化的 CNN 结构

在本节的实验中，构造了一个三层金字塔，其中各层金字塔输出的尺度分别为 5×5×5、3×3×3 和 1×1×1。鉴于 11.2.1 节中自适应池化的优点，在金字塔的每个层级中使用自适应池化提取对应的特征，设置各层自适应池化层的输出大小分别 5×5×5、3×3×3 和 1×1×1。这保证了在不关注池化层核大小、滑动距离的情况下，能够在三维情况下使用自适应池化提取特征，故而称为自适应空谱金字塔池化。然后，将该金字塔各层的输出展开成一维向量并链接起来，得到一个维度为 153(=125+27+1) 的特征。

11.4.2　ASSP-SSRN 预训练部分

ASSP-SSRN 预训练部分的网络结构如图 11.11（a）所示，首先从源数据集上构造输入实例，然后将其用于训练 ASSP-SSRN 模型。预训练中的 ASSP-SSRN 模型的基本结构见图 11.13 和图 11.14，它包含一个嵌入模块、一个链接层和一个度量模块，其中嵌入模块由三部分构成：用于提取单个样本特征的子模块 $f_{\varphi 1}$、一个三维自适应金字塔层和用于提取共性特征的子模块 $f_{\varphi 2}$。此外，ASSP-SSRN 的输出部分包含 C 个节点，这里 C 表示源数据集中包含的类别数量。关于 ASSP-SSRN 的预训练部分，需要说明如下三个关键点：

（1）由于添加了自适应空谱金字塔池化，故而 ASSP-SSRN 能够适应不同大小的三维输入。如图 11.10 所示，ASSP-SSRN 的嵌入模块包含一个 ASSP 层，根据 11.4.1 节的分析可知，ASSP-SSRN 能够适应不同大小的三维输入。这保证了预训练好的模型在不改变输入层的情况下，能够直接迁移到不同波段数量的高光谱任务中。

（2）对于不同的高光谱数据集，可以使用相同参数的 ASSP-SSRN 作预训练。表 11.1 中展示了不同的高光谱数据分类任务之前的迁移学习需要面对两个基本问题：波段数量不同和类别数量不同。本章的 ASSP-SSRN 使用自适应空谱金字塔池化层克服了波段数量不同的问题，并且根据 11.3 节的分析可知，事实上 SS-RN 的本质是用于计算单个类别的支撑样本和查询样本之间的关系评分，它的输出层只包含一个节点。这说明 SS-RN 的网络结构参数与源数据的类别数量无关，因此 ASSP-SSRN 可以使用相同参数结构的模型完成不同的高光谱图像分类任务。

（3）ASSP-SSRN 的网络结构参数与 11.3 节中 SS-RN 的结构参数不同。虽然图 11.10 与图 11.6 的结构是相似的，但是由于在 ASSP-SSRN 中添加了 ASSP 层，而 ASSP 层输出的是固定大小的特征向量，并且将这个输出输入后面的共性特征提取模块和关系模块，因此后期全连接层的参数与 11.3 节中参数的大小是不相同的。具体来说，图 11.13 和图 11.14 中给出了本章实验中 ASSP-SSRN 的嵌入模块

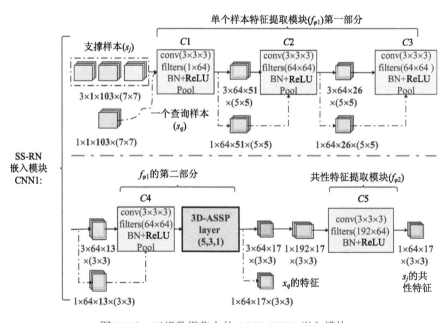

图 11.13 三组数据集上的 ASSP-SSRN 嵌入模块

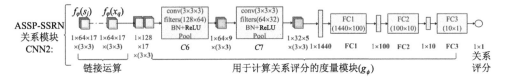

图 11.14　三组数据集上的 ASSP-SSRN 关系模块

和关系模块的结构示意图。图 11.13 和图 11.14 以 PaviaU 数据集上得到的样本为输入，给出了各层输出矢量的大小。

11.4.3　ASSP-SSRN 微调部分

如图 11.11 所示，ASSP-SSRN 模型在源数据集上预训练完成之后，可以将其所有的参数都迁移到目标数据集上，作为目标数据集上 ASSP-SSRN 模型的初始值。关于微调阶段模型迁移需要说明以下几个关键点：

（1）预训练 ASSP-SSRN 的所有参数都迁移到目标数据集的模型上，如图 11.11 所示，预训练 ASSP-SSRN 模型学习到的参数包括：嵌入模块 CNN1、连接层和度量学习模块 CNN2，这里涉及的参数主要是 f_φ 和 g_ϕ。同时，ASSP-SSRN 的输出层只包含单个神经元，网络结构的设置与数据集的类别数量没有直接关系。因此，在不改变网络结构的情况下，预训练 ASSP-SSRN 可以用于目标数据集分类任务，故而可以将预训练得到的网络参数作为目标数据集上应用模型的初始化参数。

（2）ASSP-SSRN 模型能够实现跨类别数量和跨波段数量的迁移：由于 ASSP-SSRN 中包含一个自适应空谱金字塔池化，故能够适应不同大小的三维输入，即能够被迁移到不同波段数量的高光谱图像任务上。另外，由于 ASSP-SSRN 的参数与数据集的类别数量无关，故而它可以直接被迁移到不同类别数量的高光谱图像任务中。换句话说，在不改变预训练模型参数的前提下，所提出的 ASSP-SSRN 能够满足跨类别数量和跨波段数量的迁移任务。

（3）当源数据与目标数据包含的类别数量不同时，预训练阶段和微调阶段所使用的损失函数的数学表达不同：空谱关系网络使用均方误差作为损失函数，对应的数学表达式见式（11.8）。从式（11.8）可以看出，损失函数的表达式与训练数据集的类别数量 C 相关，用于保证模型能够计算查询样本与各类别之间的关系评分。故而，当源数据与目标数据包含的类别数量不同时，预训练阶段和微调阶段所使用损失函数的数学表达式不同。

11.5 SS-RN 性能验证与分析

为了评估所提出的 SS-RN 用于小样本高光谱图像任务的性能，使用 Python 语言，在 PyTorch 框架[①]下开展所提出模型的算法模块开发与实验验证。

11.5.1 实验数据描述和实验设计

1. 数据描述

为了验证所提出 SS-RN 的性能，将其应用于三组公开的高光谱基准数据集[②]，它们分别是由 AVIRIS 传感器采集自印第安纳州西北部的 Indian Pines 数据集，由 AVIRIS 传感器采集自加利福尼亚州的 Salinas 山谷的数据集 Salinas，以及由 ROSIS 传感器采集自意大利北部的 PaviaU 数据集。这三个数据集的基本信息见表 11.2。

表 11.2　三组高光谱基准数据集的基本信息表

	Indian Pines	PaviaU	Salinas
空间大小（像元×像元）	145×145	610×340	512× 217
光谱范围/nm	400～2500	430～860	400～2500
波段数量	200	103	204
空间分辨率/m	20	1.3	3.7
传感器	AVIRIS	ROSIS	AVIRIS
区域	印第安纳州	意大利北部	加利福尼亚州
类别数量	16	9	16
样本数量	10249	42776	54129

2. 实验设计

针对 SS-RN，本章实验围绕两个关键问题：其一是在没有预训练的情况下，以多个样本为输入的 SS-RN 的分类性能如何？其二是 ASSP-SSRN 在不同数据集之间的迁移性能如何？本章设置相关实验回答上述两个问题，明确以多个样本为输入的深度神经网络（多个样本关系网络）是否值得被推广用于处理小样本高光谱图像分类任务。另外针对第二个问题，本章将讨论 ASSP-SSRN 模型在不同高

---

① https://pytorch.org/。

② http://www.ehu.eus/ccwintco/index.php?title=Hyperspectral_Remote_Sensing_Scenes。

光谱数据集上的迁移实验。

（1）没有预训练的 SS-RN 实验设计：SS-RN 实验重点是关注 SS-RN 对于小样本高光谱图像分类任务的有效性，而暂时不关注它的泛化能力。在没有预训练的分类实验中，将每个数据集划分成三个部分：训练集、验证集和测试集。针对 PaviaU 和 Salinas 数据集，每个类别随机取 180 个点构成训练集，随机取 20 个点构成验证集，其余样本构成测试集。对于 Indian Pines 数据集存在一些类别包含极少的标记像元（小于 200 个点），针对样本数量大于 400 的类别随机选择 180 个像元作为训练集，随机取 20 个点作为验证集，其余的样本作为测试集。针对 Indian Pines 数据集中标记像元数量少于 400 的类别，随机选择 40%的样本构成训练集，10%的样本作为验证集，50%的样本作为测试集，上述三个数据集的划分细节见表 11.3 和表 11.4。需要说明的是，由于验证集是被用于在训练过程中微调网络的超参数，可以将验证集和训练集都看作是用于网络训练的样本集。

表 11.3　Indina Pines 和 Salinas 数据集的训练、验证和测试像元情况　（单位：个）

标签	Indian Pines				Salinas			
	类别	训练	验证	测试	类别	训练	验证	测试
1	苜蓿	18	4	24	椰菜 1	180	20	1809
2	玉米 1	180	20	1228	椰菜 2	180	20	3526
3	玉米 2	180	20	630	休耕地 1	180	20	1776
4	玉米 3	94	23	120	休耕地 2	180	20	1194
5	草地 1	180	20	283	休耕地 3	180	20	2478
6	草地 2	180	20	530	残株	180	20	3759
7	草地 3	11	2	15	芹菜	180	20	3379
8	干草堆	180	20	278	葡萄	180	20	11071
9	燕麦	8	2	10	土壤	180	20	6003
10	大豆 1	180	20	772	玉米	180	20	3078
11	大豆 2	180	20	2255	莴苣 1	180	20	868
12	大豆 3	180	20	393	莴苣 2	180	20	1727
13	小麦	82	20	103	莴苣 3	180	20	716
14	树木	180	20	1065	莴苣 4	180	20	870
15	建筑物	154	38	194	葡萄园 1	180	20	7068
16	石钢塔	37	9	47	葡萄园 2	180	20	1607
	总数	2024	278	7947	总数	2880	320	50929

表 11.4　PaviaU 数据集的训练、验证和测试像元情况　（单位：个）

标签	类别	训练	验证	测试
1	沥青 1	180	20	6431
2	草地	180	20	18449
3	砂砾	180	20	1899
4	树	180	20	2864
5	金属板	180	20	1145
6	裸地	180	20	4829
7	沥青 2	180	20	1130
8	自锁砖	180	20	3482
9	阴影	180	20	747
	总数	1620	180	40976

如 11.3 节所述，为了构建空谱关系网络的输入实例，将原始数据集 X 分成四个集合：Q_{train}、S_{train}、Q_{valid} 和 Q_{test}，这里 Q_{train} 和 S_{train} 集合包含的标记样本是相同的，但是组织的形式不同。根据表 11.3 和表 11.4 的数据分布，得到各数据集上用于训练、验证和测试的支撑集和查询集分布，如表 11.5。

表 11.5　三组数据集上查询样本和支撑样本集信息表

	Indian Pines	PaviaU	Salinas
Q_{train}	2024	1620	2880
S_{train}	2024	1620	2880
Q_{valid}	278	180	320
Q_{test}	7940	40976	50929

SS-RN 的实验中输入的构造步骤在训练阶段与测试阶段有所差异，具体来说，在训练阶段，假设每个批次包含 b 个输入实例，那么每个批次中重复 b 次构造输入实例的策略（见 11.3 节）：从用于训练的查询样本集 Q_{train} 中随机选择一个查询样本，并且从支撑样本集 S_{train} 中的每个类别随机选择 n 个支撑样本。将构造的 b 个输入实例用于训练 SS-RN 网络。在验证阶段和测试阶段，对于查询集 Q_{valid} 或者 Q_{test} 中的每一个查询样本，都从支撑集 S_{train} 中的每个类别随机选择 n 个支撑样本与之构成输入实例，然后将它输入训练好的 SS-RN 中用于判断查询样本的类别信息。

SS-RN 的实验中待验证的结果包括：验证本节提出的多支撑样本策略的有效性，与五种先进的基于 CNN 的高光谱图像分类方法对比 SS-RN 的性能，以及验证在测试阶段随机选择支撑样本的有效性。此外，验证模型性能所使用的统计评价指标包括：总体分类精度（OA）、单类分类精度和 Kappa 系数（赵忠明等，2014）。所使用的对比方法包括：1-DCNN（Hu et al., 2015）、CNN-PPF（Li et al.,2016）、C-CNN（Mei et al., 2017）、SVM+SCNN（Liu et al., 2017）和 DFSL+SVM（Liu et al., 2018）。

（2）基于 ASSP-SSRN 迁移框架的实验设计：本章设计基于 ASSP-SSRN 的迁移分类实验的初衷是验证所提出的网络对不同数据集的泛化能力和 ASSP-SSRN 的跨类别数量任务的有效性。在预训练阶段，分别以三组数据集为源数据，得到三个预训练的 ASSP-SSRN 模型，然后将训练好的模型分别迁移到另外两个目标数据集上，在微调阶段，首先会使用目标数据集中的标记样本微调迁移后的模型，然后将微调后的模型应用于目标数据集中分类任务，以评估整个迁移框架的性能。本章 ASSP-SSRN 的迁移实验需要注意以下两个方面：

一方面，预训练阶段和微调阶段，源数据集和目标数据中的标记像元都被分成训练集和测试集两部分。这是由于在 SS-RN 的实验中，已经确定了大部分的超参数，因此在迁移实验中不再设置验证集用于调整超参数。具体来说，预训练阶段各数据集上对应的训练像元数量和测试像元数量的分布见表 11.6。微调阶段，目标数据集上标记样本的划分规则为，各目标数据集上分别随机从每个类别中随机选择 25 个、50 个、100 个、150 个和 200 个像元用于训练迁移后的 ASSP-SSRN，其余的标记像元用于测试。特别地，若 Indian Pines 数据集上需要从每个类别中选择 N_f 个像元，当类别 i 中的标记像元总数 M_i 小于 $2\times N_f$ 时，则从第 i 类中随机选择 $\left\lfloor \dfrac{M_i}{2} \right\rfloor$，这里 $\lfloor \cdot \rfloor$ 表示取小数的整数部分。

表 11.6　三组数据集上 ASSP-SSRN 预训练阶段像元数量　　（单位：个）

| 标签 | Indian Pines | | | Salinas | | | PaviaU | | |
	类别	训练	测试	类别	训练	测试	类别	训练	测试
1	苜蓿	22	24	椰菜 1	200	1809	沥青 1	200	6431
2	玉米 1	200	1228	椰菜 2	200	3526	草地	200	18449
3	玉米 2	200	630	休耕地 1	200	1776	砂砾	200	1899
4	玉米 3	115	120	休耕地 2	200	1194	树	200	2864
5	草地 1	200	283	休耕地 3	200	2478	金属板	200	1145
6	草地 2	200	530	残株	200	3759	裸地	200	4829
7	草地 3	13	15	芹菜	200	3379	沥青 2	200	1130
8	干草堆	200	278	葡萄	200	11071	自锁砖	200	3482
9	燕麦	10	10	土壤	200	6003	阴影	200	747

标签	Indian Pines			Salinas			PaviaU		
	类别	训练	测试	类别	训练	测试	类别	训练	测试
10	大豆 1	200	772	玉米	200	3078			
11	大豆 2	200	2255	莴苣 1	200	868			
12	大豆 3	200	393	莴苣 2	200	1727			
13	小麦	102	103	莴苣 3	200	716			
14	树木	200	1065	莴苣 4	200	870			
15	建筑物	192	194	葡萄园 1	200	7068			
16	石钢塔	46	47	葡萄园 2	200	1607			
	总数	2300	7947	总数	3200	50929	总数	1800	40976

另一方面,使用不同空间窗口大小的输入实例训练 ASSP-SSRN,提高模型对于不同类别的判别能力。由于 ASSP-SSRN 能够接受任意大小的三维输入,因此对于划分好的训练像元集,根据不同的空间窗口大小 $w \times w$,可以得到不同的三维样本。将构造好的不同空间尺度的样本作为支撑样本,或者用于训练的查询样本,构成输入实例训练 ASSP-SSRN。

11.5.2　网络参数选择

选择适合的超参数对于深度神经网络至关重要,影响 SS-RN 性能的主要的超参数包括:神经网络的结构、学习率、样本空间窗口大小和每个输入实例中各类别包含的支撑样本数量。下面将逐一介绍本章实验中这些参数的选择。

(1)神经网络的结构:由于 SS-RN 是在关系网络的基础上进行改进的,因此本章实验中的网络结构依然保持关系网络的基本结构。在原始 RN 框架的基础上,本章所提出的 SS-RN 包括如下两方面的结构创新:一方面,不同于 RN 使用二维 CNN 作为基本结构,SS-RN 使用三维 CNN 作为基本结构用于提取高光谱样本的空间-光谱特征。另一方面,SS-RN 的嵌入模块还添加了一个子模块用于提取单个类别多个支撑样本的共性特征(类似于类别原型)。

(2)学习率及其批次大小:本章 SS-RN 的学习率是根据相关文献的经验值设置的,即对于所有的实验数据集设置网络训练的初始学习率为 0.001,并且使用 Adam 优化器训练神经网络。同时,根据工作站 GPU 的内存大小,设置每个批次包含 5 个输入实例,并且最大的训练迭代次数为 300000。

(3)样本空间窗口大小和支撑样本数量:SS-RN 的输入包含每个类别的多个支撑样本,因此不同于其他的神经网络,单个输入实例包含的每个类别中支撑样

本的数量 n 是影响 SS-RN 的重要参数。为了分析它对分类精度的影响，在固定其他参数的前提下，本章将使用不同的 n 训练 SS-RN，并在对应的测试集上进行测试，从而找到最佳的 n 值（见 11.5.2 节）。类似地，11.5.2 节将分析样本空间窗口大小对应 SS-RN 性能的影响。

1. 支撑样本数量的影响

由于 SS-RN 与原始 RN 的一个重要区别是，在构造网络输入时 SS-RN 从每个类别中随意选择 n 个支撑样本与查询样本共同构成输入，因此 n 成为 SS-RN 的一个重要参数。为了揭示不同的 n 值对 SS-RN 性能的影响，并选择最佳的 n 值用于后期的对比实验，本章设置了一组 n 的候选值 $\{1,3,5,7,9\}$，并且基于不同的 n 值训练 SS-RN，将训练后的带有不同 n 值的 SS-RN 用于 PaviaU 数据集上进行测试。在这次实验过程中，样本的空间窗口大小设置为 7×7。以 PaviaU 数据集为实验数据，得到的不同候选 n 值下测试集的分类精度见表 11.7 和对应的可视化分类结果见图 11.15。

表 11.7　不同数量 n 支撑样本构造输入的 SS-RN 在 PaviaU 数据集上的分类精度指标

标签	$n=1$	$n=3$	$n=5$	$n=7$	$n=9$
1	97.58	98.88	98.79	98.05	98.24
2	98.16	99.50	99.59	99.57	99.60
3	90.63	91.60	94.44	92.63	92.79
4	97.80	98.89	98.85	98.54	98.22
5	99.91	99.96	100.00	100.00	100.00
6	93.07	98.41	98.60	98.85	99.09
7	96.72	96.57	96.23	94.58	95.55
8	92.26	95.33	95.89	95.24	95.43
9	97.52	99.73	99.73	98.68	99.53
OA	96.56	98.44	98.66	98.34	98.45
Kappa	0.954	0.979	0.982	0.978	0.979

注：分类精度单位为%。

从表 11.7 中可以观察到，当 $n=5$ 时，SS-RN 在 PaviaU 数据集上获得的总体分类精度（98.66%）和 Kappa 系数（0.982）高于其他候选的 n 值。同时，当 $n>1$ 时，SS-RN 在 PaviaU 数据集上获得的分类精度要高于 $n=1$ 时获得的精度，这表明每个类别选择多个支撑样本比选择单个支撑样本更有助于提高最后的分类精度。从图 11.15 中的分类结果图可以看出，当 $n>1$ 时，SS-RN 获得的分类结果图

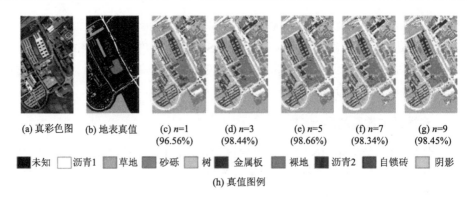

| (a) 真彩色图 | (b) 地表真值 | (c) *n*=1 (96.56%) | (d) *n*=3 (98.44%) | (e) *n*=5 (98.66%) | (f) *n*=7 (98.34%) | (g) *n*=9 (98.45%) |

■未知 □沥青1 ■草地 ■砂砾 □树 ■金属板 ■裸地 ■沥青2 ■自锁砖 ■阴影

(h) 真值图例

图 11.15   不同数量 *n* 支撑样本输入的 SS-RN 在 PaviaU 数据集上的分类结果

上的椒盐现象比 *n*=1 的分类图上更少，这与表 11.7 中的统计结果是一致的。从理论上说，如果 *n* 值太小，如 *n*=1 时构造网络的输入是从每个类别中随机选择一个支撑样本与查询样本进行比较，由于高光谱图像样本的类内差异大、类间相似度高，故而容易产生错分类的问题。相应地，如果 *n* 过大，那么使用多个支撑样本的共性特征，会将每个样本的特点平均化或稀释，从而降低不同类别之间的可分性。鉴于上述实验结果，在本章剩余的实验中设置 *n*=5，即表示在构造网络的输入实例时，每个类别随机选择 5 个标记样本作为支撑样本。

2. 空间窗口大小的影响

SS-RN 的输入样本是中心像元的三维邻域，故而空间窗口 *w*×*w* 是影响分类性能的重要参数。为了分析像元空间邻域窗口大小 *w*×*w* 对于分类精度的影响，并选择最佳的空间窗口用于后期的对比实验，在本章中固定每类包含的支撑样本数量 *n*=5，在三组高光谱图像数据集上分别设置候选的窗口大小为{7,9,11,13,15,17}。

图 11.16 给出了以不同空间窗口大小的样本训练的 SS-RN 在三组公开数据集上测试获得的总体精度（OA），首先，观察可以发现，随着空间窗口的增加，三组数据集上测试的 OA 先上升而后趋于平缓。值得注意的是，Salinas 数据集对于空间窗口的大小 *w* 的变化更加敏感并且具有较大的波动，这可能是因为相对于 Indian Pines 和 PaviaU 数据集，Salinas 数据集的空间分辨率更高并且有更多的数据被用于测试。其次，三组数据集上的结果表明，当空间窗口从 7×7 变化到 13×13 时，随着空间窗口大小的变化，各数据集上得到的 OA 也在增加，并且当空间窗口大于 13×13 时，各数据集上获得的 OA 随着窗口变大开始出现波动。最后，观察发现，当空间窗口大小分别设置为 17×17、15×15 和 15×15 时，Indian Pines 数据集、PaviaU 数据集和 Salinas 数据分别获得最高的分类精度。

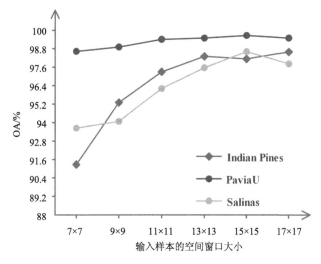

图 11.16 不同空间窗口下训练的 SS-RN 在三组数据集上的 OA

图 11.16 中简单地展示了不同空间窗口 $w \times w$ 的数据训练网络时分类精度变化的趋势。为了更详细地揭示更多的细节，表 11.8～表 11.10 中列出了不同空间窗口下训练时，SS-RN 在三组数据集上分类精度的统计结果，同时图 11.17～图 11.19 中给出了对应数据集上的分类结果图。总体来说，上述结果呈现出两个基本趋势：一方面，当样本的空间窗口大小小于 13×13 时，随着空间窗口的增大，各个数据集上获得的 OA 逐渐增加（表 11.8～表 11.10），并且对应分类图上的错分类点逐渐减少（图 11.17～图 11.19）。另一方面，当样本的空间窗口大于 13×13 时，各个数据集上的总体分类精度在较高的精度范围内出现小范围的震荡。显然这与图 11.16 的分类结果是一致的。

表 11.8 不同空间窗口 $w \times w$ 下 SS-RN 在 Indian Pines 数据集上 16 类的精度指标

标签	9×9	11×11	13×13	15×15	17×17
1	95.83	100.00	100.00	93.88	70.77
2	92.13	96.53	97.09	96.78	98.78
3	95.92	98.18	99.13	99.13	99.29
4	97.12	99.16	100.00	100.00	98.33
5	100.00	99.47	98.43	99.47	99.82
6	99.81	98.79	99.91	99.34	99.72
7	96.55	96.30	100.00	90.32	90.32
8	99.82	99.64	100.00	99.82	99.46
9	100.00	100.00	100.00	100.00	100.00

标签	9×9	11×11	13×13	15×15	17×17
10	93.39	95.64	98.24	97.73	94.58
11	93.38	96.11	97.78	97.56	99.02
12	94.54	95.79	96.07	96.31	97.82
13	99.51	99.51	99.51	99.51	99.03
14	99.24	99.62	99.49	99.58	100.00
15	94.79	97.47	99.48	99.48	100.00
16	92.47	96.84	96.77	98.90	96.77
OA	95.32	97.32	98.31	98.15	98.62
Kappa	0.945	0.969	0.980	0.978	0.984

注：分类精度单位为%。

表 11.9　不同空间窗口 $w×w$ 下 SS-RN 在 PaviaU 数据集上 9 类的精度指标

标签	9×9	11×11	13×13	15×15	17×17
1	98.79	99.05	99.56	99.65	99.49
2	99.73	99.85	99.74	99.85	99.80
3	94.49	97.95	98.82	99.34	98.80
4	99.21	99.67	99.24	99.30	98.99
5	100.00	100.00	100.00	100.00	100.00
6	99.07	99.54	99.39	99.81	99.24
7	97.69	97.06	98.68	98.95	99.73
8	95.72	98.89	99.10	99.46	99.21
9	99.67	100.00	99.93	99.47	99.14
OA	98.84	99.43	99.52	99.69	99.52
Kappa	0.984	0.992	0.994	0.996	0.994

注：分类精度单位为%。

表 11.10　不同空间窗口 $w×w$ 下 SS-RN 在 Salinas 数据集上 16 类的精度指标

标签	9×9	11×11	13×13	15×15	17×17
1	99.04	100.00	99.94	100.00	99.92
2	99.51	99.99	99.99	100.00	100.00
3	97.85	99.55	99.02	99.58	99.22
4	99.83	99.29	99.71	99.50	99.87
5	98.47	98.92	99.78	99.39	99.68
6	99.95	100.00	99.92	99.91	99.92

续表

标签	9×9	11×11	13×13	15×15	17×17
7	99.91	99.99	99.88	99.93	99.91
8	86.50	91.68	94.77	97.26	95.48
9	99.88	99.79	99.92	99.83	99.86
10	96.71	97.75	98.29	98.70	98.56
11	97.88	98.07	98.97	98.52	97.29
12	99.48	99.88	99.80	99.80	99.88
13	100.00	99.79	99.72	99.23	99.72
14	99.20	99.08	99.14	99.03	99.43
15	82.64	88.21	92.43	96.03	93.41
16	99.19	99.47	100.00	99.81	99.50
OA	94.09	96.23	97.58	98.62	97.85
Kappa	0.934	0.958	0.973	0.985	0.976

注：分类精度单位为%。

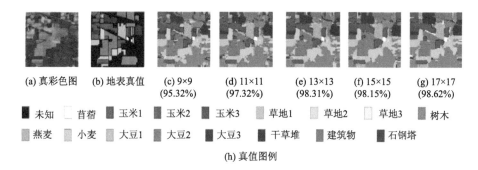

(a) 真彩色图　(b) 地表真值　(c) 9×9 (95.32%)　(d) 11×11 (97.32%)　(e) 13×13 (98.31%)　(f) 15×15 (98.15%)　(g) 17×17 (98.62%)

■ 未知　□ 苜蓿　■ 玉米1　■ 玉米2　■ 玉米3　■ 草地1　■ 草地2　□ 草地3　■ 树木
■ 燕麦　■ 小麦　■ 大豆1　■ 大豆2　■ 大豆3　■ 干草堆　■ 建筑物　■ 石钢塔

(h) 真值图例

图 11.17　不同空间窗口 $w×w$ 下 SS-RN 在 Indian Pines 数据集上 16 类地物的分类结果

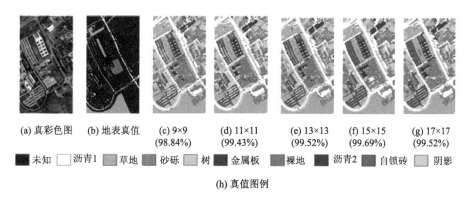

(a) 真彩色图　(b) 地表真值　(c) 9×9 (98.84%)　(d) 11×11 (99.43%)　(e) 13×13 (99.52%)　(f) 15×15 (99.69%)　(g) 17×17 (99.52%)

■ 未知　□ 沥青1　■ 草地　■ 砂砾　■ 树　■ 金属板　■ 裸地　■ 沥青2　■ 自锁砖　□ 阴影

(h) 真值图例

图 11.18　不同空间窗口 $w×w$ 下 SS-RN 在 PaviaU 数据集上 9 类地物的分类结果

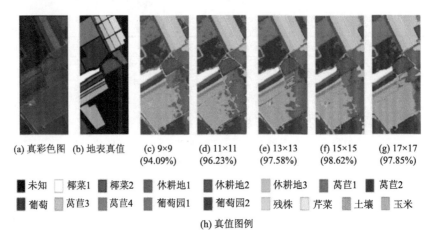

(a) 真彩色图　(b) 地表真值　(c) 9×9　　(d) 11×11　　(e) 13×13　　(f) 15×15　　(g) 17×17
　　　　　　　　　　　　　(94.09%)　　(96.23%)　　(97.58%)　　(98.62%)　　(97.85%)

■ 未知　□ 椰菜1　■ 椰菜2　■ 休耕地1　■ 休耕地2　■ 休耕地3　■ 莴苣1　■ 莴苣2

■ 葡萄　■ 莴苣3　■ 莴苣4　■ 葡萄园1　■ 葡萄园2　■ 残株　■ 芹菜　■ 土壤　■ 玉米

(h) 真值图例

图 11.19　不同空间窗口 $w×w$ 下 SS-RN 在 Salinas 数据集上 16 类地物的分类结果

　　三组数据集的实验结果也呈现出各自不同的特点：从表 11.8 可以观察到，对于 Indian Pines 数据集，当空间窗口大小为 15×15 时，SS-RN 获得的总体分类精度为 98.15%，这比空间窗口大小为 13×13 和 17×17 获得的总体分类精度 98.31% 和 98.62% 更低，并且与其他两个数据集相比，Indian Pines 数据集上的分类精度随窗口变化更早出现震荡并趋于稳定，出现这个现象的主要原因是 Indian Pines 数据集的空间分辨率比其他两个数据集更低。对于 PaviaU 数据集，金属板在不同空间窗口实验中获得的单类分类精度都是 100%（表 11.9 中标签为 5 的类别），并且与之对应的分类图像棕色的像元区域没有任何错分类的情况（图 11.17）。事实上，单个金属板的光谱曲线值与 PaviaU 数据集其他类别的光谱曲线差异非常大，即有良好的可分性。对于 Salinas 数据集，表 11.10 中的类别莴苣 3（标签为 13）和莴苣 4（标签为 14）的单类分类精度随着空间窗口的增长在一个高精度范围（大于 99%）内呈现出细微的下降趋势。出现这个现象的主要原因是，在 Salinas 数据集上包含四种不同的莴苣类型，故而使得模型用于分类时容易发生混淆。

11.5.3　训练时间分析

　　深度神经网络的训练通常需要花费大量的时间，而影响 SS-RN 模型训练时间的因素包括：数据集的类别数量 C，输入事例中每个类别所包含的支撑样本数量 n 和样本的空间邻域窗口大小 $w×w$ 呈正相关。图 11.20 为总体分类精度与训练时间之间的关系图，这里对于给定的三个数据集，每 5000 个批次统计一次在测试集上的总体分类精度。并且当空间窗口大小为 $w×w=15×15$，单个输入实例中包含每个类别的支撑样本数量 $n=5$ 时，Indian Pines 数据集、PaviaU 数据集和 Salinas

数据集上生成分类结果图的时间分别为：1 min、16 min 和 24 min。

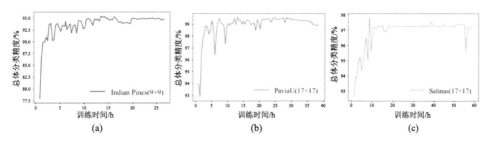

图 11.20　三组数据集上训练时间与总体分类精度的对比

从图 11.20 中可以观察到，随着 SS-RN 训练的逐步加深（训练时间的增加），各个数据集上的总体分类精度逐渐增加，并且 SS-RN 训练收敛之后总体分类精度趋于稳定。对比其他的深度卷积网络框架（Jia et al.,2014; Hu et al.,2015），本章所提出的 SS-RN 方法能够在较短时间内达到较高的分类精度。例如，如图 11.20（a）所示，在 Indian Pines 数据集上训练两个小时之后，对应的总体分类精度高于91%。对比图 11.20（a）和图 11.20（c），可以看出，当样本的空间窗口更大 $w(17 > 9)$ 时，模型需要的训练时间更长。这里 Indian Pines 数据集和 Salinas 数据集来自相同的高光谱传感器，输入的波段数量相近，包含的类别数量相同 $C = 16$，并且输入实例中每个类别包含 $n = 5$ 个支撑样本。类似地，对比图 11.20（b）和图 11.20（c），可以看出，类别数量更多 $C(16 > 9)$、波段数量更大 $b(204 > 103)$ 时，网络所需要的训练时间更长。这里 PaviaU 数据集和 Salinas 数据集的样本空间窗口大小相同 $w = 17$，并且输入实例中每个类别包含 $n = 5$ 个支撑样本。

11.5.4　SS-RN 深度特征的可视化

为了直观说明使用 SS-RN 的计算查询样本和每个类别支撑样本之间的关系评分过程，以 PaviaU 数据集为例，本章给出了输入样本及其中间特征图中心像元的光谱曲线图。为了判断一个查询样本 x'_q 的类别信息，从支撑样本集 S_{train} 每个类别中分别随机选择 n 个支撑样本 s_j，$j = 1,\cdots,9$。然后将这个查询样本 x'_q 和所选择的支撑样本输入训练好的 SS-RN，计算得到关系评分。假设 n 设置为 5，样本的空间窗口大小 $w \times w$ 为 15×15。

图 11.21 展示了查询样本[图 11.21(j)]和每个类别的支撑样本[图 11.21（a）～图 11.21（i）]中心像元归一化后的光谱值，其中 x 轴表示波段数量，y 轴表示对应波段的光谱值并且这里的光谱值是归一化后的值，取值范围为−1～1。图 11.21

所展示的查询样本属于草地[图 11.21（j），其类别标签为 2]，然而这个类别的光谱曲线形状与标签为 4 的样本相似。同时使用余弦度量（施侃晟等，2013）计算查询样本与每个类别支撑样本的相似性发现，余弦值最高的两个值分别是：查询样本与草地的支撑样本之间的余弦值 0.646 以及查询样本与树的支撑样本之间的余弦值 0.935。这表明如果直接使用简单的度量函数对样本的相似度进行判断，可能会产生错误的分类。

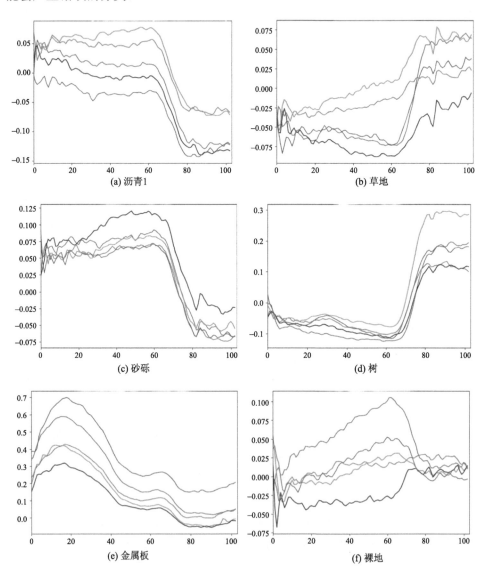

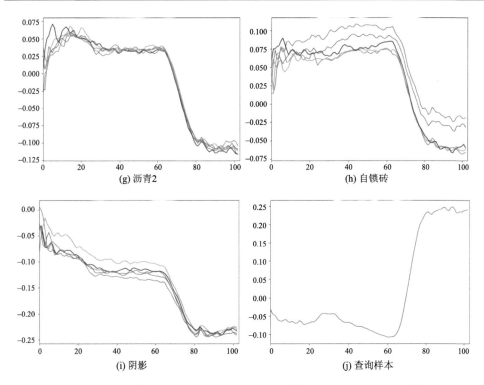

图 11.21　一个输入中查询样本和每个类别支撑样本中心像元的光谱曲线

随后，将构造完的样本输入嵌入模块 f_φ 提取深度特征，其中 f_φ 可以看作是函数 $f_{\varphi 1}$ 和 $f_{\varphi 2}$ 的复合，其对应的数学表达式见式（11.6）。$f_{\varphi 1}$ 用于提取单个支撑样本或者查询的特征，而 $f_{\varphi 2}$ 用于进一步提取每个类别输入的支撑样本的共性特征（类似于类别原型）。换句话说，嵌入模块的输出包括一个查询样本的特征 $f_\varphi(x'_q)$ 和每个类别的共性特征 $f_\varphi(s_j)$，$j \in 1, \cdots, 9$（共 9 个共性特征）。然后，分别将每个共性特征与查询样本的特征输入关系模块用于计算一个关系评分，因此可以得到 9 个关系评分值，见图 11.22。最后，从图 11.22 中可以观察到，最后关系评分中第 2 类（草地）的评分值最高，这个结果与地表的真值是一致的。使用简单的余弦函数作相似度对比，与使用 SS-RN 计算的关系评分相比较揭示了 SS-RN 能够有效区分高光谱图像的不同类别。

11.5.5　SS-RN 与之前深度学习方法的对比

小样本的高光谱图像分类任务一直都是被关注的研究热点，随之而来的是许多不同的神经网络框架被提出用于处理这类任务。为了揭示所提出的 SS-RN 的分

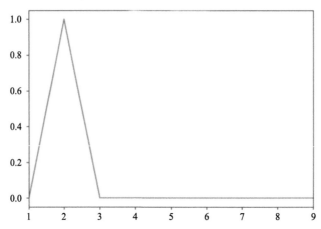

图 11.22 查询样本特征 $f_\varphi(x_q')$ 与各类共性特征 $f_\varphi(s_j)$，$j=1,\cdots,9$ 的关系评分

类性能，本章在三组公开的高光谱图像数据集上对比 SS-RN 与之前高光谱文献中的 CNN 分类方法，根据已有方法的代表性以及与 SS-RN 的相关程度，本节选择了五类不同的方法进行对比，具体包括：1D-CNN（Hu et al.,2015）、CNN-PPF（Li et al.,2016）、C-CNN（Mei et al.,2017）、SVM+SCNN（Liu et al.,2017）和 DFSL+SVM（Liu et al.,2018）。

为了保证对比的公平，在 SS-RN 的实验设置中用于训练的标记像元数量和用于测试的标记像元数量是相同的，同时涉及的相关参数选择参数分析阶段得到的最优值。具体来说，输入中每个类别支撑样本的数量 n 设置为 5，Indian Pines 数据集、PaviaU 数据集和 Salinas 数据集的样本空间窗口大小分别设置为：17×17、15×15 和 15×15。

需要说明的是，Indian Pines 数据集包含 16 个类别，而在对比方法中只对 Indian Pines 数据集中标记样本数量大于 400 的 9 个类别进行了分析。而在 SS-RN 的上述实验中，分析的是包含 16 类地物的结果，为了保证对比的公正性，在本章也训练了一个 SS-RN 网络用于 Indian Pines 数据集的 9 类地物分类，并且将其对应的结果与对比方法的结果进行比较。另外，为了揭示 SS-RN 对于小样本分类的有效性，以样本空间窗口 13×13 为例，列出了 Indian Pines 数据集中 16 类地物的分类结果。

本章采用的分类性能评价指标包括：单类分类精度、OA 和 Kappa 系数，同时由于对比方法的代码没有公开，无法获得相应的分类结果图，故而本章仅对比统计的分类结果，这里各对比方法的统计结果引用对应文献所展示的统计结果。表 11.11～表 11.13 分别展示了 SS-RN 与对比方法在三组不同数据集上的分类结果，并且由于 SVM+SCNN（Liu et al.,2017）方法缺少 Salinas 数据集上的分类结果，因此在表 11.13 中仅展示 SS-RN 与四个对比方法的结果。

表 11.11 SS-RN 和对比方法在 Indian Pines 数据集上 9 类地物的分类结果对比表

标签	1D-CNN	CNN-PPF	C-CNN	SVM+SCNN	DFSL+SVM	SS-RN
2	79.63	92.99	96.28	98.25	98.32	98.86
3	69.48	96.66	92.26	99.64	99.76	100.00
5	85.80	98.58	99.30	97.10	100.00	100.00
6	94.95	100.00	99.25	99.86	100.00	99.72
8	98.57	100.00	100.00	100.00	100.00	100.00
10	71.41	96.24	92.84	98.87	97.84	98.34
11	90.44	87.80	98.21	98.57	95.93	99.11
12	72.26	98.98	92.45	100.00	99.66	98.45
14	99.90	99.81	98.98	100.00	99.76	99.77
OA	84.44	94.34	96.76	99.04	98.35	99.23
Kappa	0.825	0.947	0.959	0.989	0.981	0.991

注：分类精度单位为%。

表 11.12 SS-RN 和对比方法在 PaviaU 数据集上 9 类地物的分类结果对比表

标签	1D-CNN	CNN-PPF	C-CNN	SVM+SCNN	DFSL+SVM	SS-RN
1	85.62	97.42	97.40	98.69	97.18	99.65
2	88.92	95.76	99.40	99.58	99.40	99.85
3	80.51	94.52	94.48	99.52	97.90	99.34
4	96.93	97.52	99.16	99.22	98.40	99.30
5	99.30	100.00	100.00	100.00	100.00	100.00
6	84.30	99.13	98.70	98.85	99.56	99.81
7	92.39	96.19	100.00	99.32	99.25	98.95
8	80.73	93.62	94.57	96.58	95.52	99.46
9	99.20	99.87	99.87	100.00	99.68	99.47
OA	87.90	96.48	98.41	99.08	98.62	99.69
Kappa	0.838	0.951	0.979	0.988	0.982	0.994

注：分类精度单位为%。

总的来说，所提出的 SS-RN 方法在三组数据集上都能达到最佳的 OA 和 Kappa 系数。对于 Indian Pines 数据集，获得的最高 OA 为 99.23%（SS-RN），比对比方法中最高的 OA 99.04%（SVM+SCNN）高 0.19%，并且 SS-RN 在 Indian Pines

表 11.13　SS-RN 和对比方法在 Salinas 数据集上 16 类地物的分类结果对比表

标签	1D-CNN	CNN-PPF	C-CNN	DFSL+SVM	SS-RN
1	98.73	100.00	100.00	100.00	100.00
2	99.12	99.88	99.89	99.97	100.00
3	96.08	99.60	99.89	100.00	99.58
4	99.71	99.49	99.25	99.86	99.50
5	97.04	98.34	99.39	100.00	99.39
6	99.59	99.97	100.00	100.00	99.91
7	99.33	100.00	99.82	100.00	99.93
8	78.64	88.68	91.45	91.67	97.26
9	98.04	98.33	99.95	99.69	99.83
10	92.38	98.60	98.51	99.79	98.70
11	99.14	99.54	99.31	100.00	98.52
12	99.88	100.00	100.00	100.00	99.80
13	97.84	99.44	99.72	100.00	99.23
14	96.17	98.96	100.00	100.00	99.03
15	72.69	83.53	96.24	97.01	96.03
16	98.59	99.31	99.63	99.94	99.81
OA	90.25	94.80	97.42	97.81	98.62
Kappa	0.895	0.938	0.971	0.976	0.985

注：分类精度单位为%。

数据集上 16 类分类任务中也表现出高精度（表 11.14 和表 11.8）。对于 Salinas 数据集，SS-RN 获得的 OA 为 98.62%，比对比方法中最高的 OA 97.81%（DFSL+SVM）要高 0.81%，并且在第 8 类地物（葡萄）获得的单类分类精度比对比方法提高了 5.6%。同时表 11.14 给出的 Indian Pines 数据集上只包含少量标记样本的 7 个类别的单类分类精度，观察结果表明，SS-RN 方法对于少量标记样本的类别依然能够获得高的分类精度。从三个基准数据集的对比结果中可以观察到，所提出的 SS-RN 比对比的五种 CNN 方法具有更好的性能。

表 11.14　SS-RN 在 Indian Pines 数据集上的其他 7 类地物分类结果

标签	1	4	7	9	13	15	16
训练样本的数量	18	94	11	8	82	154	37
单类分类精度（13×13）	100.00	100.00	100.00	100.00	99.51	99.48	96.77

为了不增加实际使用的训练样本数量，表 11.11～表 11.13 所获得的分类结果均是在单次分割好的训练集、验证集和测试集上实验得到的。同时为了分析在测试阶段随机选择支撑样本对最终测试结果的影响，本章中将测试实验重复 10 次用于观察随机选择支撑样本对测试精度的影响。具体来说，对于每个用于测试的待查询样本 x'_q，从支撑集 S_{train} 中的每个类别随机选择 5 个支撑样本用于构造输入实例。随后将这个输入实例作为训练好的 SS-RN 的输入并计算对应于查询样本 x'_q 与各类别的关系评分。表 11.15 中给出了这 10 次实验的平均总体分类精度，以及置信度在 95% 的统计结果。从表 11.15 中观察到，10 次测试实验中 Indian Pines 数据集、PaviaU 数据集和 Salinas 数据集上得到的平均总体分类精度分别为：99.202%、99.679% 和 98.606%，并且总体分类精度在 95% 置信度上的波动范围小于 0.1%，这表明训练完成的 SS-RN 对于随机选择支撑样本是鲁棒的。根据这个实验结果，本章选择第 10 次的实验结果作为对比结果，可认为这次的结果能够代表 SS-RN 的性能。

表 11.15 三组数据集上 10 次重复测试的平均 OA 和置信区间（95%）

数据集	平均 OA/%	置信区间
Indian Pines	99.202	[99.132,99.271]
PaviaU	99.679	[99.648,99.711]
Salinas	98.606	[98.554,98.659]

对比实验结果表明，空间信息有利于提升高光谱图像分类任务的精度：在本章的对比实验中，1D-CNN 和 CNN-PPF 方法都是使用卷积网络提取光谱信息用于高光谱图像分类，并且 CNN-PPF 的性能明显优于 1D-CNN。对比

它们的结构发现，在 CNN-PPF 中使用了邻域投票策略，换句话说，它在分类过程中使用了空间信息，辅助类别判别类似地，1D-CNN 和 C-CNN 使用的都是包含五个卷积层的神经网络，但是 C-CNN 能够提取空间-光谱信息，并且 C-CNN 在三组数据集上获得的分类精度高于 1D-CNN 方法。

其他对比方法 SVM+SCNN、DFSL+SVM 和所提出的 SS-RN 都能够达到比上述三类方法更高的分类精度，这主要有两方面的原因：一方面它们都能够提取样本的空间-光谱信息用于分类。另一方面，它们都采用了样本重组的方式，迅速扩增了训练网络的输入，保证了网络能够被充分训练，弱化了样本不足带来的问题。同时，所提出的 SS-RN 采用了一种极端的少量学习结构来成倍地增加训练输入，并学习精确地比较样本。此外，SS-RN 为每个类使用多个支持样本，以确保提取的特征更加稳定。上述因素保证了 SS-RN 能够在小样本情况下实现高精度的高光

谱图像分类，因此在高光谱图像分类领域具有极大的应用价值。

11.5.6 基于 ASSP-SSRN 的迁移学习实验结果

上述实验验证了 SS-RN 对于小样本高光谱图像的有效性，为了进一步揭示以多个样本为输入的 SS-RN 的泛化性能，本节将自适应空谱金字塔池化与 SS-RN 结合，提出基于 ASSP-SSRN 的迁移学习框架（图 11.11），本节将展示这个迁移学习框架在三组数据集上相互迁移的实验结果，从而分析 ASSP-SCNN 在不同迁移场景下的泛化能力。具体来说，本节的实验结果包括两部分：第一部分是预训练阶段，不同源数据集上预训练 ASSP-SSRN 模型，并将其用于源数据集分类的实验。第二部分是将预训练完成的 ASSP-SSRN 迁移到目标数据集上微调，并将微调之后的模型用于目标分类任务。

1. ASSP-SSRN 的预训练实验结果

虽然 11.5.2 节讨论了空谱关系网络的超参数选择，但 ASSP-SSRN 是在 SS-RN 的基础上添加了一个自适应空谱金字塔池化层，故而需要额外设置新的超参数，具体包括：自适应空谱金字塔池化的大小、用于训练模型的空间窗口的组合。根据经验，本节中自适应空谱金字塔池化的大小设置为 (1,3,5)，初始学习率设置为 0.0001，批次大小设置为 5，衰减系数为每 5000 次迭代衰减 0.5，输入实例中每个类别包含的支撑样本数量设置为 5。此外，由于在 ASSP-SCNN 的实验中样本对的窗口大小组合为 5&7&9&11，所以在 SS-RN 的空间窗口分析中发现，对于 Indian Pines 数据集、PaviaU 数据集和 Salinas 数据集，最佳的窗口大小分别为 17×17、15×15 和 15×15。因此，为了找到最佳的空间窗口组合，本章以 PaviaU 数据集为实验数据对比了四个不同的空间窗口组合，训练 ASSP-SSRN 得到的测试结果见表 11.16。

从表 11.16 可以看出，对于给定的四种候选窗口组合，当用于训练的样本窗口组合为 11&13&15 时，得到的 ASSP-SSRN 模型的 OA 最高。当训练样本的空间窗口为 15×15 时，对比 ASSP-SSRN 与 SS-RN 的分类结果可见，SS-RN 获得的 OA 比 ASSP-SSRN 模型高 0.049%，然而 SS-RN 获得的 Kappa 系数比 ASSP-SSRN 模型低 0.001。这说明虽然这两种模型的全连接层参数不一致，但是在样本窗口一致的情况下，SS-RN 与 ASSP-SSRN 的分类性能是不分伯仲的。此外，当样本空间窗口大小为 5&7&9&11 时，对比 ASSP-SCNN 与 ASSP-SSRN 的性能可以发现，ASSP-SSRN 在数据集上获得的 OA 和 Kappa 系数都比 ASSP-SCNN 更高。对比 ASSP-SCNN 方法和 SS-RN 方法在 PaviaU 数据集上的结果可知，SS-RN 方法的最佳空间窗口大小为 15×15，而 ASSP-SCNN 方法的最佳空间窗口大小为 11×11，这说明 SS-RN 方法能够提取到更大空间尺度上的有效信息。

表 11.16　不同空间窗口组合训练的 ASSP-SSRN 在 PaviaU 数据集上的分类精度指标

标签	ASSP-SCNN	SS-RN	ASSP-SSRN			
	5&7&9&11	15	15	5&7&9&11	11&13&15	5&7&9&11&13&15
1	99.10	99.65	99.32	99.65	99.74	99.79
2	99.87	99.85	99.89	99.84	99.88	99.74
3	99.55	99.34	98.39	97.93	99.40	98.26
4	99.39	99.30	99.02	99.09	98.94	98.56
5	100.00	100.00	100.00	100.00	99.87	99.87
6	99.47	99.81	99.83	99.75	99.83	99.82
7	97.39	98.95	99.52	99.78	100.00	99.87
8	99.51	99.46	99.86	98.74	99.58	99.45
9	97.45	99.47	99.33	99.14	99.53	99.47
OA	99.512	99.69	99.641	99.556	99.736	99.585
Kappa	0.993	0.994	0.995	0.994	0.996	0.994

注：分类精度单位为%。

对于 Indian Pines 数据集和 Salinas 数据集，ASSP-SSRN 参与训练的样本空间窗口组合分别为 13&15&17 和 11&13&15，得到的分类结果见表 11.17 和表 11.18。从表 11.17 和表 11.18 中的结果可以看出，三组实验上 ASSP-SSRN 方法获得的分类性能高于 ASSP-SCNN 和 SS-RN 方法。对比 SS-RN 和 ASSP-SSRN，可以看出

表 11.17　ASSP-SSRN 在 Salinas 和 Indian Pines_16 数据集上的分类精度指标

标签	Salinas			Indian Pines_16		
	ASSP-SCNN	SS-RN	ASSP-SSRN	ASSP-SCNN	SS-RN	ASSP-SSRN
1	99.97	100.00	99.75	97.96	70.77	93.33
2	99.99	100.00	99.87	95.88	98.78	98.38
3	99.97	99.58	99.86	98.50	99.29	99.92
4	99.83	99.50	99.62	98.74	98.33	99.31
5	99.94	99.39	99.74	99.82	99.82	97.64
6	99.99	99.91	99.91	99.91	99.72	99.62
7	99.84	99.93	99.94	100.00	90.32	91.89
8	95.95	97.26	99.01	100.00	99.46	100.00
9	99.99	99.83	99.94	90.91	100.00	100.00
10	98.90	98.70	99.98	96.56	94.58	97.69

标签	Salinas			Indian Pines_16		
	ASSP-SCNN	SS-RN	ASSP-SSRN	ASSP-SCNN	SS-RN	ASSP-SSRN
11	98.52	98.52	99.65	97.31	99.02	98.83
12	99.94	99.80	99.91	96.54	97.82	97.46
13	99.86	99.23	99.79	100.00	99.03	100.00
14	98.36	99.03	99.89	99.76	100.00	99.77
15	94.16	96.03	98.50	98.48	100.00	99.57
16	99.44	99.81	99.94	98.95	96.77	99.12
OA	98.15	98.62	99.50	97.85	98.615	98.86
Kappa	0.979	0.985	0.994	0.975	0.984	0.987

注：分类精度单位为%。

表 11.18　ASSP-SSRN 在 Indian Pines 数据集上 9 类地物的分类精度指标

标签	ASSP-SCNN	SS-RN	ASSP-SSRN
2	99.27	98.86	99.14
3	98.44	100.00	99.52
5	99.65	100.00	100.00
6	99.72	99.72	100.00
8	100.00	100.00	100.00
10	99.29	98.34	98.24
11	98.77	99.11	99.44
12	98.62	98.45	97.40
14	99.81	99.77	99.91
OA	99.17	99.23	99.31
Kappa	0.990	0.991	0.992

注：分类精度单位为%。

添加自适应空谱金字塔池化层之后，空间关系网络的性能得到了提升。以 Salinas 数据集为例，ASSP-SSRN 在 Salinas 数据集上获得的 OA 为 99.50%，比 SS-RN 方法获得的 OA 98.62%提高了 0.88%。对比 ASSP-SSRN 与 ASSP-SCNN 在数据集上得到的分类结果，可以观察到 ASSP-SSRN 能够达到比 ASSP-SCNN 更高的分类精度。出现这个现象的主要原因可能是，ASSP-SSRN 能够提取更大空间范围内的有效信息，并且学习的是样本与各类别样本之间的关系评分，故而具有更强的分类能力。

2. ASSP-SSRN 微调的实验结果

为了进一步分析 ASSP-SSRN 的迁移性能，将上述预训练的模型迁移到另外两个数据集。例如，以 PaviaU 为源数据集训练的 ASSP-SCNN，将它的参数分别迁移到用于 Indian Pines 数据集和 Salinas 数据集分类的 ASSP-SSRN 模型作为其初始化参数。微调阶段 ASSP-SSRN 的超参数设置与预训练阶段保持一致，并且网络的结构也保持一致。本节实验讨论四个不同数据集上的相互迁移包括：PaviaU 数据集、包含 9 个类别的 Indian Pines 数据集（Indian Pines_9）、包含 16 个类别的 Indian Pines 数据集（Indian Pines_16）和 Salinas 数据集。

表 11.19 列出了基于 ASSP-SSRN 迁移学习框架在三组数据集上得到的 OA，其中 OA 值表示迁移后在目标数据集上获得的分类精度高于无预训练实验的精度。例如，ASSP-SSRN 在 PaviaU 数据集上预训练并且迁移 Indian Pines 数据集时，在 Indian Pines_9 和 Indian Pines_16 数据集上获得的 OA 值分别为 99.488%和98.970%，它们比无预训练实验中 ASSP-SSRN 在 Indian Pines 数据集上获得的 OA 值（表 11.17 和表 11.18）更高。这说明基于 ASSP-SSRN 的迁移学习框架是有效的，另外从表 11.19 的分类结果可以观察到，在不同高光谱图像分类任务之间，基于 ASSP-SSRN 迁移框架的性能呈现如下趋势。

表 11.19　ASSP-SSRN 在三组数据集上迁移实验的总体分类精度　（单位：%）

源数据集	每个类别用于微调的像元数量					目标数据集
	25	50	100	150	200	
Indian Pines_9	97.441	98.579	99.088	99.188	99.280	IndianPines_16
	94.308	96.926	98.455	99.358	99.675	PaviaU
	94.053	95.014	98.067	98.923	99.374	Salinas
Indian Pines_16	98.457	98.816	98.872	99.137	99.489	IndianPines_9
	93.875	96.389	99.021	99.517	99.495	PaviaU
	93.567	95.824	98.084	99.130	99.346	Salinas
PaviaU	86.780	94.877	97.600	98.579	99.488	IndianPines_9
	88.389	94.584	97.822	98.085	98.970	IndianPines_16
	95.273	95.715	98.942	99.458	99.534	Salinas
Salinas	85.226	95.298	97.444	99.095	99.381	IndianPines_9
	88.783	91.154	96.117	97.924	98.895	IndianPines_16
	96.978	97.365	99.275	99.418	99.583	PaviaU

（1）ASSP-SSRN 模型从低空间分辨率迁移到高空间分辨率时，即使微调阶段使用的标记像元数量较少也呈现出较好的分类性能。例如，当 ASSP-SSRN 从 Indian Pines 数据集（空间分辨率为 20m）上迁移到 PaviaU 数据集（空间分辨率为 1.3m）或者 Salinas 数据集（空间分辨率为 3.7m）时，即使是微调阶段每个类

别只包含 25 个标记样本，微调后的模型在目标数据集上获得的 OA 大于 93%。然而，当参与微调的标记样本数量与预训练的数量一致时，迁移后模型所得到的 OA 值小于无预训练的 OA 值，这可能与空间窗口的大小有关，因为在 Indian Pines 数据集上使用的空间窗口组合为（13×13,15×15,17×17），而在 PaviaU 和 Salinas 数据集上使用的空间窗口组合为（11×11,13×13,15×15）。

（2）不同传感器的 HSI 数据之间，迁移 ASSP-SSRN 是有效的。例如，虽然 PaviaU 数据集与 Indian Pines 数据集来自不同的传感器，但从 PaviaU 数据集迁移 ASSP-SSRN 模型到 Indian Pines_9 数据集上，当微调像元的数量与预训练像元数量一致时（像元数量为 200），迁移后得到的 OA 值 99.488% 比无预训练的 OA 值 99.31% 更大。类似的情况也出现在从 PaviaU 迁移到 Indian Pines_16 的实验结果中。

（3）ASSP-SSRN 在相同区域上的迁移呈现先出较好的分类性能。ASSP-SCNN 模型从包含 9 个类别的 Indian Pines 迁移到包含 16 个类别的 Indian Pines 数据集上时，得到的总体分类精度不小于 97.441%（当每个类别使用 25 个像元进行微调时）。当 ASSP-SSRN 从包含 16 个类别的 Indian Pines 数据集迁移到包含 9 个类别的 Indian Pines 数据集上时，得到的总体分类精度不小于 98.457%（当每个类别使用 25 个像元进行微调时）。这种现象说明 ASSP-SCNN 对于相同场景下的包含不同类别的高光谱图像数据集的分类任务具有良好的迁移能力。

（4）ASSP-SSRN 从类别数量多的源数据集迁移到类别更少的目标数据集时，迁移后模型的性能受到了一定的限制。表 11.19 从 Indian Pines_16（包含 16 类地物）迁移到 PaviaU（包含 9 类地物）和 Salinas（包含 16 类地物），当每个类别随机选择 25 个像元用于微调时，模型在测试集上得到的 OA 值大于 93.567%，这说明迁移后的模型有利于目标数据集在小样本任务中的分类。然而，当每个类别随机选择 200 个像元用于微调时，模型在 PaviaU 数据和 Salinas 数据集上得到的 OA 值分别为 99.495% 和 99.346%，它们低于无预训练实验中得到的 OA 值 99.736% 和 99.50%。类似的情况也出现在 Salinas 数据集到 PaviaU 和 Indian Pines_16 数据集的迁移情况中，这说明虽然 ASSP-SSRN 数据集能够实现跨类别数量的迁移，但是当源数据类别大于目标数据时，迁移后模型的性能具有一定的局限性。

11.6 小样本下空谱关系网络应用小结

以多个样本为输入的神经网络用于高光谱图像分类为出发点，本章提出了一种空谱关系网络（SS-RN），并探索了带有自适应空谱金字塔池化的 SS-RN 模型（ASSP-SSRN）及其迁移框架，实验结果表明，SS-RN 与 ASSP-SSRN 能够有效处理小样本高光谱图像分类任务，并且 ASSP-SSRN 具有很强的泛化能力。具体来说，本章的主要工作总结如下：

（1）本章提出了一种空谱关系网络（SS-RN），它以多样本为输入，能够学习到查询样本与各类别支撑样本之间的关系评分。不同于传统的 CNN 模型，它继承了关系网络（RN）的优点，是一种度量学习网络，仅需要少量的标记样本就能被充分训练。与原始的 RN 相比，SS-RN 能够提取输入实例的空间-光谱特征，并且学习到查询样本与多个支撑样本的共性特征（类似于类别原型）之间的关系评分。在三组高光谱数据集上的实验结果表明，SS-RN 能够有效处理小样本高光谱图像分类任务。

（2）本章将自适应空谱金字塔池化层添加到 SS-RN 中，提出一种新的神经网络称为 ASSP-SSRN。并且基于 ASSP-SSRN 的迁移学习框架，充分探讨了 ASSP-SSRN 的泛化性能。实验结果表明，ASSP-SSRN 不仅能够有效处理小样本高光谱图像分类任务，而且能够直接被迁移到不同的高光谱图像分类任务。

总的来说，本章所提出的空谱关系网络（SS-RN 和 ASSP-SSRN）在三组高光谱数据集上表现出良好的分类性能。同时，固定参数的 ASSP-SSRN 不仅能够接受任意尺度的三维输入，还能够在不修改模型输出结构的前提下，自适应任意类别数量的高光谱图像分类任务。换句话说，在源数据集上预训练好的 ASSP-SSRN 可以直接被迁移到任意的高光谱图像任务中，而不想要改变任何参数。然而，空谱关系网络的缺陷在于所需要的训练时间较长，具体来说造成这个现象的主要因素如下：

（1）空谱关系网络的训练时间与数据集的类别数量成正比。SS-RN 本质上是学习查询样本与某类支撑样本之间的关系评分，因此当训练集包含 C 个类别时，训练过程中对于单个输入网络就需要学习 C 个关系评分。这需要计算机并行计算 C 个相同参数的 SS-RN 网络，因此当目标数据集上的类别数量越大时，网络的训练时间越长。

（2）空谱关系网络训练过程中批次数量相对较小，导致需要的训练时间更长。假设 SS-RN 的训练批次大小为 b，当每个类别选择 n 个支撑样本时，假设每个样本占用的 GPU 存储大小为 M_s，那么单个批次中占用的 GPU 存储大小为 $b \times n \times C \times M_s$，其中 C 表示样本的类别数量。对于给定的计算机 GPU 存储大小是固定的，故而当 n 越大时，模型收敛的时间就越长。

展望基于样本关系网络的小样本高光谱图像分类技术的研究工作，笔者认为以下两方面的工作仍然需要进一步的深入研究：

（1）基于光谱维的样本关系网络迁移框架研究。本书已经深入探讨了基于空间光谱维的样本关系网络框架，也验证了其迁移框架的有效性。然而，从高空间分辨率迁移到低空间分辨率的任务中，本书中所提出的迁移框架表现出较差的性能。这个现象产生的主要原因是预训练模型是将源数据集上学习到的空间光谱信息迁移到目标数据集的模型中，而目标数据集的空间分辨率更低，导致所迁移的知识不一定有效。因此，针对这个问题，仅从光谱维的角度，分析光谱信息的迁移，探索基于光谱维的样本关系网络迁移框架，这样有利于推动高光谱图像分类技术的发展，为不同高光谱图像迁移任务提供高效的技术支撑。

（2）轻量级神经网络框架与空谱关系网络相结合的分类技术研究。本书揭示了空谱关系网络在小样本高光谱图像分类任务中具有巨大的潜力，并且能够实现跨类别数量、跨波段的迁移任务学习。然而，它的训练所耗费的时间和占用的存储空间与数据集的类别数量成正比。因此，当数据集上包含的类别数量过多时，空谱关系网络的应用会受到极大的限制。为了克服这个问题，探索将轻量级的神经网络框架与空间光谱样本关系网络结合，得到更加高效的基于样本关系网络的分类方法，是未来值得深入研究的方向。

参 考 文 献

施侃晟, 刘海涛, 白英彩, 等. 2013. 余弦度量和适应度函数改进的聚类方法. 电子科技大学学报, 42(4): 621-624.

杨诸胜, 郭雷, 罗欣, 等. 2006. 一种基于主成分分析的高光谱图像波段选择算法. 电子与信息学报, 34(8): 1905-1910.

赵春晖, 张燚, 王玉磊, 等. 2012. 基于小波核主成分分析的相关向量机高光谱图像分类. 电子与信息学报, 34(8): 6.

赵忠明, 孟瑜, 汪承义. 2014. 遥感图像处理. 北京: 科学出版社.

Acquarelli J, Marchiori E, Buydens L M, et al. 2017. Con-volutional neural networks and data augmentation for spectral-spatial classification of hyperspectral images. Networks, 16: 21.

Adams J B, Sabol D E, Kapos V, et al. 1995. Classification of multi- spectral images based on fractions of endmembers: Application to land- cover change in the brazilian amazon. Remote Sensing of Environment, 52(2): 137-154.

Arora R, Basu A, Mianjy P, et al. 2016. Understanding deep neural networks with rectified linear units. arXiv preprint arXiv:1611.01491.

Blum A, Mitchell T. 1998. Combining Labeled and Unlabeled Data With Co-training. Proceedings of the Eleventh Annual Conference on Computational Learning Theory.

Camps-Valls G, Tuia D, Bruzzone L, et al. 2013. Advances in hy-perspectral image classification: Earth monitoring with statistical learn- ing methods. IEEE Signal Processing Magazine, 31(1): 45-54.

Chen Y, Zhao X, Jia X. 2015. Spectral-spatial classification of hyper-spectral data based on deep belief network. IEEE Journal of Selected Topics in Applied Earth Observations and Remote Sensing, 8(6): 2381- 2392.

Chopra S, Hadsell R, Lecun Y, et al. 2005. Learning a similarity metric discriminatively, with application to face verification. CVPR, (1). 539-546.

Gevaert C M, Suomalainen J, Tang J, et al. 2015. Generation of spectral-temporal response surfaces by combining multispectral satel- lite and hyperspectral uav imagery for precision agriculture applications. IEEE Journal of Selected Topics in Applied Earth Observations and Remote Sensing, 8(6): 3140-3146.

Gevaert C M, Tang J, García-Haro F J, et al. 2014. Combin-ing hyperspectral uav and multispectral formosat-2 imagery for precision agriculture applications//2014 6th Workshop on Hyperspectral Image and Signal Processing: Evolution in Remote Sensing(WHISPERS). IEEE: 1-4.

Goodfellow I, Pouget-Abadie J, Mirza M, et al. 2014. Generative adversarial nets. Advances in Neural Information Processing Systems: 2672-2680.

Hamada Y, Stow D A, Coulter L L, et al. 2007. Detecting tamarisk species(tamarix spp.)in riparian habitats of southern california using high spatial resolution hyperspectral imagery. Remote Sensing of Environment, 109(2): 237-248.

He K, Zhang X, Ren S, et al. 2015. Spatial pyramid pooling in deep convolutional networks for visual recognition. IEEE Transactions on Pattern Analysis and Machine Intelligence, 37(9): 1904-1916.

Hearst M A, Dumais S T, Osuna E, et al. 1998. Support vector machines. IEEE Intelligent Systems and Their Applications, 13(4): 18-28.

Heinz D C, Chang C I. 2001. Fully constrained least squares linear spectral mixture analysis method for material quantification in hyperspectral imagery. IEEE Transactions on Geoscience and Remote Sensing, 39(3): 529-545.

Hu W, Huang Y, Wei L, et al. 2015. Deep convolutional neural networks for hyperspectral image classification. Journal of Sensors, 2015.

Jia Y, Shelhamer E, Donahue J, et al. 2014. Caffe: Convolutional architecture for fast feature embedding//Proceedings of the 22nd ACM international conference on Multimedia. ACM: 675-678.

Jiang Y, Li Y, Zhang H. 2019. Hyperspectral image classification based on 3-d separable resnet and transfer learning. IEEE Geoscience and Remote Sensing Letters.

Köksoy O. 2006. Multiresponse robust design: Mean square error(mse)criterion. Applied Mathematics and Computation, 175(2): 1716-1729.

Krizhevsky A, Sutskever I, Hinton G E. 2012. Imagenet classi-fication with deep convolutional neural networks. Advances in Neural Information Processing Systems: 1097-1105.

Lazebnik S, Schmid C, Ponce J. 2006. Beyond bags of features: Spatial pyramid matching for recognizing natural scene categories//2006 IEEE Computer Society Conference on Computer

Vision and Pattern Recognition(CVPR'06): volume 2. IEEE: 2169-2178.

Lee H, Eum S, Kwon H. 2019. Is pretraining necessary for hyperspectral image classification? arXiv preprint arXiv:1901.08658.

Lee H, Kwon H. 2017. Going deeper with contextual cnn for hyperspectral image classification. IEEE Transactions on Image Processing, 26(10): 4843-4855.

Li K, Wang M, Liu Y, et al. 2019. A novel method of hyperspectral data classification based on transfer learning and deep belief network. Applied Sciences, 9(7): 1379.

Li S, Wu H, Wan D, et al. 2011. An effective feature selection method for hyperspectral image classification based on genetic algorithm and support vector machine. Knowledge-Based Systems, 24(1): 40-48.

Li T, Zhang J, Zhang Y. 2014. Classification of hyperspectral image based on deep belief networks//Image Processing(ICIP), 2014 IEEE International Conference on. IEEE: 5132-5136.

Li W, Wu G, Zhang F, et al. 2016. Hyperspectral image classification using deep pixel-pair features. IEEE Transactions on Geoscience and Remote Sensing, 55(2): 844-853.

Li Z, Zhou F, Chen F, et al. 2017. Meta-sgd: Learning to learn quickly for few-shot learning. arXiv preprint arXiv:1707.09835.

Liu B, Yu X, Yu A, et al. 2018. Deep few-shot learning for hyperspectral image classification. IEEE Transactions on Geoscience and Remote Sensing, 57(4): 2290-2304.

Liu B, Yu X, Zhang P, et al. 2017. Supervised deep feature extraction for hyperspectral image classification. IEEE Transactions on Geoscience and Remote Sensing, 56(4): 1909-1921.

Ma L, Crawford M M, Tian J. 2010. Local manifold learning-based k-nearest-neighbor for hyperspectral image classification. IEEE Transactions on Geoscience and Remote Sensing, 48(11): 4099-4109.

Mei S, Ji J, Hou J, et al. 2017. Learning sensor-specific spatial-spectral features of hyperspectral images via convolutional neural networks. IEEE Transactions on Geoscience and Remote Sensing, 55(8): 4520-4533.

Montufar G F, Pascanu R, Cho K, et al. 2014. On the number of linear regions of deep neural networks. Advances in Neural Information Processing Systems: 2924-2932.

Mughees A, Tao L. 2016. Efficient deep auto-encoder learning for the classification of hyperspectral images//2016 International Conference on Virtual Reality and Visualization(ICVRV). IEEE: 44-51.

Ouchi K, Maedoi S, Mitsuyasu H. 1999. Determination of ocean wave propagation direction by split-look processing using jers-1 sar data. IEEE Transactions on Geoscience and Remote Sensing, 37(2): 849-855.

Pan B, Shi Z, Xu X, et al. 2018b. Coinnet: Copy initialization network for multispectral imagery semantic segmentation. IEEE Geoscience and Remote Sensing Letters, 16(5): 816-820.

Pan B, Shi Z, Xu X. 2018a. Mugnet: Deep learning for hyperspectral image classification using limited samples. ISPRS Journal of Photogram- metry and Remote Sensing, 145: 108-119.

Pascanu R, Montufar G, Bengio Y. 2013. On the number of re-sponse regions of deep feed forward networks with piece-wise linear acti- vations. arXiv preprint arXiv:1312.6098.

Raghu M, Poole B, Kleinberg J, et al. 2017. On the expressive power of deep neural networks//Proceedings of the 34th International Conference on Machine Learning-Volume 70. JMLR. org: 2847-2854.

Rao M, Tang P, Zhang Z. 2019. Spatial-spectral relation network for hyperspectral image classification with limited training samples. IEEE Journal of Selected Topics in Applied Earth Observations and Remote Sensing, PP(99): 1-15.

Rao M, Tang P, Zhang Z. 2020. A developed siamese cnn with 3d adaptive spatial-spectral pyramid pooling for hyperspectral image classification. Remote Sensing, 12(12): 1964.

Serra T, Tjandraatmadja C, Ramalingam S. 2017. Bounding and counting linear regions of deep neural networks. arXiv preprint arXiv:1711.02114.

Waske B, van der Linden S, Benediktsson J A, et al. 2010. Sensitivity of support vector machines to random feature selection in classification of hyperspectral data. IEEE Transactions on Geoscience and Remote Sensing, 48(7): 2880-2889.

Xia J, Falco N, Benediktsson J A, et al. 2017. Hyperspectral image classification with rotation random forest via kpca. IEEE Journal of Selected Topics in Applied Earth Observations and Remote Sensing, 10(4): 1601-1609.

Yang F S Y, Zhang L, Xiang T, et al. 2018. Learning to Compare: Relation Network for Few-shot Learning. Salt Lake City, UT, USA: Proc. of the IEEE Conference on Computer Vision and Pattern Recognition(CVPR).

Yang J, Zhao Y Q, Chan J C W. 2017. Learning and transferring deep joint spectral-spatial features for hyperspectral classification. IEEE Transactions on Geoscience and Remote Sensing, 55(8): 4729-4742.

Zhan Y, Hu D, Wang Y, et al. 2018. Semisupervised hyperspectral image classification based on generative adversarial networks. IEEE Geoscience and Remote Sensing Letters, 15(2): 212-216.

Zhang H, Li Y, Jiang Y, et al. 2019. Hyperspectral classification based on lightweight 3-d-cnn with transfer learning. IEEE Transactions on Geoscience and Remote Sensing.

Zhu L, Chen Y, Ghamisi P, et al. 2018. Generative adversarial net- works for hyperspectral image classification. IEEE Transactions on Geoscience and Remote Sensing, 56(9): 5046-5063.

第 **12** 章

遥感影像时间序列聚类与分类

遥感影像作为地球观测的一种重要资源，为土地覆盖分类研究提供了丰富的数据基础。越来越多的遥感卫星不断获取的对地观测影像可以沿着时间维度进行堆叠，获得相同地理区域长时间连续数据构成的遥感时间序列。相较于传统的单时相遥感数据土地覆盖/土地利用分类，遥感时间序列数据具备更丰富、更连续、更密集的时序信息，可以更完整地描述地物光谱随着时间变化的物候特征，已有大量研究表明，遥感时间序列数据对于土地覆盖/土地利用分类任务有着显著的效果提升。然而，这种提升建立在更加适应时序数据的分析方法之上，可以更加准确地度量时间序列之间的相似性，或提取对于序列分类更加有效的时序特征或混合特征。本章首先介绍遥感影像时间序列的构成，然后分别介绍基于动态时间规整相似性度量的遥感影像时间序列聚类/分类框架，以及基于时序卷积网络、循环网络、自注意力机制等深度神经网络的时序分类方法，从而为当前遥感图像时间序列分析研究领域提供系统性的前沿观察与创新方法。

12.1 引　言

时间序列是一种在各个学科都广泛存在的数据组织形式（Ismail et al., 2019; Lim and Zohren, 2021; Sezer et al., 2020），与单时间点的、静态的数据相比，时间序列能够更完整地监测目标的变化动态，便于挖掘事物演化的规律，因此在大数据时代，时间序列分析自然成为数据科学领域不可或缺的一环。

在遥感领域，遥感卫星影像时间序列（satellite image time serie, SITS）（Santos et al., 2021; Ienco et al., 2019; Stoian et al., 2019; Simoes et al., 2021）一直是一种监测地表变化的宝贵数据资源。随着传感器技术的持续发展，越来越多的高时间分辨率的卫星传感器将要或已经被发射。例如，美国的 Planet Labs 卫星群，实现了以 3 m 的高分辨率对全球范围每天一次的高频观测；欧洲的 Sentinel-2 A/B 卫星,实现了 5 天一次的 10~60 m 对地观测,相关数据已经成为中分辨率遥感应用的主要数据源;我国的高分 1 号/6 号卫星系列,也可以提供理论上限 2 天一次的 8~16 m 多光谱高频观测;高分 4 号作为凝视卫星可以提供每 15 s 一次的 50 m 分辨率的遥感影像序列。除了新的传感器数据,历史数据也已经得到了长时间的积累。例如,常用的 MODIS 和 Landsat-TM/ETM+/ OLI 都已经累积了超过十几年的数据。长期以来,掣肘遥感图像时间序列研究的数据条件已经得到满足,海量的新老影像序列数据正等待着研究人员去挖掘。

地表覆盖是地球科学长期关注的重点对象,对于环境、生态、气候、资源、社会等诸多领域的研究与应用具有重要意义(Running, 2008; Sterling et al., 2013; Yang et al., 2013),地表覆盖分类是中高分辨率遥感数据的主要用途之一,在地表覆盖分类的研究历程中,前期由于受到数据源与分析方法能力的制约,用于分类的数据主要是单幅或多时相影像,分类方法主要关注的是光谱特征与空间特征,时间序列数据中所蕴含的时序特征是地表覆盖分类中具有精细判别力的又一类特征,如对不同种类的植被等时变地表要素进行精细分类时,不同植被类型在单个时间点或少量几个时间点上呈现出的光谱与空间特征可能十分类似,但在随时间变化的连续趋势中却可以观察出一定区别,这就为更精细的分类提供了判别依据,所以时序特征的深入挖掘是地表覆盖分类走向更精细化的一个十分具有潜力的方向。

在方法层面,近年来以相似性度量为代表的传统分析方法(Petitjean et al., 2012; Maus et al., 2015)与以深度学习为代表的智能分析方法(Ienco et al., 2017; Garnot et al., 2020; Rußwurm and Körner, 2020)齐头并进,涌现了一批具备强泛化能力的时间序列分类方法,能够从复杂数据中度量相似性或提取关键分类特征。动态时间规整(Petitjean et al., 2012; Zhang et al., 2014b)作为使用最广泛的时间序列相似性度量框架,在时间权重、规整路径、局部特征等多个方向,持续不断获得实质性改进。以时间序列为对象的深度学习方法,也经历了从时域卷积网络(Pelletier et al., 2019; Stoian et al., 2019),到循环神经网络(Ienco et al., 2017; Sun et al., 2019),再到时序自注意力网络(Yuan and Lin, 2020; Garnot et al., 2020; Rußwurm and Körner, 2020)的升级进化,可以在长时间跨度中寻找全局最优的分类判别特征,并且已经在地表覆盖分类应用中得到了验证,取得了较高精度。

本章从基于相似性度量的方法,以及基于深度神经网络的方法两方面,分别介绍遥感影像时间序列的聚类与分类研究。

12.2 遥感影像时间序列的构成

如图 12.1 所示,遥感影像时间序列由来自不同时间的关于同一空间范围的一系列遥感影像按照时间先后顺序排列而成,一般这些影像都来自同一个传感器,如 Landsat 8 OLI(Roy et al., 2014),或成像配置相同的系列传感器,如 Sentinel A/B(Ed Chaves et al., 2020)、MODIS Terra/Aqua(Justice et al., 2002)、高分 1 号 WFV 1-4(Guo et al., 2020)等。序列中的不同影像需要进行地理位置对齐,以保证相同坐标的像素对应相同的空间范围,不同卫星传感器像素对齐的难易有较大区别,对于 MODIS 和 Sentinel 卫星影像,数据发布时像素已经是对齐的,对于 Landsat 系列数据,不同影像间存在线性偏移,需要线性平移即可实现像素对齐,对于高分 1 号影像,需要进行几何精校正与线性平移。对于遥感影像中广泛存在的云与云阴影遮盖问题,根据具体分析方法对噪声适应能力的强弱,可以选择只保留没有云与云阴影的影像,或删除遮盖较为严重的影像,或对影像进行修补后再组成时间序列。对于影像序列,一种自然的修补思路是影像间的信息迁移、交叉相互修补(Hu et al., 2020; Lin et al., 2012)。

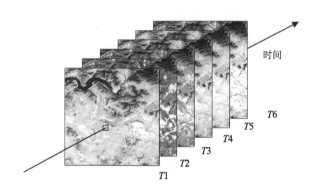

图 12.1 遥感影像时间序列的构成

影像时间序列与多时相影像的区别主要在于多时相影像一般在时间分布上较为离散,是分散在多个时间点上的观察结果,而时间序列则是更密集、更连续、更完整的观察结果,强调连续性与完整性,更能体现事物随时间变化的完整规律。

12.3　基于相似性度量的遥感影像时间序列聚类/分类

12.3.1　时间序列相似性度量方法的发展脉络

较大一部分聚类与分类方法，如 K-Means 聚类算法（Ahmed et al., 2020; Hartigan and Wong, 1979）、K 近邻分类算法（Peterson, 2009）等的核心问题是数据之间相似程度的比较，因此时间序列的相似性度量就成为使用这些方法时的关键问题。图 12.2 展示了深度学习之外的传统时间序列相似性度量方法的发展脉络，最基础的方法是欧式距离（Euclidean distance），为解决欧式距离无法处理不等长时间序列、无法处理时间畸变等问题，动态时间规整（dynamic time warping, DTW）（Sakoe and Chiba, 1978; Berndt and Clifford, 1994）被提出并成为目前依然广泛使用的方法，针对动态时间规整会产生奇点与病态对应的问题，众多限制条件与变体方法被提出，限制条件主要从步模式、坡度权重、规整路径的范围约束、长度约束等角度展开，变体方法主要考虑使用不同的特征，如导数、局部极值等，形成了导数动态时间规整（DDTW）（Keogh and Pazzani, 2001）、基于局部特征的时间规整框架（LF-DTW）（Zhang et al., 2014a）等方法，或在度量观测值的相似性时也将观测时间的差异进行量化并纳入计算，形成了时间加权动态时间规整（TWDTW）（Maus et al., 2016; Belgiu and Csillik, 2018）等方法。动态时间规整的改进与变化，到目前为止依然是一个比较活跃的研究方向。由于动态时间规整属于动态规划问题，计算复杂度较高，速度较慢，因此一系列计算较快的动态时间规整下界距离（Rakthanmanon et al., 2012; Keogh et al., 2009）被提出，可以在对时间序列进行比较时首先计算下界距离，再决定是否需要计算更加耗时的动态时

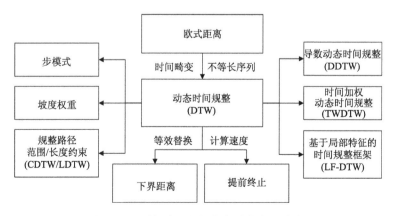

图 12.2　时间序列相似性度量的发展脉络

间规整，以减少动态时间规整的计算频次，在相似性比较问题中实现快速方法对慢速方法的等效替换。另外，由于动态时间规整距离的计算过程是增量式的，在距离检索问题中如果发现中间结果已经过大，则可以提前终止计算而不必完成全过程，从而进一步节省计算时间。

接下来本节就沿着上述发展脉络，对时间序列的相似性度量方法进行详细介绍。

12.3.2 动态时间规整

动态时间规整（DTW）（Sakoe and Chiba, 1978; Berndt and Clifford, 1994）是缘起于语音识别领域的一种适应性强的时间序列相似性度量，应用十分广泛，其最大的特点是可以灵敏地捕捉时间畸变（time distortion）下的相似性。时间畸变是指时间序列在时间上的局部错位、收缩、伸张等形变，这些现象在时间序列数据中是大量存在的，如在语音识别中，不同的人说同样一个词，词中每个字的发音时长都不尽相同，这就构成了一种时间畸变。遥感影像时间序列由时间间隔不均、空间位置差异造成相同地类物候偏移等问题，因此时间畸变广泛存在。

动态时间规整解决时间畸变的方式是重新对齐，即找到时间序列数据点间的最优对齐方式，尝试复原没有时间畸变时的对齐状态。而欧式距离也是基于对齐（alignment）的，只不过它执行的是一种严格按照时间进行的一一对应，没有采用动态时间规整的弹性对应。图 12.3 以同样一对时间序列为例，分别展示了欧式距离与动态时间规整下的时间序列对齐方式。

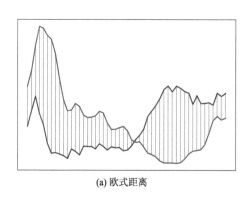
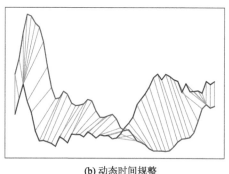

(a) 欧式距离　　　　　　　　　　　　(b) 动态时间规整

图 12.3　欧式距离与动态时间规整

本节研究使用 $A = \{a_1, a_2, \cdots, a_i, \cdots, a_I\}$ 和 $B = \{b_1, b_2, \cdots, b_j, \cdots, b_J\}$ 表示两条长度分别为 I 和 J 的时间序列，其中 a_i 和 b_j 分别表示时间序列 A 和 B 的第 i 个和第 j 个数据点，这里约定本章中所有的下标都从 1 开始。时间序列中的数据点可以是一维的，也可以是多维的，如对于 Landsat 影像序列，由于影像包含 7 个波段，所以每个数据点均包含 7 个特征维度。

无论是欧式距离还是动态时间规整，都是在两条序列对齐基础上计算的累积距离，只是它们所遵循的对齐规则不同。在确定了点对点的对齐关系之后，每一对数据点之间都会产生一个误差，将这些误差累积起来，就得到了两条序列之间整体的距离。每一对数据点间的误差叫做基础距离，一般用符号 d 来表示，本节研究所采用的基础距离如式（12.1）所示，$d(i,j)$ 表示数据点 a_i 和 b_j 之间的向量平方欧式距离，注意这里的欧式距离是用于计算数据点之间的距离，在概念上有别于时间序列间的欧式距离。另外，一般的欧式距离是需要开平方运算的，这里省去了开平方运算，因为它不会对距离间的比较产生影响，且可以节省计算时间。

$$d(i,j) = (a_i - b_j)^2 \tag{12.1}$$

在定义了数据点之间的基础距离 $d(i,j)$ 后，就可以给出时间序列间欧式距离的定义，如式（12.2）所示，由于欧式距离只能处理长度相同的时间序列，故有 $I = J$。

$$\text{EUC}(A,B) = \sum_{k=1}^{I} d(k,k) \tag{12.2}$$
$$\text{s.t.} \quad I = J$$

与欧式距离采用严格的一一对应不同，动态时间规整的核心问题是如何定义和求解序列之间最优的对齐。动态时间规整中的最优指的是累积距离最小，据此我们首先可以得到动态时间规整的递归定义，如式（12.3）所示，其中 A_i 和 B_j 分别表示由 A 的前 i 个数据点和 B 的前 j 个数据点组成的子序列。

$$\text{DTW}\left(A_i, B_j\right) = d(i,j) + \min\begin{cases}\text{DTW}\left(A_i, B_{j-1}\right) \\ \text{DTW}\left(A_{i-1}, B_j\right) \\ \text{DTW}\left(A_{i-1}, B_{j-1}\right)\end{cases} \tag{12.3}$$

为了更直观地展示动态时间规整及其之后改进的原理，我们引入损失矩阵与规整路径的概念。图 12.4 展示了图 12.3 中两条时间序列间的损失矩阵与规整路径。用符号 M 表示损失矩阵，矩阵的大小为 $(R \times C)$，即其高与宽分别为两条序列的长度，矩阵每一个元素 $m(i,j) = d(i,j)$ 的取值即其横纵坐标所对应序号的数据点间的基础距离。规整路径是一条贯穿了损失矩阵的路径，如图 12.4 中的绿色线条所示，规整路径定义了两条序列之间完整的对应关系，其每一步都指明了一对数据点之间的对应关系。一般规整路径用符号 $W = \{w_1, w_2, \cdots, w_k, \cdots, w_K\}$ 表示，K 表示路径的长度，路径中的第 k 步 $w_k = (i,j)$ 表示其经过矩阵中的 (i,j) 位置，而经

过 (i,j) 位置同时也指明了时间序列中的数据点 a_i 和 b_j 之间存在对应关系。规整路径中的每一步，也即两条序列各自的一个点间的对应关系，被叫做一个时间弯曲（time warp），在图 12.4 中表现为一个绿色矩阵单元格，在图 12.3 中表现为连接两个数据点的绿色连线。从累积距离的角度来说，规整路径每经过一个矩阵位置，则表示该位置所包含的基础距离被加入累积距离之中，直到终点 (I,J) 时所累积的所有距离即两条完整序列间的动态时间规整距离。

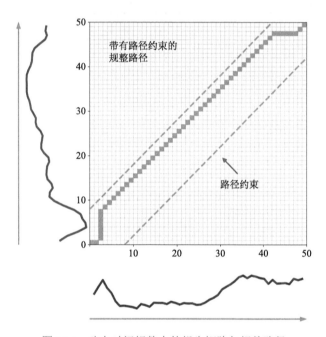

图 12.4　动态时间规整中的损失矩阵与规整路径

在动态时间规整的规则下，规整路径需要满足以下三个约束条件。

（1）边界约束：$w_1 = (1,1)$，且 $w_K = (I,J)$，即规整路径的起点必须是 $(1,1)$，终点必须是 (I,J)。

（2）单调性约束：如果 $w_k = (i,j)$，且 $w_{k+1} = (i',j')$，则 $i \geqslant i'$ 且 $j \geqslant j'$，即规整路径只能始终朝着正向前进，途中不能后退。

（3）连续性约束：如果 $w_k = (i,j)$，且 $w_{k+1} = (i',j')$，则 $i \leqslant i'+1$ 且 $j \leqslant j'+1$，即规整路径每一步只能前进到与当前位置相邻的位置之上，不能跳跃。

在上述的约束下，标准规整路径长度 K 的取值范围是：$\max(I,J) \leqslant K \leqslant I+J-2$。在定义了规整路径后，动态时间规整在最优化视角下的定义如式（12.4）所示，与式（12.3）所示的递归定义相比，这一定义更能反映动态时间规整的本质，即求一条最优的规整路径，以达到两条序列间最小的累积距离。

$$DTW(A, B) = \min_{W} \sum_{k=1}^{K} d(w_k) \qquad (12.4)$$

关于动态时间规整的求解，主要是利用如式（12.3）所示的递推方法。动态时间规整是一个典型的动态规划（dynamic programming, DP）问题，动态规划问题的标志性现象是重叠子问题（overlapping sub-problem）的存在。例如，根据式（12.3），要计算 $DTW(A_4, B_3)$，需要知道 $DTW(A_3, B_3)$、$DTW(A_4, B_2)$、$DTW(A_3, B_2)$、而要计算 $DTW(A_3, B_3)$、需要知道 $DTW(A_2, B_3)$、$DTW(A_2, B_2)$、$DTW(A_3, B_2)$。可以看出，以上计算都需要 $DTW(A_3, B_2)$，这就是一个重叠的子问题。如果对于每一个重叠子问题都重新计算，那么将会导致指数级的时间复杂度运算量，其运算时间将不可接受。最有效解决动态规划问题的关键是按照一定的次序解决这些重叠子问题并记录所有重叠子问题的解。根据这一思路，用一个累积距离矩阵记录所有子问题的解，解决动态时间规整的过程就转化为按照从下到上、从左到右的顺序依次填满累积距离矩阵的过程。例外的是，要先填满最下方的一行和最左边的一列，根据动态时间规整的递归定义，有了这些值作为起点，才能继续填满其余的矩阵元素。这一过程的时间复杂度为 $O(N^2)$，这是一个中度偏慢的算法，在面对大规模数据集时需要进一步加速。

如果只需要求动态时间规整距离的值，那么问题到此就结束了，但如果还需要知道序列间的最优对齐关系具体是怎样的，那我们就还需要一个回溯最优规整路径的过程。从逻辑上来讲，是这个最优对齐关系导致最小累积距离，但是从实现上来讲，因为这是一个动态规划问题，每一步的选择都暗藏在整个求最小累积距离的过程中，所以我们需要额外的工作来回溯整个规划路径，即规整路径。回溯的方法比较直接，即从规整路径的终点开始（即累积距离矩阵的右上角），回看之前每一步可能的选项（即相邻的左方、左下、下方的三个矩阵元素），选择这三者中值最小的那一个，将其纳入规整路径之中，接着从这一新的位置继续循环上述步骤，直到达到矩阵的左下角，这样就回溯了整条规整路径。因为回溯得到的路径是倒序的，最后还要把整条路径反转，才能得到正序的规整路径。

动态时间规整以最小累积距离为最优化目标，而这样的目标实际上是把两条序列观测值的不同归咎于时间轴的错位，因此容易引发病态对应（pathological alignment）。病态对应的标志是奇点（singularity）的出现，即一个点对应另一序列上的一大片点，这种对应关系即使能实现最小累积距离，但在现实中往往是没有物理意义的。以语音识别为例，一个字的发音被对应到了一整句话之上，这是不合理的。为了解决动态时间规整的病态对应问题，许多不同角度的改进方法被提出，接下来的 12.3.3 节和 12.3.4 节就对这些改进方法进行介绍。

12.3.3 动态时间规整的路径约束

为了缓解动态时间规整可能产生病态对应的问题，一类直接的改进方案是对规整路径做出限制，目前已经提出的路径限制大致可以分为四类：路径范围约束、步模式、坡度权重、路径长度约束。

1. 路径范围约束

路径范围约束是最直观的一类改进方案，既然一个数据点对应一大段数据点往往都是不合理的，那么我们就限制一个点只能与其在时间上临近的一定范围内的点对应，这样就可以确保奇点不会出现。这种限制在图象上表现为规整路径只能在一定的窗口范围内活动。目前，已经有很多种形状的可行窗口被提出，如图 12.5（a）与图 12.5（b）所展示的条带和平行四边形（Berndt et al., 1994）。这类窗口的形状在研究早期都是固定的，而近年来研究人员又提出了基于学习的动态形状窗口，可以通过特定的学习算法导出与数据集相适应的窗口形状（Ratanamahatana and Keogh, 2004; Yu et al., 2011）。

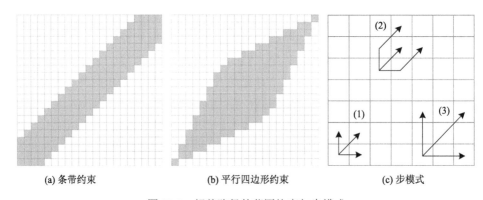

(a) 条带约束   (b) 平行四边形约束   (c) 步模式

图 12.5   规整路径的范围约束与步模式

2. 步模式

步模式（step pattern）（Itakura, 1975）的思路是改变规整路径中从当前点出发所能到达的相对位置，如图 12.5（c）所示，图中（1）展示的是动态时间规整中原始的步模式，每一步只能前进到相邻的上方、右上和右方的三个位置中的一个，而图中（2）和（3）则展示了另外两种步模式，步模式的改变在动态时间规整递推公式中表现为下标差的变化，如在图中（2）所定义的新步模式下，动态时间规整的递归定义如式（12.5）所示：

$$\mathrm{DTW}\left(A_i, B_j\right) = d(i, j) + \min \begin{cases} \mathrm{DTW}\left(A_{i-1}, B_{j-2}\right) \\ \mathrm{DTW}\left(A_{i-1}, B_{j-1}\right) \\ \mathrm{DTW}\left(A_{i-2}, B_{j-1}\right) \end{cases} \quad (12.5)$$

3. 坡度权重

坡度权重（slope weighting）（Sakoe and Chiba, 1978）的思路是使规整路径相对于矩阵的对角线有一定的偏移，在引入坡度权重的情况下，动态时间规整的递归定义如式（12.6）所示：

$$\mathrm{DTW}\left(A_i, B_j\right) = d(i, j) + \min \begin{cases} X * \mathrm{DTW}\left(A_i, B_{j-1}\right) \\ Y * \mathrm{DTW}\left(A_{i-1}, B_j\right) \\ Z * \mathrm{DTW}\left(A_{i-1}, B_{j-1}\right) \end{cases} \quad (12.6)$$

与动态时间规整的原始递推定义相比，可以看到备选的子序列累积距离之前分别设置了一个系数。

在实际应用中，路径范围约束是最为常用的一种限制条件，尤其是将动态时间规整作为一般的数据挖掘问题中的相似性度量时。步模式和坡度权重则多用于对问题有充分的先验知识的情况下，适用于特定领域的问题。路径范围约束虽然可以解决奇点和病态对应的问题，但是它又引入了新的缺陷，由于路径范围约束强制限定了一个数据点所能对应的点的范围，因此这有可能使我们错失正确的对应关系，而且可行窗口的形状和特定窗口涉及的参数都是不容易确定的。步模式和坡度权重也都受到参数选择问题的困扰。

4. 路径长度约束

在观察病态对应这一现象时，研究人员最直接的反应是要限制一个数据点所能对应的点的时间范围，这样就能彻底地消除奇点。在这一思路的指引下，路径范围约束逐渐发展成为最常用的对规整路径的限制条件，但后来的实践逐渐发现这种限制有时会使我们错失正确的对应关系，过于严格。为了找寻新的思路，我们不妨还是回归直觉，换个角度再次观察动态时间规整所生成的病态对应。当奇点发生时，从局部上看，这个点对应了另一条序列上的一大片点，这是我们之前的观察，但如果从整体上看，我们又会发现奇点的出现往往也伴随着时间弯曲数量的爆发式增长。

根据动态时间规整的规则，既然某一条序列上的一个点对应了另一条序列上的一大片点，而最后的一个时间弯曲被限定在两条序列的终点之间，那么在奇点之后两条序列间也必然会再次引发与奇点造成的时间弯曲数量相同的时间弯曲，这样一来一往才足以抵消奇点引起的时间轴上的偏移。基于这一新的观察，我们很自然地得到了解决病态对应关系的新思路，那就是限制时间弯曲的总数量，也即限制规整路径的长度。从理论上分析，这一新的限制条件有着独特的优势，这一限制跟之前常用的可行窗口等相比，显得更加柔软灵活，它没有强硬地限制一个点只能与其在时间上临近的若干点相对应，而是只限定时间弯曲的总数量，具体的某个点与多少个点对应，以及这些对应发生的相对位置关系，依然还是由动态时间规整中的最优化逻辑决定的，即最优化的算法代替了人为的固定阈值限制。这样一来，这种限制就极大地保留了动态时间规整的灵活性，而且在理论上保证了能有效地抑制奇点和病态对应关系的发生。我们将这一新的思路称为限定规整路径长度的动态时间规整（dynamic time warping under limited warping path length，LDTW）（Zhang et al., 2017）。

LDTW 的求解依然是从动态规划问题入手，由于解决动态规划问题的关键是记录所有重叠子问题的解，如果我们将累积距离矩阵拓展一个维度，专门用来跟踪不同路径长度下的累积距离，那么 LDTW 就依然属于一个典型的动态规划问题，只不过多考虑了一个因素，那就是规整路径的长度，也即形成规整路径过程中走过的步数。到达损失矩阵中的某一个位置可能会有许多种不同的路径，这些路径也会耗费不同的步数，规整路径每前进一步，规整路径的长度相应的就要增加 1，因此在选择当前最小的累积距离的过程中，也只能选择路径长度只差一步的那些值，而不考虑其他步数下的值，哪怕那些值更小。在考虑步数 s 的情况下，动态时间规整的递推定义被拓展到三维，如式（12.7）所示：

$$\text{DTW}\left(A_i, B_j\right) = d(i,j) + \min\begin{cases} \text{DTW}\left(A_i, B_{j-1}, s-1\right) \\ \text{DTW}\left(A_{i-1}, B_j, s-1\right) \\ \text{DTW}\left(A_{i-1}, B_{j-1}, s-1\right) \end{cases} \quad (12.7)$$

原始的动态时间规整可以被理解为考虑了所有可能步数情况下的累积距离，然后选择其中最小的那一个。而我们这里要把不同步数下的情况分别考虑，只选择符合当前步数的最小累积距离。详细的 LDTW 算法可以参见 Zhang 等（2017）。

12.3.4 动态时间规整的变种方法

1. 导数时间规整

除了 12.3.3 节中对规整路径施加各类约束的研究，另一部分研究关注时间序列间最优对应关系的定义。本质上，病态对应源自于动态时间规整对最小累积距离的追求，只要能达到最小累积距离，极端的对应关系也可以被接受，因此能够达到最小累积距离的对应关系不一定是最优的对应关系，而最具有物理意义的对应关系应该是特征对特征的对应关系，如局部峰值就应该对应峰值，低谷也应该对应低谷。

为了实现这种峰对峰、谷对谷的对应关系，部分研究认为数据点在序列中的趋势也应该被考虑。例如，假设两个数据点的值相同，两者间的基础距离就为零，为了追求最小累积距离，这两个点就倾向于被对应起来，但如果这两个点一个处于下降的趋势当中，而另一个处于上升的趋势当中，强行将这两个点对应起来，即违反实际含义，又会牵扯到它们各自邻近的点的对应关系，这就造成了奇点与病态对应，所以只考虑观测值而不考虑点所处的趋势是病态对应产生的一个原因。

根据上述思路，基于导数的动态时间规整（DDTW）（Keogh and Pazzani, 2001）被提出，即用数据点的局部导数替代原始的观测值进行动态时间规整，局部导数能更好地定量描述数据点所处的趋势，从而生成形态上更合理的对应关系。DDTW 中局部导数的计算方式如式（12.8）所示，其中 $D(a_i)$ 表示时间序列 A 中第 i 个数据点的导数。

$$D(a_i) = \frac{(a_i - a_{i-1}) + \left[(a_{i+1} - a_{i-1})/2\right]}{2} \tag{12.8}$$

2. 基于局部特征的动态时间规整框架

受导数动态时间规整的启发，既然可以基于导数进行时间规整，那在理论上其他特征也可以引导动态时间规整，从而生成更具针对性的特征对特征的时序对应关系，因此一种基于局部特征的动态时间规整框架（local feature based dynamic time warping，LF-DTW）（Zhang et al., 2014a）被提出。LF-DTW 与导数时间规整的区别，除了可以自由选择局部特征的种类之外，还在于 LF-DTW 只用局部特征生成时序对应关系，而在计算最终累积距离时仍然采用原本的观测值。导数动态时间规整在生成时序对应关系和计算累积距离时均采用导数值，这就使最终的距离度量变为对导数的度量，而非对原本的观测值的度量，这在实践中就导致导数动态时间规整只在对形态敏感的数据集上能取得较好的结果。

这一问题的产生，在一定程度上受到了动态时间规整所采用的动态规划解法的影响。因为在逻辑上，应该是最优的对应关系导致最小累积距离，先有对应关系，后根据对应关系计算累积距离。但在实际的动态规划算法中，最终的累积距离才是算法的直接结果，对应关系反而需要额外的步骤去回溯。而且动态时间规整一般都是作为一种距离度量而存在的，所以大部分情况下计算累积距离就足够了，需要回溯对应关系的情况较少，这就造成了一种不区分这两个步骤的习惯。在不考虑用其他特征代替原始值的情况下，这种两步并作一步的做法不会产生什么影响，但是如果要启用新的特征，惯性思维就容易产生，将这两个步骤中所考虑的特征一并替换为新的特征。实际上，如果我们把动态时间规整重新拆分回两个步骤，并且在两个步骤中分别考虑不同的特征，那么就会得到更合理的思路。因为我们的目标是要得到更理想对应关系之下的累积距离，所以只需要在生成对应关系的步骤中，将原始值替换为当前所考虑的特征，然后在下一步计算累积距离时，依然使用原始值。这样一来，既不妨碍我们利用更为合理的对应关系，又使我们最终得到的是原始观测值之间的距离度量，从而更符合距离的定义。

图 12.6 描述了基于局部特征的动态时间规整框架的四个步骤，这里选用的特征以局部最大值为例。如图 12.6（a），第一步是特征提取，即由原始序列分别计算其相应的局部特征序列，原始序列标记为蓝色，局部最大值序列标记为红色。如图 12.6（b），第二步是用动态时间规整算法以及规整路径回溯算法得到特征序列间的对应关系，对应关系在图中标记为绿色。如图 12.6（c），第三步是将特征序列间的对应关系，即将以特征对特征为理想目标的对应关系，嫁接到原始观测值序列之上。如图 12.6（d），第 4 步就是计算原始观测值序列之间的累积距离。

> 原始时间序列
>
> 局部特征时间序列
> (局部最大值)

(a) 第1步：计算局部特征序列

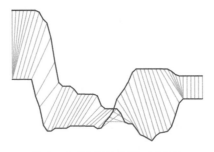

(b) 第2步：生成特征序列间的对应关系

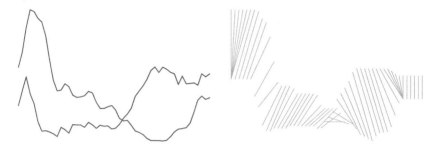

(c) 第3步：将特征序列间的对应关系嫁接到原始序列之上

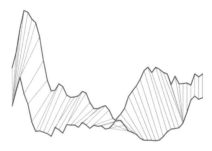

(d) 第4步：计算累积距离

图 12.6 基于局部特征的动态时间规整框架

LF-DTW 这样一种新的框架赋予了动态时间规整更广阔的可能性，使各种各样的特征都可以被整合到动态时间规整中来。只要定义一种新特征间的差异的度量，就可以基于这一新特征来导出序列间的对应关系，进而计算累积距离，得到考虑该特征情况下的时间序列间相似性度量。

3. 时间加权规整

遥感影像时间序列所观测的对象主要是地表覆盖类别，而植被、农作物、季节性水体等地物类型都存在明显的物候周期，一般以年为单位进行周期往复。对于周期性的时间序列，观测值来自周期内的哪个时间阶段对于观测值的比较会产生较大的判别作用，因此一种周期内时间加权的动态时间规整（time-weighted dynamic time warping，TWDTW）（Maus et al., 2016; Belgiu and Csillik, 2018）被提出。TWDTW 在计算时间序列数据点之间的基础距离时，加入了对数据点观测时间的定量比较，具体方式如式（12.9）所示，其余部分与标准的动态时间规整一致。由于以一年为周期，观测时间的定量比较采用儒略日之差的方式进行，式（12.9）中的 doy 表示（day of year）一年中的第几天，即儒略日。对数据点儒略日的差值 $g(i,j)$ 再进行如 $\phi(i,j)$ 的转化后，加入数据观测值的对比中，共同形成了时间加权后的数据点间的基础距离度量。式（12.9）中的 $\phi(i,j)$ 是一个 Logistic 模型，可以将日期的差进行量化，使其与观测值具备可比性，其中 α 和 β 分别代表模型的陡度和中心点。

$$d(i,j) = (a_i - b_j)^2 + \theta * \phi(i,j)$$

$$\phi(i,j) = \frac{1}{1 + e^{-\alpha[g(i,j)-\beta]}} \qquad (12.9)$$

$$g(i,j) = |doy(i) - doy(j)|$$

时间加权规整的典型应用场景是长时间序列中的地物类型匹配，如已知在一个周期内各种地物类别的典型时间曲线，为了分析一个地区长时间内的地物类型变化，就可以采用滑动时间窗口的方式，在长时间序列中以时间加权规整作为相似性度量滑动匹配典型地物类型时间曲线，在每一个时间段与哪种地物的时间曲线最接近，就可以认为该时间段内该地区属于哪种地物类型。

12.3.5　动态时间规整的下界距离与提前终止

1. 动态时间规整的下界距离

动态时间规整的计算速度偏慢，其时间复杂度为 $O(N^2)$，而遥感影像所包含的像素数量很多，如一景 Landsat 8 影像包含 7000 万～8000 万个像素，因此在利用动态时间规整进行遥感影像聚类或分类时，需要对算法进行加速。在基于距离比较的聚类或分类方法中，一种加速的思路是构造计算速度很快的下界距离（lower bound，LB）（Rakthanmanon et al., 2012; Keogh et al., 2009），然后通过与下界距离比较，尽可能多地排除计算较慢的真实距离计算。许多常用的聚类和分类方法，如 K 均值聚类（K-means clustering）（Ahmed et al., 2020; Hartigan and Wong, 1979）和 K 近邻分类（K-nearest-neighbor classification，KNN）（Peterson, 2009），都是基于最近距离搜索的，在 K 均值聚类中需要反复寻找与当前样本距离最近的类别中心，而在 K 近邻分类中需要寻找与当前样本距离最近的 K 个有标记样本。对于动态时间规整，其下界距离是一种保证比它小的距离，在寻找距离最近样本的过程中，如果发现两个样本之间的下界距离已经过大，那么其动态时间规整距离肯定比下界距离还要大，因此就没有必要计算动态时间规整了，下界距离已经提前排除了这两个样本属于最近样本的可能性。

基于上述思路，许多种动态时间规整的下界距离被提出，最常用的包括如图 12.7 所示的 LB_Kim（Rakthanmanon et al., 2012）和 LB_Keogh（Keogh and Ratanamahatana, 2005; Keogh et al., 2009）。LB_Kim 是一种特别快速的下界距离，

其时间复杂度仅为 $O(1)$，LB_Kim 的定义如式（12.10）所示，LB_Kim 仅考虑两条时间序列最前三个点和最后三个点之间可能产生的最小累积距离。LB_Keogh 相较于 LB_Kim 考虑了两条时间序列更完整的情况，其时间复杂度为 $O(N)$，耗时更长，但 LB_Keogh 的数值更加接近真实的动态时间规整距离，因此可以排除更多的非必要计算。LB_Keogh 的定义如式（12.11）和式（12.12）所示，式（12.11）首先定义了时间序列的上下包络线（upper and lower envelops），即每个点的局部最大值所组成的序列与局部最小值所组成的序列，然后 LB_Keogh 将一条序列与另一条序列的上下包络线进行对比，计算比上包络线更大的值或比下包络线更小的值与包络线之间的累积距离。

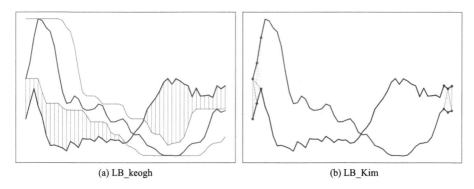

(a) LB_keogh　　　　　　　　　　(b) LB_Kim

图 12.7　动态时间规整的下界距离

$$\text{LB\_Kim}_1(A,B) = d(1,1) + d(I,\ J)$$
$$\text{LB\_Kim}_2(A,B) = \min\{d(1,2), d(2,1), d(2,2)\}$$
$$+\min\{d(I-1,J-2), d(I-2,J-1), d(I-2,J-2)\}$$
$$\text{LB\_Kim}_3(A,B) = \min\{d(1,3), d(2,3), d(3,3), d(3,2), d(3,1)\}$$
$$+\min\{d(I-1,J-3), d(I-2,J-3), d(I-3,J-3),$$
$$d(I-3,J-2), d(I-3,J-1)\}$$
$$\text{LB\_Kim}(A,B) = \text{LB\_Kim}_1(A,B) + \text{LB\_Kim}_2(A,B) + \text{LB\_Kim}_3(A,B)$$

（12.10）

$$U = \{u_1, u_2, \cdots, u_i, \cdots, u_I\}$$
$$L = \{l_1, l_2, \cdots, l_i, \cdots, l_I\}$$
$$u_i = \max\left\{a_{\max(i-r,1)} : a_{\min(i+r,I)}\right\}$$
$$l_i = \min\left\{a_{\max(i-r,1)} : a_{\min(i+r,I)}\right\}$$

（12.11）

$$\text{LB\_Keogh}(A,B) = \sum_{i=1}^{I} \begin{cases} (b_i - u_i)^2 & \text{if } b_i > u_i \\ (b_i - l_i)^2 & \text{if } b_i < l_i \\ 0 & \text{otherwise} \end{cases} \tag{12.12}$$

不同的下界距离可以联合使用，先与速度快但数值更小的下界距离如 LB_Kim 进行比较，以当前已经发现的最近距离为阈值，如 LB_Kim 的值小于当前最近距离，则不能判定距离过大，需再与速度稍慢但更接近真实距离的下界距离如 LB_Keogh 进行比较，如 LB_Keogh 的值依然小于当前最近距离，则再计算真实的动态时间规整距离进行最终判断，如动态时间规整距离比当前最近距离还小，则说明发现更近的距离，此距离将成为新的最近距离。

2. 动态时间规整的提前终止

动态时间规整的计算是增量式的，可以一步一步接近最终结果并获取其中每一步的结果。因此，对于最近距离搜索问题，如果在计算过程中发现中间结果已经过大，则可以提前终止计算，以进一步减少计算时间。动态时间规整的提前终止与 LB_Keogh 可以分段配合（Rakthanmanon et al., 2012），LB_Keogh 负责提供对尚未计算到的剩余部分的下界预测，以实现更早的终止。例如，计算到某步时的中间结果是 50，还未超过阈值 100，不能提前终止，然而如果知道剩余部分的 LB_Keogh 结果超过 50，那么最终的真实距离必定超过 100，于是可以在这一步就终止计算。

12.3.6 遥感影像时间序列种子聚类与分类框架

对于分类问题，分类器的训练依赖大量的训练样本，一般来说训练样本越多，样本类别分布越接近真实情况，则训练的效果越好，分类的精度越高。然而，对于遥感影像，真实地表覆盖样本的获取却十分困难，往往需要耗费较多时间与精力，且主观性较强，标记错误率较高。主要的地表覆盖样本获取方式包括如下三种，其各自都有较高的难度，①实地调查：这种方式需要耗费较多的人力物力，调查的范围与采集到的样本数量有限，且样本无法持续更新；②目视解译：这种方式依赖高分辨率的卫星影像与专家知识，对于高分辨率影像无法覆盖到的区域不能提供样本，且容易引入人为的标记错误；③历史分类产品综合：这种方式的困难在于无法对分类产品的正确性进行验证，且不同产品使用的类别体系也可能不同，类别体系统一的过程中也会引入错误。对于遥感影像时间序列样本，其由于还涉及对多个时间点情况的综合考虑，所以进一步提升了样本标记的难度与错误率。基于以上原因，具备大规模高质量地表覆盖样本的这一前提经常是不存在的。然而，如果仅考虑少量样本，如每个地物类别十几个至多几十个样本这种量级，在数量和质量上还是可以实现的。考虑到这种情况，本节提出一种种子样本引导的分类或聚类框架，该方法仅需少量的标记样本作为种子，主要依靠时间序列本身所蕴含的丰富信息进行分类，而不是依赖大量标记样本进行训练。

种子样本的获取可以通过人工标记，也可以通过对已有分类产品进行自动精化筛选，选择其中可信度最高的一部分结果，由于所需的种子样本数量较少，因此可以使用较为严苛的筛选方式，以尽可能保证样本类别标记的正确性。现有分类产品的精度即使无法准确评价，但如果仅选择其中最正确的那一小部分，这一小部分的可信度应该还是可以满足要求的。

对于聚类问题，聚类虽然是一种非监督的分类，理论上不需要训练样本，但在实际应用中，少量种子样本依然可以解决聚类算法面临的几个难点问题。首先是类别体系的一致性问题，地表覆盖的类别体系是人为设计的，具有自然社会属性，而聚类则是完全数据驱动的，聚类所得到的类别与人为设计的类别体系之间不必然存在对应关系，可能出现类别聚合或分裂等问题，在这种情况下，如果用少量种子样本作为初始类别中心，就可以将聚类过程中涉及的类别进行指定，使聚类结果呈现与种子样本一致的类别体系。其次是初始聚类条件问题，很多聚类算法，如 K 均值聚类等，对初始条件十分敏感，此时可以利用已知类别的种子样本为聚类算法提供理想的起点，使聚类的效果更稳定、精度更高。另外，对于分块处理的影像，块与块之间的聚类类别也需要进行相互对应，才能合并得到整景的聚类结果，而如果采用种子样本为每一块影像提前带入相同的类别编号，则不再需要这一繁复的类别编号对应过程。综上可见，通过少量的种子样本，就可以有效解决聚类算法自身无从应对的若干关键问题。

图 12.8 展示了具体的遥感影像时间序列种子聚类与分类框架流程，整个流程主要分为数据处理、种子样本选择、分类/聚类三个阶段。光学遥感影像中云与云阴影的大量出现，会遮盖或污损大量像元，作为噪声影响时间序列的构建与分析，因此第一阶段数据处理首先对影像中的云与云阴影进行检测与修补，根据数据种类的不同，有些数据如 Landsat-8、Sentinel-2、MODIS 等其标准产品中带有精度较高的云与阴影掩膜，无须再进行检测，而其他一些数据如高分 1 号/6 号等，需要自行进行云与阴影检测。对于影像序列，云与阴影的修补采用影像间的信息迁移交叉修补方法，利用同一位置不同时间获取的影像作为修补的信息源，具体方法参见 Hu 等（2020）和 Lin 等（2012）。对于云与云阴影占比过大无法修补的影像，我们可以选择不使用。遥感影像时间序列中不同影像上同一坐标的像素要确保覆盖同一地理位置，因此还需要裁剪出所有影像的共同区域，以实现像素对齐。由于该流程从现有分类产品中筛选种子样本，使用与现有分类产品相同的分

类体系，因此最后要将影像序列重投影至与分类产品相同的坐标系和分辨率，使待分类影像与参考影像的像素之间可以一一对应。

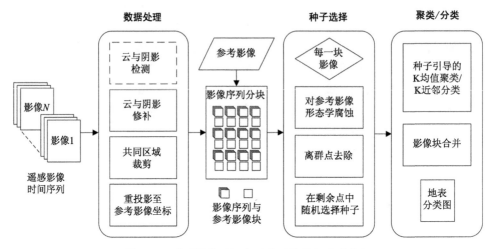

图 12.8　遥感影像时间序列种子聚类与分类流程

由于遥感影像的数据量较大，一个完整尺寸的影像序列经常需要消耗上百GB 的存储空间，超过了一般计算节点的内存上限，因此需要对影像序列以及用于种子样本选择的参考分类产品影像进行分块处理，一般可以选择类似 600×600 的影像块大小，使其内存消耗可以适应一般的计算节点。

流程的第二个阶段是种子样本选择，该流程对于每一块待分类或聚类的影像块，均从其对应的参考分类产品影像块中选择种子样本，现有的分类产品系列包括 FROM-GLC30（Gong et al., 2013）、GLC-FCS30（Zhang et al., 2021）等，均提供了全球范围的地表覆盖分类结果。该方法的初衷之一是充分发掘遥感影像时间序列中蕴含的丰富信息量，让数据本身成为分类过程中更具决定性的因素，弱化训练样本的使用，因此即使在使用已有分类产品的情况下，该方法也选择严格控制种子样本数量，同时控制数量也有助于提升样本质量，因为我们有更广阔的筛选空间去只选择那些可信度更高的样本。具体地说，我们用 S 表示某一个类别所需的种子样本数，用 N 表示这一类别在参考影像中的像元总数，用 K 表示最近邻分类中所考虑的最近邻样本数，那么对于每一个类别，所需的种子样本数就为 $S = \max(\sqrt[e]{N}, \mathrm{ceil}(K/2))$。公式中的前一个部分通过 e 次方根显著压缩了种子样本数量，同时也使种子数量正比于该类别的地表真实像元数量，而公式中的后一个部分为小类别保留了一定数量的种子，使得小类别在分类结果中也能够得到体现。对于聚类问题，K 的取值可以与分类问题相类比，选择相同或近似的值。由于种子样本的数量受到限制，相对地，其质量与正确性就变得更加重要，因此分别通过形态学上的和统计学上的两种手段对参考分类产品进行筛选。首先对参考分类结果进行形态学腐蚀处理，只保留位于各图斑中心的像元，因为中心像元相比边缘像元具备更高的分类正确率；然后我们对腐蚀后的结果进行孤立森林（isolation forest）筛选（Liu et al., 2008），去除在统计学意义上的孤立样本；最终我们在剩余样本中按照样本数量随机选择种子样本。如果经过筛选后某类别的种子样本数量不足 ceil(K / 2)，那么在未经筛选的样本中随机选择不重复的样本进行补足。

流程的最后一个阶段是分类/聚类阶段，以分块的遥感影像时间序列和筛选出的种子样本为输入，进行 K 近邻分类或 K 均值聚类，种子样本在分类/聚类过程中分别作为训练样本和初始类别中心。每一块的结果生成后对结果进行合并，得到完整影像时间序列的分类/聚类结果。

值得注意的是，整个过程实际上是非监督的，因为种子样本的选择是非监督的，所以分类问题也转化为非监督问题，可以自动完成无须人工干预。全自动化是大规模数据处理的关键，因此该方法也适合于大尺度范围的地表覆盖分类。

12.4　基于深度学习的遥感影像时间序列分类

12.4.1　时间序列分类网络的发展脉络

近几年，越来越多的深度学习的方法被用于遥感影像时间序列分类问题。由于遥感影像时间序列数据具备丰富的时-空-谱信息，所以如何对这些信息进行挖掘是深度学习研究遥感影像时间序列分类的重要切入点。目前，主要的深度学习方法可以被划分成三大基本框架，即卷积神经网络（convolution neural network，CNN）、循环神经网络（recurrent neural network，RNN）和自注意力机制（self-attention mechanism）。而按照对时-空-谱特征提取的形式可以将这些方法主要分为以下几种类型。

1. 以一维卷积为核心的时序特征提取

卷积神经网络是近年来深度学习领域内涌现出的一大批图像处理方法的基石，二维卷积是处理图像数据的基本功能块，鉴于卷积方法的优秀性能，有不少学者将卷积神经网络应用到遥感影像时间序列分类中来。在这些方法中，有些方法属于单纯地提取时序信息作为判别依据，如 Time-CNN（Zhao et al., 2017）和 TempCNN（Pelletier et al., 2019），将一维形式的卷积网络直接用于基于像素表示的时间序列的时序维度，再经过多层感知器（multi layer perceptron，MLP）获取最终的分类判别信息进行分类。更进一步地，一些学者为了考虑不同尺度的影响，使用了混合不同尺度的输入（Cui et al., 2016）或使用不同尺度（Rußwurm and Körner, 2020）的卷积核的多尺度模型进行特征提取。这些方法都证明了使用一维时序卷积对于时序特征提取是十分有效的。

2. 以循环神经网络为核心的时序特征提取

循环神经网络一开始被提出就是为了对序列数据进行分析，无论是对股市金融预测、天气预测，还是在自然语言处理（natural language processing，NLP）方面都有着十分重要的应用，而在遥感影像时间序列分析中，也出现了一批以循环神经网络为核心的时序特征提取方法。Ienco 等（2019）与 Rußwurm 和 Körner（2018b）均探讨了长短时记忆（long short term memory，LSTM）（Hochreiter and Schmidhuber, 1997）这种具体的循环网络单元及其变形，用以处理遥感影像时间序列分类问题的有效性。

3. 基于卷积神经网络的时空混合特征提取

为了充分挖掘遥感影像时间序列的时空信息，一些学者提出使用卷积神经网络同时对时序数据的时-空-谱维度进行卷积，获得时空融合信息作为分类判别依据。Ji 等（2018）使用 3D CNN 处理时序数据进行农作物地块分类，而农作物地块分类最常用的数据输入形式就是以地块为基本组织形式，因此运用 3D CNN 不仅可以获取地块的空间特征，也可以获取时序特征作为分类判别特征。Stoian 等（2019）提出的 FG-Unet 是对 U-Net（Ronneberger et al., 2015）的适当改变，使其适应处理时序数据，在利用 U-Net 基本骨架的前提下，堆叠时间序列输入的时序和光谱维度，使得网络能够感知时空特征。而 Oehmcke 等（2019）提出的 U-Net+Time（3D）网络则是使不同分辨率波段图在不同层级输入，进而充分利用不同分辨率的 Sentine-2 各波段数据，并且比一般 U-Net 多一次上采样，使得整个模型能够获得超（空间）分辨率感知能力，实现了对道路的精准提取，并且只对输入层进行 3D 卷积操作整合时序信息，比类似 3D CNN 使用 3D 卷积贯穿整个模型的结构减少了大量的计算。

4. 结合卷积神经网络和循环神经网络的时空混合特征提取

在深度学习中，卷积神经网络的空间特征提取能力是毋庸置疑的，而循环神经网络作为基本的序列数据处理工具也是十分有效的，因此为了充分挖掘遥感影像时间序列的时空特征，一些学者致力于构建基于卷积神经网络的空间信息提取器和基于循环神经网络的时间信息提取器的混合特征提取模型。其主要分为三种，并联式、串联式和混合式。Interdonato 等（2019）提出的双视点时序分类深度架构直接使用各自独立的循环神经网络和卷积神经网络两个分支，分别获取时间特征和空间特征的并联式结构，然后将两种特征直接拼接在一起使用全连接网络进行分类，取得优于只使用 LSTM 模型和随机数森林的结果。Garnot 等（2019）使用卷积神经网络提取空间特征，然后使用循环神经网络提取时序特征的串联式结构，通过设置不同卷积神经网络与循环神经网络参数比重的实验，来验证时空特征提取器的重要性。一方面实验证明混合模型优于单种类模型，另一方面揭示选取适当的模型比例的重要性。经典的混合式模型则以 ConvLSTM（Shi et al., 2015）为代表，ConvLSTM 首次提出是为了进行降雨预测，因其使用空间卷积取代 LSTM 中的全连接层计算，使得网络在本身能够处理时序信息的同时考虑了空间信息，因此取得了不错的效果。Rußwurm 和 Körner（2018a）将 ConvLSTM 应用于 Sentinel-2 的农作物地块分类，取得了优于其他用于农作物分类任务方法的结果。而 Marc 等后来的工作是将 ConvLSTM 用于遥感影像时间序列数据中的云影分割。

5. 基于自注意力机制的时序特征提取

自注意力机制（Vaswani et al., 2017）诞生于自然语言处理中，首次提出被用于文本翻译，其凭借出色的性能快速席卷了整个自然语言处理领域的各个应用方面。Rußwurm 和 Körner（2020）首次将自注意力机制引入处理遥感影像时间序列分类问题中来，但是笔者并未对网络模型进行改进，只是只采用了编码器层作为特征提取器提取时序特征，堆叠若干层后并结合时序全局最大值池化将二维分类特征降为一维特征，以构建遥感影像时间序列分类特征提取器，并设立 LSTM、TempCNN、MS-ResNet（多尺度残差网络）（He et al., 2016）和随机森林为对照，实验结果揭示自注意力机制方法在一定程度上可以代替目前最优的卷积网络与循环网络方法，并且具有较强的抗云干扰的鲁棒性。Garnot 等（2020）提出像素集编码器（pixel-set encoder，PSE）-时序注意力编码器（temporal attention encoder，TAE）结构同样取得了不俗的效果。使用 PSE 代替卷积神经网络提取基于块状表示的农作物地块的空间特征；使用基于自注意力机制的 TAE 进行时序特征提取，进而使用 MLP 作为分类器。在他们的工作中对比若干个空间特征编码器和时序特征编码器的串联式结构的模型，证明他们提出的 PSE 结构提取空间特征的有效性和基于自注意力机制经过改编的 TAE 结构处理时序的有效性。张伟雄等（2021）在类别不均衡的数据集上，验证了基于时序自注意力机制的方法能够提升样本不均衡数据集中小样本的精度。

遥感时序数据分类最核心的部分是特征提取器，在 12.4.2～12.4.4 节中我们将主要介绍在遥感时间序列数据分类领域典型的三种深度学习时序特征提取方法，包括基于时序卷积网络的 TempCNN、基于循环神经网络的 LSTM 和基于自注意力机制的时序自注意力特征提取器。这些特征提取器均是输入时间序列，输出特征值，随后可以结合多层感知器形成完整的分类模型。

12.4.2　时序卷积网络

时序卷积网络 TempCNN 的核心在于沿着多光谱遥感时序数据的时序维度进行一维卷积提取特征，卷积核的大小决定了感受野的范围，在特征提取时能感知固定的时序邻域范围信息进行编码。

如图 12.9 所示，基于时序卷积网络 TempCNN 的特征提取器，先通过堆叠若干时序卷积层进行基于时间邻域特征编码，将遥感时序输入映射到高维空间，每一个时序卷积层由一维卷积、批归一化（batch normalization）、ReLU 激活函数和 Dropout 模块构成，每层的一维卷积滑动步长均设为 1，并且设置与卷积核相应的边缘填充保持时序长度的完整性。然后通过将编码后的特征结果从二维拉伸为一维向量，再使用线性变换降低输出特征维度获得最终的分类判别特征进入分类器。

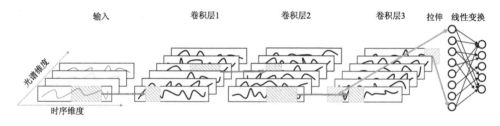

图 12.9　TempCNN 时序特征提取器结构

整个特征提取器可以调节的模型超参数包括卷积核大小、每层卷积核个数、降维层的输出维数。

12.4.3　长短期记忆网络

长短期记忆网络 LSTM 是一种经典的循环网络单元，LSTM 在克服经典 RNN 网络在处理长序列会出现的梯度消失和梯度爆炸的问题的同时，能够沿着时序方向传递每个时间步的状态，获取一定时间范围内的前向时序上下文特征，即记忆。

图 12.10 展示了 LSTM 单元的结构图，假设输入时长为 T 的序列数据为 $x_1, x_2, \cdots, x_T$，按顺序进入 LSTM 单元进行处理，LSTM 单元包括三个重要的门，

输入门 i_t 决定当前时刻有多少信息被保留，遗忘门 f_t 决定前面时刻有多少记忆信息被保留，输出门 o_t 决定当前时刻的记忆有多少被输出到下一时刻。具体的计算过程按式（12.13）～式（12.18）进行计算，其中 σ 为 Sigmoid 激活函数，$\otimes$ 为哈德曼积（即逐位置相乘），W_i、W_f、W_C 为不同门需要学习的权重，b_i、b_f、b_C 为相应的偏置：

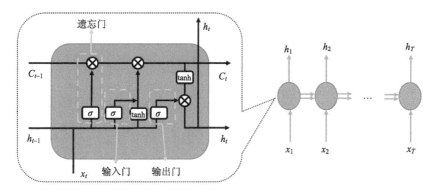

图 12.10　LSTM 单元结构图

$$i_t = \sigma(W_i \cdot [h_{t-1}, x_t] + b_i) \tag{12.13}$$

$$f_t = \sigma(W_f \cdot [h_{t-1}, x_t] + b_f) \tag{12.14}$$

$$\widetilde{C_t} = \tanh(W_C \cdot [h_{t-1}, x_t] + b_C) \tag{12.15}$$

$$C_t = f_t \otimes C_{t-1} + i_t \otimes \widetilde{C_t} \tag{12.16}$$

$$o_t = \sigma(W_0 \cdot [h_{t-1}, x_t] + b_0) \tag{12.17}$$

$$h_t = o_t \otimes \tanh(C) \tag{12.18}$$

　　每次 LSTM 单元处理得到当前位置的编码输出和状态，并将状态传递给下一位置，直到序列结束，在这个过程中 LSTM 单元可以循环使用，所以被称为循环网络。这样使得 LSTM 单元能够获取当前时刻前一定距离内时刻的记忆，并且记忆状态 C_t 和隐藏状态 h_t 在每个时刻得到更新。

　　图 12.11 是基于 LSTM 构建的时序特征提取器，该特征提取器通过若干层 LSTM 将遥感时序数据编码到更高维度，不同的 LSTM 层数对特征提取有着不同深度层次的表征。第一层 LSTM 使用原始数据作为输入，堆叠了多层 LSTM 时，之后的下一层 LSTM 使用上一层的隐藏状态作为输入，并在 LSTM 层之间使用 Dropout 技术防止过拟合，各层的首个时刻的隐藏状态都是初始化为零向量，选取最后一层 LSTM 的隐藏状态输出作为分类特征进入分类器。

整个特征提取器可以调节的模型超参数包括 LSTM 层数以及每层隐藏状态维数。

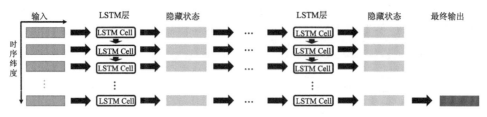

图 12.11　基于 LSTM 的时序特征提取器

12.4.4　时序自注意力网络

自注意力机制诞生于自然语言处理中,如图 12.12 所示,Transformer(Vaswani et al., 2017)是其应用的具体网络架构,主要的技术细节有:缩放点积注意力(scaled dot-product attention)、多头注意力(multi-head attention)、位置编码(positional encoding)以及前馈神经网络(feed forward network)。在遥感时间序列分类领域,时序自注意力特征提取器以 Transformer 编码器为基础进行改进来构造新的时序特征提取器用于分类任务。

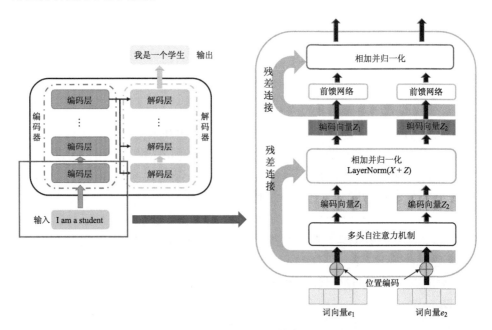

图 12.12　Transformer 及其编码器结构

1. 自注意力机制的原理

自注意力机制的本质就是一种加权机制，在自然语言处理中，在对本文进行编解码时，对一个句子中不同单词间相互编码时施加不同程度的"注意力"——权重，如在对句子"The cat did not cross the street，because it is too tired"进行编码时，对单词"it"的编码，"cat"的权重应该占据最大，因为"it"在整个句子的上下文中与"cat"关联最密切，而自注意力机制最终实现的效果就是这样能够根据输入动态地进行加权编码的过程。自注意力机制的"自"可以理解为"自动"和"自我"，一方面体现在其具有能够"自动地"筛选输入信息中重要信息的能力，也就是能够"自动地"生成权重分配方案，自注意力机制的实现过程可以被描述为从输入经过不同的变换得到 Query-Key-Value 向量组，自注意力机制编码过程就是一个 Query 向量和一系列 Key-Value 向量对到输出向量间的映射，输出向量通过计算 Value 向量的加权和得到，而与每个 Value 向量对应的权重是通过计算 Query 向量和相应的 Key 向量的相关性得到的，也就是说，自注意力机制是自动地根据相关性分配编码权重。另一方面，整个自注意力机制实现过程中，除了输入信息本身，并无额外的信息，这也体现了"自我性"。需要指出的是，自注意力机制在分配编码权重时，对一个词进行特征编码时考虑到了句子中所有单词的信息，如果将自注意力机制视为一种（时序）特征提取方法，那么自注意力机制就是一种在（时序）全局尺度进行信息整合的特征提取方法。

2. 时序自注意力特征提取器

如图 12.13 所示，时序自注意力特征提取器针对遥感时间序列数据的特点，对 Transformer 编码器进行了两点改进：①在多头注意力之前添加特征升维层，将时间序列输入映射到高维空间，使得网络模型能够处理遥感影像时间序列数据；②使用维度拉伸后降维的处理替代全局最大值池化（global maximum pooling，GMP）（Rußwurm et al.，2020），避免了对时序维度进行池化操作削弱分类特征表达的问题，实现了基于时序自注意力机制的特征提取器的构建，构造了基于时序

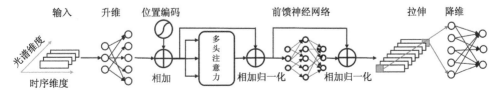

图 12.13　时序自注意力特征提取器

自注意力机制的特征提取器，利用自注意力机制能够对不同类别产生不同时序位置的关注，从而增大不同类别间的判别差异，获取更强特征表达能力，提升分类精度。

3. 光谱增强

Transformer 编码器接收的输入是文本经过词嵌入后的词嵌入张量，有词序维度和特征维度，用于遥感时序数据处理的特征提取器接收基于点像素表示的多光谱遥感时间序列数据张量，有时序和光谱两个维度。多光谱遥感数据本身就是多维数据，但是自然语言处理中的词往往会嵌入如 1024、2048，甚至更高的高维空间中，同时在作为特征提取器时，LSTM 通过设置隐藏向量维度提升光谱维度，TempCNN 通过设置卷积核个数提升光谱维度，因此通过添加一个线性特征升维层，将输入 $x \in R^{T \times d_{\text{input}}}$ 变换至 $x \in R^{T \times d_{\text{model}}}$，其中 T 是时序长度，d_{input} 是时间序列的输入通道数，d_{model} 是时间序列经过线性映射后高维空间的维数，其在一定程度上与 LSTM 和 TempCNN 一致，加强了数据的光谱特性。

4. 位置编码

在循环网络中，数据按顺序依次进入循环单元的过程，就将不同位置的数据做了先后区分，而并行地进行缩放点积注意力虽然在数据处理的速度上比循环网络有了极大的提升，但也忽略了一个至关重要的因素——序列的顺序信息。因此，在多头注意力之前添加位置编码弥补模型对时间序列的时间位置的感知能力，位置编码的基本要求是对不同序列的相同位置添加相同的额外信息作为位置信息的表达，并与原始的序列输入相加作为新的输入。

位置编码有很多种方式，可以分为绝对位置编码和相对位置编码（Shaw et al., 2018）两种，Transformer 中使用的是最经典的位置编码方式，可以视为一种绝对的位置编码，其位置编码的嵌入值按照式（12.19）和式（12.20）计算。

$$PE(pos, 2i) = \sin\left(\frac{pos}{N^{\frac{2i}{d_{\text{model}}}}}\right) \qquad (12.19)$$

$$PE(pos, 2i+1) = \cos\left(\frac{pos}{N^{\frac{2i}{d_{\text{model}}}}}\right) \qquad (12.20)$$

式中，pos 为序列位置；i 为特征维度；d_{model} 为位置编码后的维度数；N 为一个控制频率的参数，在自然语言处理中常取值 10000，但是在遥感时序分类领域中，

由于 d_{model} 相对来说较小，常取值 1000。

5. 缩放点积注意力

缩放点积注意力是实现自注意力机制的最基本单元，如图 12.14（a）所示，缩放点积注意力通过三个不同的变换，将输入序列变换为 Query-Key-Value 三元序列，然后通过 Query 和 Key 使用缩放点积计算权重系数，并且使用 Softmax 对得到的"注意力图"——权重系数矩阵进行归一化，最后计算加权和即可得到编码后的输出结果。

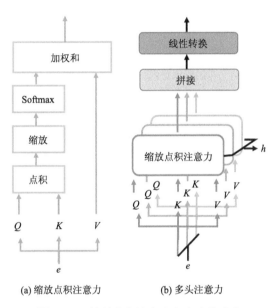

(a) 缩放点积注意力　　　(b) 多头注意力

图 12.14　缩放点积注意力和多头注意力

h 表示多头注意力的头数

假设输入的词嵌入序列为 $e \in R^{T \times d_{\mathrm{model}}}$，其中 T 为序列长度，d_{model} 为词嵌入向量维度，如式（12.21）对于每个序列位置 t 的 $e^t \in R^{T \times d_{\mathrm{model}}}$，Query- Key-Value 三元组 (q^t, k^t, v^t) 就是通过共享参数的三个变换矩阵 $W^K \in R^{d_{\mathrm{model}} \times d_K}$、$W^Q \in R^{d_{\mathrm{model}} \times d_Q}$、$W^V \in R^{d_{\mathrm{model}} \times d_V}$ 计算得来的，d_q、d_k、d_v 是 Query-Key-Value 向量维度数。在具体实践中，通常合并所有的 Key、Query、Value 向量分别构建矩阵 K、矩阵 Q 和矩阵 V，如式（12.22）。

$$q^t = e^t W^Q, k^t = e^t W^K, v^t = e^t W^V \tag{12.21}$$

$$Q = e W^Q, K = e W^K, V = e W^V \tag{12.22}$$

对于权重矩阵的计算，缩放点积是最常用的一种方式。首先假设有两个单位向量 a、b，则二者的点积计算如式（12.23）。

$$a \cdot b = |a| \cdot |b| \cdot \cos(\theta) \qquad (12.23)$$

一般输入向量都会进行归一化表示，所以点积计算结果等价于余弦相似度。而自注意力机制就是把相似度作为不同时序位置间相互影响的权重，相关性越强，则相似度计算数值越高，在计算加权和编码时的权重越大。然后取 $\sqrt{d_k}$ 作为缩放因子，这样可以缓解梯度消失的问题。最后使用 Softmax 归一化权重矩阵。得到权重矩阵之后，对输入序列的编码就是计算权重与 Value 的加权和，获得编码输出结果，用矩阵形式可以表示为式（12.24）。

$$\text{Attention}(Q, K, V) = \text{Soft max}\left(\frac{QK^{\text{T}}}{\sqrt{d_k}}\right)V \qquad (12.24)$$

可以看出，不同于循环网络处理序列数据的方式，缩放点积编码序列是可以使用矩阵形式同时计算每个位置的编码输出，这是自注意力机制在网络训练和推理时比循环网络要快的基础。

6. 多头注意力

正如人在阅读时会参考某个句子在上下文中的多个位置来推理这个单词在句子中的准确含义，一次缩放点积注意力所产生的"注意力"只能关注较少位置，这就会产生一定的局限性，所以通过并行地进行多个缩放点积注意力——称为多头注意力来拓宽模型对不同位置的"注意力"，如图 12.14（b），假设有 h 个缩放点积注意力产生的编码输出进行拼接，再经过一个线性变换层 $\left(W^O \in R^{hd_v \times d_{\text{model}}}\right)$ 变换为一个最终的编码输出，这种综合了多种"注意力"之后的编码结果具有更强的表达能力。多头注意力的矩阵运算如式（12.25）。

$$\text{MultiHead}(Q, K, V) = \text{Concat}(\text{head}_1, \text{head}_2, \cdots, \text{head}_h)W^O$$
$$\text{head}_i = \text{Attention}(Q, K, V) \qquad (12.25)$$

同样地，多头注意力的计算也是并行，合理设置头数 h，在获得更丰富的特征表达的同时，不会显著增加模型的时间开销。

7. 前馈神经网络

在多头自注意力后应用逐位置前馈神经网络层，目的是将多头注意力提取的特征在高维特征空间中进行缩放后巩固网络模型的表达能力。前馈神经网络包含两个线性变换的全连接层，先将输入变换至高维空间再降维至输入维度，中间有一次 ReLU 激活，将其逐位置地应用到序列上，意味着前馈神经网络在不同位置是参数共享的。

具体的计算如式（12.26），$z \in R^{d_{\text{model}}}$ 是经过多头注意力的编码输出，$W_1 \in R^{d_{\text{model}} \times d_{\text{feedforward}}}$，$W_2 \in R^{d_{\text{model}} \times d_{\text{feedforward}}}$，$d_{\text{feedforward}}$ 是前馈网络中间层神经元数量，且 $d_{\text{feedforward}} \gg d_{\text{model}}$。

$$\text{FFN}(z) = \max(0, zW_1 + b_1)W_2 + b_2 \tag{12.26}$$

12.4.5　网络结构与遥感数据特征

在遥感时间序列分析领域，如果将数据按组织形式可以分为三种：基于像素表示、基于像素集表示和基于图像块表示。以上所提到的各类方法在处理这三种不同组织形式的遥感时序数据时各有优劣。基于像素表示的时序数据只含有基本的时序信息和光谱特征，缺乏空间特征，而卷积神经网络、循环神经网络和自注意力机制都存在基本的一维时序数据处理的模型；对于基于像素集表示遥感时序数据来说，像素集的构建建立在前期的对象块分割上，无论是简单地对像素集进行统计分析还是使用 Garnot 等（2020）提出的像素集编码器，后续的时序分类基本类似于基于像素表示的时序分类，基于像素集的时序分类效果除了受到不同时序分析方法影响外，前期的对象块分割也对最终的结果成图很有影响，因此一般该方法用于农作物识别这种地表块状易于提取的类型分类中。对于基于图像块表示的遥感时序数据来说，如何设计提取空间信息和提取时序信息的模块组合方式是十分重要的，也是遥感影像时间序列分类领域中研究的重点，无论是哪种特征提取组合方式，时序特征提取方式都占据主导地位。

12.5　小　结

随着高时间分辨率卫星数据源的不断丰富，遥感图像时间序列凭借其蕴含的丰富的时序信息，正逐渐成为新兴的研究热点与对地观测的有效手段。本章主要从理论方法的角度，分别介绍了基于相似性度量与基于深度神经网络的时间序列聚类和分类方法。关于时间序列的相似性度量，首先引入了基于对齐的度量框架，包括最常用的欧式距离与动态时间规整距离；然后完整地介绍了动态时间规整的发展脉络，包括路径约束、特征选择、下界距离、提前终止等方向，不断提升度量的精度与速度；最后提出了一个时间序列聚类与分类框架，支持小样本下的大规模遥感图像时间序列分析。关于时序神经网络，本章依次介绍了时序卷积网络、循环网络、基于卷积网络的时空混合特征提取、结合卷积网络与循环网络的时空混合特征提取、基于自注意力的时序特征提取等时序分类方法，并分析总结了各类方法的特点，为后续研究提供了前沿视角。

参 考 文 献

张伟雄, 唐娉, 张正. 2021. 基于时序自注意力机制的遥感数据时间序列分类. 遥感学报.

Ahmed M, Seraj R, Islam S M S. 2020. The k-means algorithm: A comprehensive survey and performance evaluation. Electronics, 9(8): 1295.

Belgiu M, Csillik O. 2018. Sentinel-2 cropland mapping using pixel-based and object-based time-weighted dynamic time warping analysis. Remote Sensing of Environment, 204: 509-523.

Berndt D J, Clifford J. 1994. Using dynamic time warping to find patterns in time series. Workshop on Konwledge Discovery in Databases, 10: 359-370.

Cui Z, Chen W, Chen Y. 2016. Multi-scale convolutional neural networks for time series classification. arXiv preprint arXiv:1603.06995.

Ed Chaves M, Ca Picoli M, D Sanches I. 2020. Recent applications of landsat 8/oli and sentinel-2/msi for land use and land cover mapping: A systematic review. Remote Sensing, 12(18): 3062.

Garnot V S F, Landrieu L, Giordano S, et al. 2019. Time-space tradeoff in deep learning models for crop classification on satellite multi- spectral image time series//IGARSS 2019-2019 IEEE International Geoscience and Remote Sensing Symposium. Yokohama, Japan: IEEE: 6247-6250.

Garnot V S F, Landrieu L, Giordano S, et al. 2020. Satellite image time series classification with pixel-set encoders and temporal self- attention//Proceedings of the IEEE/CVF Conference on Computer Vision and Pattern Recognition. Seattle, WA, USA: IEEE: 12325-12334.

Gong P, Wang J, Yu L, et al. 2013. Finer resolution observation and monitoring of global land cover: First mapping results with landsat tm and etm+ data. International Journal of Remote Sensing, 34(7): 2607- 2654.

Guo H, He G, Jiang W, et al. 2020. A multi-scale water extraction convolutional neural network(mwen)method for gaofen-1 remote sensing images. ISPRS International Journal of Geo-Information, 9(4): 189.

Hartigan J A, Wong M A. 1979. Algorithm as 136: A k-means cluster- ing algorithm. Journal of the Royal Statistical Society. Series c(Applied Statistics), 28(1): 100-108.

He K, Zhang X, Ren S, et al. 2016. Identity mappings in deep residual networks//European Conference on Computer Vision. Berlin, Germang: Springer: 630- 645.

Hochreiter S, Schmidhuber J. 1997. Long short-term memory. Neural Computation, 9(8): 1735-1780.

Hu C, Huo L Z, Zhang Z, et al. 2020. Multi-temporal landsat data automatic cloud removal using poisson blending. IEEE Access, 8: 46151- 46161.

Ienco D, Gaetano R, Dupaquier C, et al. 2017. Land cover classi- fication via multitemporal spatial data by deep recurrent neural networks. IEEE Geoscience and Remote Sensing Letters, 14(10): 1685-1689.

Ienco D, Interdonato R, Gaetano R, et al. 2019. Combining sentinel-1 and sentinel-2 satellite image time series for land cover map- ping via a multi-source deep learning architecture. ISPRS Journal of Photogrammetry and Remote Sensing, 158: 11-22.

Interdonato R, Ienco D, Gaetano R, et al. 2019. Duplo: A dual view point deep learning architecture for time series classification. ISPRS Journal of Photogrammetry and Remote Sensing, 149: 91-104.

Ismail F H, Forestier G, Weber J, et al. 2019. Deep learning for time series classification: A review. Data Mining and Knowledge Discovery, 33(4): 917-963.

Itakura F. 1975. Minimum prediction residual principle applied to speech recognition. IEEE Transactions on Acoustics, Speech, and Signal Processing, 23(1): 67-72.

Ji S, Zhang C, Xu A, et al. 2018. 3d convolutional neural networks for crop classification with multi-temporal remote sensing images. Remote Sensing, 10(1): 75.

Justice C, Townshend J, Vermote E, et al. 2002. An overview of modis land data processing and product status. Remote sensing of Environment, 83(1-2): 3-15.

Keogh E J, Pazzani M J. 2001. Derivative dynamic time warping// Proceedings of the 2001 SIAM International Conference on Data Mining. Chicago, IL USA: SIAM: 1-11.

Keogh E, Ratanamahatana C A. 2005. Exact indexing of dynamic time warping. Knowledge and Information Systems, 7(3): 358-386.

Keogh E, Wei L, Xi X, et al. 2009. Supporting exact indexing of arbitrarily rotated shapes and periodic time series under euclidean and warping distance measures. The VLDB Journal, 18(3): 611-630.

Lim B, Zohren S. 2021. Time-series forecasting with deep learning: A survey. Philosophical Transactions of the Royal Society A, 379(2194): 20200209.

Lin C H, Tsai P H, Lai K H, et al. 2012. Cloud removal from multitem- poral satellite images using information cloning. IEEE Transactions on Geoscience and Remote Sensing, 51(1): 232-241.

Liu F T, Ting K M, Zhou Z H. 2008. Isolation forest// 2008 Eighth IEEE International Conference on Data Mining. Pisa, Italy: IEEE: 413-422.

Maus V, Câmara G, Cartaxo R, et al. 2015. Open boundary dynamic time warping for satellite image time series classification//2015 IEEE International Geoscience and Remote Sensing Symposium(IGARSS). Milan, Italy: IEEE: 3349-3352.

Maus V, Câmara G, Cartaxo R, et al. 2016. A time-weighted dynamic time warping method for land-use and land-cover mapping. IEEE Journal of Selected Topics in Applied Earth Observations and Remote Sensing, 9(8): 3729-3739.

Oehmcke S, Thrysøe C, Borgstad A, et al. 2019. Detecting hardly visible roads in low-resolution satellite time series data// 2019 IEEE International Conference on Big Data (Big Data). New

York, USA: IEEE: 2403-2412.

Pelletier C, Webb G I, Petitjean F. 2019. Temporal convolu-tional neural network for the classification of satellite image time series. Remote Sensing, 11(5): 523.

Peterson L E. 2009. K-nearest neighbor. Scholarpedia, 4(2): 1883. Petitjean F, Inglada J, Gançarski P. 2012. Satellite image time series analysis under time warping. IEEE Transactions on Geoscience and Remote Sensing, 50(8): 3081-3095.

Rakthanmanon T, Campana B, Mueen A, et al. 2012. Searching and mining trillions of time series subsequences under dynamic time warping//Proceedings of the 18th ACM SIGKDD International Conference on Knowledge Discovery and Data Mining. Beijing, China: Association for Computing Machinery: 262-270.

Ratanamahatana C A, Keogh E. 2004. Making time-series classi- fication more accurate using learned constraints//Proceedings of the 2004 SIAM International Conference on Data Mining. Philadelphia, DA USA: SIAM: 11-22.

Ronneberger O, Fischer P, Brox T. 2015. U-net: Convolutional networks for biomedical image segmentation//International Conference on Medical Image Computing and Computer-assisted Intervention. Berlin, Germany. Springer: 234-241.

Roy D P, Wulder M A, Loveland T R, et al. 2014. Landsat-8: Science and product vision for terrestrial global change research. Remote Sensing of Environment, 145: 154-172.

Running S W. 2008. Ecosystem disturbance, carbon, and climate. Science, 321(5889): 652-653.

Rußwurm M, Körner M. 2018a. Convolutional lstms for cloud- robust segmentation of remote sensing imagery. arXiv preprint arXiv:1811.02471.

Rußwurm M, Körner M. 2018b. Multi-temporal land cover classification with sequential recurrent encoders. ISPRS International Journal of Geo-Information, 7(4): 129.

Rußwurm M, Körner M. 2020. Self-attention for raw optical satellite time series classification. ISPRS Journal of Photogrammetry and Remote Sensing, 169: 421-435.

Sakoe H, Chiba S. 1978. Dynamic programming algorithm optimization for spoken word recognition. IEEE Transactions on Acoustics, Speech, and Signal Processing, 26(1): 43-49.

Santos L A, Ferreira K R, Camara G, et al. 2021. Quality control and class noise reduction of satellite image time series. ISPRS Journal of Photogrammetry and Remote Sensing, 177: 75-88.

Sezer O B, Gudelek M U, Ozbayoglu A M. 2020. Financial time series forecasting with deep learning: A systematic literature review: 2005-2019. Applied Soft Computing, 90: 106181.

Shaw P, Uszkoreit J, Vaswani A. 2018. Self-attention with relative position representations. arXiv preprint arXiv:1803.02155.

Shi X, Chen Z, Wang H, et al. 2015. Convolutional LSTM network: a machine learning approach for precipitation nowcasting. Proceedings of the 28th International Conference on Neural Information Processing Systems, 1: 802-810.

Simoes R, Camara G, Queiroz G, et al. 2021. Satellite image time series analysis for big earth observation data. Remote Sensing, 13(13): 2428.

Sterling S M, Ducharne A, Polcher J. 2013. The impact of global land-cover change on the terrestrial water cycle. Nature Climate Change, 3(4): 385-390.

Stoian A, Poulain V, Inglada J, et al. 2019. Land cover maps production with high resolution satellite image time series and convolutional neural networks: Adaptations and limits for operational systems. Remote Sensing, 11(17): 1986.

Sun Z, Di L, Fang H. 2019. Using long short-term memory recurrent neural network in land cover classification on landsat and cropland data layer time series. International Journal of Remote Sensing, 40(2): 593- 614.

Vaswani A, Shazeer N, Parmar N, et al. 2017. Attention is all you need. Advances in neural Information Processing Systems, (30): 6000-6010.

Yang J, Gong P, Fu R, et al. 2013. The role of satellite remote sensing in climate change studies. Nature Climate Change, 3(10): 875-883.

Yu D, Yu X, Hu Q, et al. 2011. Dynamic time warping constraint learning for large margin nearest neighbor classification. Information Sciences, 181(13): 2787-2796.

Yuan Y, Lin L. 2020. Self-supervised pretraining of transformers for satellite image time series classification. IEEE Journal of Selected Topics in Applied Earth Observations and Remote Sensing, 14: 474-487.

Zhang X, Liu L, Chen X, et al. 2021. Glc_fcs30: Global land-cover product with fine classification system at 30 m using time-series landsat imagery. Earth System Science Data, 13(6): 2753-2776.

Zhang Z, Tang L, Tang P. 2014a. Local feature based dynamic time warping// 2014 International Conference on Data Science and Advanced Analytics(DSAA). Shanghai, China: IEEE: 425-429.

Zhang Z, Tang P, Huo L, et al. 2014b. Modis ndvi time series clustering under dynamic time warping. International Journal of Wavelets, Multiresolution and Information Processing, 12(5): 1461011.

Zhang Z, Tavenard R, Bailly A, et al. 2017. Dynamic time warping under limited warping path length. Information Sciences, 393: 91-107.

Zhao B, Lu H, Chen S, et al. 2017. Convolutional neural networks for time series classification. Journal of Systems Engineering and Electronics, 28(1): 162-169.

第三篇

系统架构

第13章

全球多源遥感数据的集成和组织

全球多源遥感信息产品生产需要协同使用多源遥感数据，如 2 m、5 m、10 m、30 m、500 m、1 km 和 5 km 等多个尺度的数据。多源数据协同应用涉及不同投影方式、不同文件格式等，如何高效一体化地集成组织这些多源异构的遥感数据，为多源遥感信息产品的快速生成服务是本章需要解决的问题。

13.1 引　　言

多源遥感数据在流程化、自动化、规模化的生产系统中能够协同使用，首先需要解决的问题是多种文件格式数据的一致规范读写，便捷地为产品生产算法准备待计算的数据。本章面对遥感信息产品生产所需的多来源遥感数据，这些待计算的遥感数据又来源于各个遥感卫星中心或科研机构前序已生产的产品，其数据格式千差万别，给数据集成处理带来了挑战。

遥感数据特点决定了遥感数据特有的存储模式，而不同的遥感数据中心针对不同尺度的数据、面向不同的应用特点，往往使用不同的存储模式和数据组织标准，特别是前序已生产的遥感产品，更是借助现有系统或根据自身业务需要生成相应规格的遥感数据产品，其数据格式更不是集成系统所能决定的。遥感数据处理具有 IO 密集型特点，处理过程与数据存储格式强相关，其渐进、累积式的程序开发方式，使得大量的开发资源用于数据存储和存储结构的设计上，且该过程机械、耗时、容易出错（Mello and Xu, 2006），这使得解决数据一致无差别读写问题成为全球或大区域多源遥感数据协同处理系统的迫切需要。

在完成多源遥感数据格式集成的基础上，针对全球或大区域范围遥感信息产品生产，特别是时间序列遥感合成产品生产时，受计算机硬件资源所限，不能将大区域内甚至是一景影像覆盖区域内的所有多源遥感数据一次性读入内存进行处理，需要对数据重新组织来服务于多源协同信息产品的生产。因此，数据剖分模式的数据立方体（data cube）应运而生，每个数据立方体对应一定地理空间范围的数据，以数据立方体为单元进行遥感产品的计算是大区域数据计算的有效途径。因此，为遥感产品生产提供装配好的数据立方体 RTUs（ready-to-use）是全球遥感信息产品规模化生成的又一关键步骤。

13.2　多源遥感数据格式统一抽象模型

通常情况下，科学试验或单机处理模式大多使用高级语言如 MATLAB、IDL 进行遥感数据处理算法设计和验证，一条程序设计语句就可以读取所需遥感数据，是无须考虑多源遥感数据统一存取的问题。但全球应用、时间序列观测等方面需要构建大规模自动化的处理系统，在大规模多源遥感数据并存的环境中，为兼顾效率、可移植性、版权等的考虑，要求遥感数据处理算法使用计算机中低级语言实现，这样多源遥感数据的读取是摆在遥感科学研究人员面前的一道难题。在多种全球及重点区域遥感信息产品自动化生产时，其生产过程需要重复多次读写数据，对每一来源遥感数据分门别类地进行 IO 处理烦琐、易错且不易调试，若能设计一种多源数据格式的统一抽象和满足数据自组织、自描述、可扩展的数据存储结构，实现多源遥感数据的无差别访问，在后续的生产过程中就可以不用再考虑多源遥感数据读写的差异性问题，使遥感科学家集中精力进行数据处理算法本身的研究，这是数据集成的关键。

虽然当前有很多遥感数据格式库，但如何解决多源遥感数据格式统一规范化读写问题，还需要深刻理解遥感数据存储结构、应用特点和使用需求，设计和实现遥感数据抽象模型（李宏益和唐娉，2016）。

13.2.1　几种常见遥感数据格式与格式库

由于缺乏统一标准，不同的传感器其数据有不同的文件格式，甚至是同一传感器，若来源不同其文件格式也略有差异，如图 13.1 所示，美国国家航空航天局（National Aeronautics and Space Administration，NASA）和中国气象局的 MOD02 数据内部格式标准不一致，导致遥感科学家想获取格式文件中的数据，还需了解各种不同文件格式，这将使其不能集中精力于遥感科学研究层面，无疑是对遥感科学发展的阻碍。

13.2.2　遥感数据格式与库分析

当前遥感数据格式比较常见的有 GeoTIFF、层次型数据格式（hierarchical data format，HDF）、netCDF 以及美国国家海洋和大气管理局（National Oceanic and

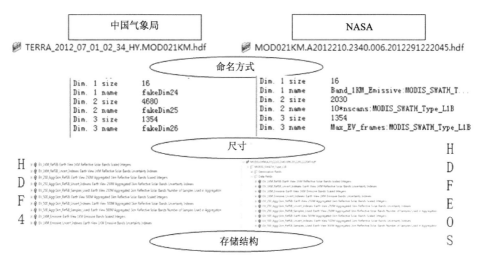

图 13.1　中国气象局和 NASA 数据中心的 MODIS Terra 数据格式比较

Atmospheric Adminstration, NOAA）的裸数据格式 NOAA AVHRR 1B，其对应的格式库分别为地理空间数据抽象库（geospatial data abstraction library，GDAL）、HDF 库和 NOAA 的官方格式文档。特别地，GDAL 格式库支持 JPEG、JPEG2000、BMP、IMG 等常见数据格式，且这些数据格式的访问方式与 GeoTIFF 无本质的区别，下述将这些格式合并到 GeoTIFF 格式中进行处理，不再单独叙述。多源遥感数据协同使用的遥感数据分辨率主要集中在 10 m、30 m、1 km 和 5 km，其数据源对应有 Sentinel 卫星系列、HJ 卫星系列、Landsat 系列、MODIS 系列、NOAA 系列和静止卫星等。

1. GeoTIFF 格式和 GDAL 库

GeoTIFF 格式是遥感领域应用最为广泛的栅格图像格式（陈端伟等，2006），是一种包含地理信息的 TIFF 格式，支持单个大于 2GB 的文件、文件压缩等功能。GDAL 是由 Open Source Geospatial Foundation 支持开发，专门针对栅格数据进行读写、采样、投影变换等的开源库。GDAL 还包含一个单独的 OGR 库，用于矢量数据的操作。GDAL 栅格数据读写的核心是一个抽象数据模型 Dataset，所有栅格数据的操作都是针对这个抽象数据模型进行的。GDAL 的主要优点是：①开源并且使用 C/C++语言编写，具有很好的跨平台性；②对于新增数据格式的支持，官方有很好的示例，数据文件格式扩展性强；③支持大多数遥感栅格和矢量数据格式的读写，特别是一些商业软件也是用 GDAL 作为底层数据格式库。其缺点是不支持应用越来越广泛的 HDF5 文件创建操作。

2. HDF、NetCDF 格式和 HDF 库

HDF 格式分为 HDF4 和 HDF5 两种，有对应数据读写库 HDF4 和 HDF5，都是由美国国家超级计算机应用中心公司支持开发。HDF4 是早期的 HDF 格式，但有一些存储上的限制（如文件大小不能超过 2GB，对数据集的个数也有限制），所以后来对 HDF4 进行了扩展，产生了 HDF5。NCSA 官方对 HDF5 的描述为：一种文件格式，可以管理任何类型的数据；一种软件，存取这种文件格式数据的库和工具；特别适合于大而复杂的数据；与平台无关；开源并且免费；支持 C、F90、C++和 Java APIs。

NetCDF 是一个与机器无关的数据格式，包含一组软件包，支持创建、访问和共享面向阵列的科学数据，支持 Python、IDL、MATLAB、R、Ruby 和 Perl。NetCDF 可以由 HDF5 格式库访问，且其内部结构的层级划分与 HDF5 一致，后续将此格式合并到 HDF5 中进行处理。

3. NOAA AVHRR 1B 格式

NOAA AVHRR 1B 格式属于一种自定义格式，与传统影像数据格式最大的区别是该格式无官方文件格式库，只提供了文件格式说明。据 GDAL 官方说明，该格式可以由 GDAL 库进行读取，但由于数据获取的途径很多，国内大部分 NOAA AVHHR 数据都来自于中国气象局，其改变了原始数据的字节顺序，导致 GDAL 无法进行读取。中国气象局发布了 NOAA AVHRR 1B 数据的官方文档说明，用户只需要按照文档获取每个属性和数据集的偏移、数据长度、字节序就可以完成对应数据的读取。但没有针对该格式的通用数据格式读写库，在工程应用中颇为不便。

4. 遥感产品常用数据源的格式分析

目前，遥感应用按分辨率进行区分，国内使用的主要遥感数据源分别是 2 m 和 5 m 的 GF（高分）卫星、10 m 的 Sentinel 卫星、30 m 分辨率的 HJ 环境卫星和 Landsat 卫星系列；500 m、1 km 分辨率的 MODIS Terra/Aqua 和 NOAA AVHRR；5 km 分辨率的各类静止卫星等。

GF 卫星、HJ 卫星系列和 Landsat 系列：GF 卫星、HJ 卫星的 CCD 传感器和 Landsat 的 TM/ETM 传感器的文件格式基本都是 GeoTIFF，每个 GeoTIFF 文件存储一个波段，每个文件各自带有投影信息，另外用文本文件记录观测角度信息，用 XML 文件记录附加元数据信息。此外，Landsat 系列还存在不同波段其分辨率不一致的情形，如 ETM 第 6 波段与其他波段分辨率不同，这也是数据分波段存储的一个原因，因为 GeoTIFF 无法存储尺寸不一致的数据。

MODIS 和静止卫星系列：MODIS 和静止卫星（如 FY2E、MSG、GOES 等）传感器的文件格式基本上是 HDF5 或可使用 HDF5 库进行读取的格式。HDF5 文件的特点是可以支持的属性和数据集特别多，数量上没有限制，且支持不同数据集使用不同尺寸，符合 MODIS 和静止卫星的实际数据形态。HDF 每个数据集和属性都是自描述的，同一文件支持不同尺寸的数据集。对于数据 HDF 早期版本 HDF4 格式的文件，也可以使用官方工具 H4toh5 先将 HDF4 转换为 HDF5 格式，后续按 HDF5 格式统一考虑。

NOAA AVHRR 数据：该数据来源于中国气象局，与标准的 NOAA AVHRR 数据格式不一致，特别是数据字节序属于小端模式（陈家林和贾涛, 2014），导致数据解析没有现成的工具可用。

Sentinel 卫星数据：该数据来源于欧洲航天局，大部分数据格式为 netCDF 和 JPEG2000，多个文件独立存储。对于 netCDF 数据，可以使用 HDF5 格式库进行解析，对于 JPEG2000 格式，可以使用 GDAL 进行解析。

不同卫星数据各自有不同的特点，导致数据存储选择了不同的文件格式。下面将进一步对遥感数据格式的抽象结构进行分析，以期找到一种统一的抽象结构。

5. 遥感数据格式的抽象结构分析

为了使遥感数据格式库更好用，有很多对遥感数据格式库进行应用的研究，但大多数都基于 GDAL 库来设计和实现，如基于 GDAL 的中间件（刘昌明和陈莘, 2011）、基于 GDAL 的各类应用（赵岩等, 2012；余盼盼等, 2010）、基于 GDAL 的各类快速处理（查东平等, 2013；张宏伟等, 2012）、基于 GDAL 和其他库的联合应用（孟婵媛等, 2012）等，以及一些针对 GDAL 库进行数据格式扩展的研究（郜风国等, 2012；王亚楠等, 2012），但基于 GDAL 框架不能从根本上解决不同数据格式统一读写问题，如遥感数据格式读写涉及的库主要有 HDF5 和 GDAL，两者划分层次不一样，HDF5 按图像、组、数据集的模式划分，GDAL 按图像、数据集、波段的模式划分。其中，HDF5 没有波段的概念，GDAL 没有组的概念，因此使用 GDAL 框架来解析 HDF5 格式数据，其流程必然与其他遥感数据格式不同，而且 GDAL 目前不支持 HDF5 文件的创建。虽然 GDAL 库在当前遥感领域的应用最为广泛，但是 HDF5 文件在存储和处理科学数据集时有很多优点（Folk et al., 1999），特别是在并行处理和高性能处理方面，如 HDF5 的数据选择策略与 MPI-IO 的结合调优（Yang and Koziol, 2006）及 HDF5 与 MPI、硬件平台的结合调优（Soumagne et al., 2010；Cruz et al., 2011）。

遥感科学家在进行遥感应用算法设计时只关心数据本身，不关心任何数据文件格式的复杂定义，更不关心各种不同的文件格式库。如果有一个抽象库，能解

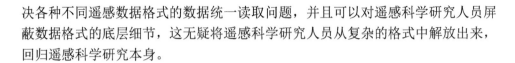

决各种不同遥感数据格式的数据统一读取问题，并且可以对遥感科学研究人员屏蔽数据格式的底层细节，这无疑将遥感科学研究人员从复杂的格式中解放出来，回归遥感科学研究本身。

13.2.3 统一格式抽象库设计与实现

本章需要着重解决多种多源遥感信息产品及 7 种尺度的遥感数据的统一读写，设计了多源遥感数据统一格式抽象库（DFAL），实现多源遥感数据的统一读取，让遥感科学工作者从繁杂的格式中解放出来，专注于遥感科学问题研究本身。

下文详细介绍 DFAL 的设计目标与原则、支持的数据格式、功能组成与实现和可扩展性支持。

1. 设计目标与原则

多源遥感数据格式抽象库的设计目标是解决多源遥感数据的统一读写问题，并且能够让遥感科学研究人员方便使用。因此，设计遵循以下原则。

统一性原则：对于不同数据文件格式，为用户呈现统一的数据操作接口，即用户在使用 DFAL 库时无须关心数据文件格式的具体类型，对于不同的数据文件格式，都使用统一的接口进行数据读写、创建等操作。

易用性原则：HDF5 库函数多，应用复杂，GDAL 在数据读取上简单易用，但不能实现不同数据格式的统一数据读取。DFAL 为用户屏蔽一些细节，对数据读写功能进行了抽象，并且遵照 GDAL 的接口形式，实现数据读写的基本功能，以能满足日常应用和工程需求为限。将 HDF5/NetCDF、NOAA AVHRR 1B 以及由 GDAL 支持的各种文件格式集成于一体，用户无须了解每类文件格式的详细信息，只需要将注意力集中在数据上，则可以更快、更方便地编写遥感应用程序，从烦琐的遥感数据格式读写中解放出来。

2. 支持的数据格式

文件格式：DFAL 通过对 HDF5/NetCDF 库和 GDAL 库进行集成并扩展对 NOAA AVHRR 1B 文件格式的支持。支持的文件格式包含原来 GDAL 支持的全部文件格式以及 HDF5 格式和中国气象局的 NOAA AVHRR 1B 格式。

数据类型：DFAL 支持的数据类型包含 Int8、UInt8、Int6、UInt16、Int32、UInt32、Float32、Float64、CHAR 9 种。

读写模式：DFAL 支持的读写模式包含 Create、ReadOnly、ReadWrite、Truncated 4 种。

3. 功能设计与实现

DFAL 为了实现不同数据格式的统一读写，首先对数据进行了抽象，分为 4 个层次：图像（文件）、组、数据集、属性。4 层抽象结构基本满足了遥感数据的存储格式体系，可以对不同格式中的数据实体对象进行抽象和封装。

DFAL 对不同的遥感数据格式实现了统一的接口和数据读取流程，采用工厂模式来装配不同的数据格式，在 DFAL 库内部用工厂类 DFALFactory，根据用户的读写请求产生不同数据格式的实例对象。

针对 4 层抽象结构，分别定义与之对应的 4 个接口：IDFALImage、IDFALGroup、IDFALDataSet、IDFALAttribute。此外，为方便将来的扩展定义一个公共的基类 CDFAL；为使不同的遥感数据格式可以复用共同的函数接口，定义 4 个公共基类 DFALImage、DFALGroup、DFALDataSet、DFALAttribute，它们都分别继承于对应的 4 个接口和 CDFAL 类。各种数据格式都需要派生出自己的实现类，不同数据格式特有的功能在自己的派生类中实现。

DFAL 的类关系如图 13.2 所示，由工厂类实例化产生的各数据格式的操作对象都是 DFALImage、DFALGroup、DFALDataSet、DFALAttribute 4 个基类。为实

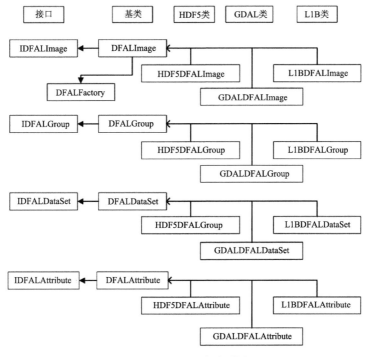

图 13.2　DFAL 类关系图

现图像读写的层次性结构和统一的接口，4个基类的定义和功能实现如下：

DFALImage 是图像类，记录文件的基本信息。图像类的成员函数主要是组和数据集及属性的创建和获取、图像文件之间的挂载和解挂等。成员变量包含组、数据集、属性数量、文件大小、存取模式等。

DFALGroup 是组类，是数据集和属性的包装类，对于 HDF5 格式，组类与 HDF5 库的定义一致，对于使用 GDAL 的用户，组等同于在图像和数据集之间加了一个虚拟层。该类没有数据读写需求，与操作系统中文件夹的功能类似。组类的成员函数主要是组和数据集及属性的创建和获取、直接读写属性函数等。成员变量主要是组、数据集、属性的个数信息。

DFALDataSet 是数据集类，是影像数据实际存放地，该数据集与 HDF5、GDAL 中的数据集一致。数据集类的成员函数主要是数据读写函数、创建和获取属性对象函数、直接读写属性函数等。成员变量主要是数据集的维数和数据类型等信息。

DFALAttribute 是属性类，对于 HDF5 格式，属性的定义与 HDF5 库的定义一致。属性的获取实现了 HDF5 将属性作为对象的获取模式和 GDAL 的直接获取模式两种。属性类的成员函数主要是属性数据读写函数。成员变量主要是数据维数和数据类型信息。

此外，针对 HDF5 文件内部组、数据集和属性众多，嵌套层次深的特点，DFAL 库提供了特殊的供递归调用的接口。通过这些接口可以得到图像、组、数据集下对应的组、数据集、属性对象的数量。然后根据得到的对象编号获取相应的标识字符串，并根据标识字符串判断该对象是否存在。最后通过标识字符串得到对象（组/数据集/属性）的句柄。该接口主要是为了方便工程应用，使用户无须机械地拷贝大量重复的代码，对于一个文件的读写只需要递归操作就能完成。

4. 可扩展性支持

可扩展性支持主要是对遥感图像处理格式的扩展支持，DFAL 格式体系设计从上到下的抽象层级依次是图像、组、数据集、属性。将来需要扩展支持新的数据格式时，每增加一类数据格式，只需要分别集成为四个抽象层次的对应类，并根据新增数据格式的特点决定是否需要重载对应的接口函数。经过上述环节就将新增数据格式添加到 DFAL 库中，实现新增数据格式与已有数据格式的统一存取。

13.3 结合数据尺度和产品类型的多源多尺度遥感数据协同剖分体系

面向全球遥感信息产品生成的数据立方体 RTUs 需要满足一致化条件，即满足投影、尺度、尺寸的一致化。

由于多源遥感数据投影、尺度、尺寸等的区别，数据剖分体系设计是首先要解决的问题。数据剖分单纯从空间维考虑了数据属性，而作为遥感产品还必须考虑数据的时间属性和产品类型属性，这也是遥感信息产品生产的 3 个输入条件（时间范围、空间范围和遥感产品类型）。如此一个至少具备空间范围、时间、产品类型多维属性的数据立方体，在应用时必然面对如下问题：

（1）不同规格剖分如何协同。

（2）多维属性如何协同集成。

（3）数据立方体表示的数据实体如何协同集成。

因此，在有了剖分体系后，其实现的关键是由多源遥感数据构成满足一致化条件的数据立方体 RTUs。

13.3.1 数据剖分体系

当前在遥感领域全球尺度上应用比较广泛的 MODIS 和 Landsat 产品（Kalluri et al., 2000）剖分方式如下：

（1）MODIS 产品，采用正弦投影，网格为 10°×10°，将全球划分成 36×18 个网格。

（2）Landsat 的全球遥感影像拼接产品，采用通用横轴墨卡托投影（UTM）投影及 UTM 的分带方式。在经度方向和纬度方向分别进行划分，经度方向，南北纬 60°之间采用 6°带，南北纬 60°～85°采用 12°带；纬度方向采用 5°带。

以上单一尺度、单一数据源的剖分方式很难应用于大规模集成系统多源协同的数据处理过程中，只能作为单一尺度、单一产品系列的剖分标准。当前影响比较大的基于数据剖分的数据立方体主要有：澳大利亚地理科学数据立方体（Australian geoscience data cube，AGDC），图 13.3 和图 13.4 采用等经纬度投影剖分，它的应用范围集中在澳大利亚区域而非全球范围，主要应用于水观测（Anon, 2016）、海岸带观测（Brooke et al., 2017）等方面，这种剖分方式对其产品精度影响不大，且使用多个时间刻度的单波段数据构成数据立方体进行分析，其应用场景单一，只需要一种类型的数据立方体就可以满足需求。

AGDC 是为每种不同的存储访问设计与之相对应的数据立方体，在遥感数据海量积累的今天，其存储容量的压力不可忽视，特别是在大规模的遥感产品生产系统中，大量冗余的存储空间需求无法得到支持。

此外，上述数据立方体都是存储结构固定、扩展能力有限，不利于数据立方体的重用，且其效率与存储容量是一对矛盾体，如果想求效率，则需要增加存储容量来组织多个不同结构的数据立方体。

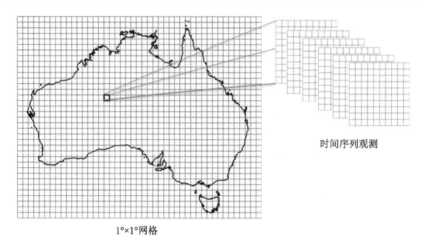

时间序列观测

1°×1°网格

图 13.3　AGDC 数据剖分模式

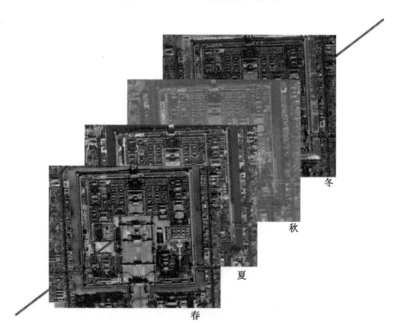

冬

秋

夏

春

图 13.4　立方体样式

当多源数据协同应用时，不同来源的数据尺度不同，不同尺度数据有不同的投影方式和尺寸，而不同的投影方式又会采用不同规格的剖分方式，多种不同规格的剖分如何协同集成是需要面对的问题。

全球信息产品生成涉及多种信息产品和 2 m、5 m、10 m、30 m、500 m、1 km

和 5 km 共 7 个分辨率尺度的遥感数据，为兼容这些数据协同使用，需要设计一个覆盖这些数据尺度和应用特点的数据剖分体系。

参考现有 MODIS、Landsat 等全球数据的剖分设计，本章提出了一个结合数据尺度和产品类型的剖分体系设计，分为高分辨率剖分、中分辨率剖分和低分辨率剖分三个层次，如表 13.1 所示。

表 13.1　结合数据尺度和产品类型的剖分类型表

序号	剖分体系	分辨率	剖分方式
1	高分辨率剖分层次	优于 30 m	等经纬度剖分
2	中分辨率剖分层次	1 km、500 m	正弦剖分
			极地方位剖分
3	低分辨率剖分层次	5 km	按景存储

数据立方体构建时不同层次、不同剖分方式间的数据投影转换以结果图像的剖分层次为基础，计算好结果图像尺寸后逐像素块进行转换，有效规避了投影转换及数据剖分时接边缝（关丽和吕雪锋,2012）的问题。

1. 高分辨率剖分层次

高分辨率剖分层次主要针对优于 30 m 分辨率的遥感产品进行剖分，数据产品包含 2 m、5 m、10 m、30 m 的预处理产品和地表反射率、全球地表覆盖类型、全国地表覆盖类型、土地利用类型、植被光合有效辐射吸收系数、植被叶面积指数、植被叶绿素含量、总初级生产力、内陆水体营养状态、内陆水体透明度、内陆水体有色可溶性有机物 11 种信息产品。

优于 30 m 分辨率的遥感产品是多源遥感数据协同后生成的产品，有明显的时间分辨率，如季、年等，且需要进行数据的镶嵌制图，拼接出大区域甚至是全球的图幅，选取等纬度剖分。为了同分辨率数据协同使用的便利性，其分块方式参考了 UTM 的分带方式。

等经纬度剖分示意图如图 13.5 所示：采用基于 WGS84 基准面的等经纬度投影，数据组织方式为南北向 5°分割，东西向 6°分割（6°分割是与 UTM 分区一致的），剖分覆盖范围为全球，编号范围为 H01V01～H60V36，全球分为 2160 个格网。编号规则是经度方向从 180°W 开始，自西向东，每隔 6°一个带，则 0°经线是经度方向 31 带的起始线；纬度方向从 90°N 开始，自北向南，每隔 5°一个带，则赤道是纬度方向 19 带的起始线。

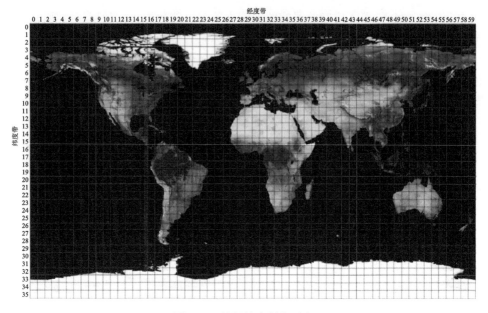

图 13.5　等经纬度剖分示意

2. 中分辨率剖分层次

中分辨率剖分层次主要针对 500 m 和 1 km 分辨率的遥感产品，数据产品包含 500 m、1 km 的预处理产品和全球森林覆盖度、全球耕地像元百分比、全球水域年度覆盖百分比、全球冰雪年度覆盖百分比、全球彩色图、地表蒸散发 6 类信息产品。其中，所有数据根据其覆盖的地理位置又分为极地和非极地产品两类，是否为极地以南北纬 60°作为分界线，高于 60°N 的为北极，高于 60°S 的为南极，中间区域为非极地区域。500 m、1 km 数据产品根据是否为极地区域，其剖分层次又分为两种：正弦剖分和极地方位剖分。正弦剖分正好吻合遥感产品生产中大量使用的 MODIS 产品的剖分方式，降低了数据转换的精度损失。极地方位剖分是为了满足 500 m、1 km 分辨率的极地遥感信息产品的精度而设计的剖分方式。特别地，采用正弦剖分的数据在极地范围内仍然保留正弦剖分的备份数据，即冗余存储一份极地区域范围的正弦剖分数据，目的是保证正弦剖分全球数据制图时拼接的便利性。

1）正弦剖分

正弦剖分示意图如图 13.6 所示，采用基于 WGS84 基准面的正弦投影，将全球平均分成 36×18 个格网，并保证每个格网的像素尺寸都是 1200×1200，实际正弦投影后数据的分辨率约为 926.625 m。这样全球被分成 648 个格网，其中有效格网数 460。格网编码方式以左上角（180°W，90°N）为原点，格网编号为（0,0），纬度方向自南向北依次增加，经度方式自西向东依次增加，右下角格网的编号为（17，35）。特别地，虽然格网数量与 10°×10°经纬度的格网数量一致，但正弦剖分采用正弦投影，实际格网的角度坐标不是 10°的整数倍。

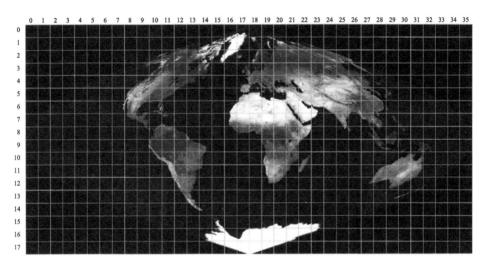

图 13.6　正弦剖分示意

横纵坐标表示格网编号

2）极地方位剖分

极地方位剖分是采用基于 WGS84 基准面的极地方位投影，分别将南北纬 60°以上整个区域合成一个分幅块，因此极地地区一次覆盖只需要两个分幅块数据，一幅为 60°N 以上区域，一幅为 60°S 以上区域。

3. 低分辨率剖分层次

低分辨率剖分层次主要针对 5 km 及以上分辨率的遥感产品，包含归一化差值植被指数、叶面积指数、光合有效辐射吸收比率、物候、气溶胶光学厚度、全球温室气体（CO_2 和 CH_4）共 6 种信息产品。低分辨率剖分层次采用原始分景进行存储，不进行剖分，或者采用将全球范围的单个产品统一存储至一景遥感数据中的剖分方式。

13.3.2　多源遥感数据立方体协同生成流程

多源遥感数据立方体是为遥感产品生产服务的。遥感产品生产的需求来自用户，用户通常是按遥感产品的类型、时间范围、空间范围的条件进行产品生产，即产品生产输入的三要素。在三要素已知的前提下，多源遥感数据立方体协同生成的流程如图 13.7 所示。

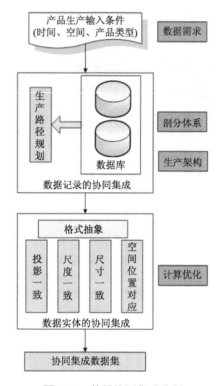

图 13.7　数据协同集成流程

　　图 13.7 中多源遥感数据立方体协同生成的步骤分为两步：①首先，由生产三要素（时间范围、空间范围和遥感产品类型）在数据库中查询相应的输入观测数据记录并生成匹配的键值对，即生成逻辑数据立方体，该步骤实质上也是数据记录的协同集成，即从元数据角度生成的数据立方体；②然后依据匹配的键值对，即逻辑数据立方体的元数据提取数据实体，做一致化处理，并优化计算和 IO，生成实体的数据立方体。

13.3.3　逻辑数据立方体协同生成

　　逻辑数据立方体协同是根据遥感产品生产的三要素（时间范围、空间范围及遥感产品类型），从数据库中查询某个遥感产品生产所需数据记录的同时，对数据记录按遥感产品的剖分体系进行组合，生成遥感产品待生产的元数据集合，集合中包含生产所需的全部输入数据及配对关系，其中输入数据内容按类别、时间有序进行排列。下面以大部分信息产品生产所需要使用的基础产品植被指数（vegetation index，VI）产品为例，介绍数据记录的协同集成策略及方法。

1. 植被指数产品生产输入需求

为提高植被指数产品的质量，使用多源、多时相的数据协同进行反演（龙鑫等，2013）。植被指数产品生产数据需求如图 13.8 所示，每生产一景合成的植被指数产品，需要使用与产品地理空间范围一致的 10 天内 Landsat TM、Landsat ETM+、Landsat OLI、HJ1ACCD1、HJ1ACCD2、HJ1BCCD1、HJ1BCCD2 共 7 种传感器的全部观测数据。但是由于数据接收、存档、传输和预处理等，并不能保证每一种观测数据都全部覆盖。

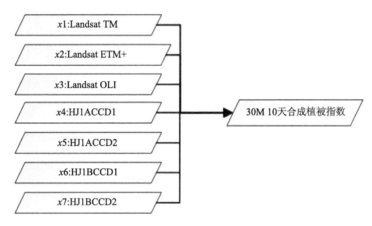

图 13.8　30M 10 天合成植被指数产品生产数据需求

对于每一景合成植被指数产品，判断其是否能够生产，需要满足式（13.1）。其中 $x1 \sim x7$ 对应图 13.8 中的 7 种输入参数，约束关系为 7 种输入参数产品的合集，其空间范围必须覆盖植被指数产品的空间范围。

$$\left\{x1 \bigcup x2 \bigcup x3 \bigcup x4 \bigcup x5 \bigcup x6 \bigcup x7 \Rightarrow (VI,1)\left|\left\{\sum_{i=1}^{7} x_i \geqslant 1\right\}\right.\right\} \tag{13.1}$$

2. 植被指数产品的剖分策略

植被指数产品使用 7 种观测数据，每种输入数据的幅宽、尺寸大小都不完全一致，导致多源数据协同集成时没有统一基准，根据剖分体系，植被指数产品采用 30 m 等经纬度剖分。

3. 数据检索匹配

植被指数遥感产品生产时,需要协同集成的输入观测数据都是栅格影像数据,其数据分景一般由卫星地面站确定,且不同数据源的观测数据其分景尺寸各不相同,在协同集成时其检索和协同使用都极为不便,无法作为生产时数据查询使用的基准,所以数据检索采用剖分体系中分景格网的尺寸作为空间范围配对的基准。数据检索匹配的目的是根据按需生产三要素,给每一个产品分幅块快速查找到对应的输入观测数据。数据检索匹配的流程包含以下四个步骤,如图 13.9 所示。

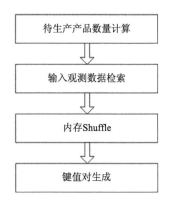

图 13.9 数据检索匹配流程

步骤一:待生产产品数量计算。由时间范围计算时间轴上的时间序列数 T_n,由空间范围计算剖分网格的数量 S_n,则总的用户选择需要生产的遥感产品分幅块数量为 $Q_n = T_n \times S_n$。

步骤二:输入观测数据检索。由遥感产品类型从知识库中获取对应的全部输入观测数据类型,并结合时间范围和空间范围从数据库中查询出所有的输入观测数据记录存入内存。

步骤三:内存 Shuffle。每一个待生产的遥感产品分幅块都需要根据步骤二检索到的观测数据记录进行空间和时间匹配,内存查询使用语言集成查询(language integrated query,LINQ)。采用内存 Shuffle 替代数据库 Shuffle,不仅有效减少了数据库查询次数,而且将 $Q_n \times C_n$ 次数据库查询合并成 C_n 次,提高了整个数据检索匹配的效率。

步骤四:键值对生成。输出 Shuffle 后的键值对,键为遥感产品分幅块,值为对应的输入观测数据,按观测数据类别和时间有序存储。

13.3.4 实体数据立方体协同生成

数据实体的协同集成是在数据记录协同集成生成键值对后，对数据实体进行数据一致化处理，生成 RTUs 数据立方体，为产品生产使用。在多源数据协同遥感产品生产系统中，合成遥感产品单个分幅块的生产需要协同使用大量数据甚至是 TB 级数据，所以一致化的整构好的数据是产品能够顺利生产的保障。一致化整构是将投影、尺度、尺寸以及由这三者导致的空间范围与栅格数据顺序不对应的问题进行一致化，保障数据在生产前的易用性，最终为产品生产提供整构好的空间数据立方体。

1. 数据一致化

数据使用前的一致化是指在数据已经处理成归一化产品后，在多源协同遥感产品生产过程中，对数据实体所做的一致化处理，并生成空间数据立方体。构建数据立方体的目的主要是消除投影、尺度、尺寸以及由这三者结合导致的多源数据未按空间位置、尺寸、尺度和像素坐标对齐的问题（此处不考虑几何定位导致的误差）。

投影一致：多源协同遥感产品需要使用多个数据源的观测数据，并且不同源数据由于其应用和侧重观测区域不同，都有自己最适宜使用的投影方式。然而，多源数据协同进行处理时，数据的获取和使用必须在同一个基准投影上使用。因此，投影一致，即将各种栅格数据的不同投影转换到同一投影上，投影转换的过程中还需要考虑不同坐标系的转换。

尺度一致：多源数据会导致多个分辨率尺度并存的现状，尺度一致不是每种遥感产品都必需的过程。例如，植被指数产品生产时，输入观测数据和输出遥感产品的分辨率都是 30 m，就不需要进行尺度一致转换。但当生产某个产品时，其他输入数据源都有数据，而某个输入数据源在该分辨率上缺失数据，则需要用其他不同分辨率的数据替补。替补分为向上替补和向下替补，向上替补即替补数据的分辨率高于需求数据的分辨率，如 1 km 分辨率使用 30 m 分辨率的数据替补；向下替补即替补数据的分辨率低于需求数据的分辨率，如 30 m 分辨率使用 1 km 分辨率的数据替补。

尺寸一致：多源数据由于其传感器来源不同，有不同的分景大小和分辨率，这也决定了数据的尺寸不尽相同。即使同一个传感器的数据，数据的裁剪、校正等处理也会导致数据的尺寸不同。多源数据协同使用时最便捷和最有效的方式就是让多源数据的尺寸也一致，这时需要对数据进行再裁切。

2. 数据实体的协同集成实现

数据实体的协同集成以几何校正中的倒推法为参考，该方法隐式包含了投影一致、尺度一致以及尺寸一致的处理过程。其处理流程如图 13.10 所示：该方法展示了产品生产时栅格中任意一个像素点的数据协同集成流程，对于整个分幅块的数据实体协同集成，按像素点逐点计算。单个像素点的处理流程如下（其中 i 和 j 分别表示栅格数据的行号和列号，k 表示输入数据的景号，PVI（i,j）表示植被指数产品的像素坐标值，GVI（i,j）表示植被指数产品的地理坐标，UIn（i,j,k）表示每一景输入数据的 UTM 坐标，PIn（i,j,k）表示每一景输入数据的像素坐标。

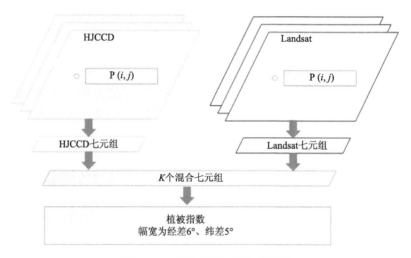

图 13.10　数据实体协同集成流程

第一步：计算植被指数产品 PVI（i,j）对应的地理坐标 GVI（i,j）；

第二步：对于每一景输入数据，分别由 GVI（i,j）转换到 UIn（i,j,k）；

第三步：由 UIn（i,j,k）判断该景图像是否在输入图像的范围内，在则转到第四步，否则该景图像不参与该点计算。

第四步：对每一景包含该点的图像，分别由 UIn（i,j,k）转换到 PIn（i,j,k）；

第五步：读取所有包含该点的图像数据，每景图像在该点所需数据为七元组：分别是第一波段、第三波段、第四波段、太阳方位角、太阳天顶角、观测方位角、观测天顶角。其中，Landsat 系列数据无观测方位角和观测天顶角，用 0 填充。

13.4　小　　结

全球空间信息产品生产具有数据量大、多投影、多尺度、多时相、多尺寸、多文件格式等特点，以及受限于集群服务器单节点的内外存储资源，进行多源遥感产品生产时的数据协同集成难度大，需要设计一套策略进行数据准备。

本章首先设计了一个具有全新顶层架构的 DFAL 抽象库来解决多源遥感数据格式的读写问题。在实际产品生产系统中，使用 DFAL 库与不使用 DFAL 库对数据 IO 部分的编码量进行对比发现，当遥感产品生产涉及多种数据文件格式时可以显著降低数据 IO 部分的编码量，而且产品生产只涉及一种数据文件格式时也不会增加数据 IO 部分的编码量，这便极大地简化了多源协同遥感产品生产算法的程序实现。

其次，面向多源遥感数据协同使用的需求，为高效组织管理遥感栅格数据，在设计多源多尺度遥感数据协同剖分体系的基础上，构建了多源协同空间数据立方体，为遥感产品生产算法准备 RTUs 的数据立方体，降低了遥感科学研究人员协同使用多源多尺度遥感数据的难度。

参 考 文 献

陈端伟, 束炯, 王强, 等. 2006. 遥感图像格式 GeoTIFF 解析. 华东师范大学学报(自然科学版), (2): 18-26.

陈家林, 贾涛. 2014. 油井数据地面传输仪的设计. 武汉工程大学学报, 36(5): 6.

郜风国, 冯峥, 唐亮, 等. 2012. 基于 GDAL 框架的多源遥感数据的解析. 计算机工程与设计, 33(2): 6.

关丽, 吕雪锋. 2012. 位置主导的空时记录体系架构设计. 测绘科学, 37(1):5.

李宏益, 唐娉. 2016. 支持多源遥感数据格式的抽象库 DFAL. 遥感学报, 20(2): 8.

刘昌明, 陈荦. 2011. GDAL 多源空间数据访问中间件. 地理空间信息, (5): 4.

龙鑫, 李静, 柳钦火. 2013. 植被指数合成算法综述. 遥感技术与应用, 28(6): 9.

孟婵媛, 张哲, 张靓, 等. 2012. 基于GDAL 和 NetCDF 的影像金字塔构建方法. 海洋测绘, 32(2): 3.

王亚楠, 赖积保, 周珂, 等. 2012. 基于 GDAL 的多类型遥感影像文件标准接口设计与实现. 河南大学学报: 自然科学版, 42(6): 5.

余盼盼, 钟志农, 陈荦, 等. 2010. 基于 GDAL 的月球空间数据转换服务. 兵工自动化, 29(12): 4.

张宏伟, 童恒建, 左博新, 等. 2012. 基于 GDAL 大于 2G 遥感图像的快速浏览. 计算机工程与应用, 48(13): 159-162.

赵岩, 王思远, 毕海芸, 等. 2012. 基于 GDAL 的遥感图像浏览关键技术研究. 计算机工程, 38(23): 5.

查东平, 林辉, 孙华, 等. 2013. 基于 GDAL 的遥感影像数据快速读取与显示方法的研究. 中南林业科技大学学报, (1): 5.

Anon. 2016. Water observations from space: Mapping surface water from 25 years of landsat imagery across australia. Remote Sensing of Environment, 174: 341-352.

Brooke B, Lymburner L, Lewis A. 2017. Coastal dynamics of northern Australia-insights from the landsat data cube. Remote Sensing Applications: Society and Environment, 8: 94-98.

Cruz R, Calmet H, Houzeaux G. 2011. Implementing a XDMF/HDF5 Parallel File System in Alya. Partnership for Advanced Computing in Europe.

Folk M, McGrath R E, Yeager N. 1999. HDF: An update and future directions//IEEE 1999 International Geoscience and Remote Sensing Symposium. Hamburg, Germany: IEEE: 273-275.

Kalluri S, Grant D, Tucker C, et al. 2000. NASA creates global archive of ortho-rectified Landsat data. Eos, Transactions American Geophysical Union, 81(50): 609-618.

Mello U, Xu L. 2006. Using XML to improve the productivity and robustness in application development in geosciences. Computers & Geoences, 32(10): 1646-1653.

Sagar S, Roberts D, Bala B, et al. 2017. Extracting the intertidal extent and topography of the Australian coastline from a 28 year time series of Landsat observations. Remote Sensing of Environment, 195: 153-169.

Soumagne J, Biddiscombe J, Clarke J. 2010. An HDF5 MPI virtual file driver for parallel in-situ post-processing//Recent Advances in the Message Passing Interface: 17th European MPI Users' Group Meeting, EuroMPI 2010, Stuttgart, Germany, September 12-15, 2010. Proceedings 17. Berlin Heidelberg: Springer: 62-71.

Yang M Q , Koziol Q. 2006. Using collective IO inside a high performance IO software package – HDF5. Proceedings of Teragrid,12-15.

第 *14* 章

全球多源遥感数据信息产品生产流程建模与算法集成

全球多源遥感信息产品生产系统集成涉及生产流程建模和算法集成两方面的工作。生产流程建模是将前后生产时序相关的多个不同算法进行流程化梳理，并与数据结合形成可执行的流程。算法集成是采用什么框架进行算法的执行调度和算法执行效率的优化。本章将致力于抽丝剥茧似的算法流程建模和基于遥感数据特点的算法集成研究工作。

14.1 引　言

一种遥感信息产品的生产往往涉及一系列的处理流程，简单流程如流水线似的辐射校正、几何归一化直到高级别遥感产品生产，稍复杂一些的流程如树结构，更复杂的流程如图结构等。在大规模信息产品生产系统中，多种遥感产品的同时生成是面临很大挑战的，特别是遥感产品具有层次、嵌套、输入不确定等特征，如何屏蔽大数据环境下遥感产品生产算法的复杂性，遥感产品自动工作流的梳理、建模、组织和算法集成，通常被认为是技术性强且繁杂而又令人望而生畏的复杂工作（Wang et al., 2011），为此必须要考虑处理流程建模和算法模型集成的问题。

对于遥感产品生产来说，流程建模的实质是在遵循遥感产品生产运算次序的前提下，将产品生产过程涉及的数据、模型算法、输入参数、输出格式等元素进行有序组织，剥离软硬件资源约束，在更高抽象层级上描述遥感产品生产的工作流程，这种抽象化描述称为遥感产品生产工作流模型，属于科学工作流范畴。建立遥感产品生产工作流模型，将模型与数据、模型与模型流程化、标准化集成是遥感产品自动化生产的核心，也是遥感集成系统高效运行的前提。

国内遥感发展已有四十余年，关于遥感标准数据产品，如几何精纠正、正射校正、辐射校正等，已经有比较成熟的流程。对于单一传感器来源的遥感产品生产，其流程也比较清晰简单，但对于多源遥感数据综合的遥感产品生产，流程建模尚属于探索性阶段。此外，已有的科学工作流管理平台，均服务于特定专业领域，如用于水文模型集成 GeoTrust（Essawy et al., 2018）等，这些集成模型往往基于专业领域内自身已有的产品链进行设计，缺乏一定的开放扩展能力。算法集成，这里指将不同算法进行连接的过程，是流程建模过程的一部分。算法服务化集成将极大地简化高性能计算资源使用的成本、屏蔽数据物理分散的缺点，有利于集成规模的扩展。这种集成方式为用户提供了统一的资源入口，在软硬件资源的封装和服务化方面具有很好的应用价值。

在流程建模和算法集成后，由于遥感数据的体量大，还需要对处理算法或集成框架进行优化，以提高处理效率，满足遥感监测现势性的要求。遥感数据快速处理的需求主要有两类：第一类是需要在短期内完成各种全球遥感产品的生产以支撑全球变化分析的需要，其本质是大规模快速处理的问题。由于全球数据量大、生产时间长，生产过程中需要调配大量系统资源，必须考虑如何在一段时间内完成大规模多种类型的全球遥感产品生产，达到整体效率最优，其数据量一般在 TB 或者几十 TB 甚至更多。第二类是如区域性、局部性的应急性减灾应用，如地震及地震次生灾害的制图等，需要快速完成小区域或单景遥感影像的处理，其本质是高性能处理的问题。这时需要少而精的处理资源和处理算法的最优并行化，在分钟级甚至秒级完成数据处理，达到局部最优。

因此，本章着重解决遥感信息产品集成生产过程中面临的流程建模、算法集成及处理效率优化的问题。

14.2 遥感产品生产架构

遥感产品生产架构是遥感产品生产需要遵循的运算次序和生产依赖关系，可用于指导产品生产的全流程，是流程的基础。因此，流程建模的第一步就是依据产品集成需求整理出遥感算法的运行次序关系、时空数据需求、层次嵌套关系等。

待集成生产的遥感产品包含 2 m、5 m、10 m、30 m、500 m、1 km 和 5 km 共 7 个分辨率尺度的数据整构产品和多种中低、中高分辨率的遥感信息产品。下面仅以植被类的植被光合有效辐射吸收比例、植被叶面积指数、植被精细分类、植被净初级生产力产品为例，描述植被类的产品架构的定义。

根据产品生产依赖关系和运算次序，构建的植被类产品生产架构如图 14.1 所示。

（1）生产植被类产品，不仅需要多源卫星数据的反射率产品，还需要其他类产品的支持，如辐射类产品地表反照率和光合有效辐射等。

（2）考虑研究聚焦的特点，假定植被是一类研究领域，定义植被类产品生产架构的生产层级时，不考虑其他类别产品（如辐射产品）的生产层级。此设计也是为了更好地方便用户自动进行流程建模配置而无须了解其他领域的知识。

（3）植被类产品生产架构的生产层级定义，以数据整构产品为起算点，图中共 4 个植被类产品，其中叶面积指数和植被精细分类产品的生产层级定义为 1；光合有效辐射吸收比例产品的生产层级定义为 2；植被净初级生产力产品的生产层级定义为 3。

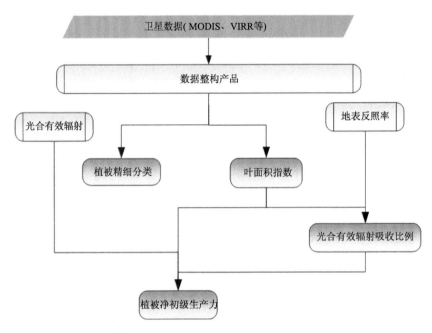

图 14.1 植被类产品的生产架构

图 14.1 是植被类产品的生产架构，下文将继续结合产品的分辨率、时间序列要求来描述单个产品的详细生产架构。以植被类的 1 km 合成植被光合有效辐射吸收比例（fraction of photosynthetically active radiation，FPAR）产品（李丽等，2015）为例，产品生产架构如图 14.2 所示。

生产 1 km 合成 FPAR 产品，所需产品包含 1 km 合成叶面积指数产品，生产 1 km 合成叶面积指数产品，需要相应的数据整构产品和辅助数据，因此，FPAR 的生产层级为 2，叶面积指数的生产层级为 1。更进一步地，低级别的产品需要数据整构产品和辅助产品的支持来进行生产。

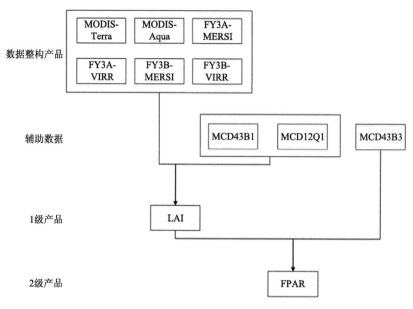

图 14.2　植被类产品的生产架构

14.3　产品生产架构形式化表达与服务化集成

在构建产品生产架构后，需要对流程进行梳理，设计流程节点的串联结构，因此需要对产品生产关系进行形式化表达，然后根据形式化表达构建产品生产流程并生成脚本文件，最后对各流程节点算法进行封装集成。

14.3.1　产品生产架构形式化表达

针对多种信息产品生产流程和 7 个尺度的数据整构产品生产流程，在产品生产架构的基础上，为实现产品生产流程脚本的递归自动解析，对产品生产流程进行形式化定义。如图 14.1 所示，1 km FPAR 产品的生产层级为 2，以下将以 FPAR 产品为例，介绍遥感产品的形式化表达过程。如图 14.3 所示：生产 FPAR 产品需要的输入参数包含 1 km 叶面积指数（leaf aera index, LAI）产品（马培培等，2019）和 MODIS 产品（MCD43B3）；由于 LAI 产品是多源协同产品，生产时需要 MODIS-Terra、MODIS-Aqua、MERSI-FY3A、VIRR-FY3A、MERSI-FY3B、VIRR-FY3B 共 6 个传感器的数据整构产品及 MODIS 的两个产品 MCD43B1 和 MCD12Q1 共 8 个输入参数。产品生产的形式化表达主要包含产品生产的参数项定义和生产关系约束。

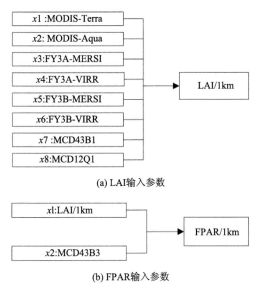

(a) LAI输入参数

(b) FPAR输入参数

图 14.3　植被覆盖度的生产流程

1. 参数定义

参数定义为遥感产品生产流程的节点参数设计统一的描述项，基于这些描述项建立计算机可以识别、处理的节点模型。参数定义基于 XML 语言实现，为保障能够自动生成遥感产品的嵌套工作流程，对工作流程中的每个输入节点和输出节点进行了参数设计。输入参数主要包含数据存储数据库、网格查找方式、输入参数序号、是否为数据整构产品、空间分辨率、时间分辨率、时间跨度、时间刻度对齐方式、是否分幅 9 项。输出参数主要包含数据存储数据库、生产流程文件、生产算法可执行文件、产品名称前缀、算法版本号、空间分辨率、网格查找方式、时间分辨率、是否合成、产品类型编号、是否分幅、产品级别等 15 个关键项，分别如表 14.1 和表 14.2 所示。

表 14.1　输入参数建模表

编号	名称	描述	备注
1	TName	数据存储数据库	
2	GridType	网格查找方式	
3	Order	输入参数序号	
4	IsEnd	是否为数据整构产品	
5	SpatialResolution	空间分辨率	

编号	名称	描述	备注
6	TimeSpanResolution	时间分辨率	
7	InputDurationTime	时间跨度	时间序列合成产品专用
8	DurationTimeForward	时间刻度对齐方式	定义时间序列数据的查找方式
9	IsSubdivide	是否分幅	

表 14.2　输出参数建模表

编号	名称	描述	备注
1	TName	数据存储数据库	
2	File	生产流程文件	
3	ExeF	生产算法可执行文件	
4	QPNamePrefix	产品名称前缀	
5	QAVersion	算法版本号	
6	SpatialResolution	空间分辨率	
7	GridType	网格查找方式	
8	TimeSpanResolution	时间分辨率	
9	IsSynthesis	是否合成	
10	TypeID	产品类型编号	
11	IsSubdivide	是否分幅	
12	DBExef	数据存储入库程序	
13	PLevel	产品级别	
14	CompelDoWork	是否强制执行	不满足约束条件也强制执行
15	StatusCount	输出状态计数	

2. 生产关系约束

对于多源协同遥感产品的生产，其输入参数需要满足一定的数据条件才能进行。以 FPAR/1km 和 LAI/1km 产品生产为例，LAI/1km 的生产关系约束见式（14.1）：$x1 \sim x8$ 分别对应图 14.3（a）中的 8 种输入参数产品，其中 $x1 \sim x6$ 共 6 类输入参数产品的空间范围叠加必须覆盖 LAI 产品的空间范围，$x7$ 和 $x8$ 这 2 类输入参数产品必须分别覆盖 LAI 产品的空间范围。FPAR/1km 的生产关系约束见式（14.2）：$x1$ 和 $x2$ 分别对应图 14.3（b）中的两种输入参数产品，$x1$ 和 $x2$ 这 2 类输入参数产品必须分别覆盖 FPAR 产品的空间范围。

$$\left\{ x1 \bigcup x2 \bigcup x3 \bigcup x4 \bigcup x5 \bigcup x6 \bigcup x7 \bigcup x8 \Rightarrow (LAI,1) \middle| \left\{ \sum_{i=1}^{6} xi \geqslant 1, x7 \geqslant 1, x8 \geqslant 1 \right\} \right\} \tag{14.1}$$

$$\left\{ x1 \bigcup x2 \Rightarrow (FPAR,1) \middle| \{x1 \geqslant 1, x2 \geqslant 1\} \right\} \tag{14.2}$$

如式（14.1）所示，求和的约束项 $\sum_{i=1}^{6} xi \geqslant 1$，在表达式中将该约束项中的 6 个输入参数作为同质输入进行合并，精简后的 LAI/1km 生产关系约束见式（14.3）：其中 $x1$ 为表达式（14.1）中的 $x1 \sim x6$ 的合集，$x2$ 对应式（14.1）中的 $x7$，$x3$ 对应表达式（14.1）的 $x8$。

$$\left\{ x1 \bigcup x2 \bigcup x3 \Rightarrow (LAI,1) \middle| \{x1 \geqslant 1, x2 \geqslant 1, x3 \geqslant 1\} \right\} \tag{14.3}$$

图 14.4 是 7 种尺度的数据整构产品使用 XML 语言建模生产的流程文件。

名称 ^	类型	大小
Workflow_sp_1km.xml	XML 文档	1 KB
Workflow_sp_2m.xml	XML 文档	1 KB
Workflow_sp_5km.xml	XML 文档	1 KB
Workflow_sp_8m.xml	XML 文档	1 KB
Workflow_sp_16m.xml	XML 文档	1 KB
Workflow_sp_30m.xml	XML 文档	1 KB
Workflow_sp_500m.xml	XML 文档	1 KB

图 14.4　产品形式化定义一览

14.3.2　产品生产流程脚本生成

遥感产品生产是基于任务驱动的，任务生产订单提供了用户的生产需求。解析用户的任务生产订单，将用户的生产需求转换为计算机系统可执行的生产任务脚本，是工作流技术中的重要内容。

生产流程的任务脚本解析流程如图 14.5 所示，首先，依据生产任务三要素（时间范围、空间范围、产品类型），结合数据库已有的数据、产品情况进行产品生产路径规划，确定每个任务产品生产的最短路径；然后，根据当前生产情况进行任务筛除，去除不同生产分支导致的冲突生产任务和重复生产任务；最后，按照产品生产流程建模规则，进行生产流程脚本装配，并按生产层级定义分级存储。

下面对每个步骤分别进行说明。

（1）生产路径规划：接收到用户的生产任务需求后，根据产品类型，获取产品生产的流程信息。依据流程信息，以优先用高层级产品生产最终产品为原则，结合产品时间、空间属性要求，对于一次生产任务所覆盖的全部生产单元都求出其最优的生产路径。

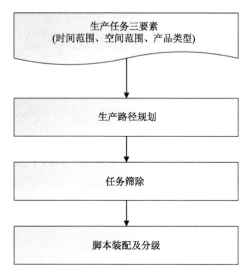

图 14.5　脚本解析流程

（2）任务筛除：系统支持多任务同时进行产品生产，在求出每个生产任务单元的最优生产路径后，在脚本生成前，判断任务中的生产单元在系统中的状态（正在生产、待生产、不存在），筛除正在生产和待生产的任务，只留下当前系统中不存在的任务，避免重复生产和生产冲突。

（3）脚本装配及分级：对于筛除后留下的全部生产任务单元，根据最优生产路径和查询出来的数据列表，依据产品生产的流程建模规则，对满足生产规则的任务单元生成生产流程脚本，并结合层级定义，对生成的脚本有序存储，有序存储为任务调度器的优先调度提供依据。

14.3.3　流程建模过程中不确定问题的处理策略

遥感工作流脚本自动解析生成面临的问题主要有：产品间嵌套的生产关系、任务内不固定的生产开始点、不固定的输入参数个数等。有些问题需要在流程建模时优化模型设计，有些问题需要在生成脚本时依据数据存储状态判定处理，降低生产流程的不确定性。

1. 产品间嵌套的生产关系

以 1 km FPAR 产品生产为例（图 14.3），生产 FAPR 直接的输入参数为 LAI/1

km 和 MCD43B3，但 LAI/1 km 的生产又需要其他产品的支持来进行生产。

2. 任务内不固定的生产开始点

由于遥感产品具有嵌套生产关系，在某一个时刻，任意用户生产需求中的全部生产任务单元可能处于不同的生产开始点。如图 14.6 所示，将图中的区域范围分为三部分 R2、R3 和 R1-R2-R3，当某个生产任务需要生产 R1 区域范围内的 FPAR 产品时，当前数据存储状态为 R2 区域已有 LAI 产品存档，R3 区域已有 FPAR 产品存档，则 FPAR 的生产分为三种情况：①R3 区域内无须进行生产；②R2 区域内，直接使用 LAI 和 MCD43B3 进行生产；③R1 去除 R2 和 R3 的区域，需要先调用 LAI 流程生产 LAI，再使用 LAI 和 MCD43B3 生产 FPAR。当生产级别更高、生产输入参数更多时，产品生产的不固定生产开始点的情况将会更加复杂。

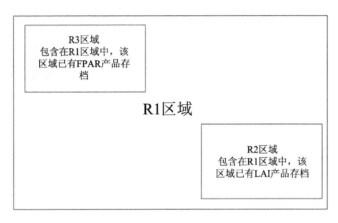

图 14.6　生产包含关系

3. 不固定的输入参数个数

以固定幅宽大小生产遥感产品时，有两方面的原因使产品生产算法的输入参数个数不固定：①卫星在不同区域的过境周期及覆盖情况不一致，接收到的数据量不一样；②卫星数据在接收、处理以及数据存储等过程中的数据缺失，导致不同区域或者同一区域不同时间段的数据量不一样。不固定的输入参数导致系统需要适应可变的输入参数个数。但对于每一种遥感产品，必须满足前述表达式中的最小约束才能生产。

针对上述脚本生成过程中的不确定性问题，采取的处理策略包括：

（1）针对嵌套的生产关系，遥感产品的生产流程建模为分层建模。如图 14.3

中所示，FPAR 的流程将 LAI 产品生产流程的整体作为输入参数，而不是将 LAI 产品详细流程嵌入 FPAR 流程中，该设计不仅有利于流程的嵌套调用，而且简化了流程设计，增加了灵活性。

（2）针对不固定的生产开始点的问题，采用基于生产流程控制的生产路径规划方案来解决。以优先用高层级产品生产最终产品为原则，结合生产流程模型，递归地求解出全部生产单元最优的生产路径。

（3）针对不固定的输入参数个数问题，得益于第 13 章实现的数据立方体，数据立方体为算法屏蔽了输入参数个数的细节，无论输入参数的个数如何变化，算法的输入参数都是准备好的 RTUs。

14.3.4 遥感产品算法服务化集成

在大规模集成处理平台建设中，遥感产品算法通常来源于不同的项目参加团队，算法以可执行文件的方式提供，系统集成人员无法对算法代码进行修改，因此一般采用将可执行文件进行封装的服务化集成模式。

在上述已经定义好遥感产品生产工作流程的基础上，本部分着重解决工作流程的处理环节——遥感算法的集成。系统涉及多种信息产品及 7 个尺度的数据整构产品等多种类型的遥感科学算法。如何将这些算法有效地集成于同一个系统中，并使算法集成具有扩展性，是算法集成需要考虑的问题。

多领域算法的综合集成涉及多个学科，算法体系庞杂；同时算法还包含已有的、新研发的，算法间差异性大，因此需要利用网络、封装来隔离算法的各种差异性，并通过前述设计的算法关节点定义来约定算法的开发过程，以实现算法的可集成、可执行、互不影响。

1. 算法集成框架

利用 Web 无限横向扩展的特点，与服务化的算法集成技术结合，实现算法的无限集成与扩展，即基于互联网模式的服务集成拓展技术，将物理上分散的服务资源集成到一个统一的门户上，在一个统一的门户为上层用户提供服务。对于算法的数据请求，基于 OGC 数据发布规范 WMS、WMTS，为算法提供数据支持，屏蔽了数据物理分散的缺点，并且将原来由算法去读数据转换为算法只需要提数据需求，数据服务提供相应数据的主动服务模式，这样更加有利于处理数据规模的扩展。算法服务的特点是将每个算法都在网络上封装成服务，使用者无须关系算法的具体地址，通过调用算法统一资源定位符（uniform resource locator，URL），就可以将多领域的算法集成在统一门户框架下。

2. 集成实现

集成封装是制定统一的接口，并设计与其他学科领域算法的适配接口。算法封装的领域模型如图 14.7 所示，IWFQpModel 主要有三个接口：①GetInputPara 为获取输入参数的接口；②GetOutputPara 为获取输出参数的接口；③ToWorkFlow Script 为将模型转换为脚本片段的接口。WFQpModelFactory 为算法工厂类，根据算法名实例化算法对象。WFQpModelInterface 为算法的调用接口，主要有两类：

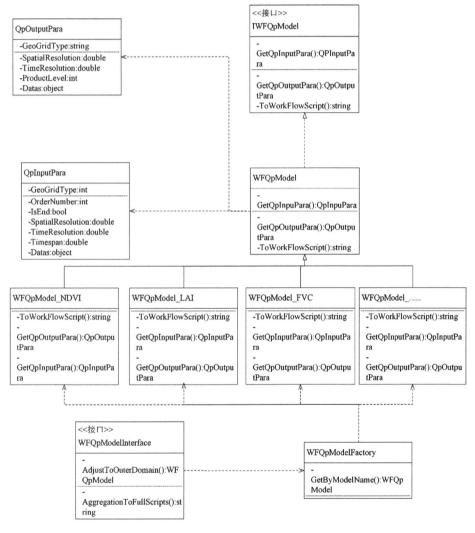

图 14.7　遥感模型封装的领域模型

一类负责将学科领域内的算法流程的脚本片段聚合成可执行的脚本文件；另一类负责将算法的 QpInputPara 和 QpOutputPara 适配到其他学科领域。

14.4　遥感产品并行处理框架

遥感产品生产算法集成一般采用可执行文件的方式，同时为了适应遥感监测对时势性的定制化要求，在算法研发人员许可的情况下也会对算法本身进行性能优化。本章在分析遥感产品算法运算特点的基础上，设计了一个适合遥感数据处理的算法集成与并行框架，在系统级能满足全球尺度大规模数据快速处理的需求，也能兼顾小区域、单景图像或剖分数据立方体高性能处理的需求。

14.4.1　遥感产品处理算法的运算特点

遥感数据的一大特点就是数据体量大，IO 一直是数据处理过程中的瓶颈，因此遥感数据的快速处理都绕不开数据存储，且遥感算法的运算规则也与数据存储方式息息相关。遥感数据存储是典型的面阵存储方式，即波段-行-列的三元序。在遥感时间序列应用及遥感合成产品生产中还考虑数据的时相,即时相-波段-行-列的四元序。因此，遥感数据的运算特点分析主要是针对运算序列相关性、运算空间位置相关性和运算 IO 占比等特点进行分析。

1. 运算序列相关性

在遥感时间序列应用及遥感合成产品生产中不仅需要考虑波段，还需要考虑时相，因此遥感运算针对的是遥感数据的时相-波段-行-列的四元序。面对遥感数据处理的四元序，运算的序列相关性分为三类，如图 14.8～图 14.10 所示，分别为波段内相关、波段间相关、时相间相关。

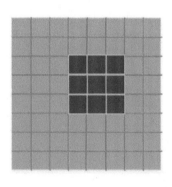

图 14.8　处理的序列相关性: 波段内相关

　　遥感图像面阵排列的特性具有天然的可并行性，但并行度的高低取决于具体的遥感产品计算算法（计算算子）及硬件基础设施环境。一般地，由于遥感数据的数据尺寸大，遥感运算具有波段间相关以及时相间相关的特点，单次运算涉及大量数据，受限于硬件基础设施的内存容量，需要频繁地访问外部存储器，致使当前遥感算法的高性能处理程度不高，遥感图像快速处理最便捷的实现方式是任务并行。

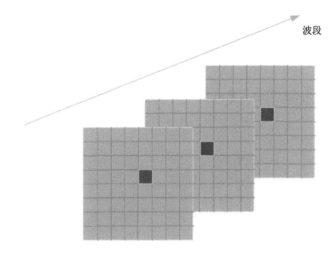

图 14.9　处理的序列相关性: 波段间相关

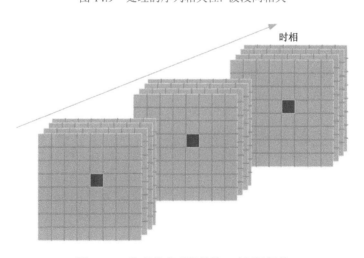

图 14.10　处理的序列相关性: 时相间相关

2. 运算空间位置相关性

遥感数据处理算法种类多，按遥感数据应用处理的过程来划分，包含地面站的预处理（辐射校正、系统级几何校正），遥感产品生产前的精处理（精校正、正射校正、融合、镶嵌等），基础遥感产品生产（地表覆盖、各种参数反演等），专题遥感应用（全球变化、灾害应用等）（马艳，2013）。虽然遥感数据处理的算法众多，但基本运算算子都具有一个特征，即结果图像中的某一个像素值是由原始图像中的一个或多个像素值进行计算的结果。遥感数据处理波段内的空间位置相关性如图 14.11～图 14.14 所示（左边代表原始图像，右边代表结果图像）：包含四种情形（马艳，2013；夏辉宇，2014），分别为①点和点的处理，如图 14.11 所示。②规则区域和点的处理，如图 14.12 所示。③不规则区域和点的处理，如图 14.13 所示。④全局和点的处理，如图 14.14 所示。

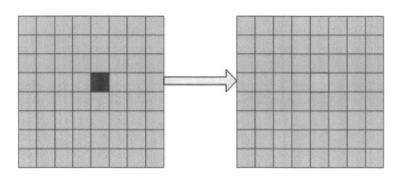

图 14.11　处理的空间位置相关性: 点⇒点运算

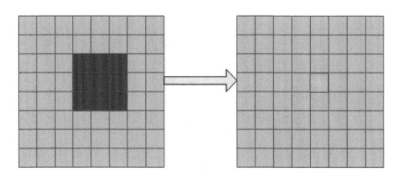

图 14.12　处理的空间位置相关性: 规则区域⇒点运算

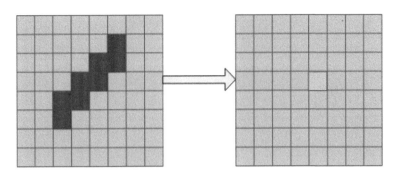

图 14.13　处理的空间位置相关性: 不规则区域⇒点运算

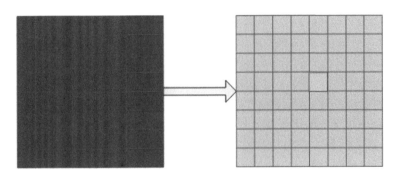

图 14.14　处理的空间位置相关性: 全局⇒点运算

其中, 波段内点⇒点和规则区域⇒点的处理是最易进行分块并行的。不规则区域⇒点和全局⇒点的处理, 其并行处理实现就比较复杂, 一方面原始图像参与计算的像素点集不规则导致数据分块难度大, 另一方面将图像数据全部直接存储到内存中又超过了操作系统的内存管理能力, 因此需要对遥感运算的内存管理进行优化, 才可以利用当前计算资源的大内存, 达到高性能计算的效果。

3. 运算 IO 占比

为了更好地证明 IO 是遥感产品计算的瓶颈, 选取 3 种典型遥感算法: 植被指数、卷积运算（3×3 模板）和 MeanShift 聚类（7×7 模板, 最大迭代次数 100）, 分别记录算法的理论时间复杂度、运算总时间、IO 时间、IO 占比和处理速率, 如表 14.3 所示。

表 14.3　几种典型遥感算法的运算时间（图像尺寸：36000×18000）

算法	理论时间复杂度	图像大小/GB	运算总时间/s	IO 时间/s	IO 占比/%	处理速率/(MB/s)
植被指数	$O(n)$	1.81	8.6	5.2	60.5	210.5
卷积运算	$O(kn)$	1.81	18.6	8.5	45.7	97.3
MeanShift 聚类	$O(ik^2n)$	1.81	395	8.7	2.2	4.6

从算法的运算步骤上分析，植被指数的理论时间复杂度是 $O(n)$，卷积运算的理论时间复杂度为 $O(kn)$，MeanShift 聚类的理论时间复杂度为 $O(ik^2n)$，其中 n 为像素数量，k 为卷积（模板）尺寸的乘积，如 3×3 卷积 k 为 9，i 为迭代次数。从理论时间复杂度看，植被指数和卷积运算属于低时间复杂度的算法，MeanShift 聚类属于高时间复杂度算法。从 IO 占比看，IO 占比与理论时间复杂度成反比，理论时间复杂度越低，IO 占比越高，如植被指数 IO 占比超过总时间一半，卷积运算的 IO 占比也接近总时间的一半，只有 MeanShift 聚类的 IO 占比低。从单位时间的处理速率看，植被指数的处理速率达到了 210.5MB/s，已经接近硬盘 IO 的速度，再对算法进行优化其作用有限。而系统需要集成的遥感算法大部分都是理论时间复杂度比较低的算法，因此 IO 才是遥感数据高性能处理的突破口，而 IO 优化的基本方向是并行文件系统和内存处理。

通过对遥感计算算子的运算特点进行分析，可以得出：①运算的序列相关性一方面导致参与计算的遥感数据量特别大，另一方面序列相关性的差异性又导致参与计算的数据量参差不齐，采用任务并行是比较好的解决方案。②运算的空间位置相关性复杂，使得不同遥感处理算法需要采用不同的并行实现方式，虽然当前的内存并行方法不能满足遥感数据的处理要求，但内存并行的思想是值得借鉴的。③运算 IO 占比分析进一步指明了 IO 优化是遥感数据高性能处理优化最适应的方式。

针对遥感运算的特点，结合遥感数据快速处理的两类需求，本章设计了一种集群环境下的双层并行处理框架，上层采用任务并行模式，下层采用内存计算模式。该框架既满足大规模大区域的遥感产品生产，又满足大图像的快速处理，还能对所有时序相关性和空间相关性的遥感处理算法都有加速效果。

14.4.2　上层粗粒度任务并行处理

为实现大数据量的多源遥感产品快速生产，结合大部分集成系统都不掌握算法源代码的实际情况，本章设计了基于任务并行的粗粒度并行处理策略。在分布式环境下设计系统的调度器，整个系统的并行度、负载均衡都交由任务调度系统来完成，任务调度系统负责将不同的处理进程调度到不同节点的核心上。如图

14.15 所示,任务调度器调度硬件资源的粒度是节点的处理核心,调度软件的粒度
是单个生产任务(即一个运行脚本)。每个脚本执行完成后自动结束,返回处理状
态和结果,而无须等待其他处理器核心的同步资源。任务调度器维护一个未处理
的任务队列,调度器根据任务队列是否为空决定下一步的调度计划。以 10 个计算
节点、每个节点 12 个核心为例,系统设置的任务并行度为 120,并且单个脚本执
行完整的产品生产过程,这种粗粒度的任务并行方式与细粒度并行方式相比,不
仅实现简单,而且可以省去进程同步的时间耗费。

由于遥感信息产品生产数据密集型的特点,所以进行配套并行计算的文件系
统设计尤为重要。本章未使用现成的并行文件存取系统,主要是考虑遥感数据格
式的特殊性,其读写都需要额外的第三方格式库支持,因此采用符合遥感数据使
用特点的文件分布式存储组织方式,设计了基于可扩展的分布式遥感文件系统
(remote sensing scalable distributed file system,RSSDFS)。

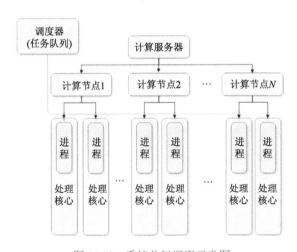

图 14.15　系统并行调度示意图

RSSDFS 的架构如图 14.16 所示。RSSDFS 服务器包含一个静态资源服务器、
一个目录服务器、多个存储节点。其中,多个存储节点可以同时被目录服务器和
客户端访问。

静态资源服务器用于存储和管理各多源遥感处理算法的静态参数信息,该信
息可以使原始数据直至多源遥感产品形成完整的生产流程。静态资源服务器的功
能是负责将用户的生产订单(时间范围、空间范围、产品类型)解析成具体的按
景(幅)为单位的数据需求。

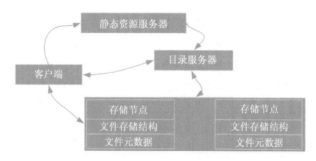

图 14.16　文件系统架构

目录服务器负责存储管理存储节点中栅格数据的元信息，主要是原始数据、整构产品、多源信息产品三大类数据的元信息。元信息按类型可以分为两类：第一类为文件路径信息，包含文件名、存储节点名、文件路径前缀、文件路径后缀信息，通过这四项信息就可以直接定位到栅格数据实体；第二类为管理信息，包含各种入库标记及对应的处理订单号，做到数据进出文件系统都有据可查。

此外，目录服务器还需要管理存储节点的信息，增加和删减存储节点都需要通过目录服务器实现，目录服务器维护当前的存储节点信息表，以供数据出入库寻址。

存储节点用于存储数据实体信息，主要包含各种原始数据、整构产品、多源信息产品以及其他辅助数据的实体。

综合目录服务器和存储节点，数据实体进入存储节点采用轮训模式。当数据需要进入存储节点时，首先查询目录服务器的存储节点查找表，然后判断存储节点的存储状态，在可接受入库的存储节点中依次写入一景（幅）数据，直至数据入库完成。

14.4.3　下层基于内存的图像加速处理

每个计算核心执行单个脚本生产遥感产品的过程中，计算的数据单元可以是数据立方体，也可以是单景遥感影像数据，其数据量大多在 GB 量级以上。单个文件越来越大，一方面是遥感图像尺寸越来越大后 IO 越来越耗时，另一方面是遥感大图像并行处理需要算法自身去考虑遥感数据的物理分块实现，但每个算法都去考虑物理分块其并行处理的实现难度大，不利在行业领域的推广应用。

针对单个文件越来越大后遥感影像的快速处理问题，本章还专门设计了内存环境下的图像加速处理框架，并从以下两方面为遥感影像快速处理提供支持。一方面，应用业务无须关心数据分块的事情，而是由框架来完成数据分块操作；另一方面，将图像文件整体载入内存后再进行计算，屏蔽/减少随机读写磁盘这种非常耗时的基础操作。

内存计算是将待计算数据和中间结果数据等都存储在内存中，数据计算过程中都针对内存中的数据进行计算。早期受限于单节点计算机内存的容量，内存计算大多采用分布式共享内存的方式（Amza et al., 1996）。当前提到内存计算，首先想到的就是 Spark，也有一些学者基于 Spark 进行了遥感处理的研究（Sun et al., 2015; Wang et al., 2016）。但 Spark 有自己的数据存储组织规则，其分块方式与遥感影像的应用处理方式脱节，在遥感领域其应用有诸多不方便。

本章设计的内存环境下的图像加速处理框架采用内存计算的原理，也是使用内存替代磁盘作为数据计算时频繁存取的中介，并且只在数据被处理前才被载入内存，而不是用内存去管理全部的遥感数据。图像加速处理框架设计的基本思路是通过构建内存数据链表，在图像处理算法运算开始前，将图像数据全部一次性载入内存，存储到内存数据链表中，之后的全部图像处理过程都是以内存数据链表为载体进行，结果图像生成也是预先构建结果内存图像，结果图像生成过程中，也是以结果内存图像为载体进行读写，待图像处理运算过程结束，将结果内存图像一次性写入硬盘。全内存图像加速处理框架的技术流程如图 14.17 所示，其分为如下关键的八个步骤。

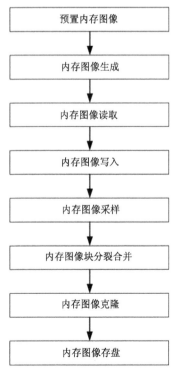

图 14.17　全内存图像加速处理框架的技术流程

（1）预置内存图像，根据遥感图像的元信息在内存中构建与遥感图像元信息完全一致的内存图像对象，内存图像采用内存链表实现，将大图像分割成计算机内存可以载入的离散图像块。

（2）内存图像生成，设计内存图像分块标准，将大图像的数据一次性全部载入内存图像中。

（3）内存图像读取，图像处理算法采用和读硬盘相同的 IO 接口读取内存图像，保持了算法实观的一致性，为算法运算提供了数据。

（4）内存图像写入，图像处理算法采用和写硬盘相同的 IO 接口写入内存图像，保持了算法实观的一致性，内存图像根据写入数据的偏移信息决定将数据写入实际的内存图像分割块中。

（5）内存图像采样，对读取、写入图像尺寸与图像处理应用所需尺寸、分辨率等不一致的，将内存图像中的数据重采样到和算法要求一致的尺寸。

（6）内存图像块分裂合并，在算法运算过程中，为保证内存图像的最优性能，实时调整内存图像的分块，对内存图像进行分裂和合并。

（7）内存图像克隆，根据内存图像的创建参数再创建新的内存图像对象，并将内存图像分割数据块复制到新的内存图像分割数据块中。

（8）内存图像存盘，根据内存图像参数在硬盘上构建实际图像，并将内存图像中的全部分割数据块一次性写入硬盘图像中。

内存图像处理框架设计的优点如下：①将离散图像硬盘 IO 转换为集中连续图像 IO，加快图像硬盘 IO 的读写速度；②将算法运行时的多次访问硬盘转换为多次访问内存，加快运算访问数据的速度；③更高的算法并行加速比，将并行图像处理中的硬盘锁转换为内存锁，降低锁的粒度，加快并行效率；④已有算法程序代码改动量极小，该框架实现与图像磁盘 IO 同样的访问接口；⑤计算都是基于内存数据进行，使得数据分块的问题变得不显著，并且分块由框架完成，应用更无须关心。

14.5 小　　结

全球空间信息产品生产具有数据量大、多层次、嵌套、输入不确定性等特征，如何屏蔽大数据量下多个算法的复杂性，以及提高产品生产效率是系统能够流程化高性能处理的关键。

本章在分析遥感产品算法生产层级和依赖关系的基础上，构建了遥感产品的生产架构，采用 XML 描述语言对产品生产架构进行建模和采用服务化的算法集成方法对遥感产品生产算法进行集成，实现了多源遥感产品算法的流程化生产。

　　然后，对遥感图像高性能处理需求和遥感数据处理运算特点进行分析，提出了集群环境下面向全球尺度多源遥感产品生产集成系统的双层并行处理框架，该框架的上层部分包括基于粗粒度任务并行的处理策略和与之配合使用的分布式并行文件系统，下层部分是基于内存数据链表的对数据立方体及单景大图像的加速处理框架。经过实际系统检验，该框架的集群环境下，集成系统的并行处理框架的特点是适合于大规模任务、大吞吐量的处理。在大规模集群基础设施支撑的前提下，无论针对何种图像处理算法，以及图像处理的时间复杂度如何、可并行性如何，都可以达到预期的并行效果。而且，在针对每个数据立方体处理时，采用内存环境下图像加速处理框架可提高单个处理任务的处理效率，特别是对 IO 占比大、数据访问随机性大的运算，其性能提升效果更好。

参 考 文 献

李丽, 范闻捷, 杜永明, 等. 2015. 基于 SAIL 模型模拟的农作物冠层直射与散射光合有效辐射吸收比例特性研究. 北京大学学报: 自然科学版(1): 10.

马培培, 李静, 柳钦火, 等. 2018. MuSyQ 叶面积指数产品验证与分析–以中国区域为例. 遥感学报, 23(6).

马培培, 李静, 柳钦火, 等. 2019. 中国区域 MuSyQ 叶面积指数产品验证与分析. 遥感学报, 23(6): 1232-1252.

马艳. 2013. 数据密集型遥感图像并行处理平台关键技术研究. 北京: 中国科学院大学.

沈占锋, 骆剑承, 陈秋晓, 等. 2006. 高分辨率遥感影像并行处理数据分配策略研究. 哈尔滨工业大学学报, 38(11): 5.

沈占锋, 骆剑承, 陈秋晓, 等. 2007. 基于 MPI 的遥感影像高效能并行处理方法研究. 中国图象图形学报, 12(12): 5.

夏辉宇. 2014. 基于 MapReduce 的遥感影像并行处理关键问题研究. 武汉: 武汉大学.

Amza C, Cox A L, Dwarkadas S, et al. 1996. Treadmarks: Shared memory computing on networks of workstations. Computer, 29(2): 18-28.

Essawy B T, Goodall J L, Zell W, et al. 2018. Integrating scientific cyberinfrastructures to improve reproducibility in computational hydrology: Example for hydroshare and geotrust. Environmental Modelling & Software, 105: 217-229.

Sun Z, Chen F, Chi M, et al., 2015. A spark-based big data platform for massive remote sensing data processing//Data Science: Second International Conference, ICDS 2015, Sydney, Australia, August 8-9, 2015, Proceedings 2. Berlin: Springer International Publishing: 120-126.

Wang F, Wang X, Cui W, et al. 2016. Distributed retrieval for massive remote sensing image metadata on spark// 2016 IEEE International Geoscience and Remote Sensing Symposium (IGARSS). Beijing, China: IEEE: 5909-5912.

Wang Z, King E, Smith G, et al. 2011. RS-YABI: A Workflow System for Remote Sensing Processing in AusCover. Perth, Western Australia: MODSIM 2011-19th International Congress on Modelling and Simulation-Sustaining Our Future: Understanding and Living with Uncertainty.

第 *15* 章

容器化全球多源遥感数据信息产品生产系统关键设计

遥感数据处理与生产具有显著的数据量大、计算量大、计算耗时长、流程复杂等特点，对于生产系统的可扩展性与效率要求较高；同时数据处理与生产算法也具备较强的专业性、多样性以及复杂性等特点，依赖不同类型的辅助数据、函数库、第三方软件、配置文件、环境变量等组件，生产系统亟须一套统一且灵活的算法集成与调度方法。本章以容器技术与云计算集群为核心，提出了一套容器化的全球多源遥感数据信息产品生产系统关键技术设计，可以有效支撑大规模高时效数据处理与生产，并且在集成不同算法时消除算法运行环境部署的复杂性，解决不同算法运行环境之间的冲突，提供统一的算法运行与调度模式。本章的主要内容包括容器技术概述、生产系统架构、容器集群架构、算法镜像仓库设计、算法容器封装与集成、工作流调度与产品生产等，以及相应的系统实例。

15.1 引　言

15.1.1 容器与虚拟机

在云计算时代（Armbrust et al., 2010; Dillon et al., 2010），云主机集群与之前较为普遍的线下物理机集群的一个主要区别在于计算环境的动态性，物理机集群的计算环境包括操作系统、依赖软件、函数库、系统设置等，一经部署往往就会处于比较稳定的状态，集群运行较长时间后集中进行升级维护；而云主机集群由于虚拟化的程度较高，会根据计算任务的多少弹性创建或调整虚拟云主机的数量与配置，因此计算环境经常处于变化之中。为了适应这种计算环境的频繁变化，容器技术（Bernstein, 2014）应运而生，相较于虚拟机容器技术，容器技术是一种更加轻量、快速的计算资源隔离共享技术（Felter et al., 2015; Seo et al., 2014; Potdar et al., 2020），可以将应用程序进程及其依赖的系统环境进行虚拟化并与其他进程相隔离，实现不同计算环境下程序的无差别一致性运行，即容器可以放置在不同的云主机上运行并取得相同结果。

使容器更加轻量快速的关键是容器借助了当前运行主机的操作系统内核，而不是耗费更多资源为应用程序单独定制一个操作系统。图 15.1 对比了虚拟机与容器的组织架构，在磁盘、内存、CPU 等计算机硬件的基础上，虚拟机的部署首先依赖于一个虚拟机监视器（virtual machine monitor 或 hypervisor），用来将物理主机的计算资源进行虚拟化管理与分配，以允许多个操作系统共享底层硬件资源，然后每个虚拟机在创建时需要启动一个独立的操作系统，在这个操作系统内部署程序依赖的软件环境并运行应用程序。而容器的运行则更接近于启动一个进程而非启动一整个系统，容器的部署依赖于一个容器平台，目前最常见的平台是Docker，容器平台运行于物理机的操作系统之上，容器启动时容器平台会借助当前操作系统的内核，虚拟化一个容器运行所要求的系统环境，因此容器只包含自身运行所需的软件依赖项与执行进程，相比虚拟机更加轻量，同时也完全实现了应用程序运行环境隔离的需求。

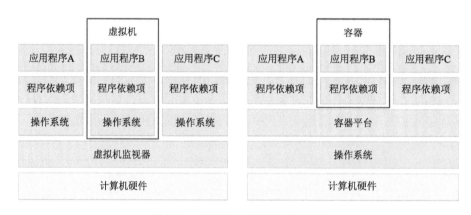

图 15.1　虚拟机与容器的架构对比

虚拟机与容器不是相互替代的关系，两者的定位不同，即虚拟化对象的粒度不同，虚拟机实现了整个计算节点的虚拟化，包括操作系统、硬件、网络、软件等，而容器实现的是应用程序及其依赖项这一只针对某个程序运行所需的部分环境的虚拟化。如果要将集群资源虚拟化为多个计算节点，一般需要通过虚拟机来实现，而如果仅需要在不考虑底层系统的情况下运行应用程序，则可以通过容器实现。在云计算环境下，云主机一般是通过将整体的计算资源池根据需求弹性定制创建出不同虚拟机节点，真实的底层物理环境可以是不透明的，甚至分布在不同的地点，只是在逻辑上和使用上属于同一个云主机集群，以实现灵活、动态、高效率的计算资源配置。而云主机上运行的各类应用程序为了适应不透明且经常变化的运行环境,不约而同地选择了容器化的运行方式。

15.1.2   容器与镜像内部结构

容器的自包含、隔离、轻量等特点与其内部组成结构有着密不可分的联系,了解容器的内部结构有助于技术人员深入理解容器的原理与使用方式。伴随着容器出现的另一个概念是镜像,镜像可以理解为容器的静态资源,容器与镜像的关系类似于面向对象编程中的类与对象,或者运行中的进程与可执行程序。图 15.2 展示了容器与镜像的内部组织结构,容器是分层增量式组织的,由一个基础镜像层、多个镜像层,以及一个容器层构成。基础镜像层包含容器运行所指定的操作系统相关的静态资源,在启动后容器会借助当前节点的操作系统内核,通过基础镜像层提供的资源模拟出一个容器所需的操作系统环境。在具备特定操作系统之后,镜像层包含容器可执行程序所需的各项组件,一般包括可执行程序本身,以及依赖软件、函数库、辅助数据、环境变量、配置文件等。镜像层是增量式叠加的,每个组件可以分别作为独立的层进行组合或复用,同一个镜像层可以用在不同的镜像中。基础镜像层与所有相关的镜像层共同组成一个镜像,基于同一个镜像可以启动多个容器,镜像在启动后其中的所有层都是只读的,以保证其静态性,而每个容器在启动后都会包含一个独立的临时可读写容器层,以支持程序运行所需的运行时存储、临时文件、中间过程文件等,一旦容器结束,容器层就会被删除,不会引起相应镜像的任何改变。如果要将容器运行产生的结果进行保存,或引入镜像外的其他数据,容器提供了存储挂载机制,可以将外部存储挂载至容

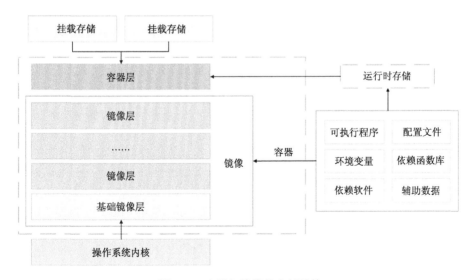

图 15.2   容器与镜像的内部结构

器中，提供永久性而非临时性的存储，挂载存储中的内容在容器结束后不会被删除。如果要利用容器运行时的状态更新镜像，可以将容器通过另存方式固化成新的镜像，其中与原有镜像一致的部分会复用原有镜像层，有变化的部分成为新的镜像层。

15.1.3 遥感数据信息产品算法容器化的意义

（1）消除了算法运行环境部署的复杂性。

遥感数据信息产品算法具备较强的专业性、多样性以及复杂性，依赖多种类型的辅助数据、函数库、第三方软件、配置文件、环境变量等组件，在算法部署时需要将各项组件分别进行拷贝、安装、设置，部署过程较为复杂，且在每个计算节点上都要重复进行，将算法进行容器化可以将所有运行环境组件与算法程序进行绑定集成，只需部署一次即可在不同节点上运行，基本消除了算法运行环境部署的复杂性。

（2）解决了不同算法运行环境之间的冲突。

在实践中，不同算法的运行环境之间比较容易发生冲突，如函数库或辅助软件之间的不兼容，同一种函数库或软件不同版本的无法共存，全局性环境设置的互相覆盖等，这些冲突即使能够通过在运行时切换不同环境变量解决，也需要耗费大量资源同时部署多个版本，并维护其与程序的对应关系，而将算法容器化之后通过容器之间的隔离性，可以自然地解决运行环境冲突，使同一个节点上的不同程序各自使用独立的运行环境。

（3）提供了统一的算法运行与调度模式。

不同遥感数据信息产品算法使用的编程语言及其相应的调用方式多有差异，可能是不同形式的程序、命令或脚本，这就造成在构建生产流程时需要针对多类不同算法，甚至是每一个算法程序，单独开发调度运行的业务逻辑，显著增加了开发难度与复杂性，而将算法容器化之后，无论其内部是如何启动程序的，启动容器的基本方式是一致的，即提供了一种统一的算法运行与调度模式，提升了全自动生产流程的便捷性、稳定性与可维护性。

15.2 生产系统架构

生产系统所采用的总体架构如图 15.3 所示，共分为 4 层，自下而上分别为基础资源层、框架工具层、业务功能层、界面交互层。

图 15.3　生产系统总体架构图

　　基础资源层主要提供系统底层共性的计算、存储、网络等资源以支撑系统运行，主体采用云上资源架构，即在大块的云内存池、云存储池、云计算核心池的基础上，根据计算需求动态分配资源创建多个计算节点，大规模遥感数据具有单独的共享存储，集群整体具备若干个公共网络 IP 作为连接入口。

　　框架工具层主要提供系统软件研发与运行中需要的开发框架与功能组件，包括但不限于系统后端开发框架 spring-boot（Webb et al., 2013）、系统数据库 MySQL（Schwartz et al., 2012）、容器运行平台 docker（Boettiger, 2015）、容器调度框架 Kubernetes（Brewer, 2015; Medel et al., 2016）、算法仓库 Registry（Anwar et al., 2018）等，基本上均选择的是 Java 网站开发与容器运行领域最主流的工具。

　　业务功能层主要实现了系统具体的业务逻辑，大致可以分为数据管理、算法管理、产品生产、系统管理四个业务领域，数据管理主要包括数据上传、数据检索、数据浏览等功能；算法管理主要包括算法上传、算法编辑、权限管理等功能；产品生产主要包括订单管理、任务规划、任务管理、工作流构建、工作流运行、任务监控等功能；系统管理主要包括用户管理、资源管理、系统配置等功能；四个业务领域相互配合共同支撑系统业务能力。

界面交互层主要提供用户在线操作界面，各项系统功能均通过在线交互方式进行操作，并对用户进行必要的可视化帮助与引导，主要功能界面包括算法上传引导页面、订单创建引导页面、数据上传引导页面、算法检索与管理页面、订单与任务管理页面、数据时空可视化页面等。

15.3　容器集群架构

大规模的容器化程序运行需要依托于容器计算集群，在云计算已经逐渐普及的大背景下，配置了容器运行环境的容器云计算节点已经成为云计算的标准基础设施之一，大多数应用程序都运行在容器云节点之上。本生产系统也构建在容器云计算集群之上，图 15.4 展示了容器云计算集群架构，主要包括提供计算能力的计算集群、作为系统网站服务器的网站集群，以及相应的集群本地存储与遥感数据存储，下面分别进行介绍。

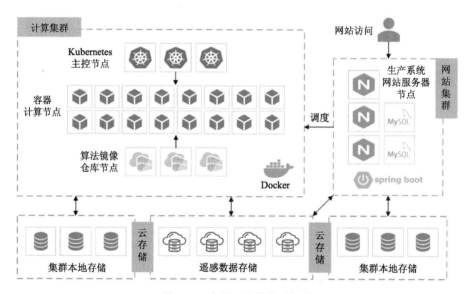

图 15.4　容器云计算集群架构

计算集群是各类生产算法的容器化运行平台，支持容器计算任务的自动编排调度及实时镜像拉取，集群包括多个容器计算节点、若干个主控节点，以及若干个镜像仓库节点。Kubernetes（K8S）是由 Google 开源的目前使用最广泛的容器编排引擎，支持自动地将容器计算任务分配调度至容器计算节点执行并持续跟踪管理容器从创建到结束的全生命周期过程，支持可伸缩部署与负载均衡。主控节点接收来自系统网站的计算任务后通过 Kubernetes 调度并执行任务,为提升容错性与可用性,可同时部署多个主控节点互为备份。容器计算节点是任务的直接运行环境,是生产系统算力的主要提供者,因此计算节点的数量众多,在云计算框架下计算节点的数量可以弹性伸缩,在任务量骤增时可以动态增加节点数量,待任务量减少后再动态削减。由于容器计算节点的职责明确,只负责容器计算,所以一般只需要在节点上部署 Docker 容器平台,提供通用的容器运行环境,算法依赖的其他组件都自包含在容器内部。计算节点所运行的容器镜像也无须提前部署,而是在运行之前从镜像仓库中自动拉取,减轻节点部署的工作量并维持镜像来源的单一性,提升一致性与可维护性。镜像仓库节点提供镜像接收、存储、管理、发布等网络服务,服务的实现基于 Registry 镜像仓库组件,该组件支持通过RESTful 网络请求(Pautasso, 2014)的方式进行上述镜像操作, 可与 Kubernetes无缝兼容。为实现负载均衡与任务分流,且对镜像进行多路备份,提升容错性与可用性,集群可同时部署多个镜像仓库,彼此实时同步。

网站集群是生产系统网站的部署环境,提供网站服务,主要包括若干个网站服务器节点与若干个数据库节点。网站服务器节点运行网站的前后端,网站后端采用 Java 语言的 Spring-boot 框架编写,前端采用 JavaScript ES6/HTML5/CSS编写(Dipierro, 2018),相应的服务器节点需部署 Java 运行环境与 Nginx 网络服务器(Reese, 2008),为实现负载均衡,提升容错性与响应速度,系统同时部署多个网站服务器节点提供服务。网站的前后端连同其依赖的 Java 环境与 Nginx环境可以封装成镜像并运行在容器中。数据库节点运行 MySQL 数据库为系统网站提供关系数据库服务,MySQL 数据库一般也可运行在容器中,可同时部署多个数据库节点进行业务分流与数据多重备份。

容器云集群的存储部署也采用云存储方式,即在物理上通过网络连接将存储托管在某个数据中心,而在逻辑上将某一部分存储空间划归到某一个节点作为其"本地"存储,节点可以像访问本地磁盘一样使用这部分存储空间。对于计算集群与网站集群中的每一个节点,都需要按照上述云存储方式为其分配"本地"存储,依据节点角色的不同分配不同体量的存储空间。本地存储主要负担节点运行的一般性存储开销,而生产过程中输入的海量多源遥感数据,以及生成的数据产品,均采用专门的共享云储存空间,其主要原因是遥感数据的体量庞大,本地存储难以承载,不便于迁移,且数据一般都涉及产权与使用权限制,不完全开放,因此常见的模式是由数据拥有者发布数据共享方式,使用者进行检索后在指定的存储空间内寻找所需数据,数据产品的存储与上述情况类似,也需要专门的产品承载与发布空间。

上述各类节点之间的连接由于安全性考虑,一般通过虚拟内网的方式实现,

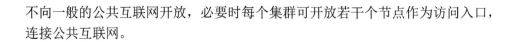

不向一般的公共互联网开放，必要时每个集群可开放若干个节点作为访问入口，连接公共互联网。

15.4 算法镜像仓库

该生产系统构建了一套私有的算法镜像仓库，提供关于容器镜像的接收、存储、管理、发布、拉取等综合服务，算法镜像仓库的结构设计如图 15.5 所示，按照算法功能划分为数据处理算法、空间信息产品算法、辅助工具算法三个子库，同时部署测试环境、生产环境、备份环境三类使用场景。数据处理算法主要包括多源多尺度几何归一化、多源辐射归一化、云与阴影检测、云与阴影修补，以及各类处理精度的评价等算法；空间信息产品算法主要包括归一化差值植被指数、全球冰雪年度覆盖百分比、全球彩色图、全球水域年度覆盖百分比、全球作物种植面积、全球森林覆盖度等中低分辨率产品算法，以及地表反射率、内陆水体营养状态、内陆水体有色可溶性有机物、内陆水体透明度、植被叶面积指数、植被叶绿素含量等中高分辨率产品算法；辅助工具算法提供共性的图像处理工具，包括影像格式转换、缩略图生成、影像拼接、影像重投影、影像裁剪、影像瓦片化等算法。在测试、生产、备份三类环境中，均统一部署具有相同结构的镜像仓库，只是其中算法镜像的逻辑状态与来源不同，所有来自用户提交或系统初始的算法首先进入测试环境的仓库中进行测试，确认算法的可用性与安全性之后，再部署至生产环境的仓库中纳入生产环节，过时不用或定期备份的算法镜像会拷贝至备份环境的仓库中进行存档。

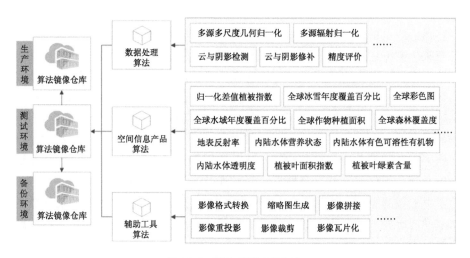

图 15.5　算法镜像仓库结构

系统采用 Registry 2.0 构建算法镜像仓库，Registry 是 Docker 原生的镜像仓库组件，组件独立运行，采用网络服务方式响应请求，不同场景不同子库通过网络域名进行区分，如网址 registry.com/testing/preprocessing/cloud-detection:v1.0 中第一段域名 registry.com 指定仓库地址，第二段 testing 指定测试环境，第三段 preprocessing 指定预处理算法子库，第四段 cloud-detection:v1.0 指定具体版本号为 1.0 的云检测算法。

15.5　算法容器封装与集成

算法容器化运行的必要前提是将算法及其依赖的所有组件与环境封装成容器镜像。图 15.6 展示了算法镜像封装与上传的过程，首先需要进行算法组件的制备，主要包括算法可执行程序、算法依赖的函数库与软件、配置文件、辅助数据等，算法的编写一般采用没有商业版权风险的 C、C++、Python、Java 等主要编程语言，依赖库、辅助数据的地址和配置文件中的地址等均需设置成容器内的地址。遥感算法所需的辅助数据有时数据量会很大，如地表类别底图、数字高程底图、高分辨率几何基准图等，封装在镜像内会造成镜像体量过大，不利于镜像分发使用与备份，在这种情况下，辅助数据可以转化为输入数据部署在遥感数据存储中，使用时挂载至容器内部，其他数据量较小的辅助数据可以直接封装在镜像内。由于容器会被调度至不固定的节点上运行，节点的内存、CPU 等计算资源情况也会不同，因此算法程序在编写时需要考虑内存消耗与 CPU 占用，一般不要超过当前主流配置的平均水平，即单个程序消耗内存尽量不超过 2G，CPU 占用不超过

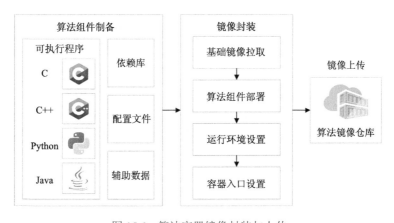

图 15.6　算法容器镜像封装与上传

2 个。遥感数据处理与生产算法经常会产生较大存储量的临时文件，在容器执行过程中临时文件会被保存在容器层，而容器层在默认情况下会占用节点 Docker 安装目录所在的本地存储，在云主机条件下系统的本地存储一般都不会很大，Docker 也不会被允许占用全部的本地存储，因此可能会出现容器产生的临时文件超出存储承载能力的情况导致运行失败，所以算法在编写时尽可能将临时文件的存储目录通过输入参数的形式进行指定，以灵活分配更大的存储空间，避免影响节点与 Docker 平台自身运行。

在算法组件齐备之后，可以开始进行镜像封装，镜像封装的过程可以分解为基础镜像拉取、算法组件部署、运行环境设置、容器入口设置四个主要步骤。基础镜像拉取首先指定镜像构建的起点，在某个已存在镜像的基础上进行添加或更改，可以从最基础的某个原始操作系统版本之上开始构建，也可以从已经部署了某些软件的镜像之上开始部署，简化部署过程。从原始系统镜像开始的好处是镜像体积小，不包含非必要的组件，如 CentOS 系统原始镜像一般只有 90MB 左右；已有镜像如果是相关软件官方发布的，也会维持相对纯净的环境与较小体积，如一个 MySQL 数据库官方镜像一般只有 150MB 左右，而如果是其他用户发布的镜像则需选择尽量不包含冗余内容的版本，否则镜像体积差距会很大，达到几个 GB 的级别，影响传输、拉取与运行速度。算法组件部署即把算法组件从镜像外拷贝到镜像内的约定位置，并完成必要的安装与设置，由于组件运行时已经处在镜像内，所以各组件相互调用时的地址均要设置成镜像内的地址。运行环境设置主要是在系统层面通过环境变量、系统配置文件、软件配置文件等方式，配置算法组件运行所需要的系统环境。容器入口设置指定容器启动时默认启动的程序，如没有设置入口程序，则容器启动时还需要指定程序在镜像内的地址，迫使使用者必须了解镜像的内部细节，增添了使用负担，也会暴露镜像结构。

以上步骤一般可通过编写 Dockerfile 的方式执行，Dockerfile 是用于镜像封装的脚本文件，包含构建镜像所需的一系列指令，执行 Dockerfile 即可按照其中描述的内容自动完成镜像构建。通过 FROM 命令可以指定基础镜像，基础镜像可位于本地或 Docker 的公共镜像仓库，通过 ADD 命令可以将镜像外的文件或目录拷贝到镜像内，通过 RUN 命令可以执行容器内操作系统的控制台指令，完成软件安装、环境配置、权限设置等镜像构建所需操作，通过 ENV 命令可以设置容器内系统的环境变量，通过 ENTRYPOINT 命令可以指定容器启动时的入口程序。基于 Dockerfile 的镜像封装更加自动化，具有可扩展性与可维护性，Dockerfile 可以作为镜像构建的图纸在任何时候重新进行镜像构建，也可以对 Dockerfile 进行修改以构建新的镜像版本。除了 Dockerfile 之外，也可以通过容器内系统的交互模式使用控制台命令手工构建镜像，逻辑上还是包括上述四个步骤，首先拉取指定的基础镜像，然后以交互模式启动容器内的系统控制台，即可通过控制台命令对操作系统进行设置，如需从容器外部拷贝算法组件至容器内，则在启动容器时需要事先挂载外部存储，然后通过控制台命令指定拷贝地址进行拷贝，在有网络连接的情况下也可以通过网络下载安装所需组件,配置文件的修改、环境变量的设置等工作通过控制台命令也可以直接进行。在容器搭建完成后，将容器当前的状态固化保存成新的镜像，即可完成手工镜像构建。

镜像封装完成之后，可将镜像上传至镜像仓库进行测试，并纳入真实使用环境供计算节点拉取。

15.6　工作流调度与产品生产

15.6.1　产品生产业务流程

本系统中产品生产的业务流程如图 15.7 所示,用户首先通过网站在线提交产品生产订单，订单创建时页面会引导用户在可视化交互下选择产品的种类、涉及的具体算法版本、所需产品的时间范围与空间范围等信息，同时网站会确认用户是否有权限提交订单，并只提供有权限使用的算法供用户选择。订单提交后系统在后台自动构建订单对应的生产工作流，工作流描述了产品生产的具体流程，然后进行已有产品检索，已有产品不再重复生产。对于需要执行生产流程的产品，系统根据工作流任务的逻辑次序与计算资源的承载能力，分批次规划生产任务并将任务发布执行，每一批任务执行完成后会更新订单信息，并检查工作流是否完成，若未完成则继续规划下一批生产任务，重复上述循环直至工作流完成，完成后将数据产品与订单通过系统网站反馈给用户。

15.6.2　工作流的定义与结构

关于生产工作流，本系统对其的主要需求是支持多层级的产品级联生产，并可自由控制生产任务的并行粒度，同时为了适应大规模生产，每个工作流是与一个生产订单，即一批产品的生产任务相对应的，而非单独一个产品，单个产品的生产任务在逻辑上进行了批次集约，以一批任务为单元进行统一调度。为实现上述需求，本系统设计了如图 15.8 所示的工作流对象结构，由粗到细主要包括工作流层级、工作流步骤、工作流任务组、工作流任务四类依次嵌套的工作流对象，下面分别进行介绍。

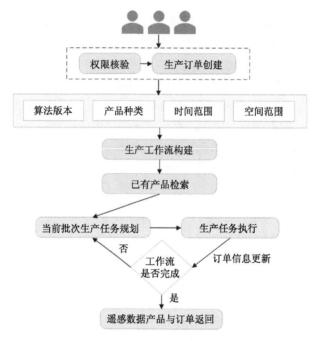

图 15.7 产品生产业务流程

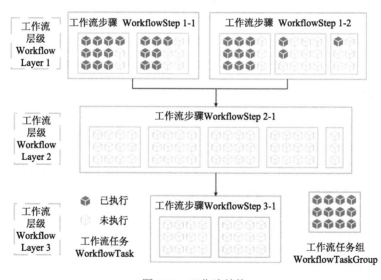

图 15.8 工作流结构

（1）工作流层级（WorkflowLayer）：每个工作流首先会根据其中各步骤的逻辑执行顺序划分不同层级，层级之间是串行关系，即每下一个层级都需要等待上一个层级完成之后才具备开始执行的条件，而层级内部的所有步骤之间是并行关系，在逻辑上可以同时执行。在编程实现时，一个工作流层级需要维护其内部的所有步骤对象，以及自身当前的完成状态。

（2）工作流步骤（WorkflowStep）：从单个产品生产的角度来看，工作流步骤即工作流中每一个需要被执行的算法，对于批量化的工作流来说，每一个步骤即批次中所有相同算法的集合。本系统中工作流采用了分层集约的批量调度策略，即每一个步骤中的所有任务必须全部完成，才能整体性地触发下一个步骤，即便对于某一个产品来说，步骤中的一个算法完成就已经具备了进行下一个算法的条件，然而本系统还是要等待步骤中的所有任务作为一个整体全部完成才会触发下一个批量化的步骤。这样对于整个批次只需要进行一次全流程监控，而不是对数以千计的产品分别进行全流程的跟踪监控，有效地降低了任务调度与监控的复杂性，提升了稳定性与效率。在编程实现时，一个工作流步骤需要维护其内部的所有工作流任务组与工作流任务、所使用的算法、产生的产品批次，以及自身当前的完成状态。

（3）工作流任务组（WorkflowTaskGroup）：批量化的工作流整体调度减轻了流程调度层面的复杂度，但细化到容器运行层面，容器调度次数并没有减少，每一个需要被执行的任务都需要经过一次容器调度，为了在容器运行的粒度上简化调度复杂性，并维持可定制的任务并行度，系统将工作流步骤内的任务进行了分组，即工作流任务组。容器调度时以任务组为实际的调度对象，任务组是最小的运行单元，每个任务组中的多个任务合并在一个执行脚本中，只需要一次调度即可执行，任务组中的任务是串行执行关系，而不同的任务组之间是并行关系。通过设置任务组中的任务数量，可以控制任务的并行度，任务组越大，并行度越低，反之任务组越小，并行度越高。在编程实现时，一个工作流任务组需要维护其内部的所有任务、合并后的执行脚本、执行的节点信息、所在步骤中的任务组序号、包含任务的序号，以及自身当前的完成状态。

（4）工作流任务（WorkflowTask）：由于同一组内的任务进行了合并调度，工作流任务不再是实际上的最小执行单元，但在逻辑上依然是最小的单元，因此在编程实现时依然需维护任务自身在步骤中的序号、在任务组中的序号、对应的产品地址、执行具体情况与当前完成状态等信息。

本系统提出了一套描述算法输入输出数据实体参数的 XML 语言，该语言可以对工作流的结构进行定义，对需要生产的数据实体之间进行匹配连接，进而串联成完整的工作流。以输入输出数据为纽带进行不同算法的连接是一种耦合程度轻、灵活度高的工作流构建方式，新出现的算法只需要描述其输入输出数据，即可与现有算法体系或数据资源进行连接形成工作流并快速具备生产能力。注意这里只讨论数据实体参数，即参数值记录的文件地址会对应着实体的数据文件，而非其他字面值类型的参数，如选项、文字、数字等。数据实体参数关系到工作流算法之间的连接，而字面值参数一般只控制算法自身的行为。

图 15.9 和图 15.10 分别展示了光合有效辐射（PAR）算法与地表反照率（ALBEDO）算法的数据实体参数 XML 描述，图 15.11 展示了由这两个算法的参数匹配连接而形成的光合有效辐射产品工作流结构。图 15.9 中光合有效辐射产品需要地表反照率、气溶胶光学厚度（AOD）、高分 1 号 WFV 宽幅影像地表反射率 NP_GF1_WFV 三种数据作为输入，其中气溶胶光学厚度与地表反射率都是终端产品能直接使用，地表反照率可以由系统生产，而图 15.10 中地表反照率又以地表反射率作为输入，连接上述输入输出参数，即可确定由图 15.11 所示的光合有效辐射工作流结构。

```xml
<?xml version="1.0" encoding="UTF-8"?>
<Parameter>
  <Inputs>
    <Input>
        <TypeName>ALBEDO_16M_S</TypeName>
        <GridType>Grid_UTM_1V1</GridType>
        <Ordinal>1</Ordinal>
        <FinalProduct>false</FinalProduct>
        <SpatialResolution>16M</SpatialResolution>
        <TemporalResolution>0</TemporalResolution>
        <TemporalSpan>0</TemporalSpan>
        <TemporalAlignment>1</TemporalAlignment>
        <Subdivided>true</Subdivided>
    </Input>
    <Input>
        <TypeName>AOD_16M_S</TypeName>
        <GridType>Grid_UTM_1V1</GridType>
        <Ordinal>2</Ordinal>
        <FinalProduct>true</FinalProduct>
        <SpatialResolution>16M</SpatialResolution>
        <TemporalResolution>0</TemporalResolution>
        <TemporalSpan>0</TemporalSpan>
        <TemporalAlignment>1</TemporalAlignment>
        <Subdivided>true</Subdivided>
    </Input>
    <Input>
        <TypeName>NP_GF1_WFV</TypeName>
        <GridType>Grid_UTM_1V1</GridType>
        <Ordinal>3</Ordinal>
        <FinalProduct>true</FinalProduct>
        <SpatialResolution>16M</SpatialResolution>
        <TemporalResolution>0</TemporalResolution>
        <TemporalSpan>0</TemporalSpan>
        <TemporalAlignment>1</TemporalAlignment>
        <Subdivided>true</Subdivided>
    </Input>
  </Inputs>
  <Outputs>
    <Output>
        <TypeName>PAR_16M_S</TypeName>
        <GridType>Grid_UTM_1V1</GridType>
        <Ordinal>1</Ordinal>
        <ProductLevel>2</ProductLevel>
    </Output>
  </Outputs>
</Parameter>
```

图 15.9　光合有效辐射（PAR）算法数据实体参数描述

```xml
<?xml version="1.0" encoding="UTF-8"?>
- <Parameter>
  - <Inputs>
    - <Input>
        <TypeName>NP_GF1_WFV</TypeName>
        <GridType>Grid_UTM_1V1</GridType>
        <Ordinal>1</Ordinal>
        <FinalProduct>true</FinalProduct>
        <SpatialResolution>16M</SpatialResolution>
        <TemporalResolution>0</TemporalResolution>
        <TemporalSpan>0</TemporalSpan>
        <TemporalAlignment>1</TemporalAlignment>
        <Subdivided>true</Subdivided>
      </Input>
    </Inputs>
  - <Outputs>
    - <Output>
        <TypeName>ALBEDO_16M_S</TypeName>
        <GridType>Grid_UTM_1V1</GridType>
        <Ordinal>1</Ordinal>
        <ProductLevel>1</ProductLevel>
      </Output>
    </Outputs>
  </Parameter>
```

图 15.10　地表反照率（ALBEDO）产品数据实体参数描述

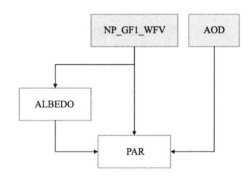

图 15.11　光合有效辐射（PAR）产品工作流结构

本系统抽象出了 10 个属性用于统一地描述数据实体参数，表 15.1 对这些属性进行了说明，在描述输入参数时，表 15.1 中的前 9 个属性都是必要的，在描述输出参数时，一般只需要数据类型、网格类型、参数序号、产品层级这 4 个属性，因为空间分辨率、时间分辨率、时间跨度、时间对齐方式这 4 个参数都用于输入参数查询，所以描述输出产品时不需要这四个参数，并且系统中生产的产品均需要进行分幅，因此也无需对是否分幅进行描述。输入输出数据的类型标识需具备全局唯一性，这可以作为依据在数据库中查询相关算法镜像的其他信息，也可以用于查找算法的参数描述 XML 文件。在向系统中上传算法时，也需要将相应的参数描述文件同时上传。

表 15.1 用于描述数据实体参数的属性列表

序号	参数名称	英文名称	说明
1	数据（算法）类型	TypeName	参数对应的数据类型，如同类数据可由不同的算法生产，也可具体到算法类型，此类型标识应具备全局唯一性
2	参数序号	Ordinal	此参数在算法所有参数中的位置序号
3	是否不可生产产品	FinalProduct	参数对应数据是否可以被系统生产，可以被生产的数据才能作为纽带连接其他算法形成工作流
4	空间分辨率	SpatialResolution	参数对应数据的空间分辨率
5	时间分辨率	TemporalResolution	参数对应数据的时间分辨率
6	时间跨度	TemporalSpan	需要连续多长时间内的数据作为输入，如瞬时、连续 10 天、1 月、1 年等
7	时间对齐方式	TemporalAlignment	以算法所要生产的产品时间为中心，寻找输入数据时往哪个方向查找数据，起点对齐、终点对齐或中心对齐
8	是否分幅	Subdivided	参数对应数据是否经过分幅
9	网格类型	GridType	参数对应数据分幅时所采用的网格类型
10	产品层级	ProductLevel	产品生产需要经历的工作流层级

15.6.3 工作流的调度运行

关于工作流的执行，本系统通过如图 15.12 所示的以工作流引擎为核心的一系列功能对象进行实现，其业务逻辑范围覆盖了工作流解析、创建、装配、执行、监控等全生命周期过程，涉及的功能实体对象主要包括以下 7 个。

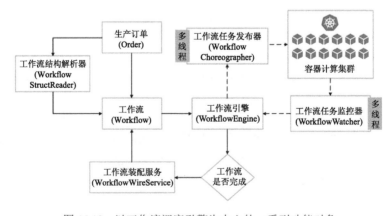

图 15.12 以工作流调度引擎为中心的一系列功能对象

（1）生产订单（Order）：系统采用订单驱动的生产模式，生产订单记录了用户要求的产品类型、算法版本、所需产品的时间范围与空间范围等原始需求，是生产任务与工作流构建的依据。

（2）工作流结构解析器（WorkflowStructReader）：解析工作流中每个算法的参数描述 XML 文件，以构建工作流的层级结构与每个算法的输入输出参数信息。系统在启动时自动解析所有已存在的算法参数描述文件，形成一个算法参数字典，记录每一个算法的输入输出参数信息。对于一个工作流结构的解析，即需要回答工作流一共有几个层级，每个层级包括哪几个算法，以及每个算法的输入输出参数。工作流的最后一层是已知的，即最终产品的生产算法，工作流的层级数即最终产品算法输出参数的产品层级属性，每个工作流结构对象 WorkflowStruct 需要维护最终产品算法的输入输出参数，以及工作流的层级数，此外工作流结构对象的核心方法是 getStepsOfLayer，即查询每个层级所包含的算法，如果是最后一个层级，则返回最终产品生产算法，如果是之前的某一个层级，则通过逆向递归的方式，先查询最终产品算法的输入参数中属于指定层级的算法，如果参数中存在层级高于指定层级的，则递归调用参数产品对应工作流结构的 getStepsOfLayer 函数查询指定层级的算法并加入查询结果中，最后返回遍历到的所有属于指定层级的算法。

（3）工作流（Workflow）：区别于工作流结构对象提供的执行路线蓝图，工作流承载了具体的生产任务，即包含如图 15.8 所示的填充了具体生产任务的工作流层级、工作流步骤、工作流任务组，生产同一种产品的多个工作流可以采用同一个工作流结构。工作流是以生产订单驱动进行创建的，一个订单对应一个工作流，工作流根据订单所要求的产品类型、算法版本、时间范围、空间范围，参考产品对应工作流结构对象所提供的生产流程，规划并装配出具体需要执行的层级、步骤、任务组与任务，规划的过程不是一次性完成的，而是在上一层完成后再实时规划下一层，以保证系统在上一层执行期内发生的最新变化能够得到体现，防止之前的规划失效，提升规划的可执行性。

（4）工作流装配服务（WorkflowWireService）：负责规划并装配工作流中的具体任务，由层级、步骤、任务依次向下完成，并将任务划分成任务组。由于系统采用统一的产品架构，即划分了标准空间范围网格与时间区间，每一个层级中的各步骤可以独立规划，通过规范化的数据产品进行连接。对于一个生产步骤中的任务规划，首先将订单所要求的时空范围分解为具体的空间网格列表与时间区间列表，系统对不同系列的产品规定了网格划分方式，如 16 m 分辨率的高分卫星系列产品采用哨兵 2 的 MGRS 网格，时间区间由产品的时间分辨率确定，每个年度从第一天开始，如 2021 年时间分辨率为 10 天的产品第一个时间区间为

2021 年 1 月 1～10 日，第二个时间区间为 1 月 11～20 日，以此类推。对于瞬时产品，采用时间区间起点与终点重合的方式描述其时间区间。每一对空间网格与时间区间的组合，均对应一个数据产品，排除已存在的产品后，剩余产品即需要被生产的产品，也即规划了生产任务。生产任务装配是根据生产算法的参数需求，查询算法需要的各类输入数据，并形成具体的算法容器执行命令。检索输入数据时的空间范围条件与时间范围条件，即任务所对应的空间网格与时间区间，如输入数据不满足生产条件，则任务装配失败，生成算法执行命令时需考虑容器运行的依托环境，如直接通过原始 Docker 平台运行生成标准的 docker run 命令，本系统通过 Kubernetes 进行托管调度生成相应的 Kubernetes 容器执行命令。

（5）工作流引擎（WorkflowEngine）：作为工作流的运行中枢，管理系统中所有待执行和执行中的工作流任务组，根据前述的工作流结构，工作流任务组是最小的调度单元，工作流均被拆解成一个一个的任务组以供调度运行。工作流引擎管理了排队中的任务组队列与执行中的任务组队列，工作流引擎在系统中是单例的，不同线程访问同一个引擎，因此两个队列及其相关操作需要考虑线程安全。排队中的任务组队列采用 Java 语言标准的 PriorityBlockingQueue 实现，先进先出，支持优先级；执行中的任务组队列采用 ConcurrentHashMap 实现，以任务组的编码作为主键。引擎提供了在排队队列中增加任务组、删除任务组、获取下一个任务组等操作，以及在执行队列中增加任务组与删除任务组等操作。

（6）工作流任务发布器（WorkflowChoreographer）：负责将工作流任务组发布至容器集群调度运行，任务发布器每次经过固定时间间隔就会检查容器集群是否有空余资源以执行下一个任务组，如有空余资源则再检查工作流引擎中是否有排队的任务组，如有则将下一个需要执行的任务组发布执行，已发布的任务组从排队队列中删除，并加入执行队列。根据容器集群执行方式的不同，有时可以将集群资源的检查托管给容器调度引擎，如本系统使用的 Kubernetes，只需将排队的任务组发布到 Kubernetes，Kubernetes 会自动完成集群资源的监控与执行节点分配，并监控任务的执行状态，这一过程实际上是任务控制权的移交，将任务由生产系统托管至 Kubernetes， Kubernetes 负责任务执行的全部过程，过程中可以查询任务状态，任务完成后再将控制权返回给系统后端。

（7）工作流任务监控器（WorkflowWatcher）：负责监控任务组的执行状态，并根据任务状态触发后续操作。任务监控器采取轮询策略，每间隔一定时间就对工作流引擎执行队列中的所有任务组进行状态检查，对于每一个任务组，如果发现执行成功，则触发对任务组所在工作流步骤的状态检查，如整个步骤也执行成功，则继续向上触发工作流层级的状态检查，如整个层级也执行成功，则检查工作流中是否还有下一个层级，如没有下一个层级则工作流完成，如有下一个层级则激活下一个层级的任务规划并执行，等待下一次轮询。对于轮询过程中执行成功的任务组，在数据库中更新相应的任务状态，并将生成的数据产品进行入库，供用户实时查询订单生产情况。

15.7　系　统　实　例

15.7.1　全球空间数据处理与信息产品生产系统

基于以上各节所描述的系统设计，笔者实现了全球空间数据处理与信息产品生产系统，系统主要分为数据管理、算法管理、产品生产、系统管理四个子系统，系统集成了七种尺度下的遥感图像高精度的几何归一化、辐射归一化、云与阴影检测、云与阴影修补等预处理算法，为进一步的遥感数据产品生产提供高质量的标准数据，系统具备各类中低分辨率与中高分辨率空间信息产品的容器化集成生产能力，可以作为生产算法的一站式集成运行平台。系统页面整体分为公共页面与用户页面两类，公共页面无须登录，为所有访问者提供公共服务，包括数据浏览、产品浏览、算法浏览与地图可视化等；用户页面为登录用户提供算法、数据、订单、账号管理相关的系统功能，以及一个用户中心，作为上述系统功能的统一入口。

15.7.2　数据管理子系统

数据管理子系统主要包括数据入库、数据关注、数据类别检索与列表、数据批次检索与管理、数据条目检索与管理、地理空间数据可视化等主要功能。

（1）数据入库：将不同类别的数据与产品导入系统，每次导入形成一个数据批次；

（2）数据关注：支持用户关注感兴趣的数据，以便后续使用；

（3）数据类别检索与列表：检索并列出数据类别；

（4）数据批次检索与管理：检索并列出数据批次，支持对数据批次元数据的导出；

（5）数据条目检索与管理：检索并列出数据条目，支持对数据条目元数据的导出；

（6）地理空间数据可视化：支持通过地图交互的模式检索与浏览数据或产品。

图 15.13～图 15.15 分别展示了子系统中的数据类别列表页面、数据入库页面、数据条目检索与管理页面。

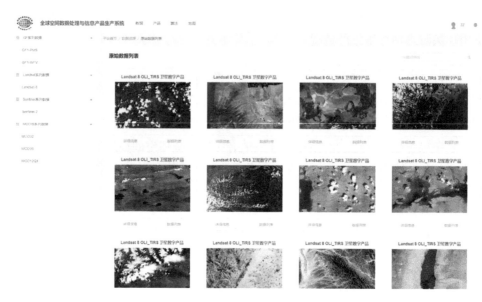

图 15.13　数据类别列表页面

图 15.14　数据入库页面

图 15.15　数据条目检索与管理页面

15.7.3　算法管理子系统

算法管理子系统主要包括算法上传、算法编辑更新、算法关注、算法检索与列表、算法管理、算法详情、算法权限设置、工作流创建等功能。

（1）算法上传：支持用户上传可执行算法，包括算法基本信息、权限信息、拓展信息与可执行组件（算法容器镜像）；

（2）算法编辑更新：支持用户对算法进行更新，包括信息的更新与可执行版本的更新；

（3）算法关注：支持用户关注感兴趣的算法；

（4）算法检索与列表：支持算法的筛选与检索，以列表的形式展示算法；

（5）算法管理：对已关注和已上传的算法进行管理，包括取消关注、删除算法等；

（6）算法详情：形成算法详情展示页面，包括算法基本信息与使用信息、展示算法使用次数与各历史版本；

（7）算法权限设置：支持用户修改算法权限，包括公开使用、授权使用、私有使用、不公开等；

（8）工作流创建：支持在算法的基础上构建工作流结构。

图 15.16～图 15.21 分别展示了子系统中的算法列表页面、算法上传页面、已提交算法页面、已关注算法页面、算法详情页面、工作流结构编辑页面。

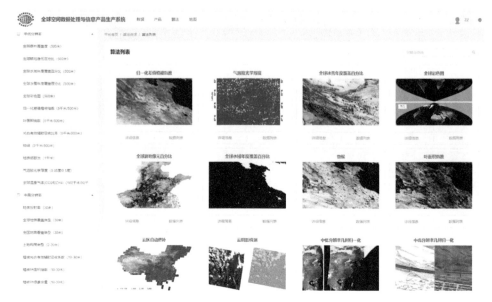

图 15.16　算法列表页面

图 15.17　算法上传页面

图 15.18　已提交算法页面

图 15.19　已关注算法页面

15.7.4　产品生产子系统

　　产品生产子系统主要包括新建订单、订单管理、任务管理、产品生产等功能。

　　（1）新建订单：用户提交订单以驱动生产任务，包括产品与算法选择、空间范围选择、时间范围选择与订单确认四个步骤；

中低分辨率几何归一化

关键词： 金字塔瓦片　几何校正　自动配准

作者： 张小军　　　　　　单位： 中国科学院空天信息创新研究院　　　联系方式：

以金字塔瓦片结构影像为基准，完成中低分辨率影像的几何归一化处理，使多源中低分辨率影像在地理空间具有一致性，为后续产品生产提供高几何精度的多源配准影像。中高分辨率影像几何归一化算法主要包括经纬度数据几何粗校正和影像自动配准两个步骤。对于中低分辨率影像，其需要的低空间分辨率数据是1级数据，没有经过几何处理，图像数据和辐射度数据分离存储。因此，首先使用自带的经纬度数据，进行几何校正。几何校正后，对于不能满足精度要求的数据，以金字塔瓦片影像为基准，进行影像自动配准，进一步提高影像几何精度。

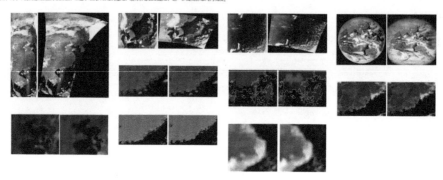

主要参考文献

[1] Brush R J H. The Navigation of AVHRR Imagery[J]. International Journal of Remote Sensing, 1988, 9(10): 1491-1502.

[2] Moreno J F, Melia J. A Method for Accurate Geometric Correction of NOAA AVHRR HRPT Data[J]. IEEE Transactions on Geoscience and Remote Sensing, 1993, 31(1): 204-226.

[3] Cracknell A P, Paithoonwattanakij K. Pixel and Sub-pixel Accuracy in Geometric Correction of AVHRR Imagery[J]. International Journal of Remote Sensing, 1989, 10(4&5): 661-667.

[4] 张堪, 朱正中, 吴he his 极轨气象卫星NOAA AVHRR 数据的高精度定位[J]. 清华大学学报(自然科学版), 1999, 39(9): 81-85.

[5] 张堪, 朱正中, 葛成辉, 吴佑寿. NOAA AVHRR 数据的高精度导航定位[J]. 遥感学报, 1999, 4(3): 259-267.

图 15.20　算法详情页面

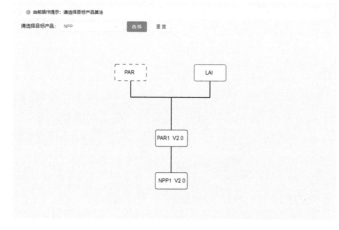

图 15.21　工作流结构编辑页面

（2）订单管理：支持用户对已提交的订单进行跟踪查看与管理；

（3）任务管理：支持用户对订单中的每个生产任务进行跟踪查看与管理；

（4）产品生产：执行订单生产任务，自动检索输入数据与算法镜像，在容器计算集群上进行任务调度，完成产品生产。

图 15.22～图 15.26 分别展示了子系统中的选择算法页面、选择空间范围页面、订单信息确认页面、任务管理页面、任务详情页面。

图 15.22　新建订单页面——选择算法

图 15.23　新建订单页面——选择空间范围

15.7.5　系统管理子系统

系统管理子系统主要包括用户注册登录、用户信息设置、账号管理、用户资源管理与用户工作中心等功能。

（1）用户注册登录：支持用户注册与登录，包括验证码服务；

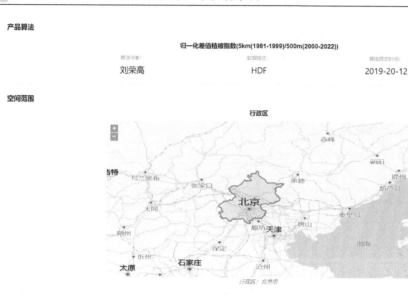

图 15.24　新建订单页面——订单信息确认

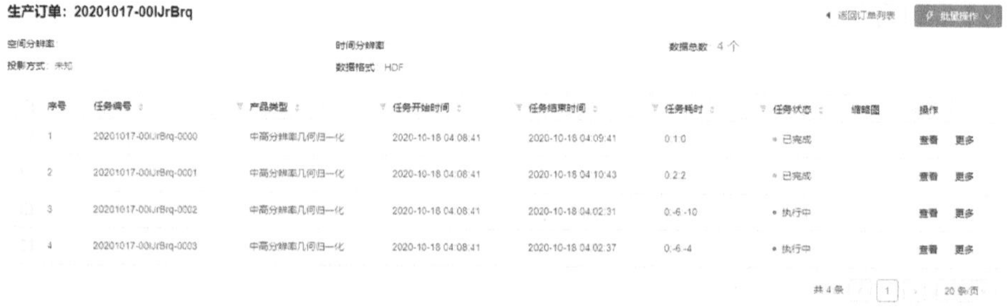

序号	任务编号	产品类型	任务开始时间	任务结束时间	任务耗时	任务状态	缩略图	操作
1	20201017-00IJrBrq-0000	中高分辨率几何归一化	2020-10-18 04:08:41	2020-10-18 04:09:41	0:1:0	已完成		查看 更多
2	20201017-00IJrBrq-0001	中高分辨率几何归一化	2020-10-18 04:08:41	2020-10-18 04:10:43	0:2:2	已完成		查看 更多
3	20201017-00IJrBrq-0002	中高分辨率几何归一化	2020-10-18 04:08:41	2020-10-18 04:02:31	0:-6:-10	执行中		查看 更多
4	20201017-00IJrBrq-0003	中高分辨率几何归一化	2020-10-18 04:08:41	2020-10-18 04:02:37	0:-6:-4	执行中		查看 更多

图 15.25　任务管理页面

（2）用户信息设置：用户基本信息设置与编辑，包括用户简介、联系方式、地址单位等；

（3）账号管理：包括用户密码修改、绑定邮箱更改等账号管理功能；

（4）用户资源管理：用户可用的系统资源的监控与管理；

（5）用户工作中心：用户工作台，作为用户个人主页提供系统各类功能的统计与入口。

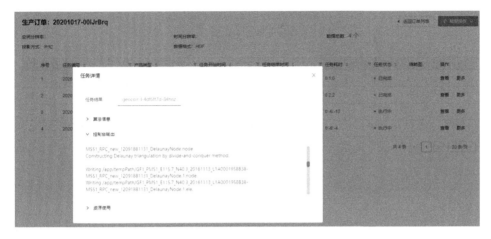

图 15.26　任务详情页面

图 15.27、图 15.28 分别展示了子系统中的用户信息编辑页面和用户资源管理页面。

图 15.27　用户信息编辑页面

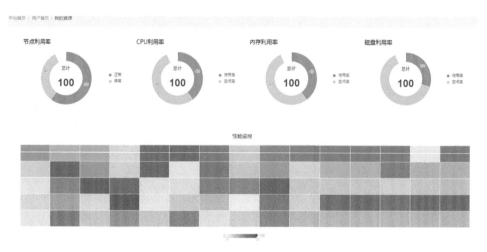

图 15.28　用户资源管理页面

15.8　小　结

近年来，容器技术与容器云集群技术的快速发展，为海量遥感数据信息产品的生产及相关算法的集成提供了有利条件。本章在容器技术与遥感数据信息产品生产适宜性的基础上，提出了一套完整的容器化生产系统关键技术，从而能够充分利用容器的运行环境隔离性与云计算集群的灵活拓展性，解决遥感算法集成运行所面对的复杂性与性能瓶颈。本章的关键设计首先包括由基础资源层、框架工具层、业务功能层、界面交互层所组成的系统总体架构；而后详细设计了容器云计算集群与算法容器镜像仓库的结构，有效支撑了容器化算法运行；紧接着描述了遥感算法镜像封装与集成的具体方式，以及通过算法输入输出参数连接的多层级生产工作流的定义与调度方式；最后给出了一个综合的系统实例，验证本章所提出技术的可用性。

参 考 文 献

Anwar A, Mohamed M, Tarasov V, et al. 2018. Improving Docker Registry Design Based on Production Workload Analysis. Oakland, CA USA: 16th USENIX Conference on File and Storage Technologies (FAST 18).

Armbrust M, Fox A, Griffith R, et al. 2010. A view of cloud computing. Communications of the ACM, 53(4): 50-58.

Bernstein D. 2014. Containers and cloud: From lxc to docker to kubernetes. IEEE Cloud Computing,

1(3): 81-84.

Boettiger C. 2015. An introduction to docker for reproducible research. ACM SIGOPS Operating Systems Review, 49(1): 71-79.

Brewer E A. 2015. Kubernetes and the Path to Cloud Native. Kohala Coast, Hawaii USA: Proceedings of the Sixth ACM Symposium on Cloud Computing.

Dillon T, Wu C, Chang E. 2010. Cloud computing: Issues and challenges//2010 24th IEEE International Conference on Advanced Information Networking and Applications. Perth, Australia: IEEE: 27-33.

Dipierro M. 2018. The rise of javascript. Computing in Science & Engineering, 20(1): 9-10.

Felter W, Ferreira A, Rajamony R, et al. 2015. An updated performance comparison of virtual machines and linux containers// 2015 IEEE International Symposium on Performance Analysis of Systems and Software(ISPASS). Philadelphia, PA USA: IEEE: 171-172.

Medel V, Rana O, Bañares J Á, et al. 2016. Modelling performance & resource management in Kubernetes. Shanghai, China: Proceedings of the 9th International Conference on Utility and Cloud Computing. 257-262.

Pautasso C. 2014. Restful web services: Principles, patterns, emerging technologies//Web Services Foundations. New York: Springer: 31-51.

Potdar A M, Narayan D, Kengond S, et al. 2020. Performance evaluation of docker container and virtual machine. Procedia Computer Science, 171: 1419-1428.

Reese W. 2008. Nginx: the high-performance web server and reverse proxy. Linux Journal, (173): 2.

Schwartz B, Zaitsev P, Tkachenko V. 2012. High Performance Mysql: Optimization, Backups, and Replication. Sebastopol: O'Reilly Media, Inc.

Seo K T, Hwang H S, Moon I Y, et al. 2014. Performance comparison analysis of linux container and virtual machine for building cloud. Advanced Science and Technology Letters, 66(105-111): 2.

Webb P, Syer D, Long J, et al. 2013. Spring boot reference guide. Part IV. Spring Boot Features, 10(3): 24-25.